国家出版基金项目
NATIONAL PUBLICATION FOUNDATION

国 家 出 版 基 金 资 助 项 目
“十四五”时期国家重点出版物出版专项规划项目

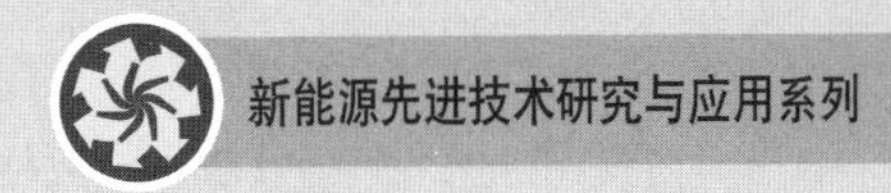

大型抽水蓄能机组水力不稳定性研究

Hydraulic Instability of Large Pumped Storage Units

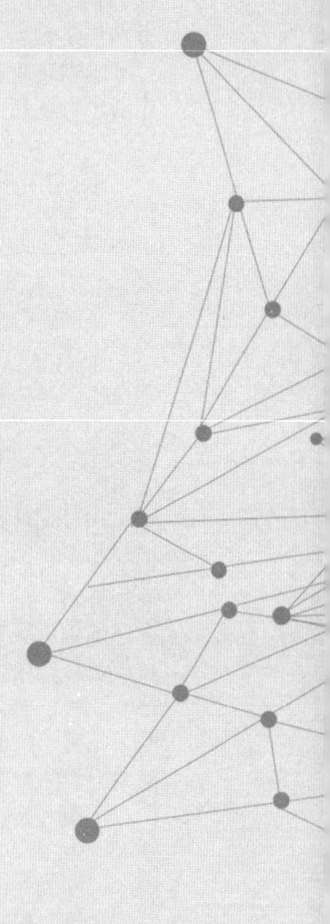

李德友　王洪杰　付晓龙　左志钢　宫汝志　编著

HITP
哈爾濱工業大學出版社
HARBIN INSTITUTE OF TECHNOLOGY PRESS

内容简介

抽水蓄能机组具有当前最成熟的储能技术装备，是我国实现碳达峰、碳中和的重要储能设备之一，在提升水头及容量的发展趋势下，其稳定性问题日益凸显、亟须解决。为此，本书以大型抽水蓄能机组为研究对象，针对抽水蓄能机组核心部件水泵水轮机存在的特有水力不稳定性(水泵工况驼峰特性和水轮机"S"特性)及整个机组过渡过程动态水力不稳定性，从理论分析、试验研究和数值模拟等方面着手，揭示大型抽水蓄能机组水力不稳定性的形成机理，并阐明相关参数对其影响机制，进而提出改善大型抽水蓄能机组水力不稳定性的相关策略，为未来超高水头超大容量抽水蓄能机组水力设计及水力不稳定性控制提供技术方法和理论指导。综上，开展大型抽水蓄能机组水力不稳定性形成机理及控制研究，不仅具有重要的科学意义，同时也具有重大的工程意义。

全书共5章，详细地介绍了抽水蓄能技术的发展及研究现状、水泵工况驼峰特性形成机理及影响因素、水轮机工况"S"特性形成机理及影响因素、水泵水轮机水力损失熵产分析理论、抽水蓄能机组过渡过程研究方法及影响因素，力求从机理上分析并改善抽水蓄能机组水力不稳定性。

本书可供流体机械领域，尤其是从事大型抽水蓄能机组水力不稳定性研究方面的科研工作者参考使用。

图书在版编目(CIP)数据

大型抽水蓄能机组水力不稳定性研究/李德友等编著.—哈尔滨:哈尔滨工业大学出版社，2024.1
(新能源先进技术研究与应用系列)
ISBN 978-7-5767-0513-3

Ⅰ.①大… Ⅱ.①李… Ⅲ.①抽水蓄能发电机组-研究 Ⅳ.①TM312

中国国家版本馆CIP数据核字(2023)第008218号

策划编辑　王桂芝　李子江
责任编辑　张　颖　丁桂焱
出版发行　哈尔滨工业大学出版社
社　　址　哈尔滨市南岗区复华四道街10号　邮编150006
传　　真　0451-86414749
网　　址　http://hitpress.hit.edu.cn
印　　刷　辽宁新华印务有限公司
开　　本　720 mm×1 000 mm　1/16　印张17.75　字数348千字
版　　次　2024年1月第1版　2024年1月第1次印刷
书　　号　ISBN 978-7-5767-0513-3
定　　价　106.00元

(如因印装质量问题影响阅读，我社负责调换)

国家出版基金资助项目

新能源先进技术研究与应用系列

编审委员会

总　序

能源是人类社会生存发展的重要物质基础,攸关国计民生和国家安全。当前,随着世界能源格局深刻调整,新一轮能源革命蓬勃兴起,应对全球气候变化刻不容缓。作为世界能源消费大国,牢固树立和贯彻落实创新、协调、绿色、开放、共享的发展理念,遵循能源发展"四个革命、一个合作"战略思想,推动能源生产和利用方式发生重大变革,建设清洁低碳、安全高效的现代能源体系,是我国能源发展的重大使命。

由于煤、石油、天然气等常规能源储量有限,且其利用过程会带来气候变化和环境污染,因此以可再生和绿色清洁为特质的新能源和核能越来越受到重视,成为满足人类社会可持续发展需求的重要能源选择。特别是在"双碳"目标下,构建清洁、低碳、安全、高效的能源体系,加快实施可再生能源替代行动,积极构建以新能源为主体的新型电力系统,是推进能源革命,实现碳达峰、碳中和目标的重要途径。

"新能源先进技术研究与应用系列"图书立足新时代我国能源转型发展的核心战略目标,涉及新能源利用系统中的"源、网、荷、储"等方面:

(1)在新能源的"源"侧,围绕新能源的开发和能量转换,介绍了二氧化碳的能源化利用,太阳能高温热化学合成燃料技术,海域天然气水合物渗流特性,生物质燃料的化学烟,能源微藻的光谱辐射特性及应用,以及先进核能系统热控技术、核动力直流蒸汽发生器中的汽液两相流动与传热等。

(2)在新能源的“网”侧,围绕新能源电力的输送,介绍了大容量新能源变流器并联控制技术,面向新能源应用的交直流微电网运行与优化控制技术,能量成型控制及滑模控制理论在新能源系统中的应用,面向新能源发电的高频隔离变流技术等。

(3)在新能源的“荷”侧,围绕新能源电力的使用,介绍了燃料电池电催化剂的电催化原理、设计与制备,Z源变换器及其在新能源汽车领域中的应用,容性能量转移型高压大容量电平变换器,新能源供电系统中高增益电力变换器理论及其应用技术等。此外,还介绍了特色小镇建设中的新能源规划与应用等。

(4)在新能源的“储”侧,针对风能、太阳能等可再生能源固有的随机性、间歇性、波动性等特性,围绕新能源电力的存储,介绍了大型抽水蓄能机组水力的不稳定性,锂离子电池状态的监测和状态估计,以及储能型风电机组惯性响应控制技术等。

该系列图书是哈尔滨工业大学等高校多年来在太阳能、风能、水能、生物质能、核能、储能、智慧电网等方向最新研究成果及先进技术的凝练。其研究瞄准技术前沿,立足实际应用,具有前瞻性和引领性,可为新能源的理论研究和高效利用提供理论及实践指导。

相信本系列图书的出版,将对我国新能源领域研发人才的培养和新能源技术的快速发展起到积极的推动作用。

2022年1月

前　言

抽水蓄能技术作为当今电网中最成熟的储能技术，逐渐成为建设以新能源为主的新型电力系统的重要组成部分，抽水蓄能机组被看作是电网中的超级充电宝。为实现国家碳达峰、碳中和目标，大规模消纳清洁可再生能源，抽水蓄能机组向着大容量、超高水头方向快速发展，导致抽水蓄能机组水力不稳定性问题更加突出，因此开展大型抽水蓄能机组水力不稳定性研究具有重要工程意义。

本书针对大型抽水蓄能机组特有的水力不稳定性(水泵工况驼峰特性和水轮机“S”特性，及整个机组典型过渡过程动态不稳定性进行深入系统的研究，并对研究方法进行了详细的介绍，书中部分彩图以二维码的形式随文编排，如有需要可扫码阅读。本书共分为5章：第1章主要介绍抽水蓄能技术的发展历史以及未来发展方向；第2章针对抽水蓄能机组水泵工况存在的驼峰不稳定性进行详细的分析与探讨，以高水头抽水蓄能机组的核心部件水泵水轮机为主要研究对象，对其驼峰区特性进行试验和数值模拟研究，并对驼峰区存在迟滞特性的形成机理进行研究，探究导叶开口和空化对驼峰不稳定性的影响规律；第3章详细阐述抽水蓄能机组水轮机工况存在的“S”特性区不稳定性的稳定性判据及影响参数，对“S”特性区压力脉动特性形成机理进行深入的分析，并探讨空化对“S”特性区特性及相关的非定常特性的影响机制；第4章针对抽水蓄能机组水力不稳定性形成的主要原因——水力损失，创新性地提出水泵水轮机水力损失熵产理论分析方法，精确定位由不良流动导致的水力损失分布，以驼峰特性为例，从熵产损失的角度揭示驼峰不稳定性的形成机理;第 5 章对抽水蓄能机组典型过渡过程的研究方法和数值模拟策略进行全面的阐述,并对过渡过程存在的水力不稳定性进行详细的说明,探究导叶开关规律等对过渡过程的影响,采用多目标智能优化方法对导叶关闭规律和机组转动惯量进行优化。上述研究可为未来超高水头大容量抽水蓄能机组的水力设计提供重要的理论基础。

本书大部分内容由李德友和王洪杰教授执笔,全书由李德友和王洪杰统稿,第 1 章由王洪杰教授撰写,第 2 章和第 4 章由李德友教授撰写,第 3 章由宫汝志高级工程师撰写,第 5 章由付晓龙博士撰写,左志钢副研究员参与了第 1 章、第 2 章和第 3 章部分撰写工作。书中大部分研究内容来自本课题组的相关科研成果,在此对本课题组林松、尚超英、陈金霞等研究生为此书做出的贡献表示感谢!

由于作者水平和时间有限,书中难免存在不足之处,恳请广大读者批评和指正。

作　者

2023 年 10 月

目 录

第1章 抽水蓄能技术

本章概述了抽水蓄能技术，包括抽水蓄能技术的发展形势，抽水蓄能电站在抽水蓄能、调频调相、黑启动等方面的工作过程，以及抽水蓄能电站的类型及核心组成等；概述了抽水蓄能电站的发展，着眼于目前风电、光电发展现状及能量存储技术的优劣分析，强调了建设抽水蓄能电站的重要性，并简述了国内外抽水蓄能电站的发展历史；最后，本章对抽水蓄能电站核心部件——水泵水轮机的发展限制及研究现状进行了归纳总结，分析了水泵水轮机水力不稳定性研究的必要性。

根据《巴黎协定》，许多国家已相继做出可再生能源发电百分之百占比的能源发展目标。在联合国气候大会上，我国政府做出了实现碳达峰、碳中和的庄严承诺。在国际上实现煤、石油和天然气等一次能源向非化石能源的发展转变已成为当今世界能源发展的主流趋势。然而在众多的可再生能源发电方法中，除了水电之外，风电和太阳能发电等都具有很强的随机性、波动性和间歇性。它们的大规模引入会给电网的安全和稳定带来巨大的威胁和挑战。

1.1 抽水蓄能技术概述

1.1.1 抽水蓄能技术的发展形势

我国是世界上水能资源最多的国家，理论上水能资源总量为 680 GW，其中可供经济开发总量为 370 GW。作为水能资源大国，如何合理地开发利用水能资源值得仔细规划，抽水蓄能技术是将水能资源进行储存、合理调用的一项重要技术。

在我国的传统电力系统中，燃煤发电的占比较大，电网负荷在经过合理调整并达到平衡后，才能使电力收益达到较高的程度。回顾我国电力建设几十年的历程，如今供电量已基本达到充足的水平，以往限制用电的情况也基本不再发生；但也应该注意到，电力系统在调峰上存在较大不足，若采用热力机组进行调峰，不仅会造成燃料资源浪费，对于环境也有较大污染，不符合可持续发展的长久目标。因此，运行方便、经济环保的抽水蓄能技术逐步发展为削峰填谷的最优选择。

自 20 世纪伊始抽水蓄能技术开始应用，至今已有超过百年的发展历程。当今时代，在众多经济可靠、发展成熟的储能技术中，抽水蓄能技术凭借在绿色能源间歇性问题上的出色表现依旧风靡全球，并仍保持着高速发展的趋势。

我国对于抽水蓄能技术的应用始于 20 世纪 60 年代。通过与国外进行交流学习，加上长期在大型水电建设中积累的实践经验，我国很快开展了小规模抽水蓄能电站的建设；到 20 世纪 90 年代中期，我国已经具备了大规模抽水蓄能电站的建设经验；截至 2019 年底，我国运行、在建、规划中的抽水蓄能电站规模总量约为 130 GW，运行及在建中的抽水蓄能电站容量均居世界第一。

时至今日，我国开展抽水蓄能电站建设已有 50 多年的历史，不仅积累了丰富的建设经验，对于抽水蓄能技术的理解与运用也较为先进；在高水头、大容量抽水蓄能技术上，研究人员秉持着大国工匠精神，追求卓越、保持创新，实现了一个又一个技术突破，掌握了该方向的方向标和主动权。

抽水蓄能电站除了用作电网负荷调节外，同时承担着调相调频、黑启动等综合用途，它具有运行可靠、经济环保、启动快捷等优点，在维护电网稳定运行方面具有重要意义。随着世界上不可再生能源的消耗，风能、太阳能、水能等绿色能源的发展推动着能源生产、消费结构的调整升级；但同时，新型能源的发展以及用电需求的增加也使得电网负荷剧增，负荷尖峰与低谷之间的差距不断扩大，全球对于削峰填谷的需求大于供给，对于电力安全性、可靠性的需求与日俱增。在这种发展环境下，大力发展抽水蓄能技术、合理建设抽水蓄能电站对于保障电网安全、促进能源升级、提升用电品质均有显著意义。总体来看，抽水蓄能技术对于当今社会依然具有不可替代的积极作用。

近些年来，我国的电站建设规模保持高速增长趋势，电网容量不断增加，同时，一大批风电、光电和核电等清洁能源逐步投入使用，抽水蓄能电站的重要性日趋显著。风能、太阳能等清洁能源由于其固有特点，难以高效、稳定地并网发电，而电网对稳定性和安全性的需求却越来越高，为了保障供电的质量与效益，需要配备同样高效和稳定的抽水蓄能电站。作为抽水蓄能电站的核心，抽水蓄能机组是一种经济可靠、使用寿命长、储能容量大的能量储存装置，具有水电设备快速起停、灵活调节等优良特性，其必将成为我国未来水电发展的核心，并将迎来难得的发展机遇。

未来几十年，无论从电力的供需规律、新能源的发展趋势、绿色无污染能源的发展需求，还是从智能电网的建设需求来看，抽水蓄能行业都是符合国情、顺应时代的朝阳产业。

1.1.2 抽水蓄能电站的工作过程

1. 抽水蓄能过程

抽水蓄能电站工作过程较为简单，其中涉及水能、机械能及电能间的相互转换，如图 1.1 所示。就具体工作过程而言，在电能盈余时，电动机利用电网中富余的电能带动水泵水轮机在水泵工况下运行，经由输水系统将水从低处泵送至高处，在此过程中，电能消耗而高处水库中的水能增加；而在电能不足时，经由输水系统将水从高处释放至低处，并带动水泵水轮机在水轮机工况下运行，此时水能转化为电能并传递到电网中以补充电能缺口。

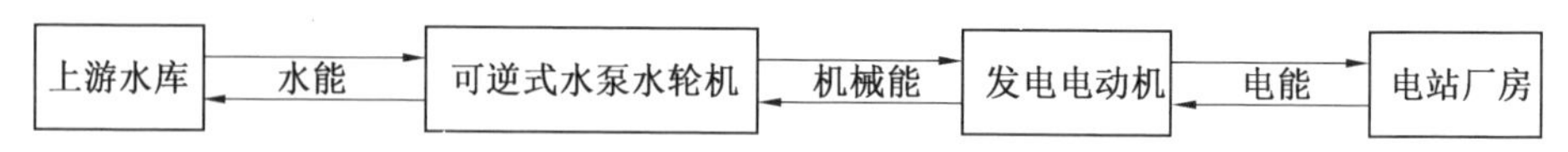

图 1.1 抽水蓄能电站能量转换过程图

2. 调频过程

调频即调节频率，电网电能与系统频率呈现正相关的趋势，当电能盈余时会导致频率增加，此时抽水蓄能电站耗电抽水，系统频率下降并回归平衡状态；当电能不足时会导致频率降低，此时抽水蓄能电站放水发电，系统频率上升并回归平衡状态。

3. 调相过程

调相即调节电压，涵盖发电及抽水两种调相模式。就共同点而言，两者均从电网获功以维持运行，工作时机组导水叶均关闭，均为短时运行。就不同点而言，发电调相时机组转向与发电一致，运行时必经发电状态并以额定转速起步压水，启动迅捷但尾水管处受水锤作用导致的喷水现象严重，常在紧急情况下使用；抽水调相时机组转向与发电调相相反，运行时不经抽水状态且必须采用外力拖动至低转速压水，速度较发电调相更慢但尾水管处受压小，在日常运行时使用频繁。

4. 黑启动过程

电网故障导致断电后，部分机组凭借自身先行启动并带动其余机组启动，从而逐步恢复供电的过程，称为黑启动过程。集快速启动、经济可靠、调频调压为一体的抽水蓄能电站，成为黑启动过程的优先选择对象。

1.1.3　抽水蓄能电站的类型及核心组成

1. 抽水蓄能电站的类型

按照建设类型区分，若电站同时具备水力发电及抽水蓄能的效果，则称混合式抽水蓄能电站；若电站仅用作抽水蓄能，则称纯抽水蓄能电站。需要注意的是，混合式抽水蓄能电站同时包含两套机组，且装载于不同房间内；纯抽水蓄能电站中水库水体基本保持定量，天然径流量可以忽略，主要用途为调峰填谷而非日常发电。

按照调节规律区分，若电站在午间、夜间负荷低谷时用电蓄水，而在上午、下午或夜间负荷尖峰时放水发电，发电以日为循环，称日调节抽水蓄能电站；若电站发电以周为循环，工作日期间以发电为主进行日调节，双休日负荷低谷期间用电将水蓄满，称周调节抽水蓄能电站；若电站利用汛期的季节性电能抽水至上水库进行储能，到枯水期再放水至下水库进行发电，称季调节抽水蓄能电站。

按照机组类型区分，国外早期将水泵、电动机及水轮机、发电机进行组合，称四机分置式机组，但目前不再采用；随后出现了发电电动机，将其与水泵、水轮机共轴相接组合，称组合式机组；目前，通过将水泵与水轮机合成同一机组再与发电电动机搭配为主流结构，称二机式机组。此外，在水头较高时，单级水泵水轮机呈现出低比转速（n_s、n_q）、低效率的特点，需将多个水泵水轮机串联形成多级机组，从而提高比转速进而提升效率。

2. 抽水蓄能电站的核心组成

当今时代的抽水蓄能电站，其核心为集水泵、水轮机功能于一体的可逆式水泵水轮机，它可以运行于水泵工况进行抽水或运行于水轮机工况进行发电，适用于抽水蓄能电站或潮汐电站。在水泵工况下转轮反转并将电能转化为水流的重力势能，在水轮机工况下转轮正转并将水能最终转化为电能输出。

按照水头的不同范围进行分类，可逆式水泵水轮机主要包括以下几种类型：①混流式水泵水轮机，转轮与水泵外形相似，水流径向流入、轴向流出，该水泵水轮机结构简单、应用广泛，可串联成多级进行工作；②斜流式水泵水轮机，较混流式效率更高、启动力矩更小，但其结构复杂、造价较高，尚未得到大规模应用；③贯流式水泵水轮机，水头较低，一般在 20 m 以下，其流道呈直线状，应用于部分潮汐电站中。

伴随着抽水蓄能电站的发展，可逆式水泵水轮机的相关技术也在不断更新完善，经历了四十多年的发展，在建成运行的机组中，就最高水头及扬程 H 而言，单级型机组均已超过 700 m，多级型机组均已超过 1 200 m。我国已建成多座大型单级混流式水泵水轮机，包括广州、十三陵、天荒坪等地抽水蓄能电站中的可逆式水泵水轮机。

1.2 抽水蓄能电站的发展概述

1.2.1 发展抽水蓄能电站的重要性

1.国内风电、光电发展现状

对比我国化石能源，除了煤炭资源相对富有外，石油、天然气等重要的资源储量较少，这样的能源结构决定了我国的电力建设长久以来一直主要依靠传统的火电能源，存在着经济效率低、资源单一、煤炭资源消耗大以及调峰能力差的诸多缺点，不能满足我国社会日益增长的用电需求。

在当今时代，人与自然和谐相处的理念深入人心，环境污染问题的解决刻不容缓，与之相应的，越来越多的清洁能源开始投入使用。根据相关统计结果显示，2016 年全球风电年增长率达到 12.62%，增长容量达 54.6 GW，亚洲以 27.68 GW的装机容量成为全球涨幅最快的地区；同年，亚洲风电总装机容量以 230.643 GW 居全球第一位，而欧洲、美洲分别以 161.33 GW 和 97.611 GW 居全球第二位和第三位；此外，2016 年太阳能发电装置的增长率达 30%，增长容量达 65 GW，总容量已达 300 GW，日本、美国等地的新增容量较为显著。截至 2020 年底，全球风电年增长率较 2019 年提升了 59%，增长容量达 96.3 GW；全球太阳能发电增长容量达 127 GW，再创历史新高。太阳能作为一种广泛、安全、清洁和充足的可再生能源，具有良好的发展前景，近年来已有许多国家和地区大力开展了相关技术的研究及应用，如东南亚、南美洲等，其中印度等国家相关装置的年增长率已达全球顶峰。根据当前建成的光伏装置相关数据预测，光伏发电比例将于 2030 年达到总发电的 1/10。

自 2001 年起，我国每年在风电装机容量上都有新突破、新增长，截至 2016 年底，累计装机容量为 169 GW，总并网装机容量为 149 GW，新增容量为 23 370 MW，是 2001 年新增容量(42 MW)的 556 倍；截至 2016 年底，风力发电的装机容量为总量的 9%，年发电量为总量的 4%。分析风电在我国的分布规律，可知华东、华北及西北等地风电分布广泛，截至 2016 年底其风电装机量已达全国的 70% 以上；同年光伏发电累计装机容量为 77.42 GW，新增容量为

34.54 GW,两者均居全球榜首。截至 2020 年底,我国风电总装机容量为 281 GW,连续 11 年居世界首位,其中陆地风电装机容量约占总装机容量的 96.4%;同年光伏发电装机容量累计为 252.9 GW,连续 6 年蝉联全球榜首,其中新增容量达 48.2 GW。按光伏发电类型来看,光伏电站与分布式电站在比例上大致呈 6.5∶1,年发电量为总量的 1.1%。目前,光伏发电在多地均呈现良好的发展态势,其中西北部新增达全国的 1/3 左右。

伴随着风电、光电的大力发展,也暴露了很多严重的问题,风电利用时间及风电废弃现象均有增加。以 2016 年为例,风电利用时间较 2015 年增加14 h,福建与甘肃分别为风电利用时间最长与最短的省份,时间差在 1 倍以上;与此同时,风电废弃量较 2015 年增长 46.6%,平均弃风率增长 2.1%。在地域分布上以甘肃、新疆等地最为严重,弃风率均超过 20%;就弃光率而言,甘肃、新疆等西北地区同样十分严重,弃光率均超过 30%,浪费现象严重。截至 2020 年底,弃风、弃光现象得到缓解,但仍不容乐观,其中西北地区,如新疆地区弃风率为 11.2%,青海地区的弃光率为 12.6%。

风电、光电废弃现象加剧造成的经济损失、能源浪费已经不能再被忽视,为了相关行业的长期、稳定发展,整治废弃现象刻不容缓。为了解决这个问题,需要了解产生废弃现象的原因:风能与光能具有不稳定、随机的固有属性,当其发电并网之后会对电网产生一定的冲击,当风电、光电比例超过 10%时,产生的冲击无法由电网控制和配电技术进行抵消,严重时甚至可能造成大规模的破坏,不利于社会的稳定发展,因而需要对风电、光电进行限制,导致了相关能源的废弃。为了减少废弃、提升效益,需要对风电、光电系统配置相应的储能设备。

2. 新型能源存储技术优劣分析

当今社会的新型能源主要包括 3 种存储方式:物理储能、电化学储能和电磁储能,这些方法的选取与电力系统所处环境、工作需求等多种因素息息相关,不同方法的特点及限制也不相同。

物理储能中,如抽水蓄能储能、飞轮储能及压缩空气储能等,抽水蓄能储能虽受环境限制,但具有大容量、低成本、无污染、启动快等优势;飞轮储能受限于存储量、磁悬浮相关技术,目前应用范围较小;压缩空气储能建造成本低,但同样受限于环境,在存储效率上仍有上升空间。

电化学储能主要以电池为媒介,而电池在种类上分为铅酸电池、液流电池、锂离子电池等,其中铅酸电池使用较早,但在寿命、能量密度、环境保护上均有不足,虽然铅碳电池作为升级版产物克服了大部分缺点,但目前仍未广泛应用;液流电池将电解质储存于两处空间,通过运行泵推动电解质循环流动,可以控制电池的功率及容量,该电池兼具使用安全、稳定耐用等优势,但受限于材料及价格,未规模化使用;锂离子电池早期由于成本高、不安全等缺陷制约了其发展,近年随着新能源汽车的发展带动了锂离子电池的研究,成本低、利用率高、使用范围宽的锂离子电池是当下的研究热点。

电磁储能具有寿命长、功率大、启动快等优点,但受限于高温超导材料、不稳定电压,该存储技术使用范围较窄。

分析上述各种储能模式的特点可知,抽水蓄能储能具有大容量、低成本、无污染、启动快等优势,且其技术成熟、认可度高,因而被广泛应用于风/光电场的联合运行。

3. 建设抽水蓄能电站的重要性

抽水蓄能电站建设已有130多年的历史,是全球目前最为安全稳定、经济便捷、成熟可靠的储能方式之一。由于抽水蓄能电站具有启动迅速、削峰填谷的功能,可以有效应对风电、光电的不稳定特性,目前世界上已有抽水蓄能电站与风电、光电联合发电的项目,如在西班牙建成的联合风电和抽水蓄能发电的混合型电站,大幅改善了风电与用户匹配性低、不稳定的现象。从原理上进行分析,将抽水蓄能电站与风电、光电组合成整体进行发电的方式,利用抽水蓄能电站大容量、快响应及削峰填谷的特性能较好地抑制风电、光电中的不稳定因子,提高风电、光电的发电质量及比例,废弃现象也将大幅减少;此外,抽水蓄能电站的并入保障了电力系统的安全,对风电、光电发电质量和设备利用率有不同程度的增益效果。

抽水蓄能电站的重要性体现在各个方面,除了风电与光电外,对于火力发电及核电,抽水蓄能电站也有着不可取代的作用。早前需要进行调峰时,电厂需要进行限电以维持电力系统的持久运行;在采用抽水蓄能电站之后,得益于其削峰填谷的功能,电网调峰不再需要大量使用煤电机组,既节约煤矿资源又保护环境。以京津唐地区为例,为缓解电网的调峰压力,十三陵抽水蓄能电站应运而生,它为电网的可靠运行、社会的经济发展、地区的正常用电做出了大量贡献。在该电站建成运行前,京津唐地区拉闸限电共81 830次,其中北京地区为19 231次;京津唐地区拉闸限电负荷为114.91 GW,其中北京地区为22.99 GW;电站建成运行后,京津唐地区拉闸限电次数仅为电站建成前的1.18%,京津唐地区拉闸限电负荷仅为电站建成前的0.16%,而北京地区的拉闸限电次数及负荷均为0,十三陵抽水蓄能电站的效果可见一斑。

此外,抽水蓄能电站用于调频调相、黑启动及事故备用所带来的经济价值也达到了十分可观的程度。山东省的泰安抽水蓄能电站为国家级大型水电建设工

程，由4台同容量单级水泵水轮机组构成，总容量达1 GW，建成后部分年限的经济效益指标见表1.1。

表1.1　泰安抽水蓄能电站经济效益指标

指标	2004年	2005年	2006年
主营业务收入/万元	6 643.4	22 076.3	27 422.1
净利润/万元	−2 010.8	2 935.8	5 750.5
节煤效益/万元	12 380	10 400	14 910
调频、调相效益/万元	14 663.7	15 772.5	17 107.4
事故备用效益/万元	7 200	8 080	8 510

抽水蓄能机组配置一般占总装机容量的8%～15%为宜，至少应为7%。截至2020年底，我国现有的抽水蓄能电站与总电站相比，在装机容量上仅占1.4%，从比例上看与理论值还存在较大差距，维护电力系统的长久稳定依旧任重道远。经过长期建设与发展，国外的抽水蓄能电站目前已较为完善，如日本、美国及西欧各国的抽水蓄能电站在装机容量上均超过10%。结合当前市场对抽水蓄能机组的旺盛需求以及我国发展、建设的实际程度，水泵水轮机相关技术的研究与深化将成为今后的热点。

1.2.2　国外抽水蓄能电站的发展概述

国外的抽水蓄能电站具有悠久的发展历史，距今约140年前，瑞士第一大城市建成了全球首座抽水蓄能电站，它具有153 m的水位落差、515 kW的装机容量。早期社会的电力系统并不发达，其中火电与水电为主要供电来源，而常规水电站发电很大程度上受限于径流强弱，这也使得发电呈现出汛期过多、枯水期不足的现象；抽水蓄能电站在这一时期主要承担着蓄水储能、调节发电的任务，通过在汛期抽水储存富余电能、枯水期放水发电补充电能，实现了季调节的作用。

20世纪上半叶，抽水蓄能发展速度缓慢。截至1950年底，世界共建成抽水蓄能电站31座，主要分布于欧洲和美洲的若干国家。

20世纪50～60年代，抽水蓄能电站的建设初步开展，期间西欧国家在抽水蓄能电站建设中起着引领作用。20世纪60年代后期，美国迅速发展，成为抽水蓄能装机容量最大的国家。20世纪70～80年代为发展的黄金期，在此期间两度发生的石油危机使人们意识到燃油电站的局限性，抽水蓄能电站的建设成为当时调节负荷、储能利用的重要方式。

20世纪90年代，发达国家经济发展减缓，抽水蓄能电站装机容量年均增长率大幅下降，仅为2.75%，但在此期间日本大力发展抽水蓄能电站，抽水蓄能装机容量位居第一。

21世纪后，亚洲经济发展提速，印度及韩国等国亟须电力，抽水蓄能电站建设持续推进。截至2010年，全球抽水蓄能电站装机容量达135 GW，年增长率为1.71%；截至2020年，全球抽水蓄能电站装机容量为159.49 GW，年增长率为1.68%。

当下，国外抽水蓄能电站发展已经较为成熟，其中美、日、英、法、德等国的抽水蓄能电站在装机容量和抽蓄技术上最具代表性，电站也在单一的削峰填谷功能基础上添加了调频调相、事故备用等综合功能，为电力稳定贡献了重要作用。

1.2.3 我国抽水蓄能电站的发展概述

与国外的抽水蓄能技术发达地区相比，我国抽水蓄能电站的研究呈现时间晚、速度快的特点，其发展阶段主要可以概括为以下三个阶段。

1. 初始阶段——20世纪60年代后期至20世纪80年代后期

我国虽然是世界上水能资源最丰富的国家，但在空间分布上以西北和西南地区较为集中，而以东北、华北和华东等地较为短缺。为缓解电网负荷调节问题，我国开展了抽水蓄能电站的交流与研究，并于20世纪70年代左右建成两座小型混合式抽水蓄能电站，这些电站装机容量不高，在10～20 MW范围内。由于对抽水蓄能电站在电力系统的作用理解尚浅，此阶段抽水蓄能电站建设并未得到高度重视，发展缓慢。

2. 发展阶段——20世纪90年代初期至21世纪初期

20世纪80年代中后期，我国的生产总值持续上升，经济发展持续提速，电力系统持续扩大，抽水蓄能行业迅速发展。部分地区水能资源受限，无法大规模开展常规水电建设，电网在发电比例上侧重于火电；但同时，此类电网缺乏一种经济便捷的调节负荷措施，多依靠拉闸断电进行系统保护。针对火电主导型电力系统，建设抽水蓄能电站进行负荷调节成为此阶段的主流思潮。

在综合考量了电力能源的重整优化和电力系统经济稳定运行的需求之后，我国相关部门迅速开展了对水能资源的大面积调查，为今后抽水蓄能电站的开发制订了合理的计划，指明了前进方向。20世纪90年代初，河北潘家口建成270 MW容量的混合式抽水蓄能电站并投入运行，这一时期我国对于发展抽水蓄能电站的热情首次达到顶峰。随后，我国先后建成了多座大型抽水蓄能电站，

如广州抽水蓄能电站一期、浙江天荒坪抽水蓄能电站等；在 20 世纪初，如张河湾、白莲河等大型抽水蓄能电站的建设也提上了日程。

3. 现阶段——21 世纪初期起

新时期，随着政府相关扶持政策的出台以及电力产业的迅速发展，我国对于抽水蓄能电站的开发依旧热切，建设速度相较于初期也有了显著提高。2005～2014 年，我国完成了华北、华东和华南等地总计 15 座抽水蓄能电站的建设，总装机容量约占全国抽水蓄能总装机容量的 72.5%。截至 2020 年底，我国抽水蓄能电站投产规模已超 3 000 万 kW，投产及在建规模均居世界榜首。

1.3　水泵水轮机的稳定性研究

作为抽水蓄能电站的重要部件，水泵水轮机以绿色环保、可循环利用的水能资源为介质，是维护电网安全、实现双碳目标的重要设备。作为全球人口第一大国，不管是在居民用电还是在工业用电上，我国均有较大需求；而作为全球水能资源第一大国，我国积极开发常规水电站和抽水蓄能电站，水电技术发展至今日趋成熟。随着我国抽水蓄能电站规模的不断提高，与之匹配的水泵水轮机在优化设计、生产制造、运行维护等方面均处于全球顶尖行列。

1.3.1　水泵水轮机的发展限制

1. 设计缺陷

对于水泵水轮机的设计，受限于水泵工况下的高效区，以往通常采用水泵工况设计、水轮机工况校核的方式完成相关水力设计。运行过程中，水泵水轮机需要在两种模式间来回切换，在水轮机工况下产生“S”特性以及在水泵工况下产生驼峰特性(hump characteristic)，对设备寿命、系统安全造成严重影响。

在设计时考虑到水泵与水轮机的高效区不完全重合，为了尽量提升水泵水轮机的综合性能，转轮常呈现径向流道长、飞逸速度小的特点，而所谓“S”特性，是机组全特性曲线上的一段反 S 形曲线。如图 1.2 与图 1.3 所示，在水轮机工况下，随着转速的增加水泵水轮机等开度线显著下降，达到飞逸转速后水流受惯性影响容易进入制动区，使等开度线朝转速减小的方向移动，反 S 形曲线上半段形成；惯性继续作用使得水流进入反水泵区，此时转速不降反升，反 S 形曲线下半段形成。由于“S”特性在产生过程中，制动区和反水泵区交替处等开度线密集，流量存在正负变化，受力情况复杂，因此应该尽量避免。

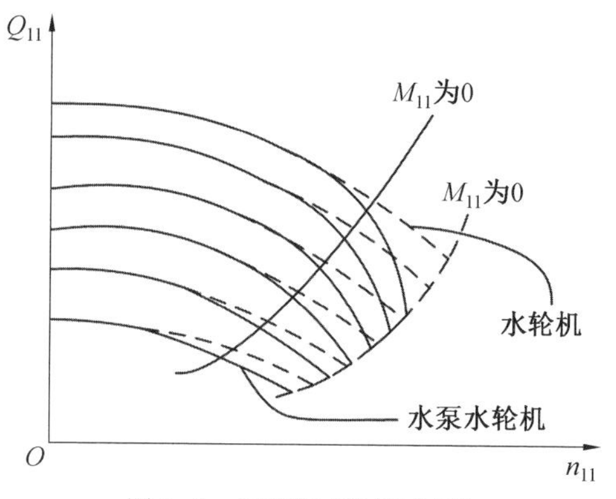

图 1.2　开度线(高转速区)

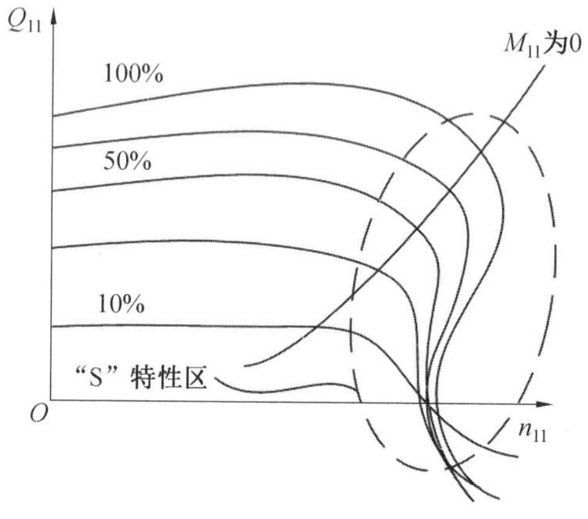

图 1.3　水轮机工况"S"特性区示意图

如图 1.4 所示，在水泵工况下运行时，正常情况下，观察泵工况特性曲线与管路特性曲线仅存在一个交点且此处特性曲线的斜率为负；驼峰区下，观察到两

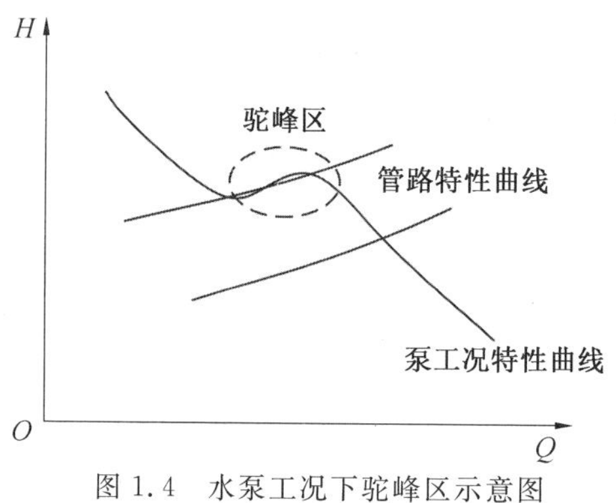

图 1.4　水泵工况下驼峰区示意图

者存在两个或三个交点且某处特性曲线的斜率为正。处在驼峰区时，机组的不稳定加剧，应该加以改善。

2. 技术难点

水泵水轮机的发展并不是一帆风顺的，在追求比转速、水头、容量的过程中，仍存在部分尚未攻克的技术难点。

首先，比转速的增加会加剧水轮机转轮处的汽蚀，需要通过增加掩埋深度加以改善，从而增加建设成本。

其次，水头的提高对单级水泵水轮机的效率、抗气蚀性能、过渡过程均不利。受限于水泵水轮机的结构强度，目前水头的提高存在一定限度。

最后，容量的增大提升了施工建设的难度，大型水泵水轮机中的转轮、座环、底环等结构需要多批次加工并在安装现场进行组装，长期运行可能产生转轮裂纹等有害现象，降低机组的使用寿命。

1.3.2　水泵水轮机的研究现状

1. 国外研究现状

作为抽水蓄能电站的发源地，国外的抽水蓄能电站建设历史悠久、技术成熟；随着现代试验测试技术的发展以及数值模拟技术的进步，对于水泵水轮机等核心部件的研究也在不断细化。

随着抽水蓄能电站规模的扩大，混流式水泵水轮机是当今研究热点，而其中高水头水泵水轮机由于技术不够成熟而受到广泛关注。20 世纪 80 年代起，日本开始研究大型水泵水轮机，至今拥有较多的研究成果。在振动与应力研究上，吉田正博表示机组结构的稳定性对于高水头水泵水轮机的转轮设计影响较大；在水力性能研究上，Na－Kanmmt 借助计算流体力学技术，通过对高水头水泵水轮机的转轮出口、下环形线进行合理调整，使得空化特性、压力脉动得到了优化。

2. 国内研究现状

我国相关研究起始于 20 世纪 60 年代后期，耗费时间短但发展迅速，尤其是从 21 世纪初开始，国家大力发展与抽水蓄能电站配套的水泵水轮机，汇聚了一批全面而翔实的研究成果，涵盖模型优化、过渡过程等。在过渡过程中，杨建东通过提取原型水泵水轮机在过渡过程中的压力脉动，探究带负荷与甩负荷情况下进出口典型位置处的脉动组成及强度规律；在模型优化上，郭彦峰根据全特性试验，汇总了模型水泵水轮机中的技术要点，并对试验中出现的不稳定区域提出了改进方法，在实践中取得了良好的结果。

1.3.3 水泵水轮机稳定性研究的必要性

随着水轮机向大型化、高水头、高效率发展，水轮机的稳定性问题已成为制约水轮机发展的重要因素。对于常规的水轮机，存在尾水管涡带、液流通过导叶和叶片形成的卡门涡，叶片和导叶相对运动产生的动静干涉，叶片进水边流动分离产生的叶道涡及翼型空化等不稳定流动；对于水泵，存在流动分离、叶轮进口吸力面空化、旋转失速、叶轮进口回流、动静干涉等不稳定现象；与之对应的，水泵水轮机兼有水泵、水轮机的不稳定现象，加之自身运行需要频繁变换工况的特殊性，产生了许多新问题，包括驼峰区特性、"S"特性及其他过渡过程动态不稳定性问题。

抽水蓄能电站对于当今社会意义重大，除了在电力系统中承担削峰填谷的任务外，对于不稳定的风能、太阳能等绿色能源的并网发电也有着不可替代的作用。因此，为了电网高效、稳定运行，深入研究水泵水轮机的不稳定性并进一步发展抽水蓄能技术，是该领域当下重点研究方向之一。

第2章

水泵工况驼峰特性形成机理

本章概述了驼峰特性的形成机理，并针对性地开展了驼峰特性试验研究及数值模拟研究。通常在水泵水轮机的水泵工况下高扬程小流量区范围内存在驼峰特性，机组在驼峰区运行时产生很大噪声并伴随较强的振动，致使机组不能正常启动，严重时会破坏整个机组。为此，本章选取我国目前单机装机容量最大的抽水蓄能机模型开展了驼峰特性及驼峰区压力脉动特性研究，着重分析了13 mm、19 mm和25 mm不同活动导叶开口(GVO)下驼峰特性形成及变化规律，结果表明活动导叶开口不影响驼峰区发生位置，但会影响伴随的迟滞效应；同时，利用数值模拟方法研究驼峰特性及迟滞效应的产生机理，并探讨了导叶开口、空化等因素对驼峰特性的影响机理，研究结果为合理规划导叶开关规律、避开驼峰区工况点提供了理论依据。

水泵水轮机不可能同时保证两种运行工况都处于最优性能范围，因此在设计过程中必须侧重一个工况，综合考虑另一个工况。由于水泵工况的工作条件比较难满足，属于减速增压流动，易发生流动分离及空化现象，一般在工程设计中保证水泵工况在最优范围内运行，通过水轮机工况进行验证。实践结果表明采用这种方法设计的水泵水轮机在大部分运行区域效率较高，运行稳定。然而在水泵工况扬程特性曲线上高扬程小流量区域存在不稳定区域，曲线形状类似于马鞍形，常称为驼峰区；驼峰区是水泵水轮机特有的两个不稳定性之一，是制约水泵水轮机发展的主要难题，因此驼峰不稳定特性的产生机理和抑制方法成为水泵水轮机领域的研究热点和难点。

2.1 水泵工况驼峰特性问题描述

在水泵工况下，$E_{nD} \sim Q_{nD}$ 特征曲线的斜率在有限的流量系数范围内是正的（图 2.1），其中 $E_{nD}=\frac{E}{n^2D^2}$ 代表能量系数，$Q_{nD}=\frac{Q}{nD^3}$ 代表流量系数（Q 为水泵工况流量）。文献中也可查阅到扬程和流速之间的特征曲线 $H \sim Q$。图 2.2 给出了水泵启动阶段的一种极端情况，管道特征从 40%～50% 区间，在导叶开度处通过正斜率区域。它不会按照拟定的运行顺序通过 $A \to B \to C \to D \to F$，而可能由于存在正斜率而沿着 $A \to B \to C \to D \to E$ 顺序。

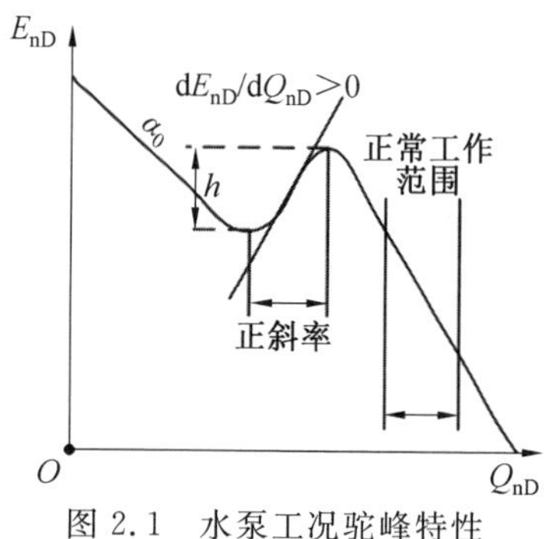

图 2.1　水泵工况驼峰特性

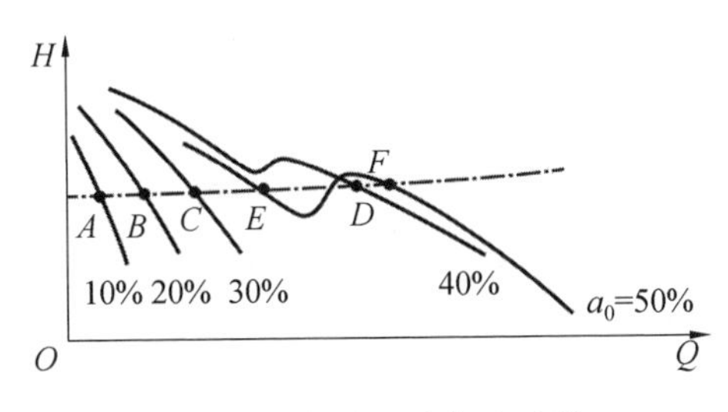

图 2.2　水泵工况启动过程

关于正斜率的安全裕度，尽管正斜率存在于多个导叶开度固定的水泵性能曲线中，一般将最高水泵扬程点所在的水泵性能曲线用于评估安全裕度。在电网频率震荡范围为$(f-\Delta f_1, f+\Delta f_2)$时，水泵水轮机运行扬程范围内水泵性能曲线和等效管道特性如图 2.3 所示。一般，比率值规定为扬程安全余量 H_{sm} 与最大工作扬程的比率，即 H_{sm}/H_{max}。我国规定的比率值不少于 2%，对应于 49.8～50.5 Hz 的电网频率震荡。我国不同抽水蓄能电站的模型验收试验中使用了不同的比率值，例如，宝泉和响水涧为 3%，而黑麇峰为 4%等。

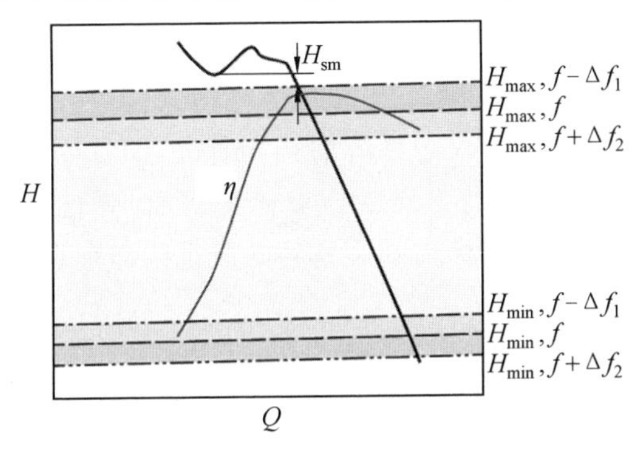

图 2.3　水泵驼峰区的安全余量

对于水泵工况扬程特性曲线在小流量区范围内存在驼峰区的问题，通常的解决方法是在电站设计时将水泵的正常运行范围选在驼峰区以外。即便如此，在高水位或者电网低倍频率时仍然避不开驼峰区。通常在经历驼峰区时，机组产生很大噪声并伴随较强的振动，表现为流量不足，产生激烈的水压波动，虽然活动导叶开口增大，但是机组并未越过驼峰区。图 2.4 所示为某一水泵水轮机水泵工况启动经历驼峰区的过程，水泵工况活动导叶开口从 0 mm 逐渐增大，当开口达到11 mm时运行工况点为 A，到 13 mm 时运行工况点为 B，到 15 mm 时运行工况点为 C，由于 C 点位于 15 mm 活动导叶开口驼峰区内，此时若流量有少量的减小，则水泵扬程降低，系统的压差阻力大于水泵的输出扬程，由于水压的振荡又跳回 D，致使机组不能正常启动。这个过程可能导致机组输入功率剧烈摆动及输水系统的震荡，严重时可能破坏机组和相应的输水系统。

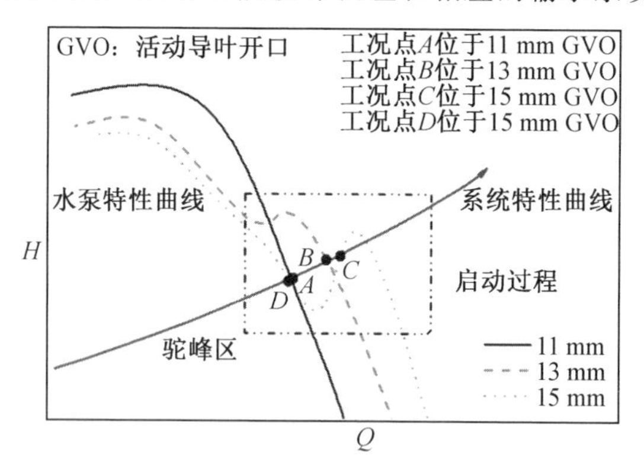

图 2.4　水泵工况运行驼峰区域示意图

驼峰特性常常伴随迟滞效应，如图 2.5 所示。当进行水泵能量试验时，运行工况点从大流量到小流量所获得的能量特性曲线与从小流量到大流量在驼峰区出现明显的差异，驼峰特性谷峰值出现偏移，形成迟滞环，产生迟滞效应。迟滞效应是指物理系统的状态，不仅与系统的输入有关，而且因其输入过程的路径不同而产生不同的结果。常见的迟滞效应有磁滞现象、弹性迟滞以及电迟滞效应等。有趣的是，在旋转机械流体流动中这种效应也同样存在。

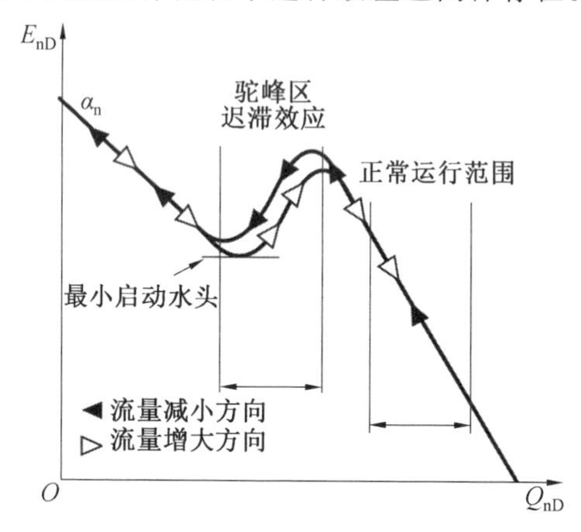

图 2.5　驼峰区迟滞效应

然而，水力机械中的这种迟滞效应比较罕见，对其形成机理的研究也极少。目前对驼峰特性的形成机理没有统一的解释，伴随迟滞效应的机理更是不清楚，

主要原因是:①试验条件有限,目前在我国只有包括哈尔滨大电机研究所的几家单位能完成水泵水轮机模型试验;②关于驼峰区伴随的迟滞效应的研究较少。随着我国电网结构调整,抽水蓄能技术需要更好的灵活性、更宽的范围和更高的可靠性。此外,水泵水轮机不断向高扬程、高转速和大容量发展,使得水泵工况的驼峰不稳定性更加突出,而迟滞效应的存在大幅增大了驼峰不稳定性区域。因此,驼峰区迟滞效应的研究对于水泵水轮机安全稳定运行具有重大工程实际意义,同时也具有较高的科学价值。

2.2　典型水泵水轮机驼峰区特性试验研究

由于真机运行费用较高,很难进行真机试验,因而水泵水轮机模型试验成为高效经济的方法。通过模型试验,然后利用相似准则即可把模型试验结果换算成真机数据。本书选取水泵水轮机模型,并采用开发的测试系统在 13 mm、19 mm和 25 mm 活动导叶开口下进行驼峰特性能量和压力脉动试验研究,以分析驼峰区迟滞效应的形成并获得压力脉动特性变化规律。

2.2.1　试验台简介

根据我国某抽水蓄能电站水泵水轮机模型,按 1∶9.27 比例从原型机缩放获得试验模型,如图 2.6 和图 2.7 所示,原型机为立轴、单级、混流可逆式,其额定值及主要参数见表 2.1。50 Hz 发电电机通过主轴法兰直接连接,水轮机工况在俯视时以顺时针方向旋转,水泵工况在俯视时以逆时针方向旋转。

图 2.6　可逆式水泵水轮机模型

图 2.7　水泵水轮机模型转轮

表 2.1 原型机额定值及主要参数

参数	符号	参数值	注
额定转速/($r \cdot min^{-1}$)	n_r	375	
水轮机工况额定扬程/m	H_r	447	
水轮机工况额定出力/MW	P_r	382.7	
转轮进口直径/m	D_{1p}	4.86	水轮机工况
转轮出口直径/m	D_{2p}	2.54	水轮机工况
水泵工况最大毛扬程/m	H_{gp}	497	
额定频率/Hz	f	50	

试验在哈尔滨大电机研究所通用Ⅳ号试验台上进行，其为封闭循环多功能试验台，其示意图如图 2.8 所示，可进行水轮机、水泵水轮机和水泵的各项性能试验。其具体功能有效率、空化、飞逸、压力脉动、蜗壳压差、轴向力、径向力、导叶水力矩以及水泵水轮机四象限试验。模型测试试验台如图 2.9 所示，具体参数见表 2.2，包括最高试验扬程 H_{max}、最大流量 Q_{max}、转轮直径(D)范围等。试验台电气控制系统通过 PLC 控制技术实现，如图 2.10 所示。

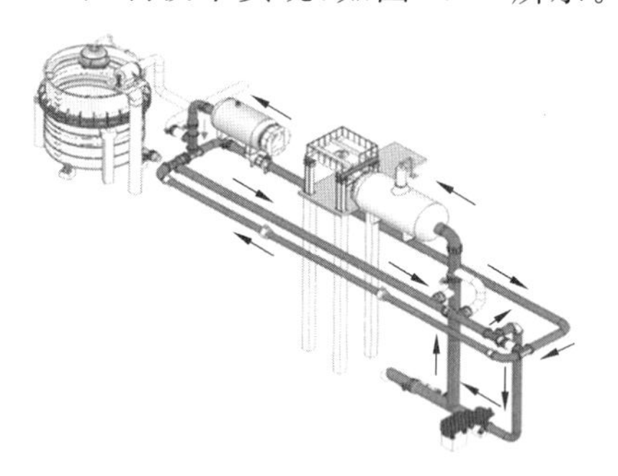

图 2.8 水力机械通用试验台示意图

图 2.9 模型测试试验台

表 2.2　模型测试试验台参数

参数名	参数值
最高试验扬程/m	80
最大流量/($m^3 \cdot s^{-1}$)	0.8
转轮直径范围/m	0.3～0.6
测功机功率/kW	750
测功机转速/($r \cdot min^{-1}$)	0～3 000
供水泵电机功率/kW	750
流量校正筒容积/m^3	150
水库容积/m^3	4 000
试验台综合效率误差/%	≤0.20

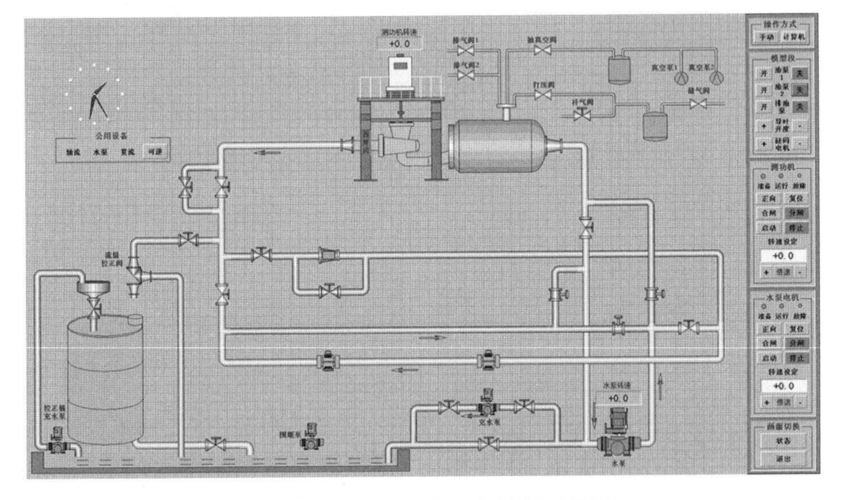

图 2.10　水力试验台电气控制系统图

试验台装有高精度的流量传感器、差压传感器、绝压传感器、力矩传感器等原位标定系统，各试验参数的测量精度和运行稳定性满足国标(GB)和国际标准委员会标准(IEC)有关规程的要求。

扬程和尾水传感器采用美国某公司生产的 3051 型差压和绝压传感器，测试精度达到 0.075%，如图 2.11 所示。力矩传感器采用德国赛多利斯公司的传感器，测试精度为 0.04%，如图 2.12 所示。力矩传感器垂直安装以保证力的完全传递，力传感器测得的作用力乘以相应的力臂即获得作用力矩，对力传感器的标定由作用于托盘上的标准砝码的质量与传感器的输出电量确定，差压和力矩传感器标定结果分别如图 2.13 和图 2.14 所示，力矩标定砝码如图 2.15 所示。

转速传感器采用日本某公司生产的MP－981型转速传感器，对齿数为120的测速尺盘进行测速，如图2.16所示；系统产生的电脉冲信号直接进入数据采集系统和数据处理软件进行计算。根据IEC 60193的要求，试验台对测速系统利用测功机进行盘车检查脉冲计数值的方式进行检查，该传感器检定的不确定度为±0.06％。

图2.11　差压和绝压传感器

图2.12　力矩传感器

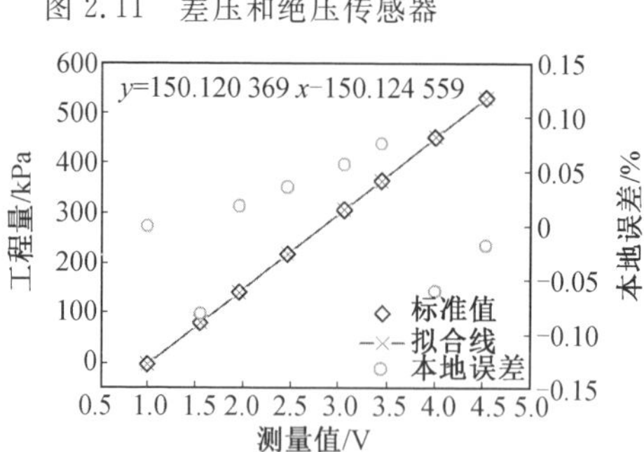

图2.13　差压传感器标定结果

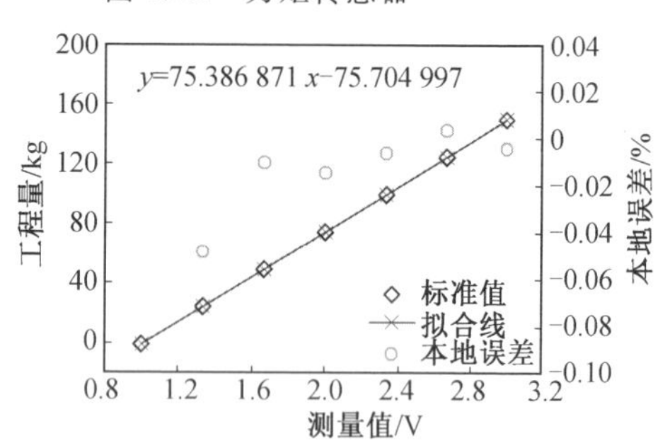

图2.14　力矩传感器标定结果

图2.15　力矩标定砝码

图2.16　转速传感器

2.2.2　驼峰区外特性研究

若质量流量为Q，转轮力矩为T，能量为gH，则根据IEC采用以下公式进行无量纲化：

$$E_{nD}=\frac{gH}{n^2D^2} \tag{2.1}$$

$$Q_{nD}=\frac{Q}{nD^3} \tag{2.2}$$

$$T_{nD}=\frac{T}{\rho n^2D^5} \tag{2.3}$$

式中　E_{nD}——能量系数；

Q_{nD}——流量系数；

T_{nD}——力矩系数。

13 mm、19 mm和25 mm活动导叶开口的外特性曲线如图2.17所示。对于能量特性曲线，从图2.17可以看出，对于13 mm活动导叶开口工况，在流量减小(FDD)方向上，能量下降出现在$Q_{nD}=0.475$位置处，驼峰最低点出现在$Q_{nD}=0.462$位置处，能量系数下降为0.463；在流量增大(FID)的方向上，能量下降出现在$Q_{nD}=0.531$位置处，驼峰最低点出现在$Q_{nD}=0.487$位置处，能量系数下降为0.07。对于19 mm活动导叶开口工况，在流量减小方向上，能量下降出现在$Q_{nD}=0.477$位置处，驼峰最低点出现在$Q_{nD}=0.463$位置处，能量系数下降为0.281；在流量增大方向上，能量下降出现在$Q_{nD}=0.543$位置处，驼峰最低点出现在$Q_{nD}=0.497$位置处，能量系数下降为0.187。对于25 mm活动导叶开口工况，在流量减小方向上，能量下降出现在$Q_{nD}=0.50$位置处，驼峰最低点出现在$Q_{nD}=0.462$位置处，能量系数下降为0.328；在流量增大方向上，能量下降出现在$Q_{nD}=0.507$位置处，驼峰最低点出现在$Q_{nD}=0.458$位置处，能量系数下降为0.019。除此以外，在25 mm活动导叶开口工况下，在流量增大方向上均出现第二个驼峰曲线，但是该驼峰现象不是十分明显。

对于三种活动导叶开口能量特性，当流量系数$Q_{nD}=0.4\sim0.5$时，在流量增大和减小方向上出现不同程度的驼峰，并伴随着明显的迟滞效应，而且驼峰区从波峰下降到波谷的幅值在流量减小方向明显高于流量增大方向，驼峰区的谷峰位置出现了明显的偏移，且在流量增大方向上向最优点偏移。

在实际的模型验收试验中，驼峰裕度的选择通常没有考虑这种迟滞效应，致使有些驼峰裕度的选取不够合理。因此通过试验研究可知，在模型验收试验中应该综合考虑流量增大和减小方向上驼峰特性的差异来合理选择驼峰裕度。

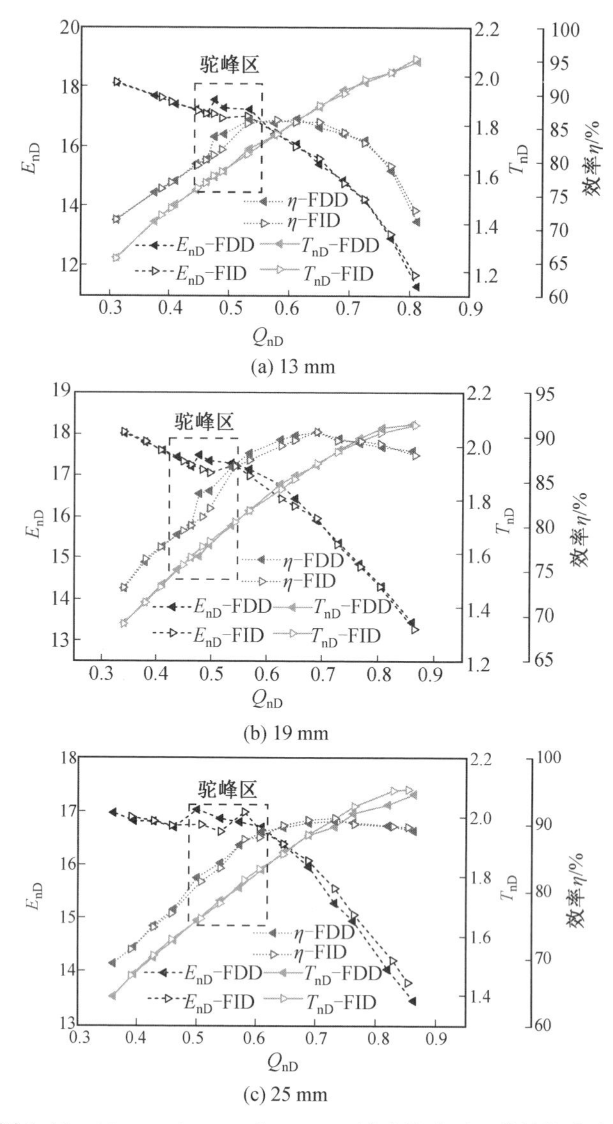

图 2.17 13 mm、19 mm 和 25 mm 活动导叶开口外特性曲线

对于力矩特性曲线,三个活动导叶开口工况下的力矩系数在流量增大和减小方向上重合较好,仅在 19 mm 活动导叶开口工况时,在驼峰区出现较小差异,在流量减小方向上出现拐点。从试验来看,能量曲线在驼峰区内出现凹陷,但是凹陷程度较小,因此力矩特性对驼峰特性影响较小,具体影响将在后面章节进行详细探讨。

对于三种活动导叶开口效率特性曲线,在相应的驼峰区出现明显的驼峰现象并伴随着迟滞效应。由于效率是由流体通过水泵水轮机所获取的能量和转轮

提供的力矩之比获得的，而力矩特性没有明显的驼峰现象和迟滞效应，因此效率特性的变化趋势和能量特性基本一致。水泵水轮机运行于驼峰区内时，从峰值点到波谷点，效率急剧下降。在 13 mm 活动导叶开口工况下，在流量减小方向上，效率下降 3.35%，在流量增大方向上，效率下降 0.8%；在 19 mm 活动导叶开口工况下，在流量减小方向上，效率下降 3.54%，在流量增大方向上，效率下降 4.67%；在 25 mm 活动导叶开口工况下，在流量减小方向上，效率下降 4.68%，在流量增大方向上，效率下降 4.29%。可以看出，在流量减小方向上，效率下降幅度明显高于流量增大方向，该分析结果与能量特性一致，在流量减小方向上驼峰特性明显高于流量增大方向，这是由于相对于流量增大方向，在流量减小方向上，驼峰区离该开口最优效率点较远。

为了验证试验的准确性，对活动导叶开口为 13 mm 的工况在流量减小和增大两个方向上进行重复试验，以确认驼峰区的出现并非偶然性，试验结果如图 2.18 所示。试验结果显示驼峰区具有较好的重复性，在流量增大和减小方向上，驼峰区波峰点和波谷点完全重合，迟滞环也完全重合。除此之外，力矩和效率特性曲线的两次试验结果也有较好的重复性。因此，在该水泵水轮机的水泵工况，驼峰区的产生及其伴随的迟滞效应并非偶然现象，也不是由试验误操作产生的，而是该模型固有的特性。

从技术定义上来看，通常产生驼峰现象有两个原因：一是欧拉扬程（$\Delta C_u \cdot U$），其为输入参数，即转轮旋转对流体做的功，主要与流体的进口液流角和出口液流角有关；二是水力损失，包括摩擦损失、碰撞损失以及由流动分离、回流和旋转失速等各种不良流动产生的损失。驼峰区出现不稳定现象，即能量下降（扬程降低），是两者共同作用的结果。

欧拉扬程（$\Delta C_u \cdot U$）是圆周速度（U）和绝对速度在圆周方向的分量（C_u）的乘积在进出口的差值。当转速一定时，进出口圆周速度一定，绝对速度在圆周方向上的分量取决于进出口相对液流角（β）的大小。对于试验研究，欧拉扬程可根据式（2.4）计算，欧拉能量系数 $E_{nD-Euler}$（流体所获得能量）可由式（2.6）计算获得，水力损失系数 $E_{nD-loss}$ 可由式（2.7）计算获得，即

$$\Delta C_u \cdot U = C_{u2} \cdot U_2 - C_{u1} \cdot U_1 = \frac{T \cdot \omega}{Q} \tag{2.4}$$

$$\frac{\Delta C_u \cdot U}{g} = H_{Euler} - H_{loss} \tag{2.5}$$

$$E_{nD-Euler} = \frac{\Delta C_u \cdot U}{n^2 D^2} = \frac{T \cdot \omega}{Q n^2 D^2} \tag{2.6}$$

$$E_{nD-loss} = E_{nD-Euler} - E_{nD} \tag{2.7}$$

式中　ω——角速度；

　　　g——重力加速度；

H_{Euler}——欧拉扬程；

H_{loss}——损失扬程。

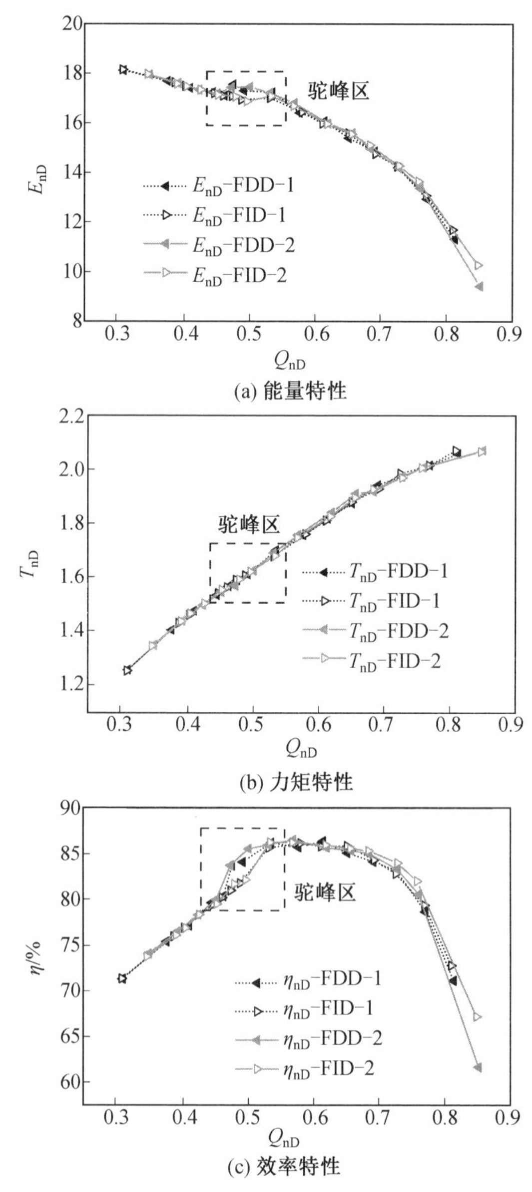

(a) 能量特性

(b) 力矩特性

(c) 效率特性

图 2.18　13 mm 活动导叶开口外特性重复试验

该模型在 13 mm、19 mm 和 25 mm 活动导叶开口工况下，流量增大和减小方向上的能量获得系数以及能量损失系数如图 2.19 所示。其中，Q_{BEP} 表示效率

最优工况流量，Euler－FDD 表示欧拉能量系数在流量减小方向的变化，Net－FDD 表示能量获得系数在流量减小方向的变化，loss－FDD 表示水力损失系数在流量减小方向的变化，Euler－FID、Net－FID、loss－FID 依此类推。对于所有的活动导叶开口工况，由于转轮旋转做功，流体所获得的总能量系数在两个方向上基本一致，只有在驼峰区内能量系数出现凹陷，这表明在驼峰区内由于转轮进出口流动的改变，欧拉能量上升趋势有所改变，具体如何改变将在第 3 章结合数值模拟进行详细的讨论。除此之外，仅 19 mm 活动导叶开口工况下，驼峰区在流量增大和减小方向上出现微小的差距。

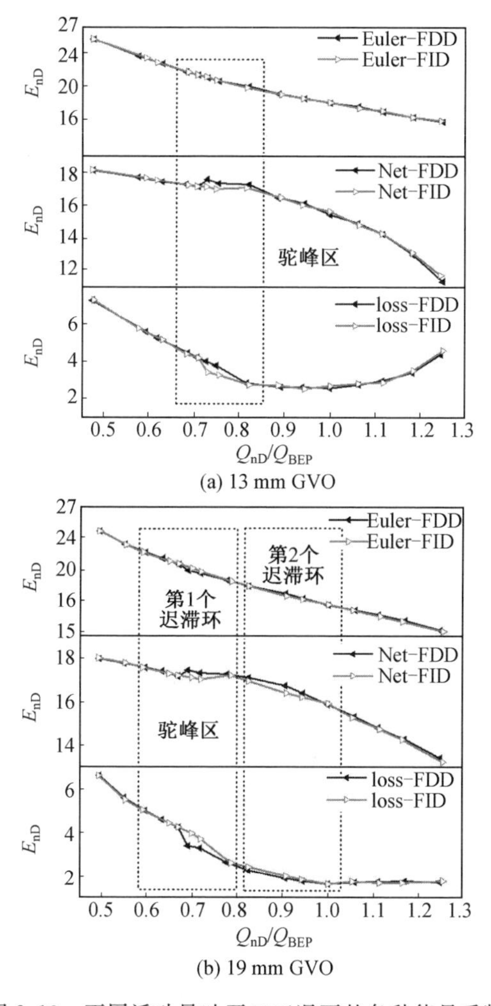

图 2.19　不同活动导叶开口工况下的各种能量系数

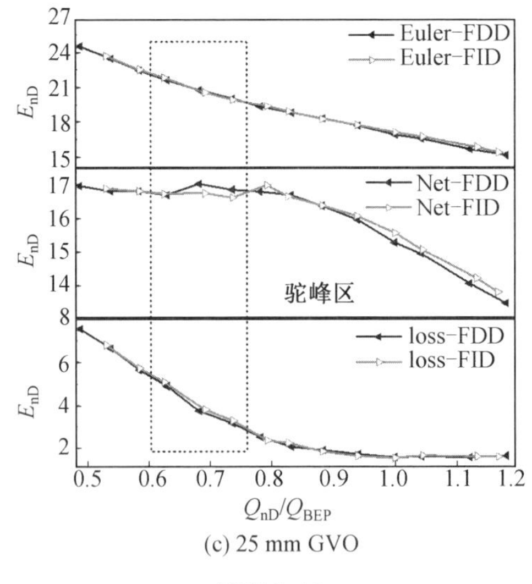

(c) 25 mm GVO

续图 2.19

对于各个活动导叶开口工况，驼峰区内的能量损失系数在流量增大和减小方向上出现了明显的不同，可以观察到明显的迟滞效应，流量增大方向上的损失明显高于流量减小方向。对于每个开口工况，从驼峰波峰点到波谷点，水力损失急剧增加。

从欧拉能量和水力损失系数变化规律可知，水泵水轮机这种驼峰不稳定现象是欧拉能量和水力损失共同作用的结果，而且水力损失占主要作用。但是两者之间是否存在耦合作用，即欧拉能量的减小有可能促进损失的增加，而损失的增加也可能反作用于欧拉能量的改变，这部分内容将在数值模拟部分进一步探讨。

在水泵运行过程中，转速一定，流量一定，流体所获得的能量一定。图 2.20 对比了 13 mm、19 mm 和 25 mm 不同活动导叶开口工况下的能量系数对比。

从图 2.20(a)可以看出，在高负荷区，对于不同开口工况，流体所获得能量的变化趋势一致；在低负荷区，25 mm 活动导叶开口时获取的能量明显高于 13 mm 和 19 mm 开口，但是对于 13 mm 和 19 mm 活动导叶开口，获得能量的特性变化曲线基本一致。从图 2.20(b)可以看出，不同活动导叶开口工况，存在不同的流动损失。13 mm 和 19 mm 活动导叶开口时，在低负荷区损失随流量变化的曲线基本一致，然而在高负荷区，13 mm 活动导叶开口时的损失明显增加；19 mm 和 25 mm 活动导叶开口时在高负荷区损失变化基本一致，但是在低负荷区，25 mm 活动导叶开口时的损失明显增加。可以总结为，在低负荷区，25 mm 大活动导叶开口时损失最大；在高负荷区，13 mm 小活动导叶开口时损失最大。而且可以看

出，对于不同活动导叶开口工况，驼峰区发生的位置几乎一致。但是活动导叶开口对于驼峰特性和迟滞特性的影响通过试验研究仍不能确定，需要结合数值模拟进行详细分析。

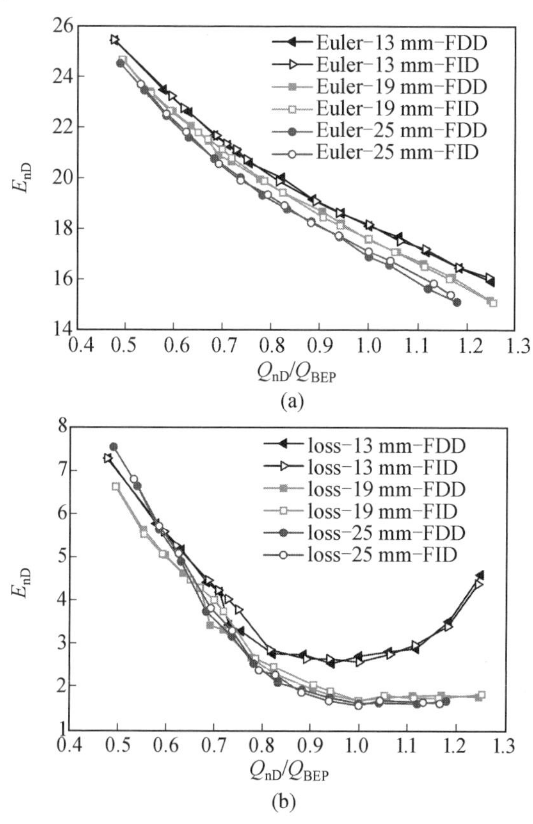

图 2.20　不同活动导叶开口工况下的能量系数对比

2.2.3　驼峰区脉动特性研究

从以上试验研究可以发现水力损失是产生驼峰特性和迟滞效应的主要原因，但是主要由哪部分损失所导致至今尚不清楚。在试验过程中，当水泵水轮机运行于驼峰区时，机组会产生异常的振动并伴随着轰鸣声，因此驼峰特性的产生可能与异常的压力脉动有关，异常的压力脉动导致损失的增加。同时，在相关文献中也有学者通过数值模拟和试验得出驼峰形成与无叶区中的旋转失速有关，然而压力脉动特性与驼峰不稳定性及其伴随的迟滞效应之间随导叶开口变化的关系，至今为止还没有相关的研究。本节通过对该模型 13 mm、19 mm 和25 mm 活动导叶开口工况进行压力脉动试验，获得不同工况、不同测点的压力脉动时域信号(x_n),通过快速傅里叶变换(FFT)、互功率谱分析等方法获得驼峰特性及伴随的迟滞效应与压力脉动的关系。

对整个流道进行分析,在蜗壳进口(SC1)、固定导叶之间(SV1)、导叶与转轮之间(RG1、RG2)、活动导叶之间(GV1 和 GV2)、顶盖(TC1)、下环(BS1)、锥管内外侧(CT1、CT2)以及肘管内外侧(ET1、ET2)共设置 12 个监测点,如图 2.21 所示。

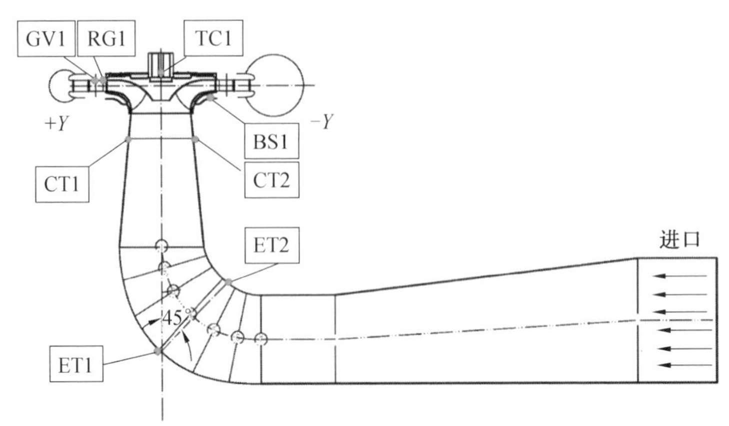

(a) 压力脉动试验监测点正视图

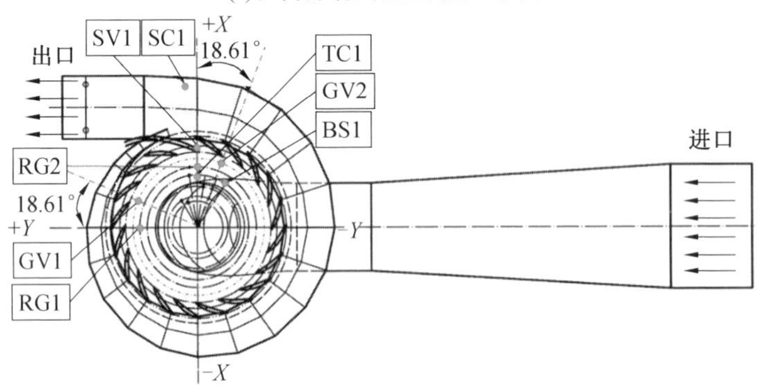

(b) 压力脉动试验监测点俯视图

图 2.21 压力脉动试验监测点

在进行压力脉动分析时,压力系数根据式(2.8)定义,压力脉动的标准差可根据式(2.9)获得,标准差定义为各个数据与其平均数偏差平方的算术平均数的平方根,用其来表征各个测点脉动的程度。

$$C_p=\frac{p-\bar{p}}{\frac{1}{2}\rho U_2{}^2}\times 100\% \tag{2.8}$$

$$\widetilde{C}_{p}=\frac{1}{\frac{1}{2}\rho U_{2}{}^{2}}\sqrt{\frac{1}{N}\sum_{i=1}^{N}(p_{i}-\bar{p})^{2}} \tag{2.9}$$

式中　C_p——压力系数；

$\widetilde{C}_p$——压力系数标准差；

p——压力脉动信号值；

$\bar{p}$——压力脉动平均值；

ρ——密度；

U_2——叶轮出口圆周速度。

图 2.22 所示为 13 mm 活动导叶开口工况下各个测点压力脉动标准差，图中圆圈的大小用来表示标准差的值。在无叶区（RG1、RG2）、活动导叶（GV1 和 GV2）和固定导叶（SV1）中，标准差值明显高于其他测点，与肘管测点相比，压力脉动幅值之差可达到 60 倍，因此对 5 个测点的圆圈标尺放大 4 倍，即同样尺度的圆圈在无叶区和固定导叶处测点压力脉动幅值是其他测点的 4 倍，如图 2.22(e)～(i)所示。

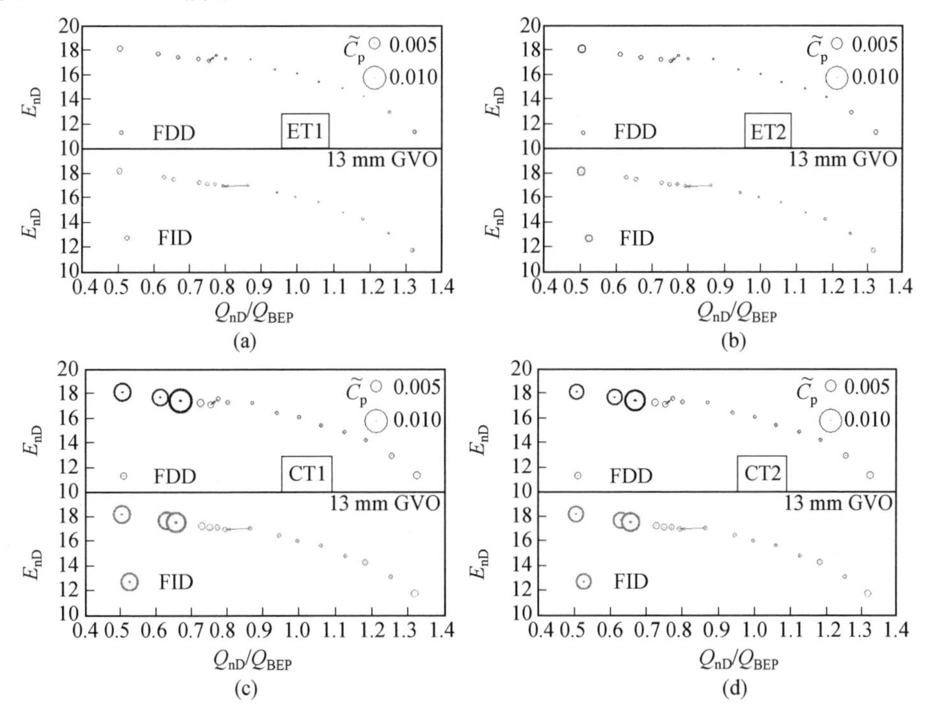

图 2.22　13 mm 活动导叶开口工况下各个测点压力脉动标准差

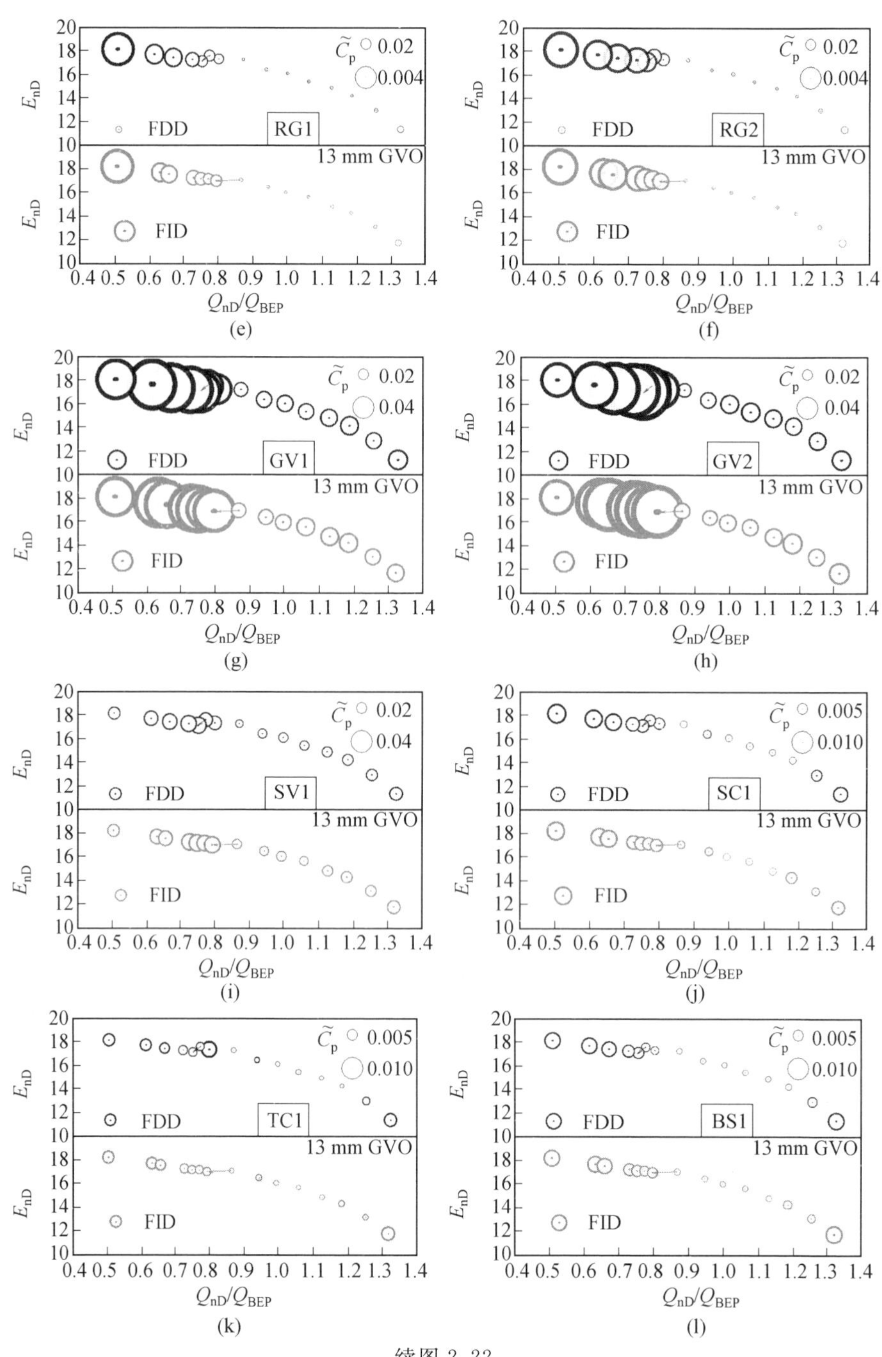

E_{nD}
$\widetilde{C}_p$ 0.02
0.004
FDD
RG1
13 mm GVO
FID
Q_{nD}/Q_{BEP}
(e)
RG2
(f)
0.04
GV1
(g)
GV2
(h)
SV1
(i)
0.005
0.010
SC1
(j)
TC1
(k)
BS1
(l)

续图 2.22

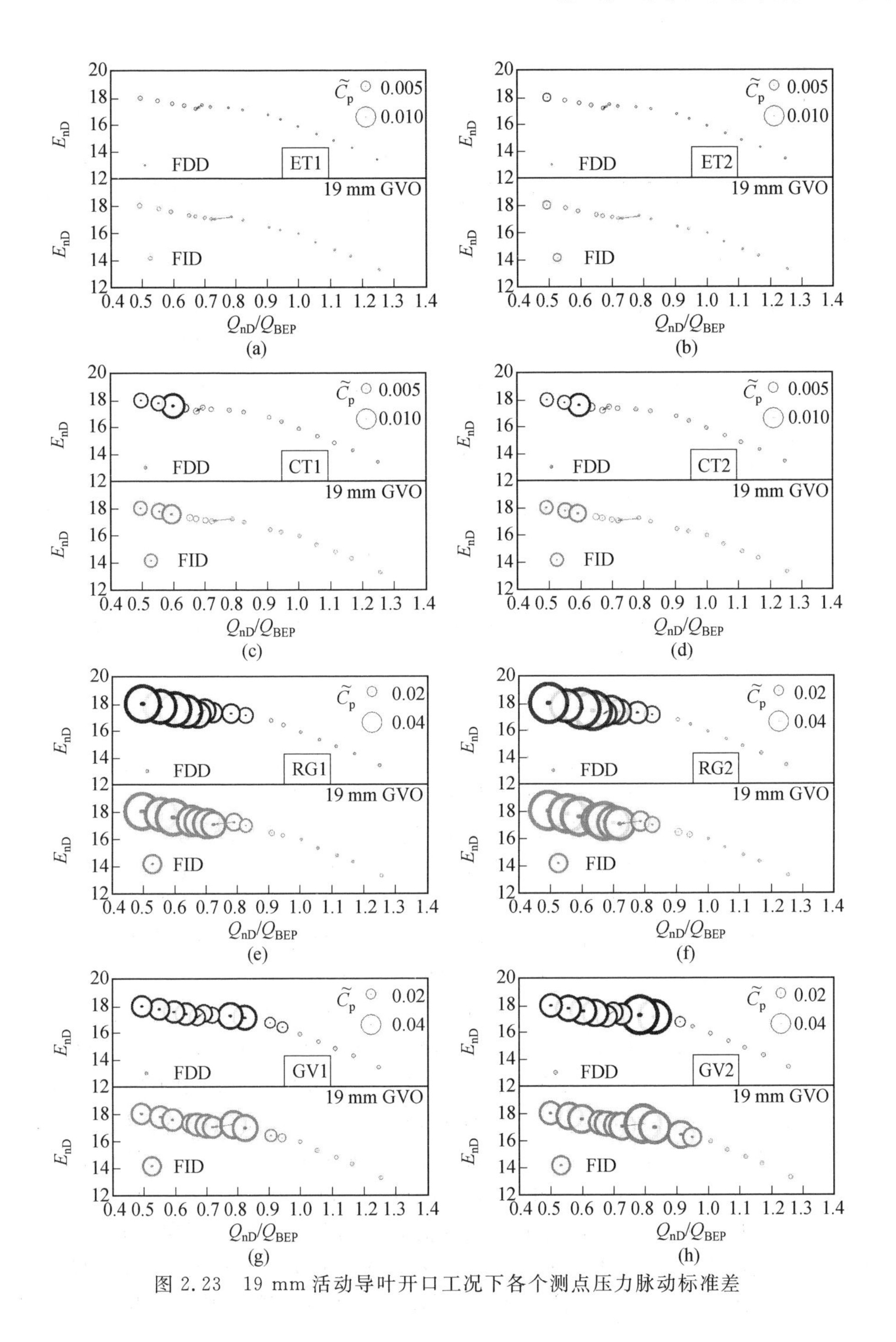

图 2.23 19 mm 活动导叶开口工况下各个测点压力脉动标准差

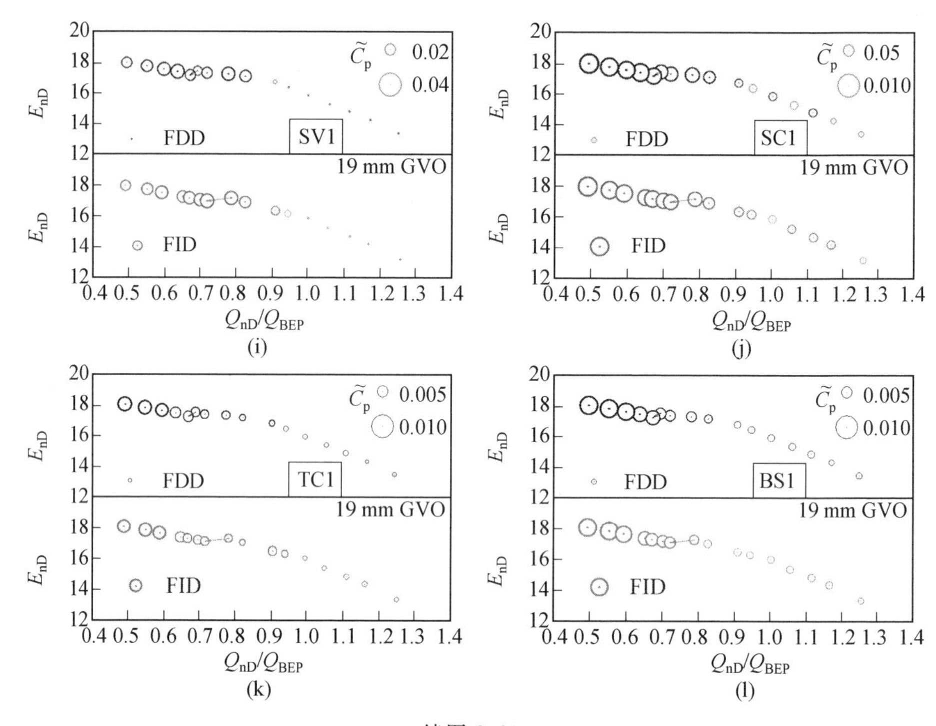

续图 2.23

对于 13 mm 活动导叶开口工况，在整个运行范围最高脉动幅出现在活动导叶处，其次是无叶区、固定导叶处，最低值为尾水管肘管处。

对于同一工况不同测点，压力脉动幅值最高出现在活动导叶间（GV1 和 GV2），而最低出现在肘管处（ET1 和 ET2）。沿着流动方向，从尾水管肘管处到锥管处压力脉动幅值增加，到下环（BS1）和顶盖（TC1）处压力脉动幅值持续增加，活动导叶间（GV1 和 GV2）压力脉动达到最大，然后在固定导叶间（SV1）压力脉动开始减少，在蜗壳出口处压力脉动幅值明显衰减。

对于同一测点不同工况，每个测点从最优效率点到最大负荷工况，压力脉动幅值略有增大，但是增加幅度不大；从最优效率点到最小负荷工况，压力脉动幅值急剧增加。在无叶区、尾水管、蜗壳、下环和顶盖处压力脉动幅值随着流量减小一直增加；而在活动导叶间和固定导叶处，压力脉动幅值在驼峰区附近最大，随着流量继续减小，压力脉动幅值逐渐减小。因此可以估测 13 mm 活动导叶开口时驼峰特性的产生与活动导叶和固定导叶间的高幅值压力脉动有关。

在流量增大方向，从驼峰区波谷到峰值处压力脉动幅值明显降低；在流量减小方向，在达到波谷之前，压力脉动幅值已经明显增高，从波峰到波谷幅值只有小幅度增加，同时可以观察到在活动导叶间和固定导叶间驼峰区内流量增大方向的

压力脉动幅值明显高于流量减小方向，呈现迟滞效应，由此可以推测驼峰区的迟滞效应是活动导叶间在流量增大和减小方向上的不同压力脉动所导致的。

如图 2.23 所示，相比于 13 mm 活动导叶开口，19 mm 活动导叶开口工况下各个测点大部分压力脉动幅值有所降低。对于同一测点不同工况，压力脉动幅值变化趋势与 13 mm 活动导叶开口一致，从最优效率点到最大负荷工况过程中，压力脉动幅值略有增加，从最优效率点到最低负荷工况过程中，压力脉动幅值急剧增加。

对于同一测点不同运行工况，相比于 13 mm 活动导叶开口，19 mm 活动导叶开口工况下压力脉动变化趋势有明显的不同。运行工况在驼峰区之上时，最高压力脉动幅值出现在活动导叶间，而在从驼峰区到最小负荷工况时，无叶区压力脉动幅值最高。其他测点处，整体变化趋势与 13 mm 活动导叶开口类似，从该开口最优工况到最低负荷工况时，压力脉动幅值呈增加的趋势。

在流量增大和减小方向上，在活动导叶间和无叶区，可以观察到更加明显的迟滞效应，尤其是测点 GV2。对于其他测点，脉动迟滞效应不是很明显，而且相对于无叶区和活动导叶间测点压力脉动幅值较小。对于 19 mm 活动导叶开口，驼峰区特性及其伴随的迟滞效应应该与活动导叶间和无叶区内的高幅值压力脉动有关。

当活动导叶开口持续增大到 25 mm 时，各个测点在整个运行范围的压力脉动幅值明显下降，尤其是对于活动导叶间和无叶区测点，如图 2.24 所示。对于同一测点的不同运行工况，整个变化趋势与 13 mm 和 29 mm 活动导叶开口相同，从最优工况到最高负荷工况过程中，压力脉动幅值变化不大，而从最优工况到最低负荷工况过程中，压力脉动幅值明显增加。对于同一工况不同测点，最高压力脉动幅值发生在活动导叶或无叶区，但是不像 13 mm 和 19 mm 活动导叶开口时压力脉动幅值有明显的区分度。除了测点 RG1、RG2 和 SV1 在流量增大方向上压力脉动幅值从波峰到波谷有所降低，其他测点无论在流量增大方向还是流量减小方向上，从波峰点到波谷点，压力脉动幅值都有不同程度的增加。除此以外，在活动导叶间和无叶区也可以观察到明显的迟滞效应。在驼峰区内流量增大方向脉动值明显高于流量减小方向。因此，对于 25 mm 活动导叶开口，其驼峰特性及其伴随的迟滞效应来源于活动导叶间和无叶区内高幅值压力脉动。

通过对 13 mm、19 mm 和 25 mm 活动导叶开口下压力脉动的标准差进行分析，获得脉动强度随工况和测点的变化规律。在活动导叶间、无叶区和固定导叶间，驼峰区内的压力脉动幅值明显高于其他测点，而且伴随明显的迟滞效应，因此驼峰特性及其伴随的迟滞效应的产生与活动导叶间、无叶区和固定导叶间的高幅值压力脉动有一定的关系。由于高幅值压力脉动的存在，进而在活动导叶间、无叶区和固定导叶间产生高水力损失，各个开口时的水力损失也存在明显的迟滞效应，其与高幅值压力脉动的变化规律是一致的。

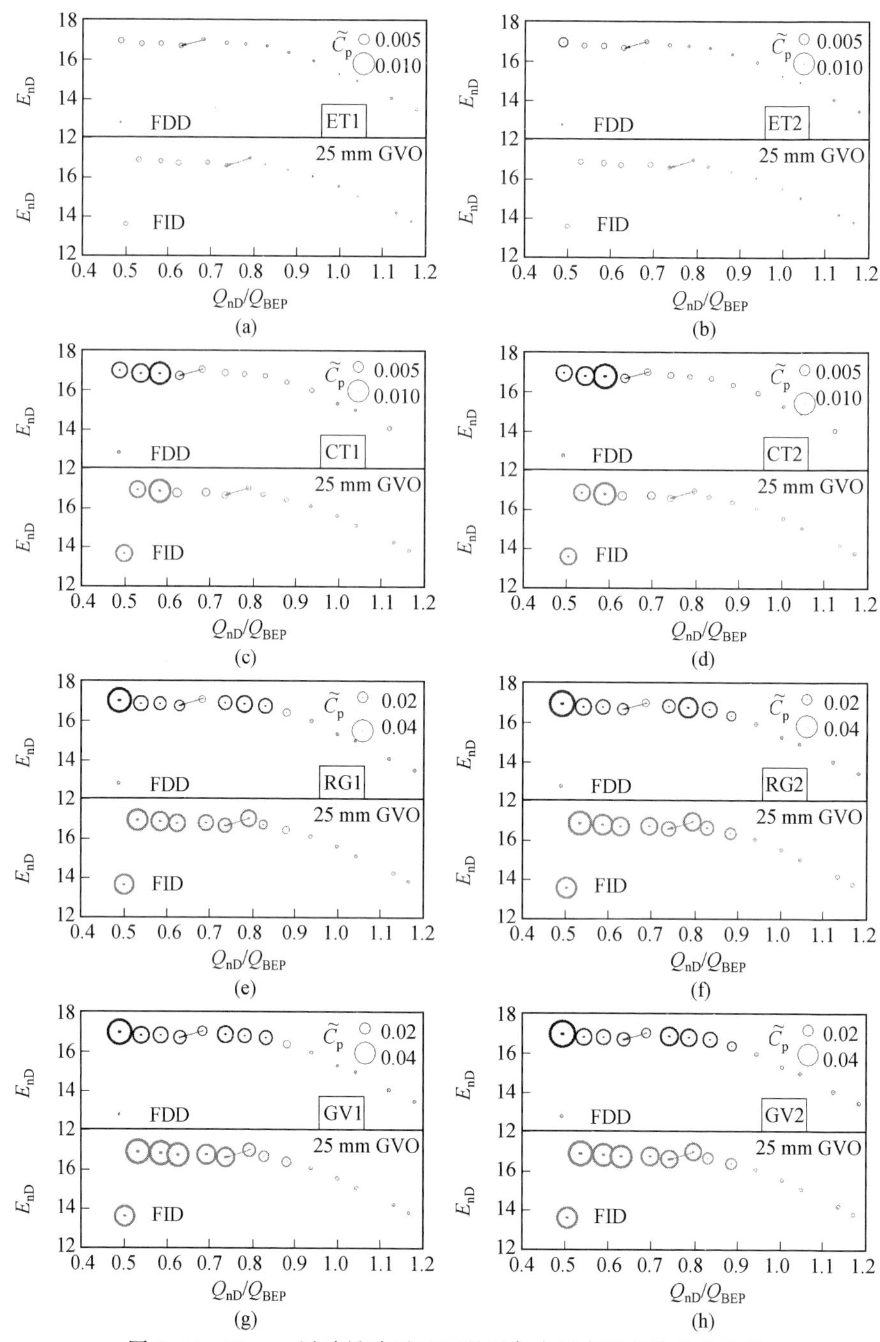

图 2.24　25 mm 活动导叶开口工况下各个测点压力脉动标准差

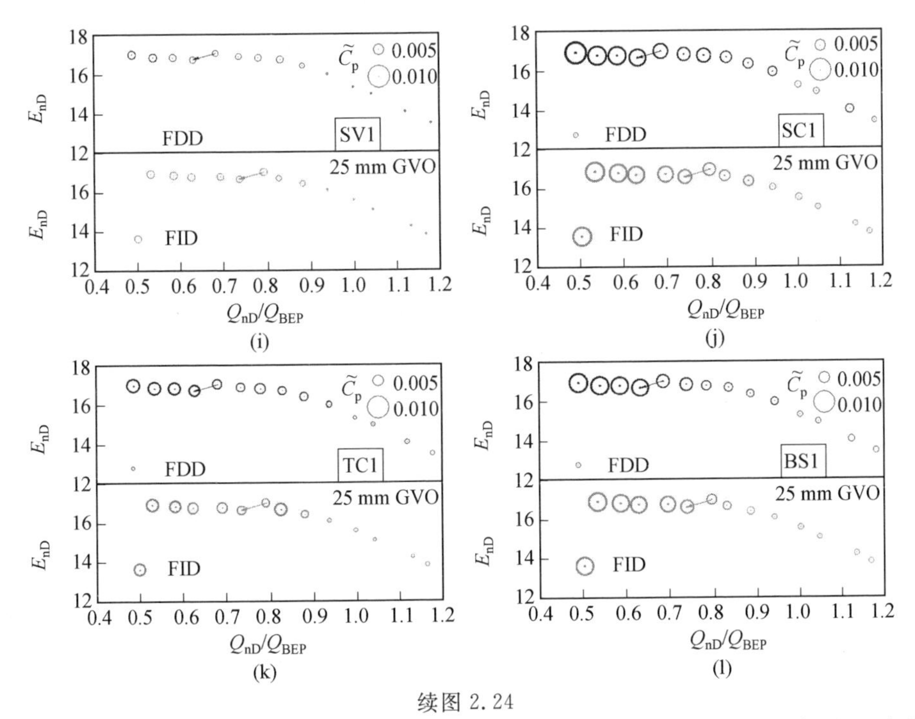

续图 2.24

选取 19 mm 导叶开口下流量减小方向，对各个监测点在整个运行过程中的时域数据进行 FFT，得到高幅值压力脉动的频域特性如图 2.25 所示。对于活动导叶间、固定导叶间和无叶区监测点，在最优工况点（$1.00Q_{BEP}$）下，频谱图上显示最高压力脉动幅值发生在叶片通过频率（$9f_n$），同时也存在 2 阶（$18f_n$）和 3 阶谐波频率（$27f_n$），但它们相对于叶片通过频率压力脉动幅值较小，同时还存在一个压力脉动幅值不大的 $3f_n$ 左右的低倍频率；在最优工况下，靠近驼峰区时，出现压力脉动幅值极高的低倍频率（小于 f_n），此时仍然存在叶片通过频率和其谐波频率，但是与高压力脉动幅值的低倍频率相比，压力脉动幅值可以忽略。在整个运行范围内，叶片通过频率在最优工况点压力脉动幅值最小，在高负荷和低负荷工况时压力脉动幅值有所增加，而在驼峰区内不但没有增加反而有所减小，因此驼峰区的产生只与高压力脉动幅值的低倍频率有关，而与动静干涉没有直接关系。

在尾水管中，可以观察到复杂的低倍频率（小于 $3f_n$），叶片通过频率和谐波频率（$9f_n$、$18f_n$ 和 $20f_n$）及由这些基本频率衍生而得到的非线性特征频率。低倍频率在低负荷工况（$0.50Q_{BEP}$～$0.60Q_{BEP}$）时幅值有所增加，而且变得更加复杂，这有可能来源于复杂的旋涡运动。通常在低负荷工况时，尾水管由于流量的减小，进口速度减小，发生流动分离，进一步发展形成分离旋涡，由于转轮的旋转，带动分离旋涡旋转，产生低倍频率的脉动，而且由于尾水管弯曲的形状产生二次流及其衍生的旋涡，随着转轮的旋转也会产生低倍频率脉动，虽然压力脉动幅值较低，但正是转轮进口内的这些不良流动，导致下游转轮和导叶间的高幅值压力脉动，这些需要通过数值模拟进一步详细分析。

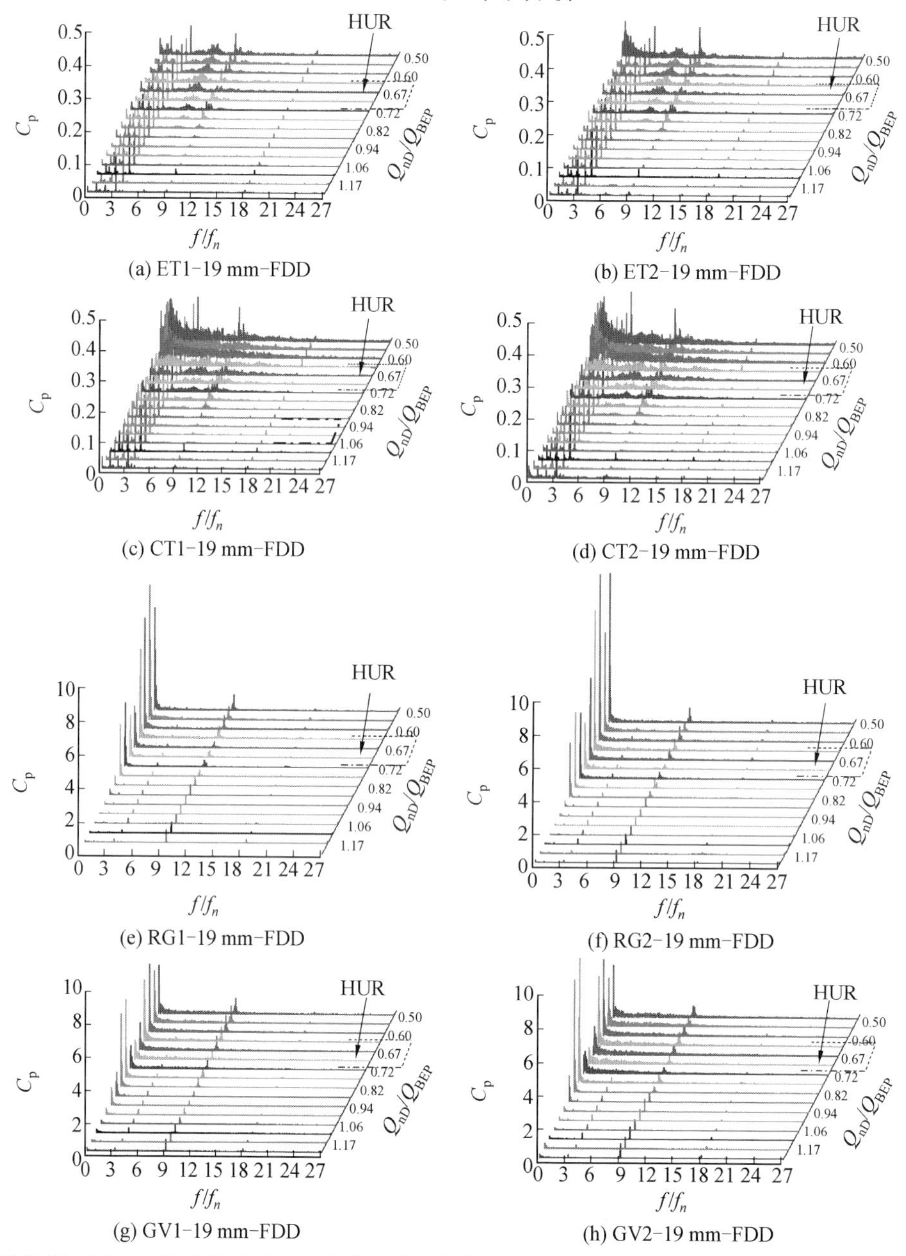

图 2.25　19 mm 活动导叶开口时在流量减小方向上各个测点在不同工况下的压力脉动频率图

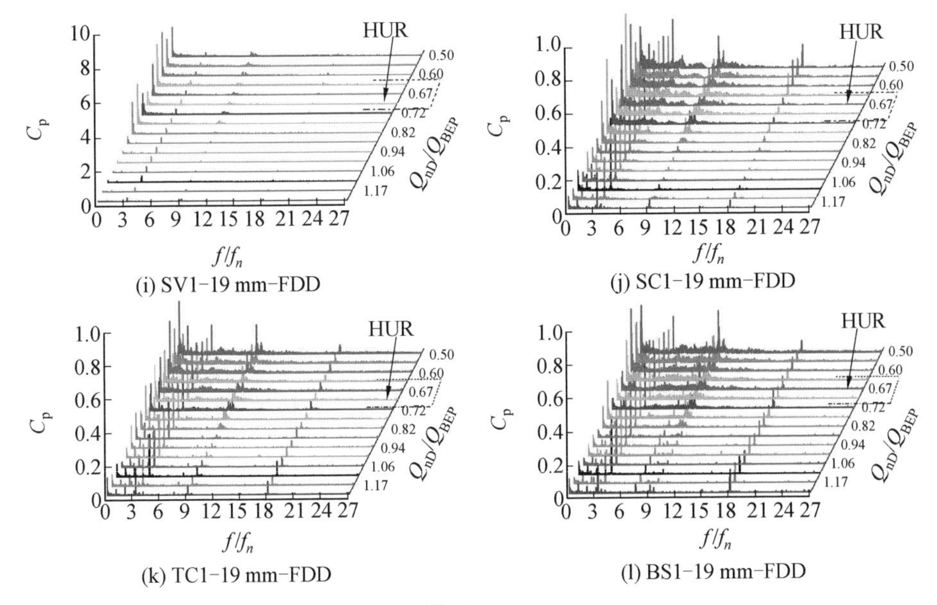

续图 2.25

在蜗壳进口处，存在低倍频率（从上游传递而来）、叶片通过频率及其谐波频率（$9f_n$ 和 $18f_n$）和一个压力脉动幅值相对较高的低倍频率（3 倍左右的转频）。在所有监测点都存在同一个低倍频率，其在蜗壳进口处压力脉动幅值最大，沿着流道到尾水管逐渐减小，因此该频率来源于蜗壳进口，而其扰动源可能来源于系统或者蜗壳内的二次流。

在上冠和下环处，频率成分与尾水管处基本相同，但是频率分布较为清晰，不像肘管处那么复杂，而且压力脉动幅值相比于尾水管也较高，因此尾水管内的有些频率应该来源于转轮，比较复杂的频率则来源于尾水管内的复杂旋涡。同时压力脉动幅值相对较高的 $1f_n$ 和 $2f_n$ 频率可能来源于转轮内的旋转失速，这需要通过数值模拟进一步研究和探讨。

通过对 19 mm 活动导叶开口流量减小方向的频谱分析发现，在活动导叶间、固定导叶间和无叶区内与驼峰特性及伴随的迟滞效应相关的高幅值压力脉动来源于低倍频率（小于 $1f_n$），因此对 19 mm 活动导叶开口的低倍频率进行详细的分析。

对于 19 mm 活动导叶开口，在流量减小方向，高压力脉动幅值的低倍频率在流量介于 $0.78Q_{BEP}$～$0.82Q_{BEP}$ 之间时出现在活动导叶靠近特殊固定导叶处，如图2.26 所示，并且随着流量减小，频率增大；当流量继续减小时，高压力脉动幅值的低倍频率出现在无叶区靠近特殊固定导叶处，随着流量的减小频率及压力脉动幅值呈增大趋势。而在驼峰区波谷工况点出现相对较高的频率。在流量增大方向，频率及压力脉动幅值呈减小趋势。当流量大于等于 $0.79Q_{BEP}$ 时，高压力脉动幅值的低倍频率出现在活动导叶靠近特殊固定导叶处，且此高压力脉动幅值低倍频率随着流量继续增大在各个测点处频率值逐渐减小直到消失，而在活动导叶间则出现一个频率相对较高的低倍频率，一直持续到最优工况点才消失。

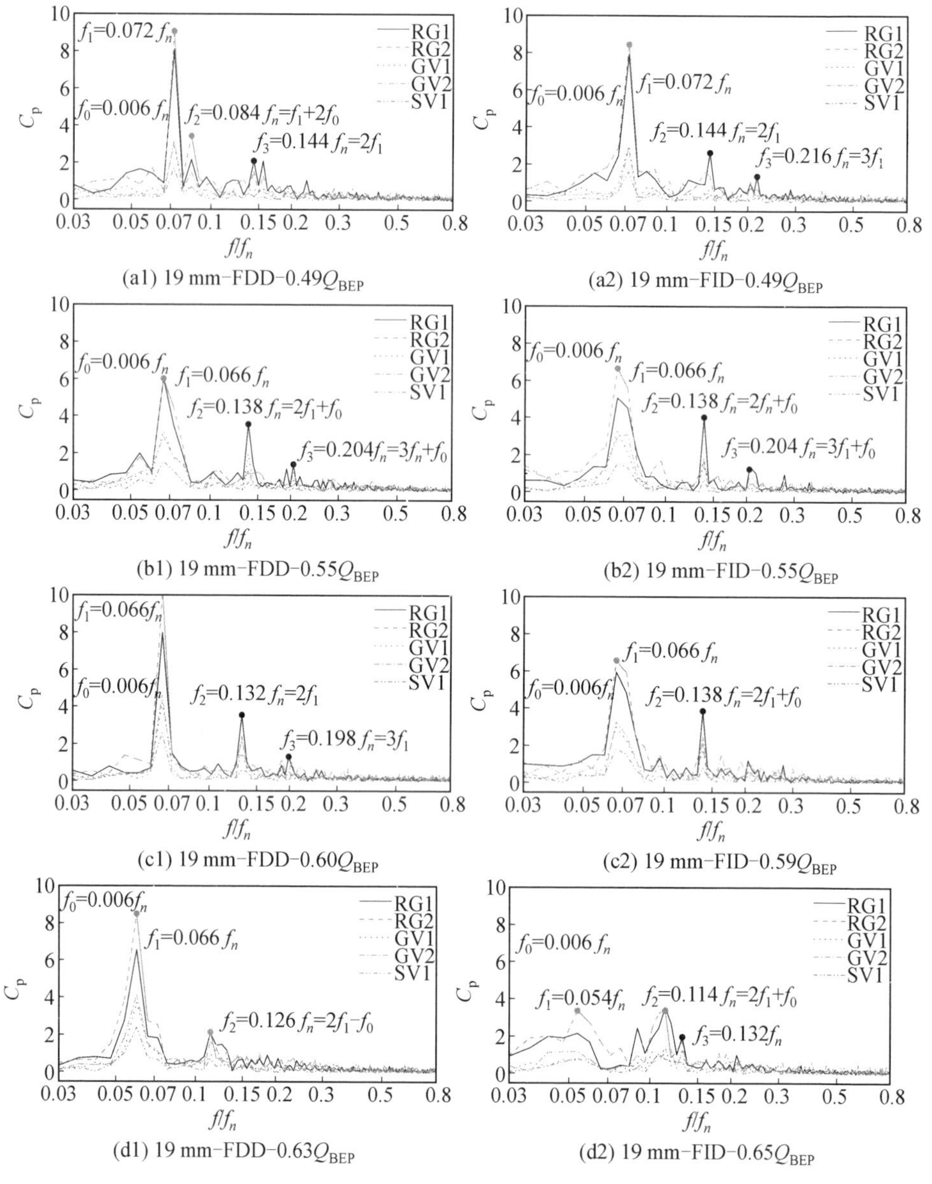

图 2.26　19 mm 活动导叶开口时各测点在不同工况下的低倍频率压力脉动在两个方向的对比

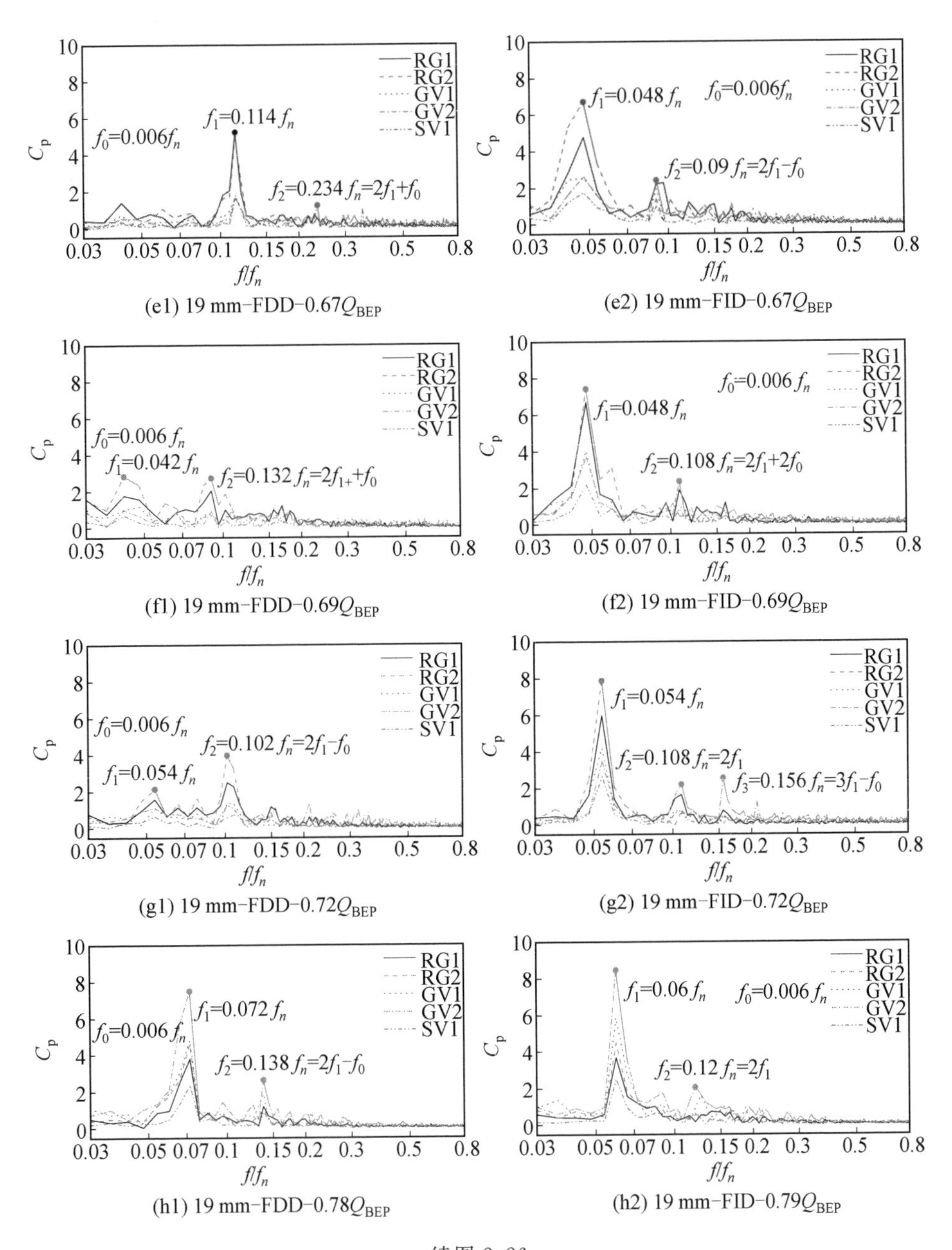

(e1) 19 mm-FDD-0.67Q_{BEP}　(e2) 19 mm-FID-0.67Q_{BEP}

(f1) 19 mm-FDD-0.69Q_{BEP}　(f2) 19 mm-FID-0.69Q_{BEP}

(g1) 19 mm-FDD-0.72Q_{BEP}　(g2) 19 mm-FID-0.72Q_{BEP}

(h1) 19 mm-FDD-0.78Q_{BEP}　(h2) 19 mm-FID-0.79Q_{BEP}

续图 2.26

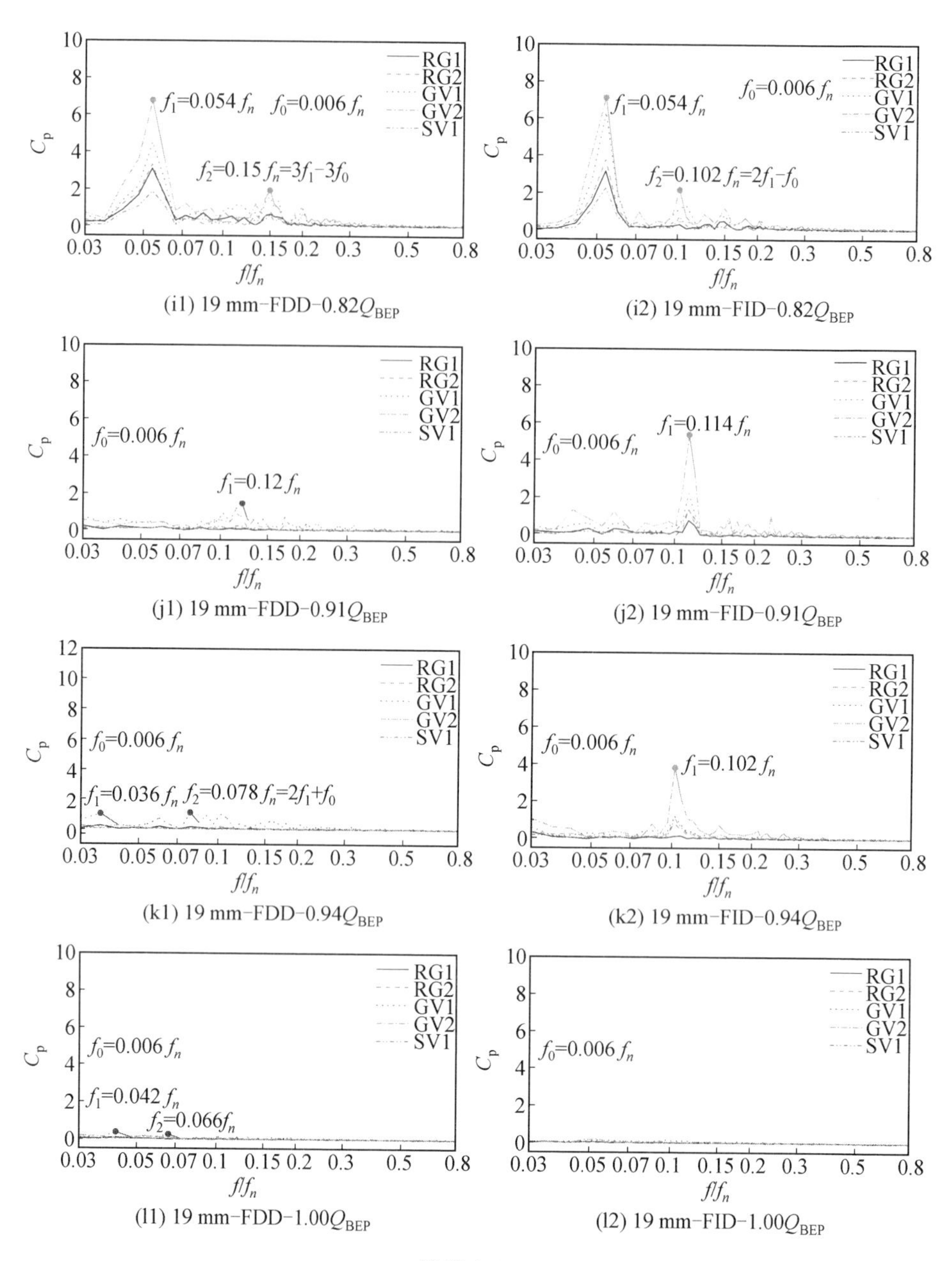

(i1) 19 mm−FDD−0.82Q_{BEP} (i2) 19 mm−FID−0.82Q_{BEP}

(j1) 19 mm−FDD−0.91Q_{BEP} (j2) 19 mm−FID−0.91Q_{BEP}

(k1) 19 mm−FDD−0.94Q_{BEP} (k2) 19 mm−FID−0.94Q_{BEP}

(l1) 19 mm−FDD−1.00Q_{BEP} (l2) 19 mm−FID−1.00Q_{BEP}

续图 2.26

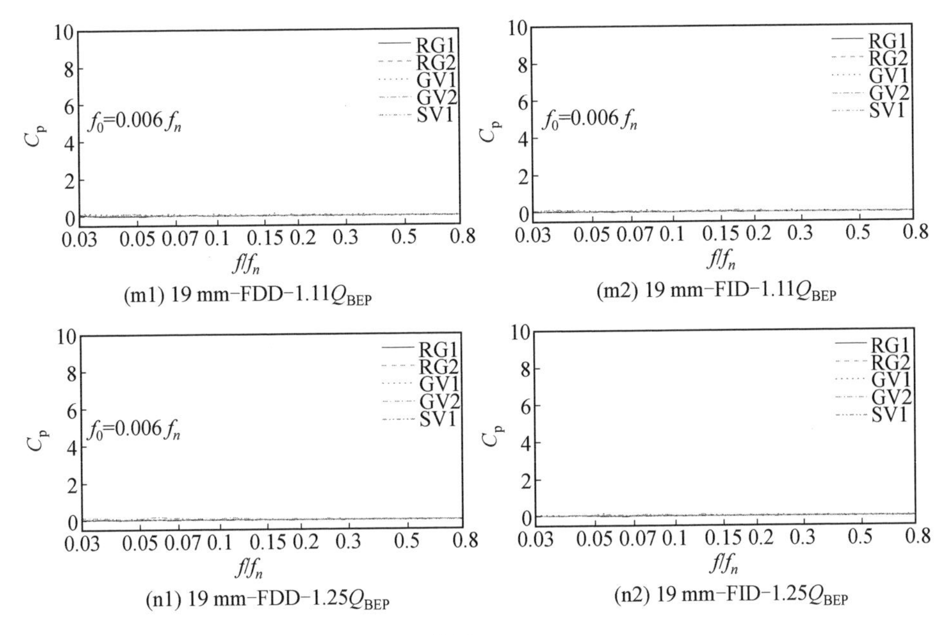

(m1) 19 mm-FDD-1.11Q_{BEP}　(m2) 19 mm-FID-1.11Q_{BEP}

(n1) 19 mm-FDD-1.25Q_{BEP}　(n2) 19 mm-FID-1.25Q_{BEP}

续图 2.26

选取 19 mm 活动导叶开口时流量减小方向上 0.49Q_{BEP} 工况点对无叶区和活动导叶测点的数据进行短时傅里叶变换(STFT)分析,压力脉动信号的时间—频率分布图如图 2.27 所示。结合该工况的 FFT 频谱图分析,可得第一主频(0.072f_n)不是时刻存在的,其随着时间的改变而发生变化,同时不同测点峰值也不是同时出现的。对于 RG1 测点,高压力脉动幅值低倍频率的值在第一主频处左右振荡,由频率传递和系统频率相互作用产生非线性特征频率;而二倍频在有些时刻与第一主频同时存在,它是由主频自身产生的线性谐波频率。对于测点 RG2,在 3.5 s 左右时刻与测点 RG1 明显不同,测点 RG1 在此时刻的频率压力脉动幅值明显高于测点 RG2,而在 6 s 时刻,正好相反。对于同一半径相位相差 90°的两个测点,低倍频率压力脉动幅值的相互交替表明形成该低倍频率的扰动源在圆周方向进行周期运动,对于监测点 GV1 和 GV2 可以观察到同样的现象。

通过短时傅里叶变化可以得出非线性特征频率是在波形传递过程中与系统基本频率相互作用而产生的,与衍生前的主频不同时存在,而主频的谐波线性频率在传递过程中与主频同时存在。

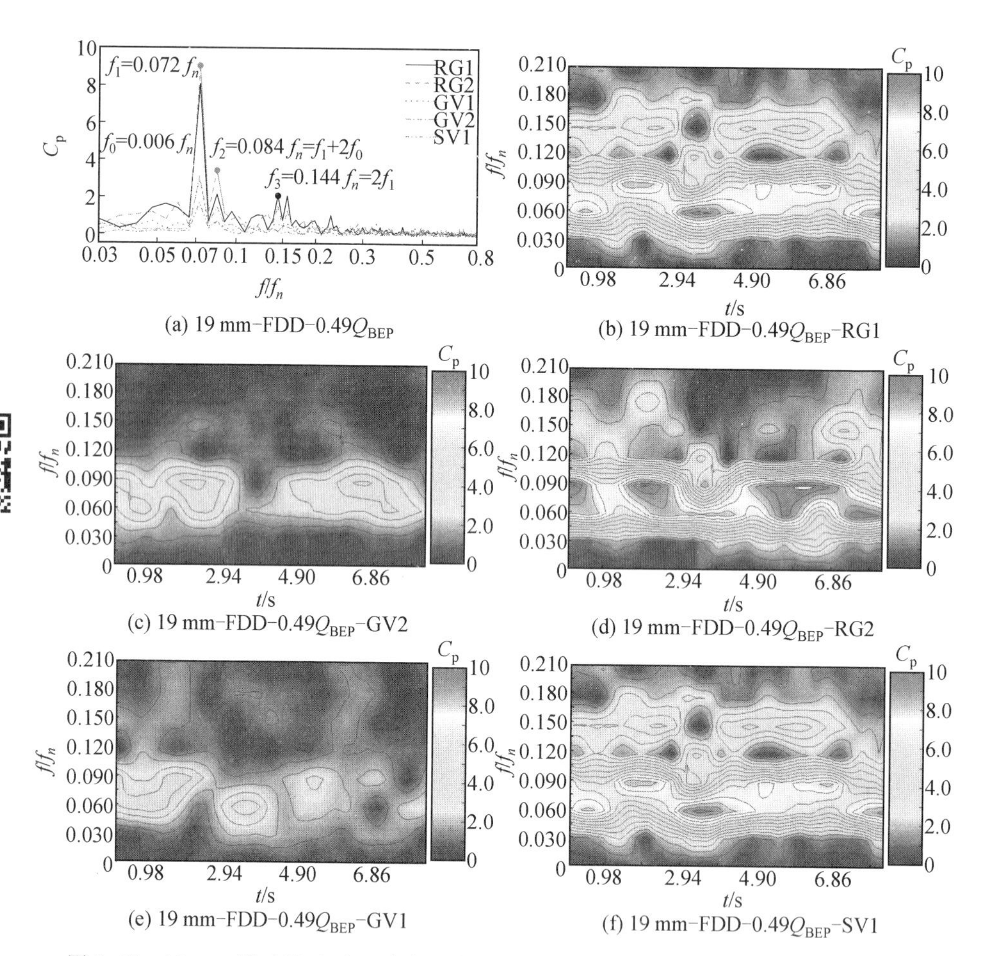

(a) 19 mm-FDD-0.49Q_{BEP} (b) 19 mm-FDD-0.49Q_{BEP}-RG1

(c) 19 mm-FDD-0.49Q_{BEP}-GV2 (d) 19 mm-FDD-0.49Q_{BEP}-RG2

(e) 19 mm-FDD-0.49Q_{BEP}-GV1 (f) 19 mm-FDD-0.49Q_{BEP}-SV1

图 2.27 19 mm 活动导叶开口时流量减小方向上 0.49Q_{BEP}工况点时间—频率分布图

2.2.4 旋转失速确定

通过 FFT 分析，在一些运行工况存在压力脉动幅值相对较高的低倍频率，而且获得了低倍频率随运行工况变化的规律，为验证这些低倍频率的来源，对低倍频率压力脉动幅值较高的工况进行低通滤波，滤波器选取巴特沃斯滤波器，滤波采样频率为4 000 Hz，滤波阶数为 12，低通截止频率为 1.9 Hz(0.114f_n)。为了验证低倍频率是否来源于旋转失速，对不同信号进行互功率谱分析。从互功率谱可获得两个信号 x 和 y 相应的频率分量之间的关系，压力脉动幅值越大，说明相应频率分量关联度越高，如果压力脉动幅值为零，那么两频率是正交的；除

此以外还可获得信号 x 和信号 y 相应频率分量的相位差值。互功率谱公式为

$$XY=\mathrm{FFT}(x_n)\times\frac{\mathrm{FFT}^*}{N^2} \tag{2.10}$$

式中　N——输入信号长度；

FFT——傅里叶变换；

FFT^*——逆傅里叶变换。

选取 19 mm 活动导叶开口时流量减小方向的运行工况进行分析，从图 2.28 可知，对于工况点 $0.49Q_{\mathrm{BEP}}$，无叶区监测点的互功率谱显示在频率为 $0.072f_n$ 处出现极高的压力脉动幅值，表明该低倍频率来自一个扰动源。低通滤波后的时域信号呈现明显的周期性，而且不同信号间存在相位差。对于无叶区监测点 RG1 和 RG2，通过互功率谱分析，RG1 和 RG2 的时域信号在 $0.072f_n$ 处平均相位差为 $-98.8°$，而监测点 RG1 和 RG2 位置在同一圆周上且相位相差 90°；同样对于同一圆周上的监测点 GV1 和 GV2，时域信号存在明显的周期性并与互功率谱幅值极高的频率一致，同时这两个时域信号存在 100.1°的相位差，其近似等于两个监测点的 90°相位差。由 STFT 分析得低倍频率在传递过程中会发生微小的变化，导致相位也会产生变化。只要两个时域信号之间的相位差近似为 90°并存在明显的周期性，而且这两个信号的频率之间具有较强的相关性，则认为该频率来源于旋转失速(roating stall)。在水泵工况，转轮逆时针旋转，因此 RG1 和 RG2 相位差为负表明该旋转失速的旋转方向与转轮转向相同。由图 2.28 可知，运行工况从 $0.49Q_{\mathrm{BEP}}$ 到 $0.63Q_{\mathrm{BEP}}$ 都存在旋转失速，而且从信号的强弱来看，旋转失速发生在无叶区。对于 $0.67Q_{\mathrm{BEP}}$ 工况点，通过互功率谱分析可知，无叶区和活动导叶间的信号中存在一个 $0.114f_n$ 的低倍频率，但是压力脉动幅值相对较低。通过时域信号分析可知，每个信号都存在周期性，但是信号之间不存在一致的相位差，与测点之间的相位差存在明显的差异。此时认为该低倍频率来自于稳态旋涡(stationary vortices)，而不是旋转失速。对于 $0.69Q_{\mathrm{BEP}}$ 工况点，4 个信号之间的互功率谱分析表明，不存在压力脉动幅值较高的低倍频率，而且每个时域信号不存在明显的周期性。此时认为在上文分析中产生的压力脉动幅值较高的低倍频率来源于非稳态旋涡(unsteady vortices)。稳态旋涡、非稳态旋涡和旋转失速的根本原因都是同一物理机理，均来自于流动分离。无论旋涡是否旋转，以什么样的方式旋转，它们都会产生不稳定现象。

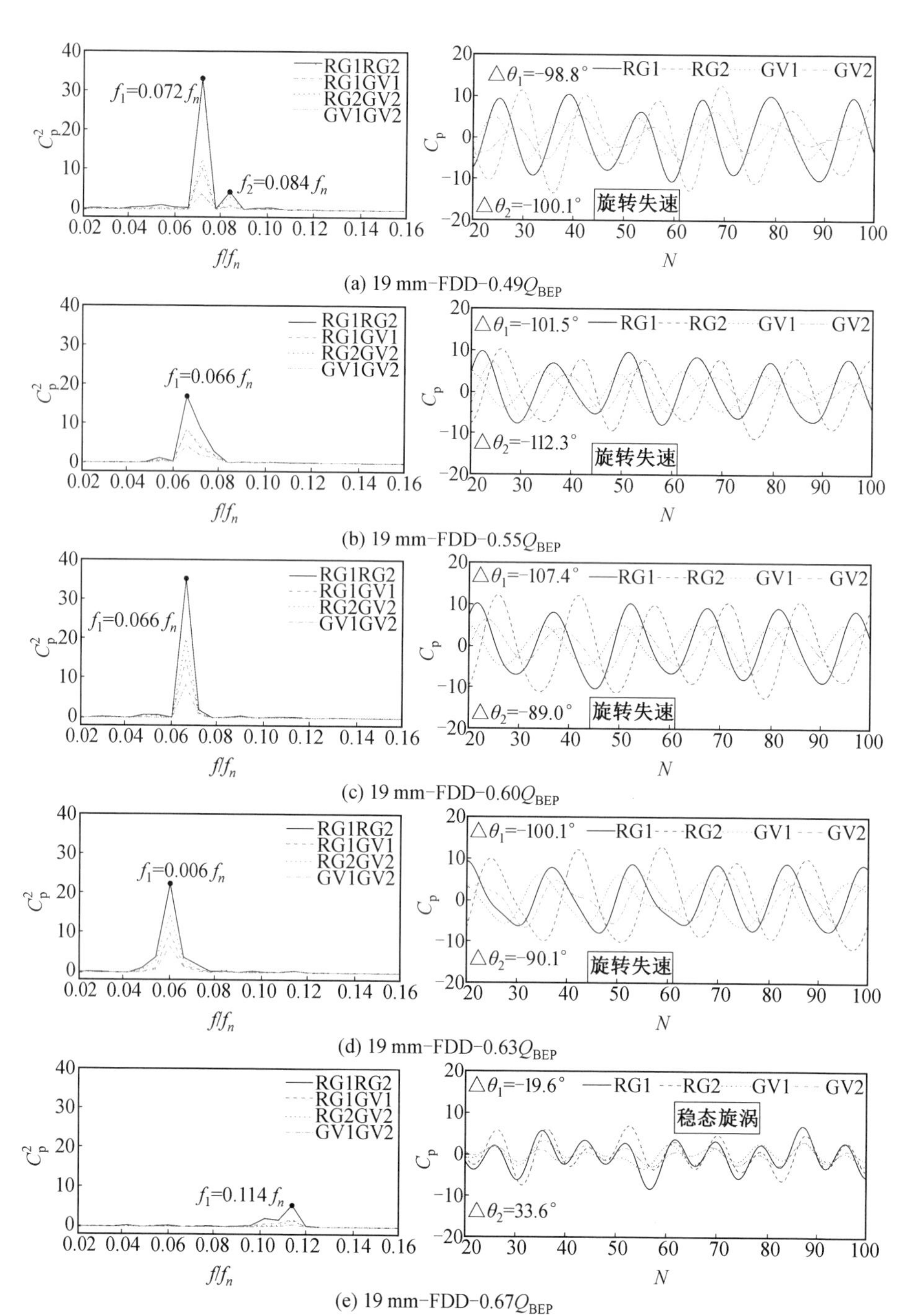

图 2.28 19 mm 活动导叶开口时流量减小方向上互功率谱分析

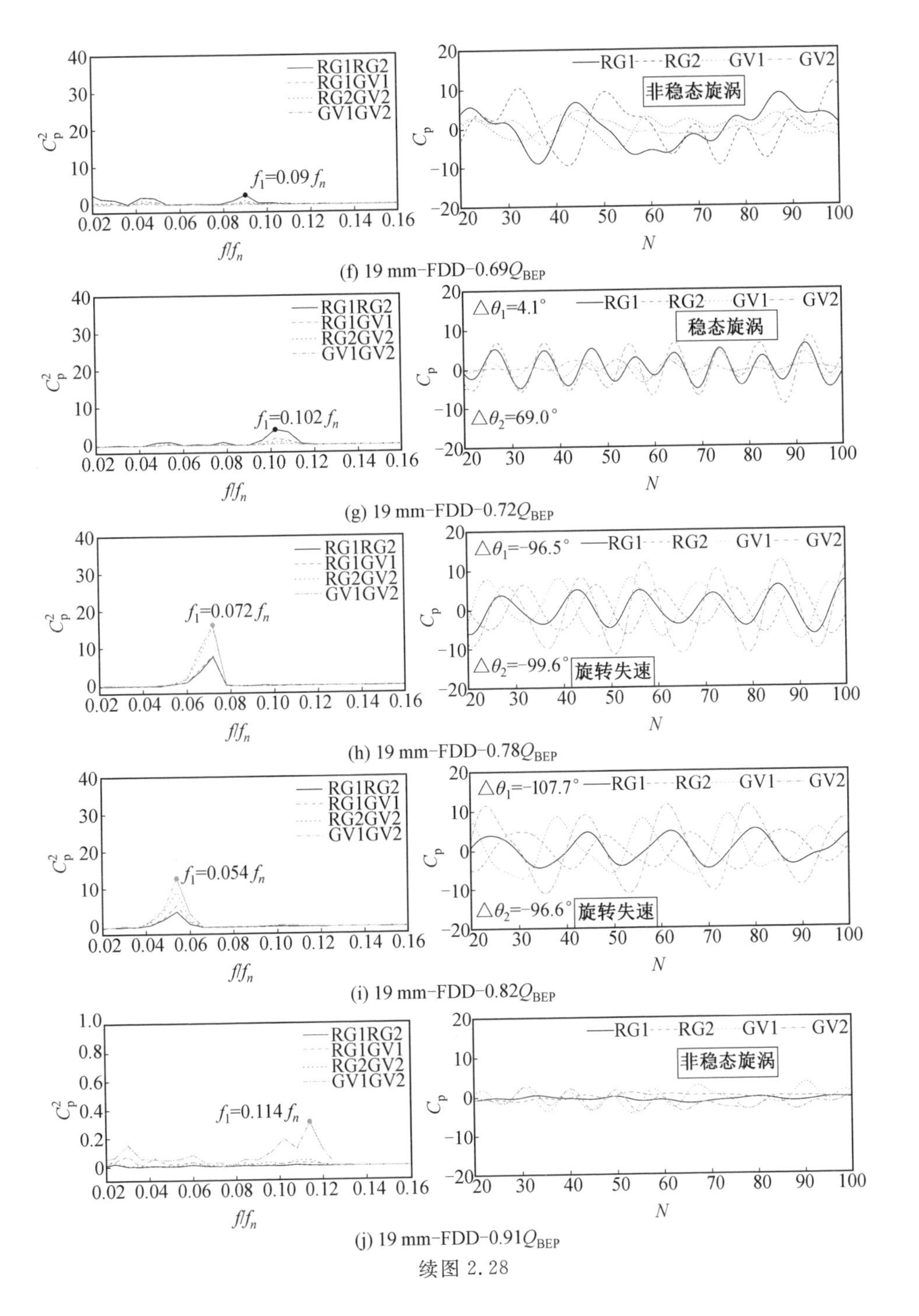

(f) 19 mm–FDD–0.69Q_{BEP}

(g) 19 mm–FDD–0.72Q_{BEP}

(h) 19 mm–FDD–0.78Q_{BEP}

(i) 19 mm–FDD–0.82Q_{BEP}

(j) 19 mm–FDD–0.91Q_{BEP}

续图 2.28

对于其他信号采用同样处理方法，对无叶区和活动导叶间监测点的信号进行分析，关于是否存在低倍频率以及扰动源等信息总结见表2.3～2.5。

表2.3 19 mm活动导叶开口时旋涡类型信息

19 mmGVO流量减小方向					19 mmGVO流量增大方向				
工况	频率	幅值	旋涡类型	位置	工况	频率	幅值	旋涡类型	位置
$0.49Q_{BEP}$	$0.072f_n$	9.1	旋转失速	RG2	$0.49Q_{BEP}$	$0.072f_n$	8.4	旋转失速	RG2
$0.55Q_{BEP}$	$0.066f_n$	6.0	旋转失速	RG2	$0.55Q_{BEP}$	$0.066f_n$	6.7	旋转失速	RG2
$0.60Q_{BEP}$	$0.066f_n$	10.1	旋转失速	RG2	$0.59Q_{BEP}$	$0.066f_n$	10.5	旋转失速	RG2
$0.63Q_{BEP}$	$0.060f_n$	8.5	旋转失速	RG2	$0.65Q_{BEP}$	$0.054f_n$	3.4	稳态旋涡	RG2
$0.67Q_{BEP}$	$0.114f_n$	5.3	稳态旋涡	RG2	$0.67Q_{BEP}$	$0.048f_n$	6.7	稳态旋涡	RG2
$0.69Q_{BEP}$	$0.042f_n$	2.8	非稳态旋涡	RG2	$0.70Q_{BEP}$	$0.048f_n$	7.4	稳态旋涡	RG2
$0.72Q_{BEP}$	$0.102f_n$	4.0	稳态旋涡	RG2	$0.72Q_{BEP}$	$0.054f_n$	7.9	稳态旋涡	RG2
$0.78Q_{BEP}$	$0.072f_n$	7.5	旋转失速	GV2	$0.79Q_{BEP}$	$0.060f_n$	8.4	旋转失速	GV2
$0.82Q_{BEP}$	$0.054f_n$	6.7	旋转失速	GV2	$0.82Q_{BEP}$	$0.054f_n$	7.1	旋转失速	GV2
$0.91Q_{BEP}$	$0.114f_n$	1.2	非稳态旋涡	GV1	$0.91Q_{BEP}$	$0.114f_n$	5.4	稳态旋涡	GV2
$0.94Q_{BEP}$	$0.036f_n$	1.0	非稳态旋涡	GV1	$0.94Q_{BEP}$	$0.102f_n$	3.8	稳态旋涡	GV2
$1.00Q_{BEP}$	—	—	无	—	$1.00Q_{BEP}$	—	—	无	—

表2.4 13 mm活动导叶开口时旋涡类型信息

13 mmGVO流量减小方向					13 mmGVO流量增大方向				
工况	频率	幅值	旋涡类型	位置	工况	频率	幅值	旋涡类型	位置
$0.48Q_{BEP}$	$0.126f_n$	8.5	旋转失速	RG2	$0.48Q_{BEP}$	$0.126f_n$	7.9	旋转失速	RG2
$0.58Q_{BEP}$	$0.120f_n$	10.7	旋转失速	GV1	$0.59Q_{BEP}$	$0.120f_n$	10.5	旋转失速	GV1
$0.63Q_{BEP}$	$0.120f_n$	9.5	旋转失速	GV1	$0.62Q_{BEP}$	$0.120f_n$	10.9	旋转失速	GV1
$0.68Q_{BEP}$	$0.108f_n$	7.1	旋转失速	GV1	$0.69Q_{BEP}$	$0.114f_n$	8.2	旋转失速	GV1
$0.71Q_{BEP}$	$0.114f_n$	9.5	旋转失速	GV1	$0.71Q_{BEP}$	$0.114f_n$	10.9	旋转失速	GV1
$0.73Q_{BEP}$	$0.114f_n$	6.6	旋转失速	GV1	$0.73Q_{BEP}$	$0.108f_n$	9.3	旋转失速	GV1
$0.76Q_{BEP}$	$0.114f_n$	6.3	旋转失速	GV1	$0.75Q_{BEP}$	$0.114f_n$	9.6	旋转失速	GV1
$0.82Q_{BEP}$	$0.072f_n$	1.0	非稳态旋涡	GV2	$0.82Q_{BEP}$	$0.318f_n$	1.1	非稳态旋涡	GV2
$0.89Q_{BEP}$	—	—	非稳态旋涡	GV2	$0.89Q_{BEP}$	—	—	非稳态旋涡	GV2
$0.94Q_{BEP}$	—	—	非稳态旋涡	GV2	$0.94Q_{BEP}$	—	—	非稳态旋涡	GV2
$1.00Q_{BEP}$	—	—	无	—	$1.00Q_{BEP}$	—	—	非稳态旋涡	—

表 2.5　25 mm 活动导叶开口旋涡类型信息

25 mmGVO 流量减小方向					25 mmGVO 流量增大方向				
0.54Q_{BEP}	—	0.4	非稳态旋涡	—	0.53Q_{BEP}	—	0.9	非稳态旋涡	—
0.58Q_{BEP}	—	0.3	非稳态旋涡	—	0.58Q_{BEP}	—	0.7	非稳态旋涡	—
0.63Q_{BEP}	—	0.2	非稳态旋涡	—	0.63Q_{BEP}	—	0.5	非稳态旋涡	—
0.68Q_{BEP}	—	0.1	非稳态旋涡	—	0.69Q_{BEP}	—	0.4	非稳态旋涡	—
0.74Q_{BEP}	—	5.3	非稳态旋涡	—	0.74Q_{BEP}	—	0.3	非稳态旋涡	—
0.78Q_{BEP}	0.030f_n	1.9	非稳态旋涡	RG2	0.79Q_{BEP}	0.010f_n	2.8	稳态旋涡	RG1
0.83Q_{BEP}	0.102f_n	2.0	稳态旋涡	RG2	0.83Q_{BEP}	0.108f_n	1.3	稳态旋涡	RG2
0.88Q_{BEP}	0.066f_n	1.5	稳态旋涡	GV2	0.88Q_{BEP}	—	—	无	—
0.94Q_{BEP}	—	—	无	—	0.94Q_{BEP}	—	—	无	—
1.00Q_{BEP}	—	—	无	—	1.00Q_{BEP}	—	—	无	—

对于 19 mm 活动导叶开口，在流量减小方向上，随着流量的减小，在活动导叶间旋涡由无到有发展，表现为非稳态旋涡，进一步发展形成旋转失速。随着流量继续减小，旋涡从活动导叶转移到无叶区。在转移过程中，旋转失速退化成稳态旋涡、非稳态旋涡，进一步发展在无叶区内形成稳态旋涡，最终形成旋转失速。在这个过程中频率和幅值随着工况的改变均有所改变。在流量增大方向上，在最低负荷工况时已经形成了旋转失速。随着流量的增大，旋转失速的频率减小，同时幅值也随之减小。继续增大流量，此时旋转失速频率不发生改变，但是幅值增大。当旋涡从无叶区转移到活动导叶时，旋转失速与流量减小方向的情况一致，先退化成稳态旋涡，进一步发展在活动导叶间形成旋转失速。在流量减小方向的驼峰区内，只有稳态旋涡而没有形成旋转失速；在流量增大方向上，在驼峰波峰点形成旋转失速，而在波谷点存在稳态旋涡。

对于 13 mm 活动导叶开口，从表 2.4 可知，无论在流量增大还是流量减小方向上，高幅值脉动频率都发生在活动导叶间。在流量减小方向上，随着流量的减小，从无旋涡到非稳态旋涡，进一步发展成旋转失速；在流量增大方向上，随着流量的增大，旋转失速频率和幅值均发生改变。当达到一定工况时，蜕变成非稳态旋涡，工况进一步改善，直至非稳态旋涡消失。同时可以观察到类似的变化趋势，当改变工况时，若旋转失速频率发生改变，则压力脉动幅值下降，若频率未发生改变，则压力脉动幅值升高。在流量减小方向上，在驼峰波峰点形成频率为

0.114f_n的旋转失速，在波谷点同样存在该旋转失速，但相比波峰点旋转失速强度明显增大，这是导致损失急剧上升的原因；在流量增大方向上，在驼峰波峰工况点，没有形成旋转失速，只存在幅值较小的非稳态旋涡，而在驼峰波谷点，发展为强度较大的旋转失速，因此从波峰工况点到波谷工况点，水力损失急剧增大。除此之外，流量增大方向相比于流量减小方向，对于存在同一旋转失速频率的工况，旋转失速强度高得多。可以看出旋转失速形成后，随着工况的改变，只要旋转失速没有消失，在一定程度上其强度就会增加，并且不同初始状态导致不同程度旋转失速，最终产生明显迟滞效应。

对于25 mm活动导叶开口，在流量增大和流量减小方向都没有形成旋转失速，在驼峰区内只是存在幅值较高的低倍频率非稳态旋涡，但是能量特性曲线(H－Q)上依然存在驼峰特性并伴随着迟滞效应。从表2.5可以看出，在流量减小和增大方向上，在运行工况0.78Q_{BEP}和0.88Q_{BEP}之间形成了稳态旋涡。此外，还可以看出在迟滞环内，流量增大方向上的非稳态旋涡的压力脉动幅值明显高于流量减小方向的压力脉动幅值，这应该是产生迟滞效应的原因。

2.3 驼峰特性及迟滞效应影响分析

随着计算机技术的快速发展，计算流体动力学(CFD)由于其高效性、低成本和信息完备性成为研究水力机械最主要的方法。本节在试验和理论分析的基础上采用数值模拟的方法对水泵水轮机驼峰特性及伴随的迟滞效应形成机理进行研究。

2.3.1 计算模型

1. 计算域

对水泵水轮机模型进行三维实体建模，整个计算域包括蜗壳、固定导叶、活动导叶、转轮和尾水管等，如图2.29所示。

2. 计算网格

整个计算域采用结构化网格，共生成三套网格，每套网格中各个部件网格节点数和网格质量见表2.6。水泵水轮机各个部件网格示意图如图2.30所示，每个部件壁面边界层区域进行加密，使转轮叶片、活动导叶和固定导叶表面y^+平均值小于1.5。

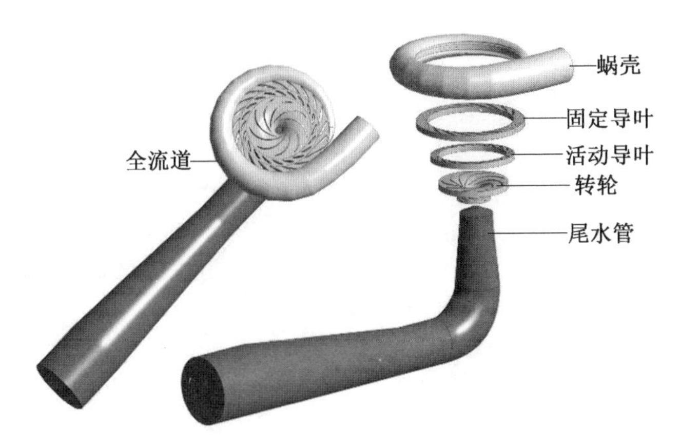

图 2.29　水泵水轮机三维计算域

表 2.6　计算模型各个部件网格信息

部件名称	第一套网格		第二套网格		第三套网格	
	节点数 /$\times 10^6$	网格质量	节点数 /$\times 10^6$	网格质量	节点数 /$\times 10^6$	网格质量
蜗壳	1.23	0.42	0.48	0.48	0.28	0.42
转轮	4.57	0.60	3.89	0.61	1.85	0.63
双列叶栅	4.53	0.50	3.10	0.5	2.18	0.50
尾水管	1.20	0.70	0.45	0.63	0.27	0.60
合计	11.53	—	7.92	—	4.58	—

3. 边界条件

对于水泵水轮机水泵工况，尾水管水平段为进口边界，蜗壳出口为出口边界。对于针对扬程下降导致的不稳定性进行研究，选取压力进口和流量出口边界条件。尾水管进口相对压力设置为 0 Pa，同时设置进口水力直径 $D_H=0.281$ m，湍流强度 $I=5\%$；根据试验结果设置流量出口边界，且水流方向垂直于出口面；壁面采用无滑移边界条件；根据试验数据设置转轮旋转角速度。对于活动导叶和转轮之间以及转轮和尾水管之间的动静交界面采用冻结转子(frozen rotor)法进行连接。该模型考虑了交界面两侧流域的相对位置，适合流场参数在圆周方向上变化相对较大的流动；在转轮出口和活动导叶进口的无叶区由于叶片的存在导致整个圆周中的速度分布不均，而且尾水管出口和转轮进口在低负荷区会出现回流，导致在圆周方向上的流动出现明显不同，因此转轮进出口的动静交界面连接方式均选用冻结转子法；对于蜗壳和固定导叶间的静交界面连接方式选择“None”。

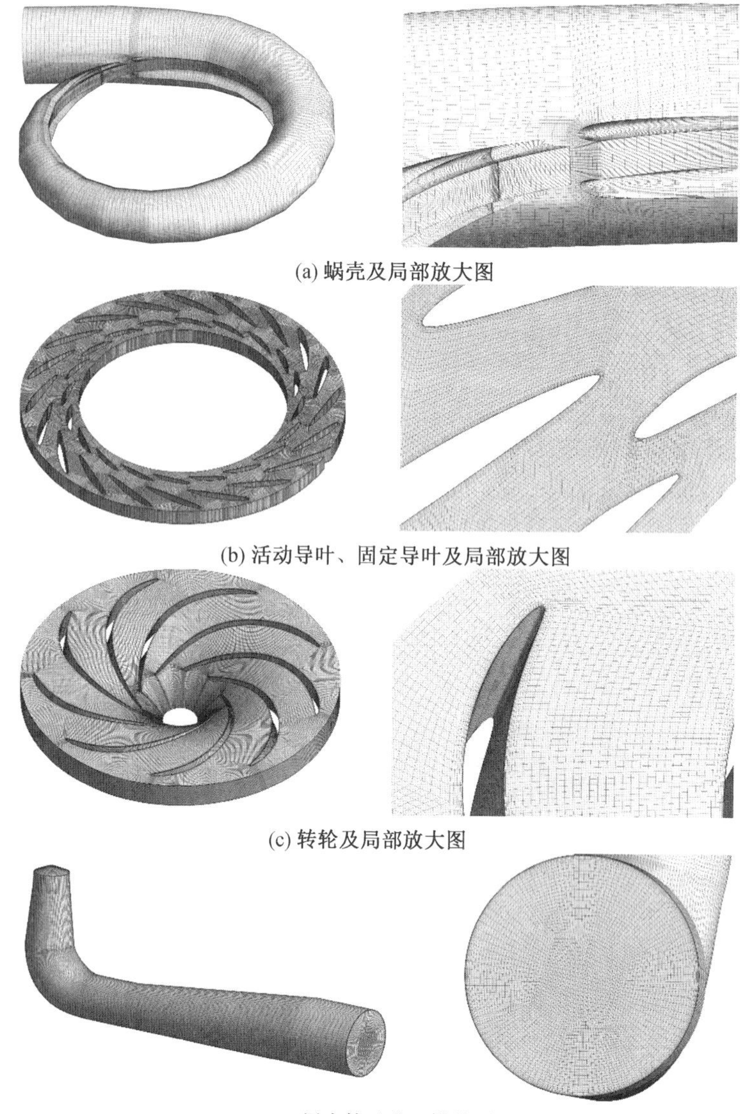

(a) 蜗壳及局部放大图

(b) 活动导叶、固定导叶及局部放大图

(c) 转轮及局部放大图

(d) 尾水管及进口横截面

图 2.30　水泵水轮机各个部件网格示意图

4. 湍流模型选取

为能准确获得与试验曲线变化趋势一致的能量特性曲线，需要选取合适的湍流模型进行数值预测。选取 SST $k-\omega$、标准 $k-\omega$、标准 $k-\varepsilon$、RNG $k-\varepsilon$ 四种湍流模型对 19 mm 活动导叶开口时流量减小方向上的大负荷工况（$1.34Q_{BEP}$）、最优工况（$1.00Q_{BEP}$）、驼峰区工况（$0.74Q_{BEP}$）、部分负荷工况（$0.56Q_{BEP}$）和低负

荷工况(0.37Q_{BEP})进行数值验证。不同湍流模型收敛精度如图2.31所示,其中RMS表示均方根。从图中可以看出,四种湍流模型质量残差收敛精度均在10^{-5}以下,对于所有工况$k-\omega$湍流模型收敛效果最好,其次是SST $k-\omega$湍流模型,RNG $k-\varepsilon$湍流模型除了低负荷工况外,收敛精度与SST $k-\omega$湍流模型相差不大,而$k-\varepsilon$湍流模型在整个计算工况范围内,收敛精度最低,并出现较强的波动。对于各个方向的动量残差,四个湍流模型收敛精度均在10^{-3}以下,而且各个湍流模型之间的差距不大。

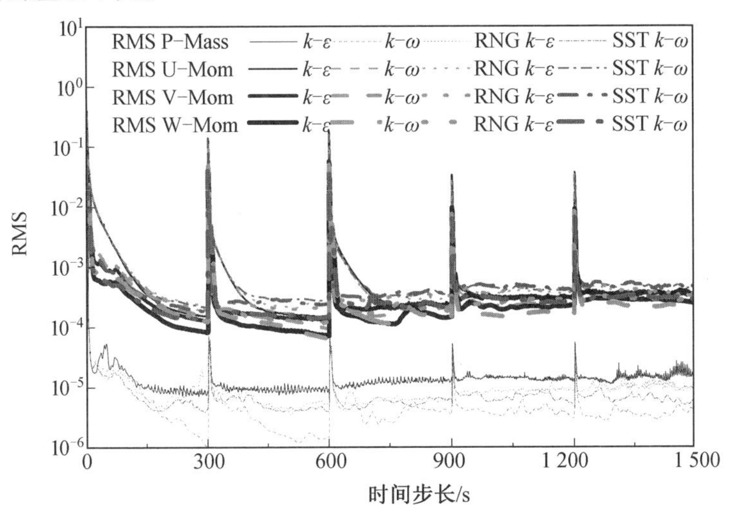

图2.31　不同湍流模型收敛精度

不同湍流模型计算得到的能量系数、力矩系数和效率模拟值与试验值对比结果如图2.32所示。

对于能量—流量特性曲线,除了低负荷工况和部分负荷工况点外,四种湍流模型都能很好地预测能量特性,但是在低负荷工况和驼峰区工况,$k-\varepsilon$湍流模型的模拟结果更加接近试验结果。

对于力矩—流量特性曲线,在最优工况附近,四种湍流模型都能很好地预测力矩特性,但是在低负荷工况、部分负荷工况和驼峰区工况,SST $k-\omega$湍流模型预测的力矩更加准确,同时也发现该模型在高负荷工况较其他三种湍流模型误差最大。

由于效率是能量和力矩特性共同作用的结果,因此表现出在低负荷工况点,SST $k-\omega$湍流模型误差最小为2.27%,而$k-\omega$湍流模型模拟误差最大为5.46%;在部分负荷工况点,SST $k-\omega$湍流模型效率模拟误差最小为2.09%,而$k-\omega$湍流模型误差最大为3.67%;对于驼峰区工况点,$k-\omega$和SST $k-\omega$湍流模型误差较小,分别为1.75%和1.86%,而RNG $k-\varepsilon$误差最大,为3.87%;在大负荷工况点,RNG $k-\varepsilon$误差最小,为−3.00%,SST $k-\omega$误差最大,为

−4.53%；对于最优工况点，四种湍流模型计算误差相差不大。表 2.7 给出了能量特性、力矩特性以及效率与试验值比较的预测误差，其中 γ 代表相对误差，γ_E 代表能量系数相对误差，γ_T 代表力矩系数相对误差，γ_η 代表效率相对误差。对于所有湍流模型各个工况点能量系数相对误差均在 3.68%以内，力矩系数相对误差均在 8.17%以内，效率相对误差均在 5.46%以内。

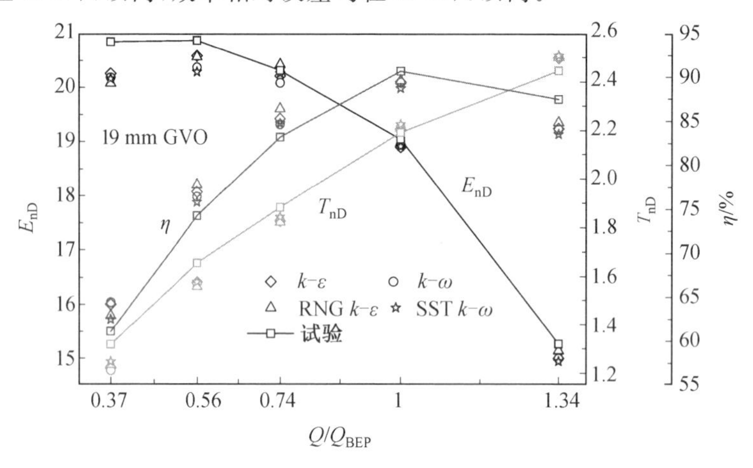

图 2.32　不同湍流模型外特性对比结果

表 2.7　不同湍流模型预测误差　　%

Q/Q_{BEP}	γ_E				γ_T				γ_η			
	$k-\varepsilon$	$k-\omega$	RNG	SST	$k-\varepsilon$	$k-\omega$	RNG	SST	$k-\varepsilon$	$k-\omega$	RNG	SST
1.34	−1.75	−1.76	−0.82	−2.11	2.12	2.25	2.24	2.54	−3.80	−3.93	−3.00	−4.53
1.00	−0.75	−0.50	−0.36	−0.68	0.61	0.95	0.83	1.51	−1.35	−1.44	−1.19	−2.16
0.74	−0.50	−1.13	0.54	−0.27	−3.00	−2.88	−3.25	−2.14	2.53	1.75	3.87	1.86
0.56	−1.37	−2.39	−1.45	−2.80	−4.74	−5.05	−5.80	−4.66	3.67	2.93	4.75	2.09
0.37	−2.82	−3.18	−3.68	−3.30	−7.51	−8.17	−6.43	−5.42	5.09	5.46	2.96	2.27

本节主要研究低负荷工况下的驼峰特性，因此相比于其他三种湍流模型，SST $k-\omega$ 湍流模型比较适合。标准 $k-\omega$ 湍流模型对于壁面边界层、自由剪切流动和低雷诺数流动预测较好，适合于存在逆压梯度的边界层流动模拟；标准 $k-\varepsilon$湍流模型有较多数据积累和比较高的精度，但是对于曲率较大和压力梯度较强的复杂流动模拟效果欠佳；RNG $k-\varepsilon$ 湍流模型能模拟射流撞击、分离流、二次流等中等复杂的流动，除强旋流过程无法精准预测外，其他流动都可以使用此模型。SST $k-\omega$ 湍流模型结合了自由流中的 $k-\varepsilon$ 和靠近壁面处的 $k-\omega$ 湍流模型的优点，对分离流动和较强的逆压梯度流动预测效果较好；在低负荷工况和驼峰区工

况，流动分离和回流现象明显，且存在较强的逆压梯度，因此 SST $k-\omega$ 湍流模型在驼峰区和低负荷工况的预测性能较好。

2.3.2　驼峰特性及迟滞效应影响研究

在流量增大和流量减小方向的外特性曲线上，选取 12 个工况点进行详细分析。在流量减小方向上选取高负荷工况点 A_1（$1.34Q_{\mathrm{BEP}}$）、最优工况点 B_1（$1.00Q_{\mathrm{BEP}}$）、第一个驼峰区波峰点 C_1（$0.82Q_{\mathrm{BEP}}$）、第一个驼峰区波谷点 D_1（$0.74Q_{\mathrm{BEP}}$）、第二个驼峰区波峰工况点 E_1（$0.65Q_{\mathrm{BEP}}$）和低负荷工况点 F_1（$0.37Q_{\mathrm{BEP}}$）；在流量增大方向上选取低负荷工况点 F_2（$0.37Q_{\mathrm{BEP}}$）、驼峰区波谷工况点 E_2（$0.65Q_{\mathrm{BEP}}$）、驼峰区波峰工况点 D_2（$0.74Q_{\mathrm{BEP}}$）、驼峰区波谷点 C_2（$0.82Q_{\mathrm{BEP}}$）、最优工况点 B_2（$1.00Q_{\mathrm{BEP}}$）和高负荷工况点 A_2（$1.34Q_{\mathrm{BEP}}$），19 mm 活动导叶开口时数值分析工况点如图 2.33 所示。数值模拟结果显示，在整个流量区间，出现两个驼峰区并伴随着迟滞效应，第一个驼峰区在 $0.74Q_{\mathrm{BEP}}\sim1.00Q_{\mathrm{BEP}}$ 流量区间，第二个驼峰区出现在 $0.46Q_{\mathrm{BEP}}\sim0.74Q_{\mathrm{BEP}}$ 流量区间。其中，Dec 代表减小，Inc 代表增加。

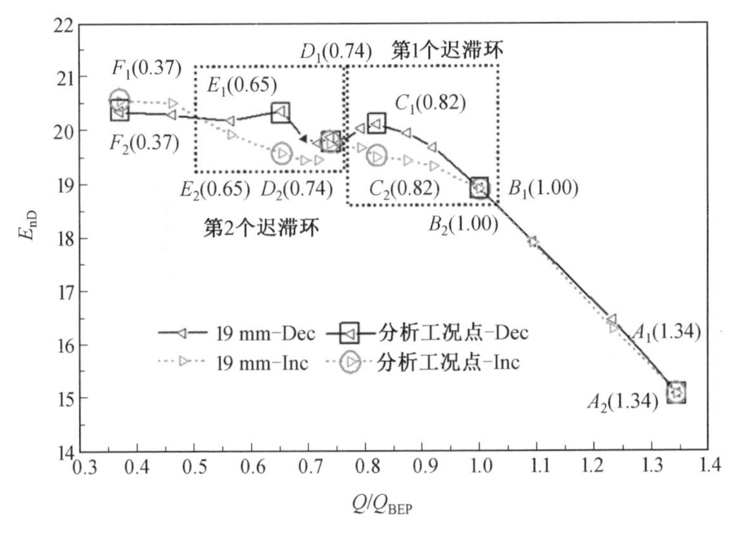

图 2.33　19 mm 活动导叶开口时数值分析工况点

由上文分析可知扬程特性是由欧拉扬程（输入参数）和水力损失（输出参数）共同作用所导致的。欧拉能量（$\Delta C_u \cdot U$）是转轮出口速度矩（$C_{u2} \cdot U_2$）和转轮进口速度矩（$C_{u1} \cdot U_1$）之差。在数值模拟过程中，可通过式（2.11）和式（2.12）来获得欧拉能量及欧拉扬程，即

$$\Delta C_{\mathrm{u}} \cdot U = C_{\mathrm{u2}} \cdot U_2 - C_{\mathrm{u1}} \cdot U_1 \approx \frac{T \cdot \omega}{Q} \tag{2.11}$$

$$H_{\mathrm{Euler}}=\frac{\Delta C_{\mathrm{u}}\cdot U}{g}=H_{\mathrm{net}}+H_{\mathrm{loss}} \tag{2.12}$$

式中 T——转轮所受力矩；

ω——角速度；

Q——流量；

g——重力加速度；

H_{net}——净扬程；

H_{loss}——损失扬程。

图 2.34 所示为 19 mm 活动导叶开时欧拉扬程能量系数数值模拟和试验对比，可以看出欧拉扬程因数随着流量系数的减小而呈抛物线增大，数值模拟结果与试验值具有一致性。其中，Exp 代表试验，E_{nD}－Euler 代表欧拉能量系数。在最优工况点以上，流量增大方向和流量减小方向的欧拉扬程能量系数重合较好，没有明显的区别；但是在驼峰区和小流量区内，在流量增大和减小方向上，试验值和数值模拟结果都出现明显的差距，而且在 $0.46Q_{\mathrm{BEP}}\sim0.75Q_{\mathrm{BEP}}$ 流量区间内出现驼峰特性并伴随着迟滞效应，而在 $0.75Q_{\mathrm{BEP}}\sim1.00Q_{\mathrm{BEP}}$ 流量区间内欧拉力矩正反向一致，未见明显的迟滞效应。图 2.35 所示为 19 mm 活动导叶开口时总水力损失，在流量减小方向上，水力损失从最高负荷工况点逐渐减小直至最优工况点水力损失降到最低，随着流量继续减小，水力损失快速增大，由驼峰区波峰点到波谷点水力损失突然增大；在流量增大方向上，随着流量的增大，水力损失逐渐减小，直至最优工况点，然后缓慢增大。在 $0.75Q_{\mathrm{BEP}}\sim1.00Q_{\mathrm{BEP}}$ 流量区间内，流量增大和减小方向上水力损失出现明显差异，产生第 1 个迟滞环；而在 $0.46Q_{\mathrm{BEP}}\sim0.75Q_{\mathrm{BEP}}$ 流量区间内两个方向的水力损失差异相对较小，仍然能观察到一个小的迟滞环（第 2 个迟滞环）。

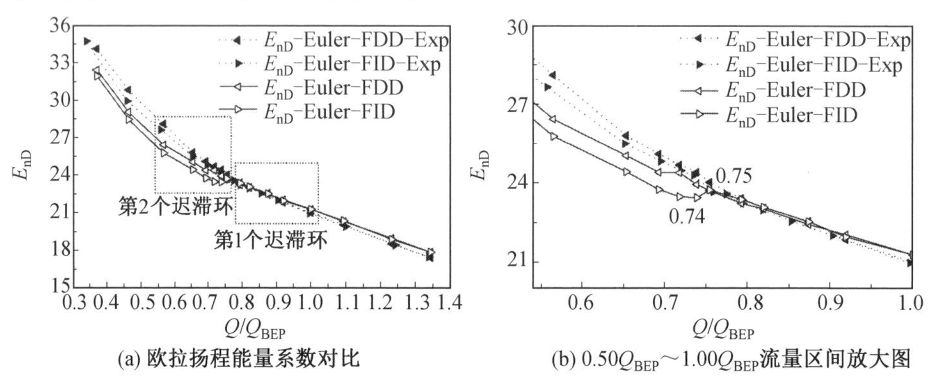

图 2.34 19 mm 活动导叶开时欧拉扬程能量系数数值模拟和试验对比

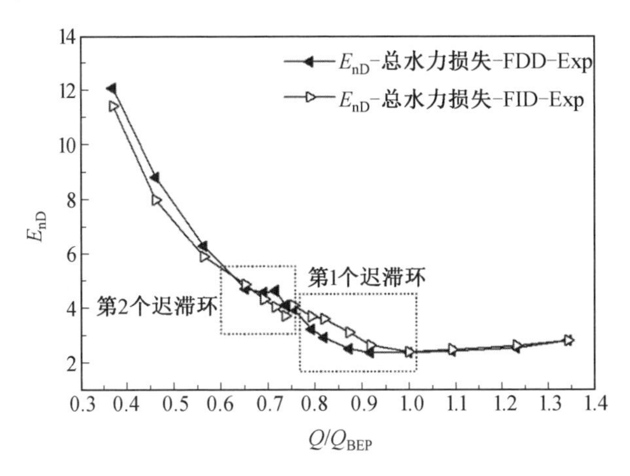

图 2.35　19 mm 活动导叶开口时总水力损失

通过观察欧拉扬程和总水力损失在两个方向的变化趋势可以得出，驼峰特性及其伴随的迟滞效应的产生是欧拉扬程和水力损失共同作用所导致的。靠近最优工况的驼峰特性及其伴随的迟滞效应(第 1 个迟滞环)主要是水力损失增加所导致的，而远离最优工况的驼峰特性及其迟滞效应(第 2 个迟滞环)是欧拉扬程和水力损失的同作用所导致的。

1. 液流角分析

由欧拉理论可知，欧拉扬程由转轮叶片进出口液流角决定。本节在曲面坐标系(横坐标为叶展方向 SP，纵坐标为流线方向 ST)中分析进出口液流角分布情况，如图 2.36 所示，选取叶展方向 SP0.2、SP0.5、SP0.8 和 SP0.95 共 4 个曲面，与叶片进口流线位置 ST1.188、ST1.142、ST1.084 和 ST1.053 相交形成 A、B、C

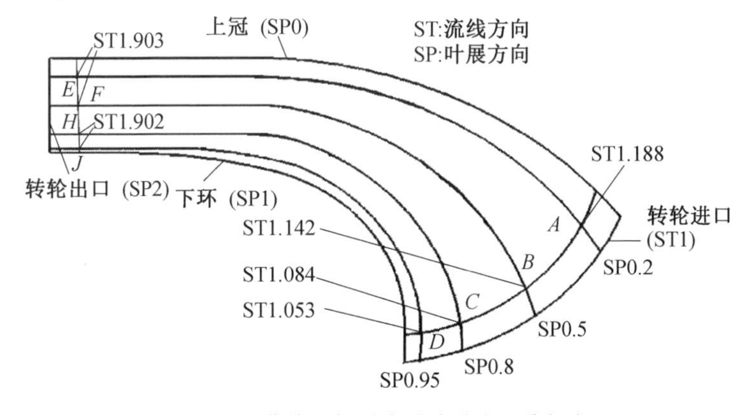

图 2.36　曲线坐标系中叶片进出口分析点

和 D 四个圆环；与叶片出口流线位置 ST1.903、ST1.903、ST1.902 和 ST1.902 相交形成 E、F、H 和 J 四个圆环。

在转轮进口（STL=1.0）到转轮出口（STL=2.0）流线方向上绝对液流角（α）如图 2.37 所示，其中横坐标 STL 表示流线位置，纵坐标表示绝对液流角圆周方向上的平均值。

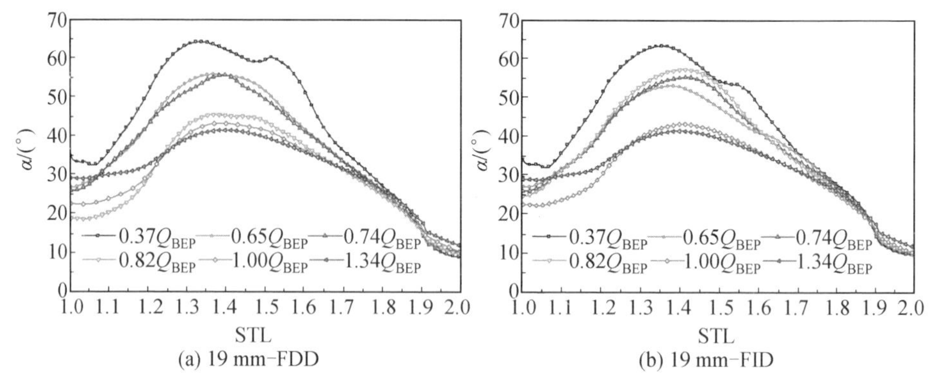

图 2.37　转轮进口到出口的绝对液流角分布

如图 2.37 所示，在转轮进口处，绝对液流角在流量减小方向上随着流量的减小而减小直到驼峰区波峰点（0.82Q_{BEP}）；从波峰点随着流量继续减小绝对液流角增大；在流量增大方向上，随着流量的增大绝对液流角值减小直至最优工况点，从最优工况点流量继续增大，绝对液流角值开始增大。在转轮出口处，在两个方向上绝对液流角值随着流量的减小而减小，呈单调关系。在转轮流道内，流量减小方向上绝对液流角随着流量减小而增大；相比于流量减小方向，在流量增大方向上，0.82Q_{BEP} 工况点绝对液流角值突然增大，而 0.65Q_{BEP} 工况点绝对液流角值突然减小，这两个工况点恰好位于迟滞环内，其他工况点数值和变化趋势与流量减小方向一致。由此可见能量特性上的两个迟滞环的产生与转轮内液流角有关。下文将进一步分析确定迟滞环的形成与进出口液流角改变之间的关系。

(1)转轮进口液流角分析。

转轮进口叶展方向上绝对液流角分布如图 2.38 所示。在流量减小方向上，从 0.74Q_{BEP} 流量工况点开始靠近上环处绝对液流角明显增加，甚至超过 90°，说明在此处出现回流；在流量增大方向上，0.82Q_{BEP} 工况点的绝对液流角分布明显与流量减小方向上该工况点的分布不同。相比于流量减小方向，绝对液流角在 SP0.85（SP 表示沿叶片展向方向，数值表示沿叶片展方向的相对高度）。到 SP0.95 截面之间明显下降，在 SP0.95 和 SP1.00 之间靠近下环处大幅度升高，在 SP0.02 和 SP0.2 之间靠近上冠处明显升高。同时可以观察到，在流量减小方向上靠近下环处绝对液流角与流量增大方向相比差距较大。

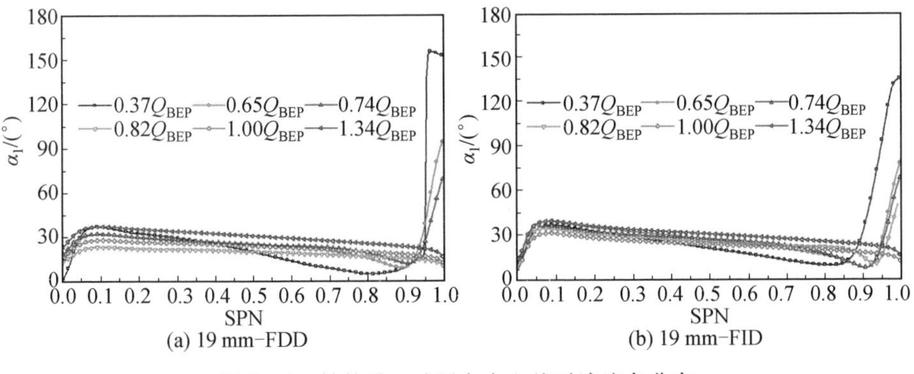

图 2.38 转轮进口叶展方向上绝对液流角分布

根据图 2.38 计算的叶展方向液流角面积平均值可进一步详细分析液流角在圆周方向上的分布情况，按图 2.36 选取叶展方向 4 个截面 A(SP0.2)、B(SP0.5)、C(SP0.8)和 D(SP0.95)与叶片进水边相交形成的圆环，液流角分析三维示意图如图 2.39 所示。

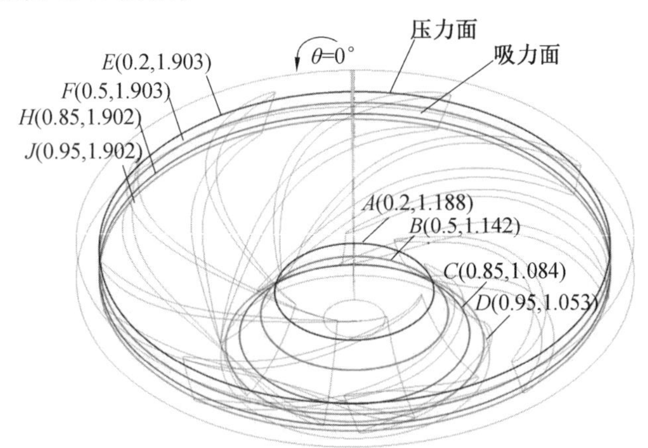

图 2.39 液流角分析三维示意图

转轮进口两个方向不同叶展高度的绝对液流角分布如图 2.40 所示。绝对液流角从上冠到下环呈下降趋势。对于高负荷工况(1.34Q_{BEP})，绝对液流角在不同流量方向的不同叶展高度上分布一致，从压力面开始到吸力面其值逐渐减小，在整个圆周方向上均匀分布，呈周期性。对于最优工况点(1.00Q_{BEP})，绝对液流角从压力面开始先增大然后降低，在叶道中间最大。对于第 1 个迟滞环内工况点 0.82Q_{BEP}，在流量增大方向上，截面 A(SP0.2)、B(SP0.5)和 C(SP0.8)上绝对液流角值明显大于流量减小方向；在靠近下环截面 D(SP0.95)处分布规律明显不同，大部分绝对液流角值在流量增大方向上较小，而部分值超过 90°，明显大于流量减小方向，表明该处出现回流现象，根据式(2.13)可知，进口绝对液流角的减小致使速度矩增大($C_{u1} \cdot U_1$)，而回流的出现致使速度矩快速下降。在该工况点，两个方向对比，绝对液流角在靠近上冠处和下环处升高，在 SP0.9 截面附近出现下降，两者共同作用促使当前进口速度矩值增大。

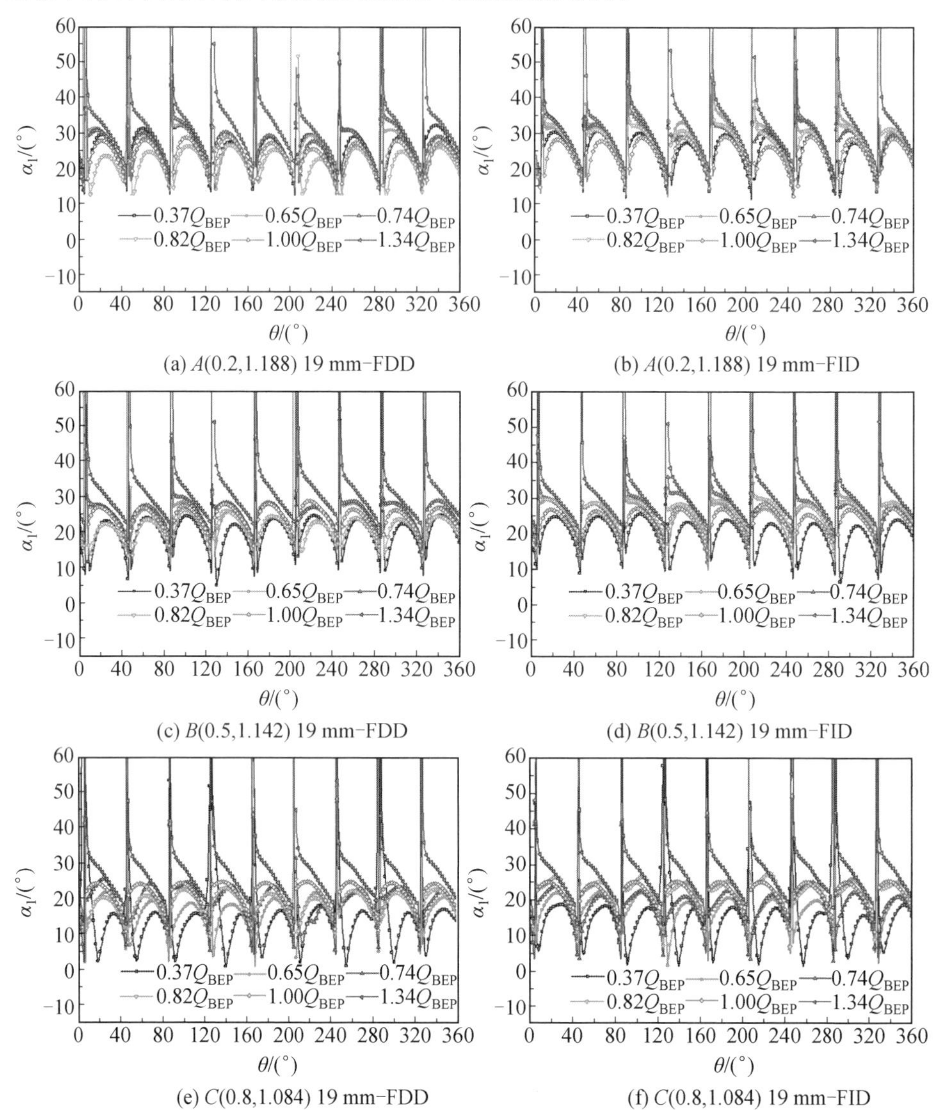

(a) A(0.2,1.188) 19 mm-FDD

(b) A(0.2,1.188) 19 mm-FID

(c) B(0.5,1.142) 19 mm-FDD

(d) B(0.5,1.142) 19 mm-FID

(e) C(0.8,1.084) 19 mm-FDD

(f) C(0.8,1.084) 19 mm-FID

图 2.40　转轮进口两个方向不同叶展高度的绝对液流角分布

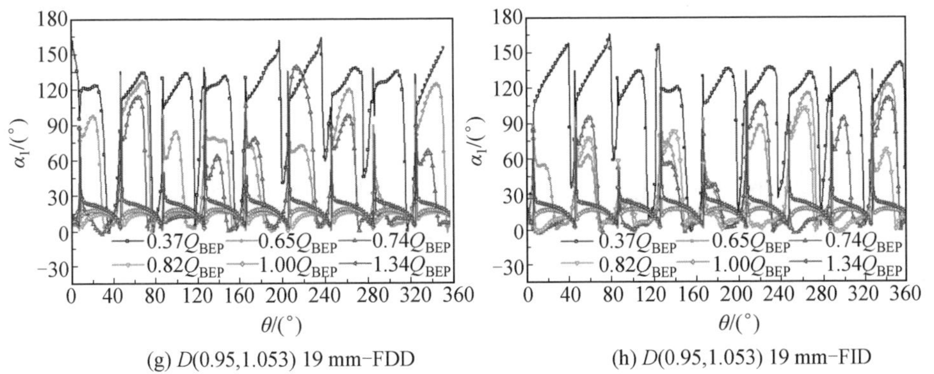

(g) D(0.95,1.053) 19 mm-FDD　　(h) D(0.95,1.053) 19 mm-FID

续图 2.40

$$C_{u1} \cdot U_1 = \frac{QU_1}{\tan \alpha_1 A_1} \tag{2.13}$$

式中　A_1——高压测量断面面积。

在第 2 个迟滞环工况点 0.65Q_{BEP}，绝对液流角在流量减小方向上明显大于流量增大方向，尤其靠近下环处。在流量增大方向上靠近下环处的绝以对液流角减小，促使进口速度矩增大，进而导致流量减小方向的欧拉扬程小于流量增大方向。对于工况点 0.74Q_{BEP} 和 0.37Q_{BEP}，虽然绝对液流角有所不同，但是在两个流量方向上分布规律一致。在靠近下环 SP0.95 截面上，大部分绝对液流角大于 90°，而且各个通道的分布严重不均匀，说明在靠近下环处出现回流，而且随着流量的减小，回流现象加剧。

(2)转轮出口液流角分析。

转轮出口叶展方向上绝对液流角分布如图 2.41 所示。绝对液流角由中间截面向上冠和下环方向逐渐增大。在主流区远离上冠和下环处，绝对液流角随着流量的减小呈下降趋势，且在叶片高度方向上的分布越不均匀，靠近上冠和下环处低负荷工况点绝对升高越明显。

根据式(2.14)可知，随着绝对液流角的减小，转轮出口速度矩($C_{u2} \cdot U_2$)增大，但是由于靠近上冠和下环的绝对液流角在驼峰区增大，因此转轮出口速度矩在一定程度上下降，致使欧拉扬程呈下降趋势。

$$C_{u2} \cdot U_2 = \frac{QU_2}{\tan \alpha_2 A_2} \tag{2.14}$$

式中　A_2——低压测量断面面积。

对于工况点 0.82Q_{BEP}，相比于流量减小方向，在流量增大方向上，靠近上冠绝对液流角较大，而靠近下环处绝对液流角较小。对于工况点 0.65Q_{BEP}，仅在靠近下环处流量增大方向上的绝对液流角较大。靠近下环处出口绝对液流角的增大促使出口速度矩减小，从而促使流量增大方向上欧拉扬程减小。

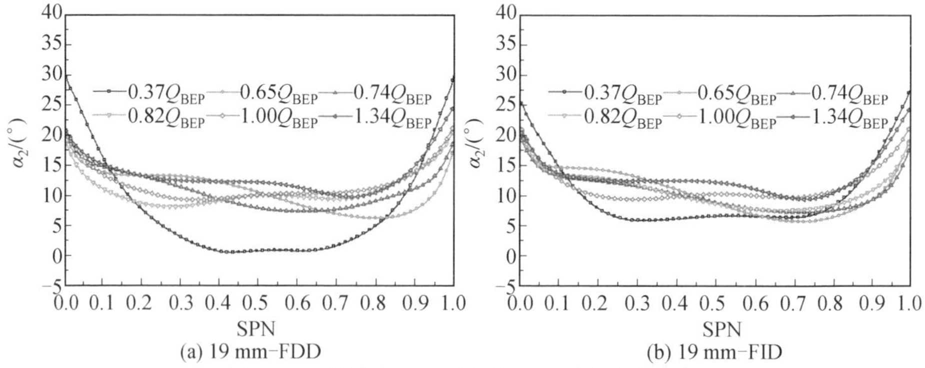

(a) 19 mm-FDD (b) 19 mm-FID

图 2.41 转轮出口叶展方向上绝对液流角分布

转轮出口圆周方向上绝对液流角分布如图 2.42 所示。在转轮出口各个流量工况下绝对液流角不呈现明显的周期性，说明出口各个流道为流量和速度分布不均匀。对于高负荷工况点（1.34Q_{BEP}）和最优工况，绝对液流角从压力面开始先增大，然后减小，再次升高直至叶片吸力面。随着流量的减小，流动紊乱程度加剧，但是在各个截面未发现回流现象。

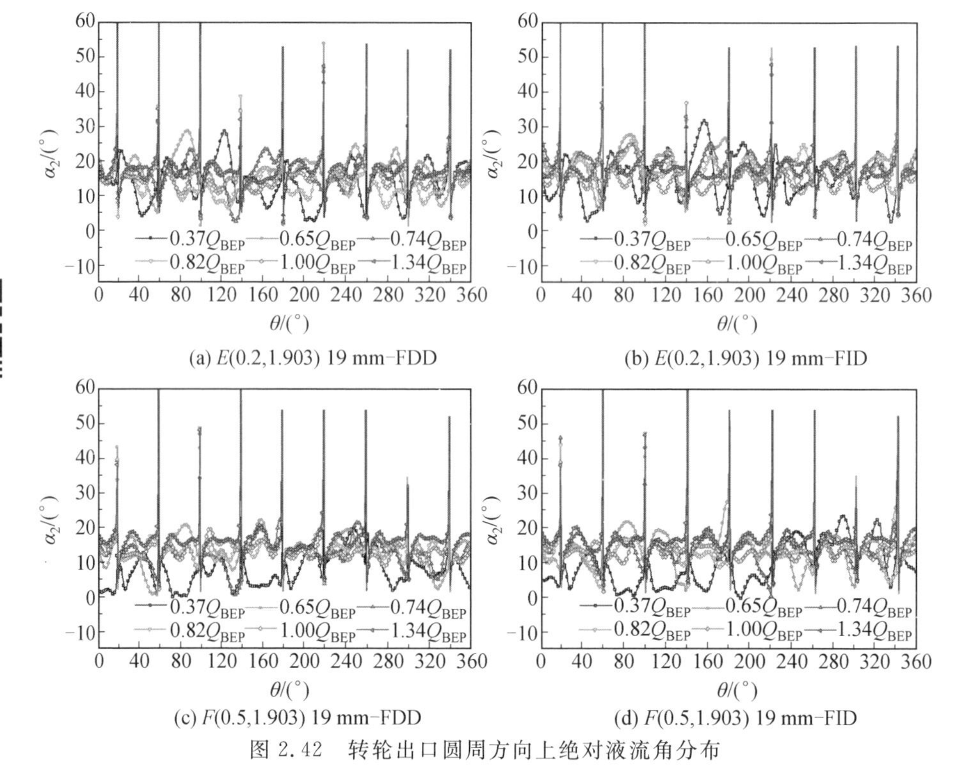

(a) $E(0.2,1.903)$ 19 mm-FDD (b) $E(0.2,1.903)$ 19 mm-FID

(c) $F(0.5,1.903)$ 19 mm-FDD (d) $F(0.5,1.903)$ 19 mm-FID

图 2.42 转轮出口圆周方向上绝对液流角分布

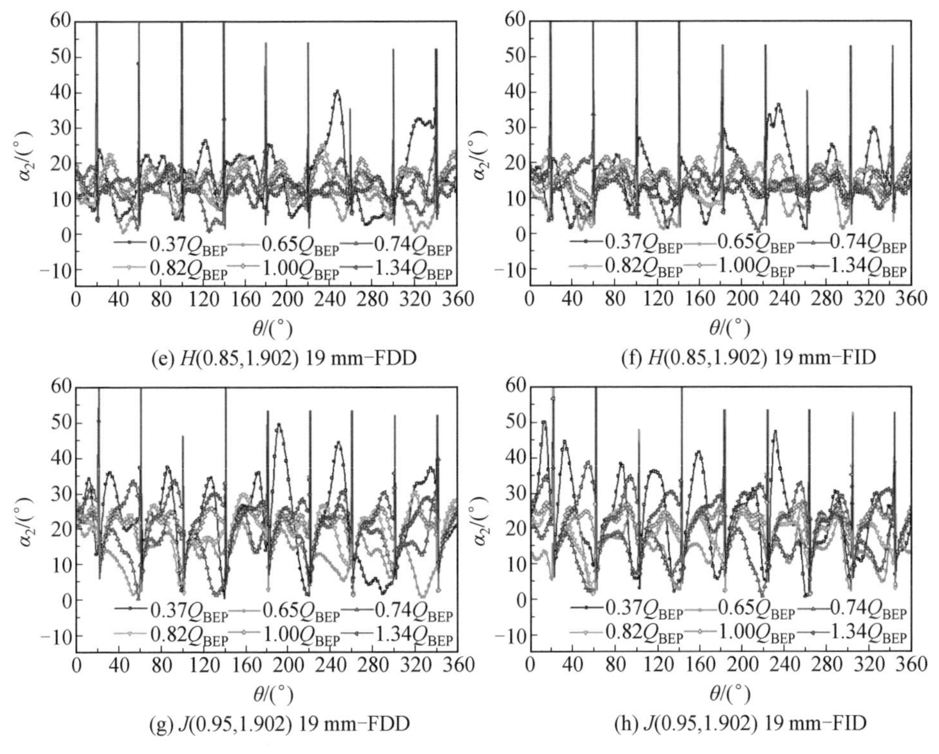

(e) H(0.85,1.902) 19 mm-FDD　(f) H(0.85,1.902) 19 mm-FID

(g) J(0.95,1.902) 19 mm-FDD　(h) J(0.95,1.902) 19 mm-FID

续图 2.42

基于进出口液流角分析可知，由驼峰区波峰点到波谷点，进口绝对液流角值增大，导致进口速度矩($C_{u1}\cdot U_1$)减小；靠近下环处出口绝对液流角增加，致使出口速度矩($C_{u2}\cdot U_2$)减小；两者综合作用致使欧拉力矩在驼峰区呈凹型，随着流量继续减小，出口处主流区绝对液流角快速减小，致使出口速度矩快速增大，进口靠近下环处绝对液流角逐渐增大并超过 90°，出现回流，致使进口速度矩为负，欧拉扬程快速增大。因此在特性曲线上随着流量的减小，欧拉扬程缓慢增加，在第一个驼峰区呈凹型缓慢增加，随着流量的继续减小，由于出口绝对液流角快速减小，进口出现严重回流，欧拉扬程呈指数上升。

对于第 1 个迟滞环工况点 0.82Q_{BEP}，相比于流量增大方向，流量减小方向上靠近上冠和下环处的绝对液流角增大，在 SP0.9 截面附近绝对液流角的减小促使进口速度矩有增有减；在出口处，靠近上冠处绝对液流角增大而靠近下环处减小，致使出口速度矩有增有减。转轮进出口速度矩之差为当前工况欧拉扬程，无论在转轮出口还是转轮进口，速度矩有增有减，因此在两个流量方向上该流量工况点的欧拉扬程差距不大。对于第 2 个迟滞环工况点 0.65Q_{BEP}，相比于流量减小方向，流量增大方向上转轮进口靠近下环处绝对液流角减小，而转轮出口处靠近上环处绝对液流角值增大，致使进口速度矩增大，出口速度矩减小，导致在流量增大方向上欧拉扬程较小。

2. 水力损失分析

对于水泵水轮机的核心部件转轮，从液流角分析，可以得出迟滞环的产生与转轮进出口靠近下环处相对液流角的增大和绝对液流角的减小有关。进口液流角的改变，一方面影响转轮做功，改变欧拉扬程；另一方面产生不良流动增加水力损失。因此，本节针对整个水泵水轮机中各个部件的水力损失进行分析，获得各个部件的损失随工况变化的变化趋势。图 2.43 为各个部件水力损失分析示意图，在水泵水轮机中，尾水管水力损失为尾水管进口截面 A—A 和尾水管与转轮动静交界面 B—B 之间的总压差值，转轮水力损失为 B—B 截面和转轮与活动导叶动静交界面 C—C 之间的总压差值，活动导叶水力损失为截面 C—C 和截面 D—D 之间的总压差值，固定导叶水力损失为 D—D 截面与 E—E 截面之间的总压差值，蜗壳水力损失为截面 E—E 和蜗壳出口截面 F—F 之间的总压差值。

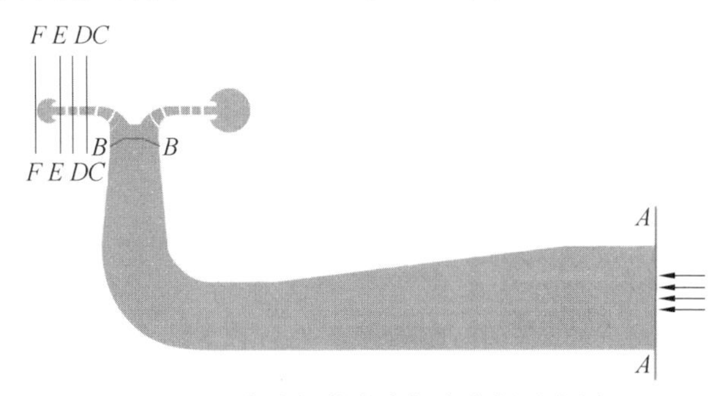

图 2.43　各个部件水力损失分析示意图

图 2.44 所示为 19 mm 活动导叶开口时各个部件水力损失系数。无论在流量增大方向还是流量减小方向上，各个部件的水力损失均在最优工况最小，从最优工况开始，随着流量的增大，水力损失缓慢增大，但是从最优工况开始随着流量减小，转轮、活动导叶、尾水管的水力损失呈指数增大。在 19 mm 活动导叶开口时各个工况下水泵水轮机水泵工况的水力损失主要来源于活动导叶和转轮。在高负荷工况，除了活动导叶和转轮部件外，固定导叶处水力损失也占有较大比例，但是随着流量的减少，尾水管处水力损失快速增大，产生损失的比例超过固定导叶。

在流量减小方向上，从驼峰区波峰点（$0.82Q_{BEP}$）到波谷点（$0.74Q_{BEP}$），各个部件的水力损失突然升高，其中转轮、固定导叶和尾水管的水力损失增大幅度较大。在流量增大方向上，各个部件的水力损失随着流量增大逐渐减少，各个部件的高水力损失一直持续到最优工况点。

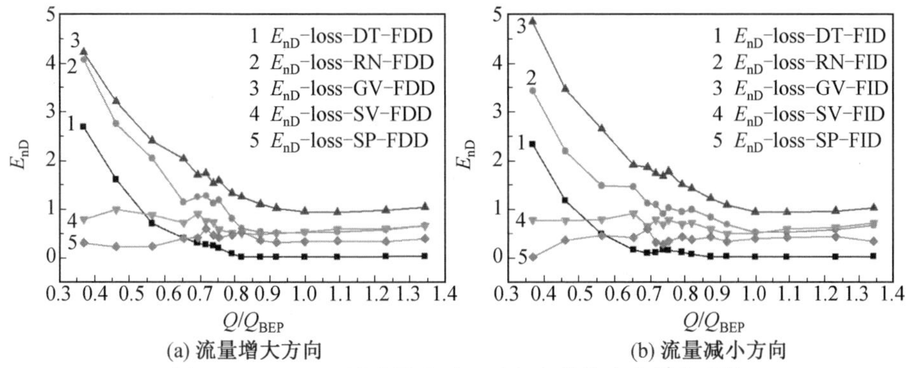

(a) 流量增大方向　　(b) 流量减小方向

图 2.44　19 mm 活动导叶开口时各个部件水力损失系数

19 mm 活动导叶开口时各个部件的水力损失在两个流量变化方向上的对比如图 2.45 所示。对于靠近最优工况点的第 1 个迟滞环，主要是由水力损失导致的。由图 2.45 可得，在 $0.75Q_{BEP}$～$1.00Q_{BEP}$之间，两个流量变化方向的损失差值主要来源于转轮、活动导叶和固定导叶；在 $0.37Q_{BEP}$～$0.74Q_{BEP}$之间，两者的损失主要来源于转轮和固定导叶。

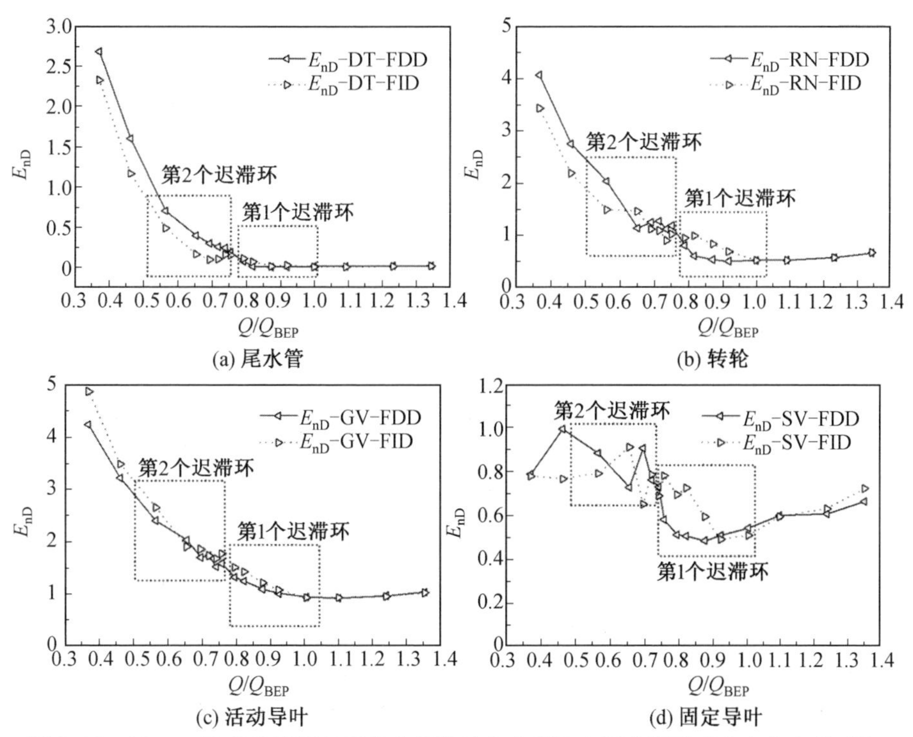

(a) 尾水管　　(b) 转轮

(c) 活动导叶　　(d) 固定导叶

图 2.45　19 mm 活动导叶开口时各个部件的水力损失在两个流量变化方向上的对比

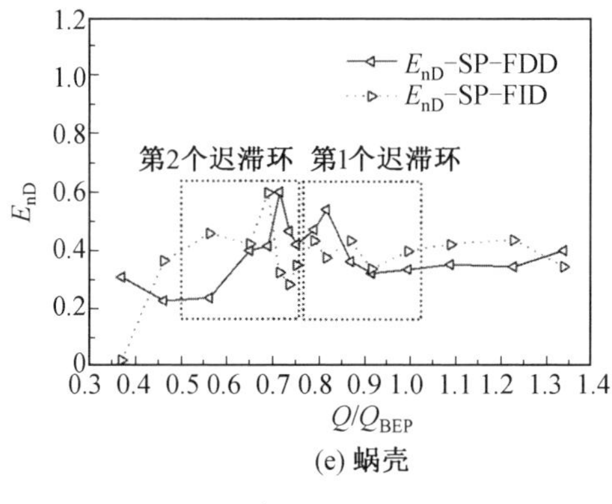

(e) 蜗壳

续图 2.45

选取迟滞环工况点 0.82Q_{BEP}和 0.65Q_{BEP}进行详细分析，分别如图 2.46 和图 2.47 所示。对于 0.82Q_{BEP}工况点，欧拉扬程的差值和损失差值对两个流量变化方向扬程特性的差值作用百分比如图 2.46(a)所示，其中正的百分比代表对产生的差值起促进作用，而负的百分比起抑制作用，可见该工况下两者的差值是由两个流量方向的不同损失造成的。图 2.46(b)所示为各个部件对该部分水力损失的贡献百分比，可知两者的损失主要来源于转轮(57.86%)、固定导叶(32.63%)和活动导叶(26.19%)，并且蜗壳部件对该损失的差值起抑制作用。

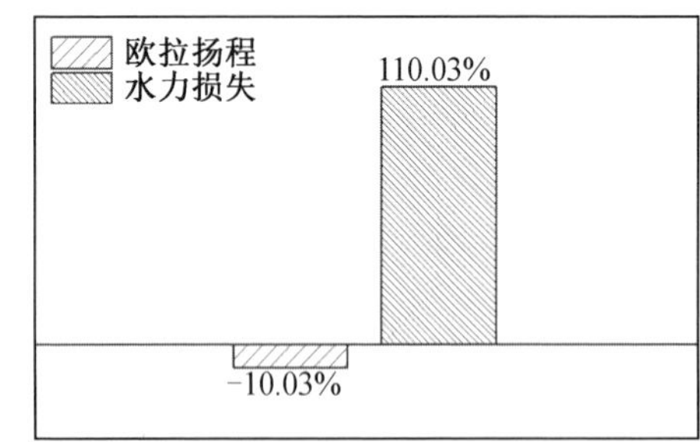

(a) 欧拉扬程和水力损失所占比例

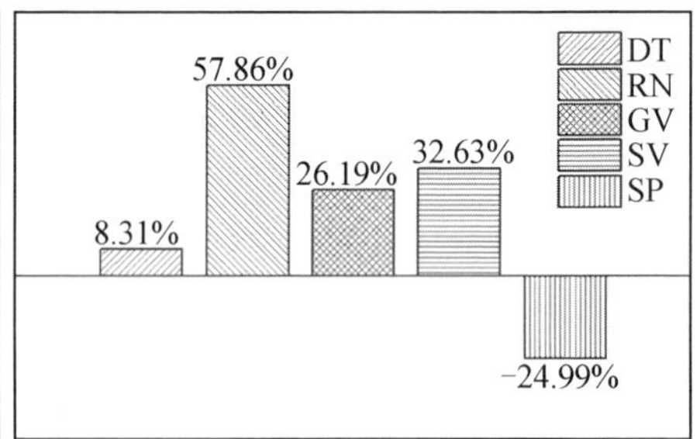

(b) 各个部件损失所占比例

图 2.46　0.82Q_{BEP}迟滞特性分析

对于 0.65Q_{BEP}工况点，两者的特性曲线之间的差值如图 2.47(a)所示，来源于欧拉扬程和水力损失的共同作用，其中欧拉扬程的差值占主要作用(78.63%)，两个流量变化方向的损失只占 21.37%。各个部件水力损失所占比例如图 2.47(b)所示，可得转轮(192.51%)和固定导叶(109.96%)占主要作用，其他部件在两个变化流量方向的损失差值对整体损失差值的产生起抑制作用。

通过水力损失分析可得，靠近最优工况的第 1 个迟滞环的形成由转轮、固定

导叶和活动导叶的正反两个方向的不同水力损失导致，其中大部分损失来源于转轮。对于远离最优工况点的第 2 个迟滞环，是两个流量变化方向的欧拉扬程不同和水力损失不同共同作用导致的，其中欧拉扬程的不同占主要作用，水力损失主要来源于转轮和固定导叶。

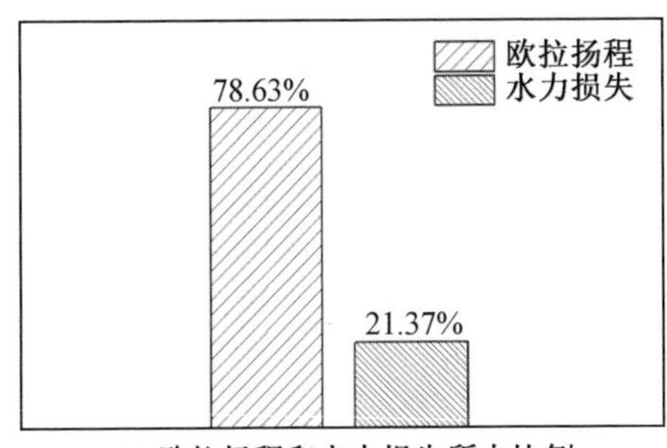

(a) 欧拉扬程和水力损失所占比例

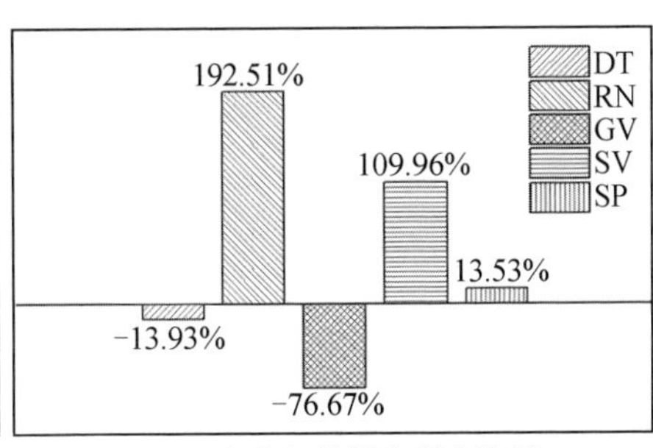

(b) 各个部件损失所占比例

图 2.47　0.65Q_{BEP}迟滞特性分析

3. 流场分析

通过进口液流角分析可知，当通过 0.82Q_{BEP}工况时在流量增大和减小方向上靠近下环处流场出现明显差异，图 2.48 为转轮进口三维流线图。如图 2.48 所示，在流量减小方向上，在高负荷工况未发现进口回流，随着流量的减小在 0.74Q_{BEP}工况靠近下环处出现回流；而在流量增大方向上，从 0.37Q_{BEP}工况开始出现严重回流，甚至影响到转轮出口，随着流量的增大，回流逐渐减小，一直持续到 0.82Q_{BEP}工况。由于进口靠近下环处出现回流，截面 SP0.9 附近绝对液流角减小，靠近下环处绝对液流角增大且超过 90°。

为了更加清晰地观察转轮进出口在不同工况点时不同叶展截面的详细流线分布，将转轮按叶片到叶片的方式展开，其示意图如图 2.49 所示。转轮不同叶片高度的截面流线图如图 2.50 所示，当流量大于最优工况(1.00Q_{BEP})流量时，各个截面没有旋涡、回流产生，只是在靠近上冠处的压力面上出现轻度的流动分离，且在两个流量变化方向上分布一致。在第 1 个迟滞环工况点(0.82Q_{BEP})，在流量减小方向上，叶片压力面出现流动分离，从下环到上冠，流动分离加强，在靠近上冠处出现分离旋涡；而在流量增大方向上，叶片吸力面出现严重的流动分离，从上冠到下环，流动分离加强，在靠近下环的 SP0.95 和 SP0.8 截面出现明显的回流，且旋涡产生的位置从下环到上冠向转轮叶片出口移动。因此，在该工况下，靠近上冠处流量增大方向上绝对液流角大于流量减小方向，而靠近下环处因为回流的存在，所以两个流量变化方向的绝对液流角也不同。

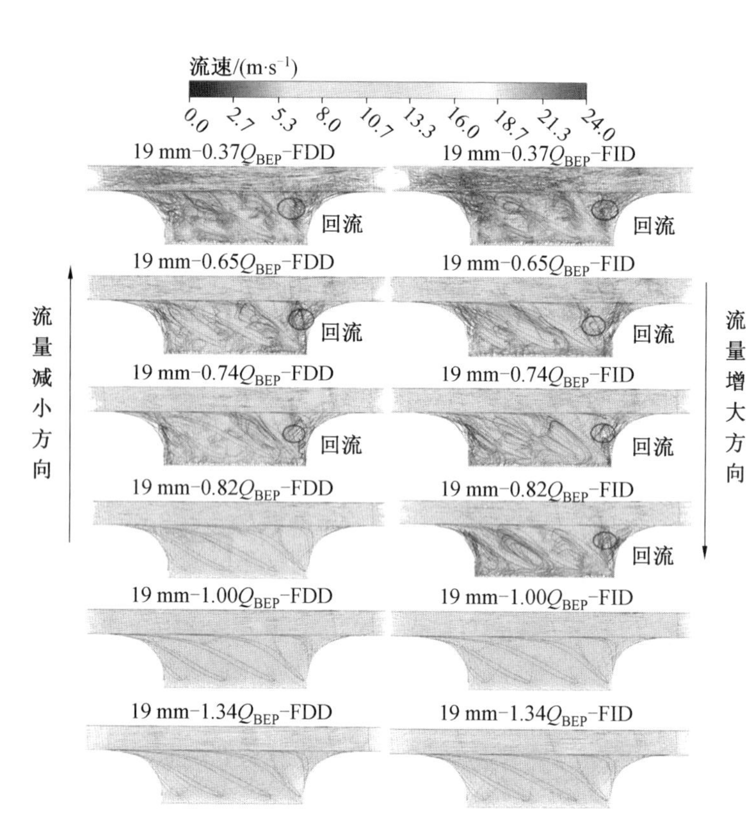

图 2.48 转轮事口三维流线图

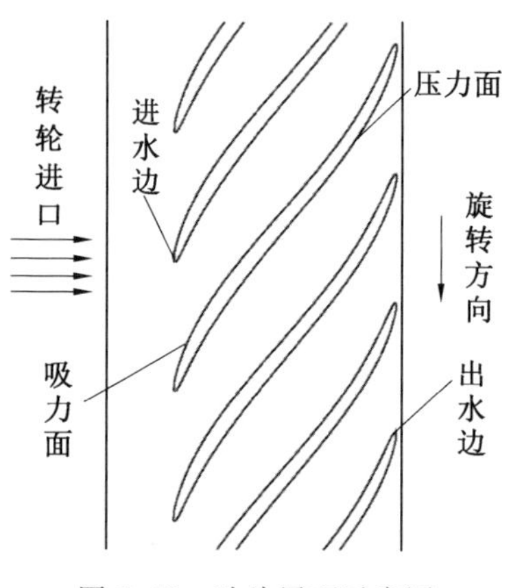

图 2.49 叶片展面示意图

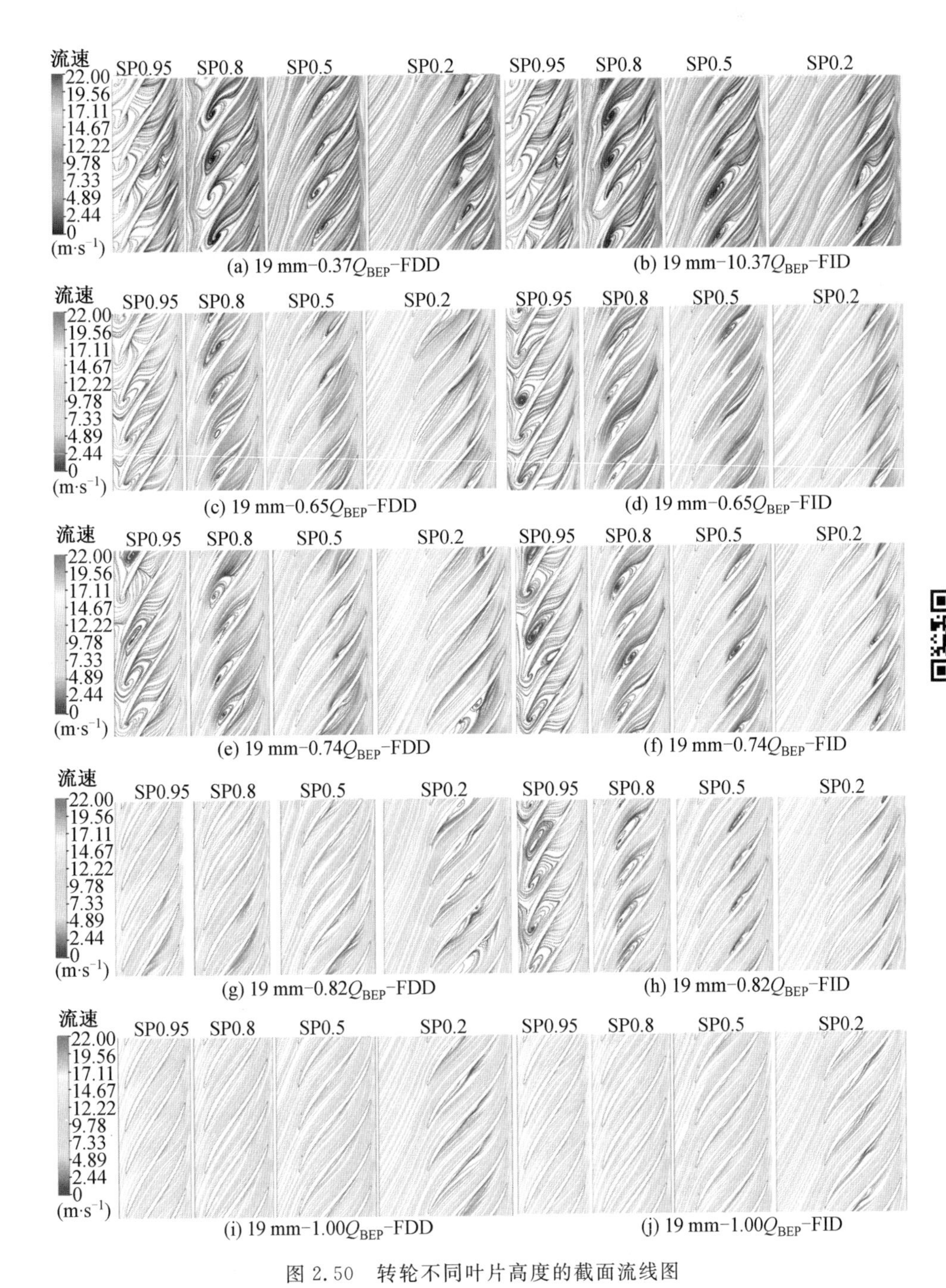

(a) 19 mm−0.37Q_{BEP}−FDD　(b) 19 mm−10.37Q_{BEP}−FID

(c) 19 mm−0.65Q_{BEP}−FDD　(d) 19 mm−0.65Q_{BEP}−FID

(e) 19 mm−0.74Q_{BEP}−FDD　(f) 19 mm−0.74Q_{BEP}−FID

(g) 19 mm−0.82Q_{BEP}−FDD　(h) 19 mm−0.82Q_{BEP}−FID

(i) 19 mm−1.00Q_{BEP}−FDD　(j) 19 mm−1.00Q_{BEP}−FID

图 2.50　转轮不同叶片高度的截面流线图

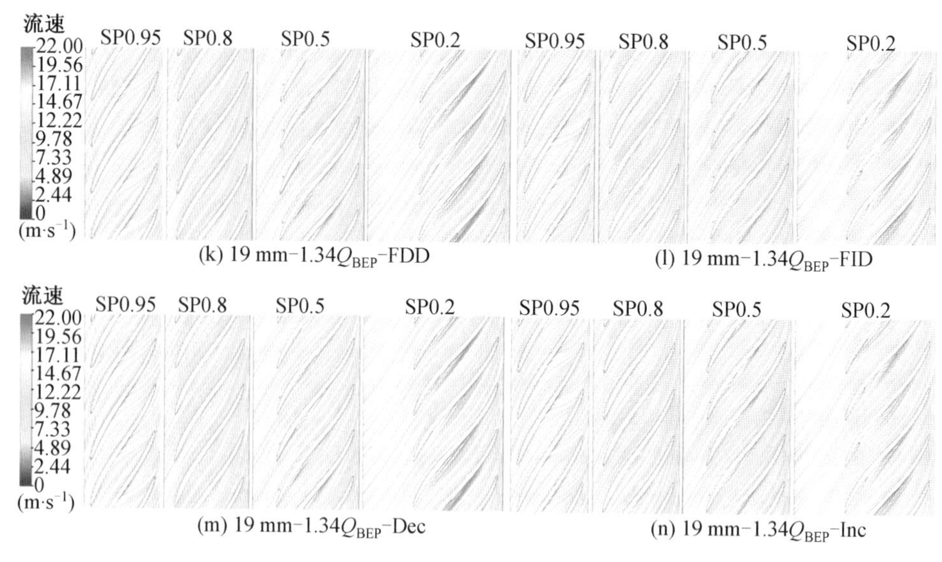

(k) 19 mm-1.34Q_{BEP}-FDD (l) 19 mm-1.34Q_{BEP}-FID

(m) 19 mm-1.34Q_{BEP}-Dec (n) 19 mm-1.34Q_{BEP}-Inc

续图 2.50

在流量减小方向上，随着流量的继续减小，吸力面流动分离减弱，而压力面流动分离变强，在靠近下环处的 SP0.95 和 SP0.8 截面出现严重的回流，形成旋涡；在流量增大方向上，压力面未发现明显的流动分离，吸力面流动分离与流量减小方向的情况一致。对于流量减小方向，上一个工况点(0.82Q_{BEP})在吸力面出现较严重的流动分离，因此在 0.74Q_{BEP}工况点压力面仍存在流动分离；然而在流量增大方向上，由于上一个工况点(0.65Q_{BEP})在压力面未发生流动分离，因此在该工况下压力面未存在流动分离，这是一个典型的迟滞效应，该工况点当前的状态取决于上一个状态和移动路径。

对于第 2 个迟滞环工况点 0.65Q_{BEP}，在两个流量方向上流动分离发生位置一致，但是在流量减小方向上靠近下环的流动分离强度明显高于流量增大方向，形成较为明显的旋涡，这是该工况欧拉扬程出现变化的主要原因。在 0.37Q_{BEP}工况，两个流量方向上的压力面流动分离增强，形成较强的流动分离旋涡，旋涡从下环到上冠向转轮出口移动，下环处旋涡由于流量的减少而变得紊乱。

从图 2.50 可知转轮的水力损失主要是靠近下环的回流引起的。0.82Q_{BEP}和 0.65Q_{BEP}工况点活动导叶和固定导叶不同叶片高度的截面流线图如图 2.51 所示。对于 0.82Q_{BEP}工况点，活动导叶和固定导叶在两个流量方向的主要差异在于靠近下环和上环的流动分离以及分离旋涡。在流量减小方向上，下环和上环处固定导叶间都出现了明显的流动分离并形成分离旋涡，致使活动导叶一些流

道堵塞，同时导致一些流道流速增加。在流量增大方向上，靠近底环流动分离明显加强，在 SP0.8 截面出现明显的分离旋涡。由于靠近底环的流道流动阻塞，靠近顶盖的流道流速增加，流动分离几乎消失。固定导叶损失的增加应该是靠近下环处的流动分离及其产生的分离旋涡所导致的，活动导叶的水力损失增加可能是由流速增加和低速区的动量交换产生的，这一部分将在第 3 章引入熵产理论进行详细分析。

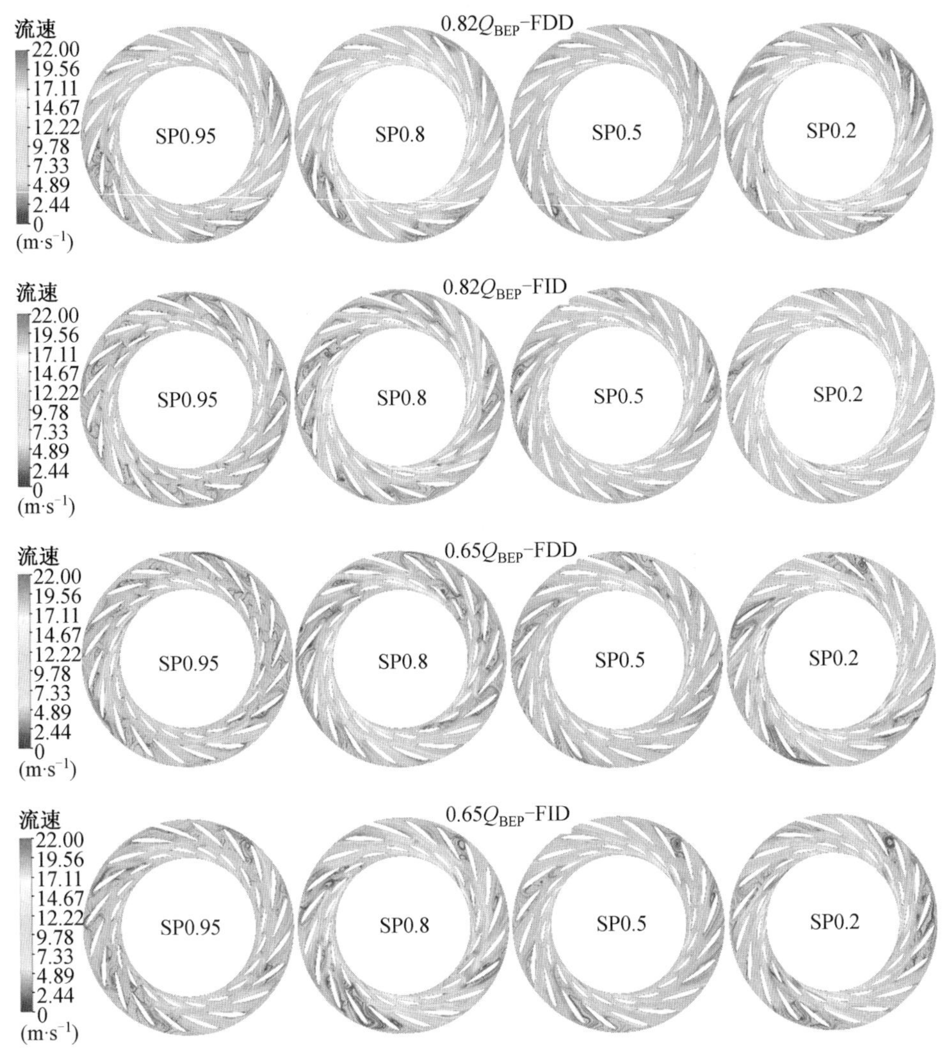

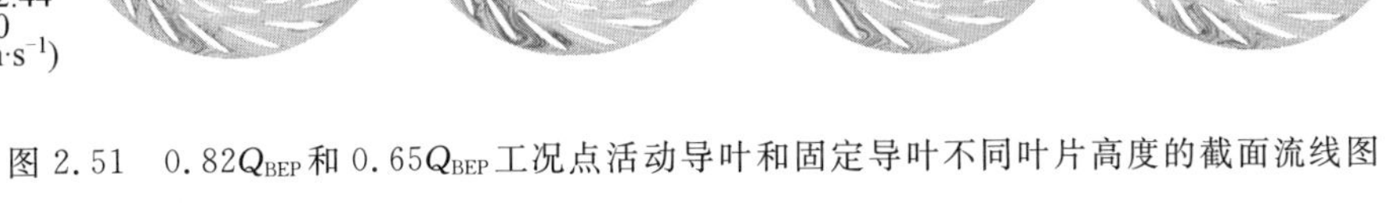

图 2.51　$0.82Q_{BEP}$ 和 $0.65Q_{BEP}$ 工况点活动导叶和固定导叶不同叶片高度的截面流线图

对于 0.65Q_{BEP}流量工况点，两个流量变化方向的流动分离产生的位置一致，在靠近上环和下环处都有明显的分离旋涡，且靠近下环的分离强度较大。从分离旋涡强度来看，流量增大方向略强于流量减小方向，这可能是流量增大方向上固定导叶水力损失较高的原因。

通过对同一活动导叶开口进行外特性分析、进出口液流角分析，水力损失分析以及内流场分析，可得出结论：对于该比转速水泵水轮机水泵工况 19 mm 活动导叶开度，靠近最优工况的驼峰区以及伴随的迟滞效应是由水力损失导致的，主要来源于转轮进口靠近下环的回流和固定导叶的流动分离以及产生的旋涡；远离最优工况点的驼峰区以及迟滞效应是由欧拉扬程和水力损失共同作用导致的，主要取决于欧拉扬程，即由进出口相对液流角的改变导致叶道上产生不同程度的旋涡，致使两个流量变化方向上转轮做功不同。

2.4 导叶开口对驼峰特性影响分析

13 mm、19 mm 和 25 mm 活动导叶开口的分析点如图 2.52 所示。选取三组流量工况点 A、B 和 C，每组工况点针对三个开口状态选取相同流量工况点。A 组位于三个开口状态下的低负荷工况，B 组中 19 mm 和 25 mm 活动导叶开口的工况点位于驼峰区内，C 组工况点位于最优工况附近。对于该三组工况点，欧拉扬程相差较小，仅有 A 组和 B 组呈现微小差距。对于 A 组，13 mm 活动导叶开口的欧拉扬程略高。因此，对于 B 组和 C 组，扬程特性是由水力损失导致的；对于 A 组，是由欧拉扬程和水力损失共同作用导致的。通过活动导叶的改变，一是改变欧拉扬程(能量输入)，二是改变整个流道的水力损失(能量耗散)致使外特性扬程发生改变，因此同样流量工况点位于不同活动导叶开口下，扬程特性显示较大差距，在有些开口下该工况点位于驼峰区内。

图 2.53 所示为转轮进口到出口的液流角，对于 C 组工况点，绝对液流角(α)和相对液流角(β)在转轮进口和转轮出口几乎完全重合，仅仅在转轮出口处出现较小的差距。对于该流量工况点，活动导叶开口的改变仅仅对出口的液流角有微小影响，欧拉扬程三个工况点没有明显差距，不同活劫增叶开口扬程特性的差距主要来源于水力损失。

对于 B 组工况点，从转轮进口到叶片中间位置，以及转轮出口，绝对液流角和相对液流角出现明显的差异，绝对液流角值在 13 mm 活动导叶开口时最小，其次是 25 mm 活动导叶开口，19 mm 活动导叶开口的进口液流角值最大。在该流量工况点，活动导叶的改变影响了进出口的液流角。根据式(2.11)，19 mm 活动导叶开口的进口相对液流角值与其他两个导叶开口相比较大，导致欧拉扬程相对较大，这从图 2.54 中可以看出；出口相对液流角在 13 mm 活动导叶开口时最小，

在 19 mm 活动导叶开口时最大，根据式(2.11)可知，出口液流角的增大促使欧拉扬程的下降，进出口液流角的共同作用导致欧拉扬程的变化。13 mm 活动导叶开口的进出口绝对和相对液流角值最小，而且三个开口下的进口液流角差值明显大于出口液流角的差值，因此在 13 mm 活动导叶开口时欧拉扬程最高，19 mm 和 25 mm活动导叶开口的进出口液流角比 13 mm 活动导叶开口时略高，进口液流角的增大和出口液流角的增大共同作用，导致两个开口下的欧拉扬程相差不大。

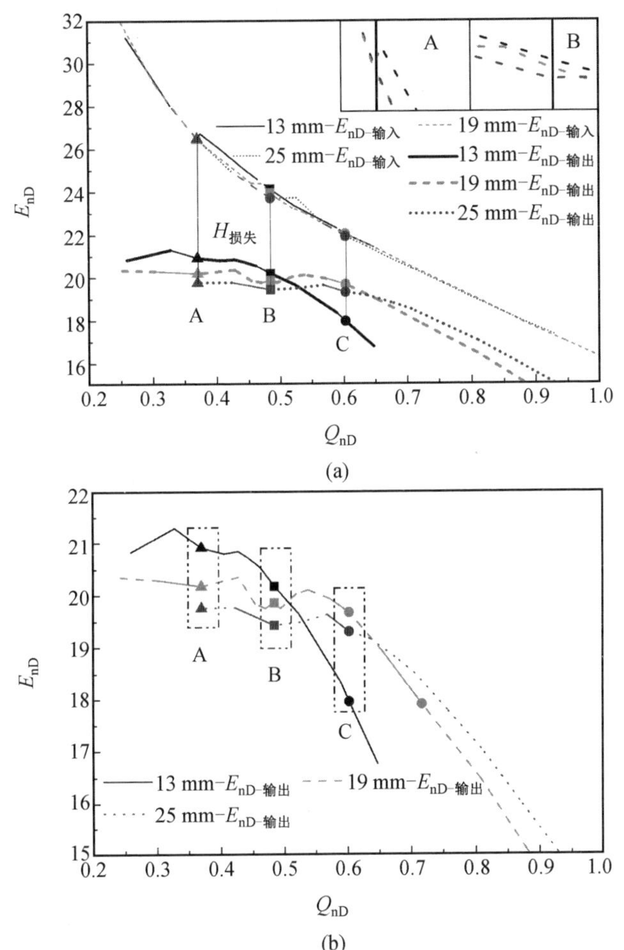

图 2.52　13 mm、19 mm、28 mm 活动导叶开口的分析点

对于 A 组工况点，进口液流角相差不大，出口液流角有所差别，13 mm 活动导叶开口时出口液流角差别最小，19 mm 和 25 mm 活动导叶开口时出口液流角差别较小。根据式(2.15)可知，13 mm 活动导叶开口下液流角的减小致使该工况点的欧拉扬程升高，19 mm 活动导叶开口时的欧拉扬程略高于 25 mm 导叶开口时的情况。

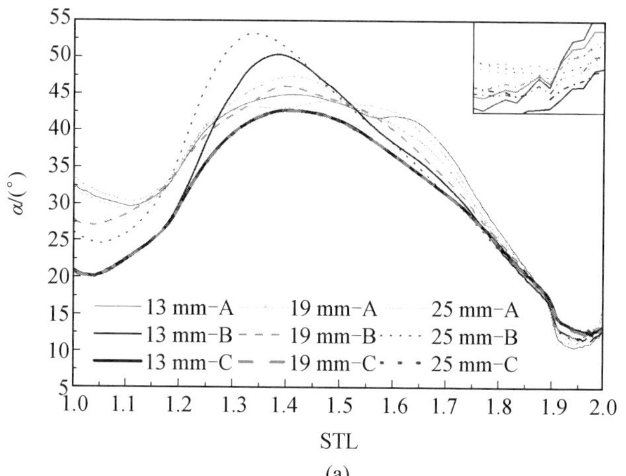

(a)

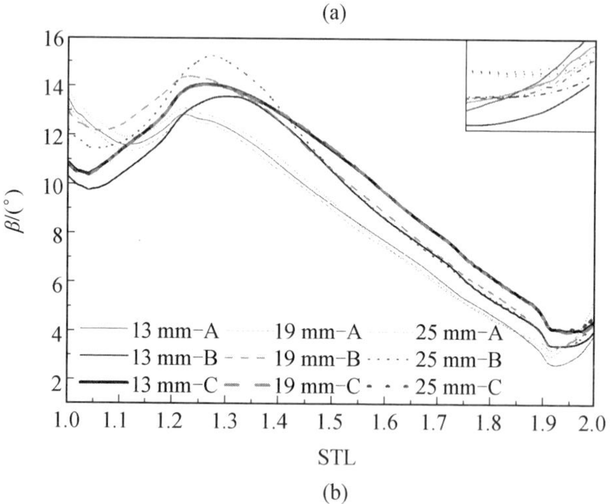

(b)

图 2.53　转轮进口到出口的液流角

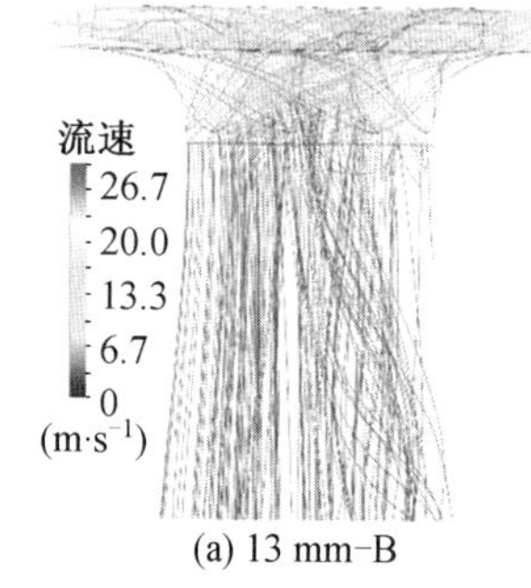

(a) 13 mm-B

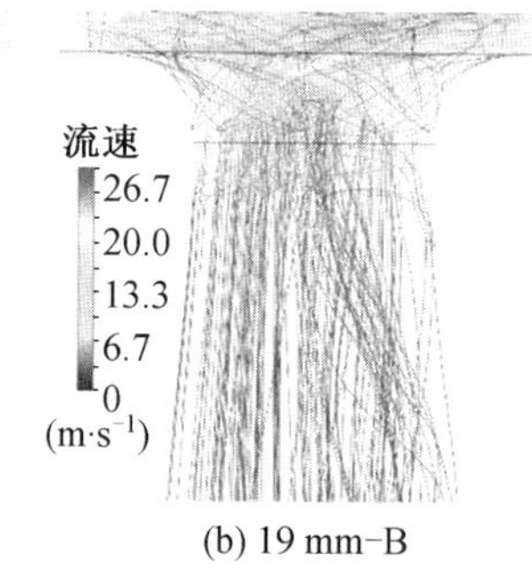

(b) 19 mm-B

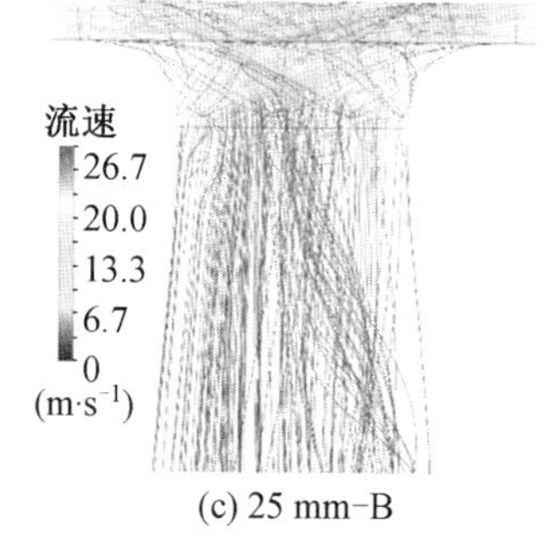

(c) 25 mm-B

图 2.54　转轮进口流线分布

通过进出口液流角的分析可知，活动导叶的改变影响进出口的液流角致使欧拉扬程改变。

$$
\begin{aligned}
gH_{\text{Euler}} &= \Delta C_{\text{u}} \cdot u = C_{\text{u2}} \cdot u_2 - C_{\text{u1}} \cdot u_1 = \\
& u_2\left(u_2 - \frac{C_{2\text{m}}}{\tan \beta_2}\right) - u_1\left(u_1 - \frac{C_{1\text{m}}}{\tan \beta_1}\right) = \\
& u_2\left(u_2 - \frac{Q}{A_2 \tan \beta_2}\right) - u_1\left(u_1 - \frac{Q}{A_1 \tan \beta_1}\right) = \\
& u_2^2 - u_1^2 + Q\left(\frac{u_1}{A_1 \tan \beta_1} - \frac{u_2}{A_2 \tan \beta_2}\right)
\end{aligned}
\tag{2.15}
$$

如图 2.54 所示，B 组不同活动导叶开口下各工况点转轮进口的流线分布，19 mm和 25 mm 活动导叶开口工况点位于驼峰区，19 mm 活动导叶开口时转轮进口回流最严重，致使进口液流角最大，其次是 25 mm 活动导叶开口，13 mm 活动导叶开口的回流相比之下最轻，因此液流角最小。

通过外特性分析可知，致使外特性扬程差距的因素主要是各个部件的水力损失，三组工况点的各个部件水力损失如图 2.55 所示。对于 C 组工况点，13 mm 活动导叶开口的总损失最大，主要集中在活动导叶和固定导叶部件，19 mm 和 25 mm 活动导叶开口的水力损失相差不大，主要集中在活动导叶部件。对于该组工况点，欧拉扬程值大小相同，13 mm 活动导叶开口的水力损失最大，表现为扬程最低。对于 B 组工况点，总水力损失相差不大，25 mm 活动导叶开口时略大，主要集中在活动导叶和转轮部件，13 mm 活动导叶开口时最小，而且 13 mm 活动导叶开口时该工况点的欧拉扬程最大，综合作用导致 13 mm 活动导叶开口的扬程最大；由于 19 mm 和 25 mm 活动导叶开口时进口出现回流，液流角增大，欧拉扬程下降，同时转轮部件损失增大，致使外特性扬程下降。对于 A 组工况点，19 mm 和 25 mm 活动导叶开口工况点欧拉扬程下降，水力损失增大，主要集中在转轮和活动导叶部件，13 mm 活动导叶开口时欧拉扬程未见明显下降且水力损失最小，故 13 mm 活动导叶开口的扬程最大。

通过水力损失分析可知，水力损失主要集中在活动导叶和转轮部件，图 2.56 所示为转轮和双列叶栅中间流面流线分布。对于同一活动导叶开口，随着流量的减小，流速减小，在固定导叶处流动分离加剧，形成分离旋涡。由于固定导叶分离旋涡的作用，堵塞流道，所以相邻流道加速。对于不同活动导叶开口，可以看出对于每组工况点，随着活动导叶开口增大，无叶区间隙减小，流速增大，压力下降，转轮部件水力损失增大。对于 13 mm 活动导叶开口，导叶流道未见明显的堵塞，而 19 mm 和 25 mm 活动导叶开口时出现不同数量的流道堵塞(A 组工况点)，致使相邻流道加速。对于 C 组工况点，随着活动导叶开口的增大，无叶区速度增加，固定导叶处流动分离减弱，分离旋涡较少，因此 13 mm 活动导叶开口时的水力损失值最大，主要集中在活动导叶和固定导叶，同时在 25 mm 活动导

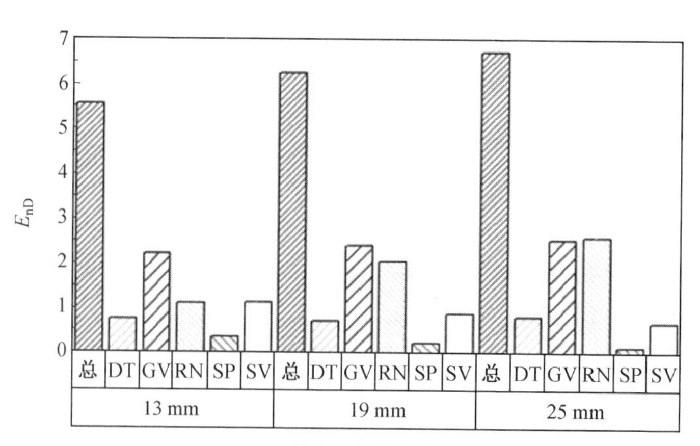

(a) A组各个部件水力损失

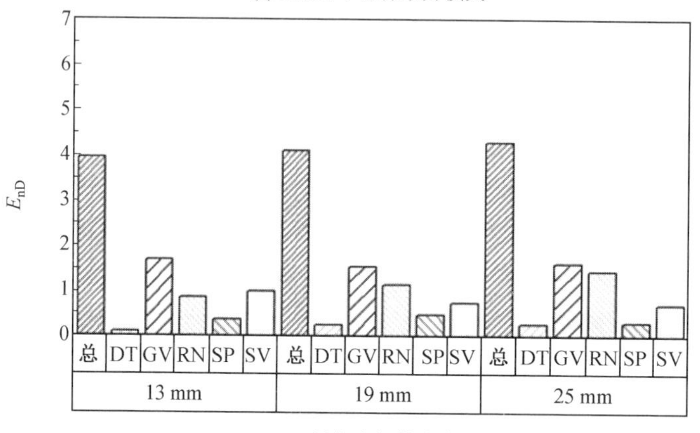

(b) B组各个部件水力损失

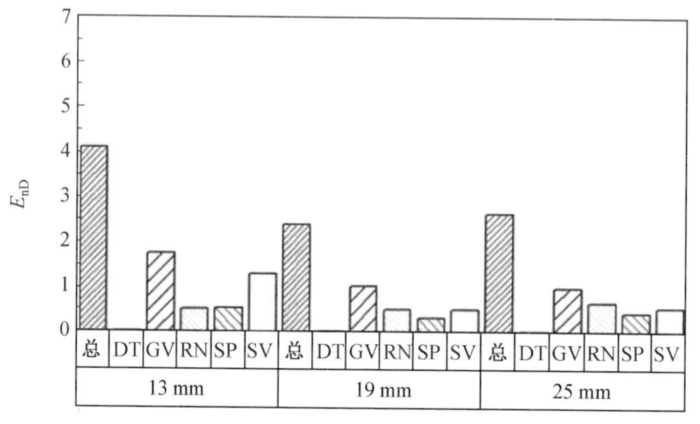

(c) C组各个部件水力损失

图 2.55　三组工况点的部件水力损失

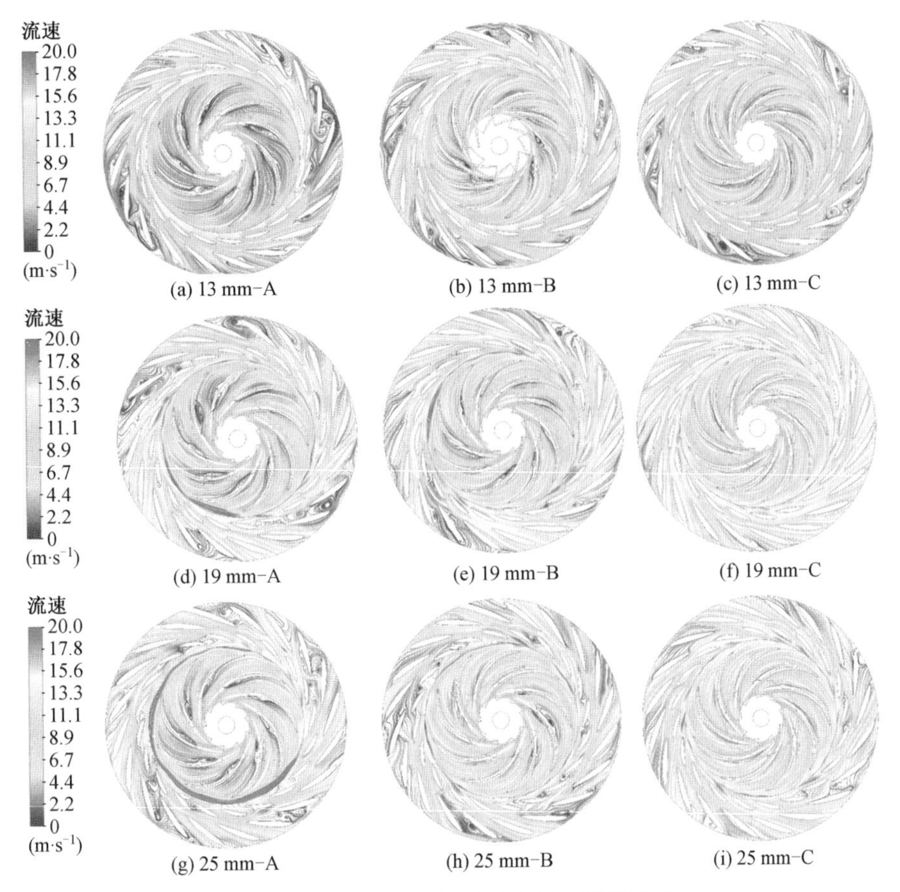

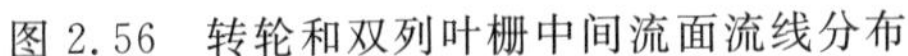
图 2.56　转轮和双列叶栅中间流面流线分布

叶开口时发现 3 个活动导叶流道堵塞，致使 19 mm 和 25 mm 活动导叶开口时的总水力损失相差不多。对于 B 组工况点，19 mm 活动导叶开口时可以观察到 4 个活动导叶流道堵塞，形成 4 个旋涡区，均匀分布在周向；25 mm 活动导叶开口时观察到 10 个活动导叶开口流道堵塞，形成 5 个分离旋涡区，在周向均匀分布；而13 mm活动导叶开口时未见活动导叶流道堵塞。由于无叶区流速增大，活动导叶来流的绝对液流角改变，活动导叶流道堵塞，相邻流道流体加速，这些共同作用致使 3 个活动导叶开口状态下在活动导叶和固定导叶中的水力损失相差不大，13 mm 活动导叶开口时由于流速略低，固定导叶流动分离严重，水力损失略高；25 mm 活动导叶开口时由于活动导叶开口堵塞严重，水力损失略高于 19 mm 活动导叶开口。对于 A 组工况点，25 mm 活动导叶开口工况点的活动导叶流道堵塞相比于 B 组工况点更为严重；由于堵塞作用，转轮水力损失骤增，19 mm 活动导叶开口次之；虽然 13 mm 活动导叶开口时固定导叶流动分离加剧，水力损失增大，但相比于 25 mm 活动导叶开口转轮部件的水力损失增加较小，因此 25 mm活动导叶开口的水力损失最大。

图 2.57 所示为转轮和双列叶栅中间流面速度矢量分布。对于 A 组工况点，活动导叶的改变明显影响了活动导叶进口液流角，致使活动导叶尾部压力面流动分离加强，形成分离旋涡堵塞流道，促使无叶区流速增加。对于该流量工况，13 mm 活动导叶开口时活动导叶的安放角与液流角之间的攻角较小，流动分离不明显，在活动导叶处未形成分离旋涡堵塞流道。对于 B 组工况点，19 mm 和 25 mm 活动导叶开口的活动导叶处仍形成较强的流动分离，堵塞流道。到达 C 组流量工况点时，19 mm 和 25 mm 活动导叶开口的活动导叶处流动分离逐渐消失，堵塞现象消失。

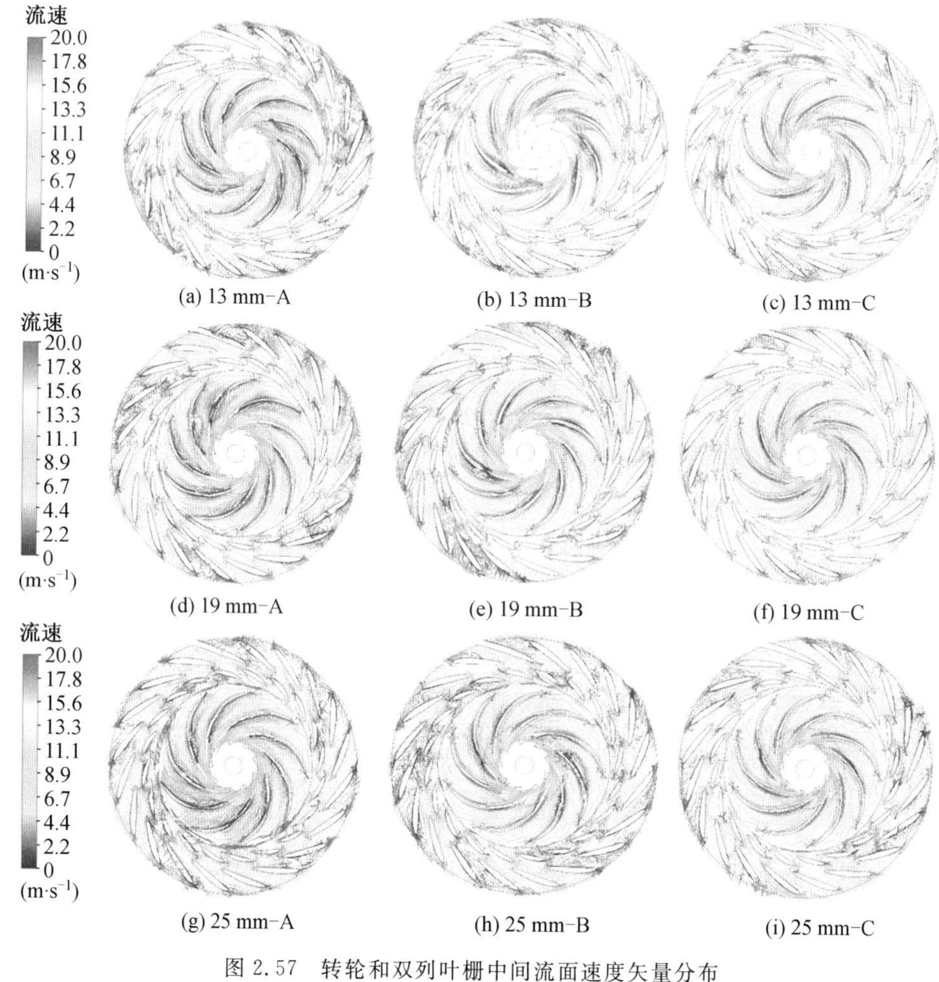

图 2.57 转轮和双列叶栅中间流面速度矢量分布

通过欧拉理论和水力损失分析可知，活动导叶的改变以及改变活动导叶和液流之间的攻角，将使活动导叶尾部压力面产生流动分离进而形成分离旋涡，导致活动导叶个别流道堵塞，相邻流道加速，无叶区流速增加，改变下游部件（固定导叶和蜗壳）的水力损失；同时反作用于上游部件（转轮和尾水管），改变了转轮出口液流角，甚至在一些工况点导致转轮进口回流加剧（B 组工况点），从而改变进口的液流角，增加水力损失。进出口液流角的改变导致欧拉扬程的改变，由于欧拉扬程和水力损失共同作用导致不同活动导叶开口外特性扬程曲线的差异。在实际运行过程中，可以通过一定的理论分析和数值模拟，预测各个活动导叶在不同流量工况下的流场分布，从而合理规划导叶开关规律，避开驼峰区工况点。

2.5　空化对驼峰特性影响分析

近年来，研究者发现空化对驼峰特性有显著影响，但影响规律及其流动机理尚不明确。为了研究空化与流场变化之间的关系，在试验数据中首先选取特定的空化系数工况点进行多相计算，其次通过特定流量点不同空化系数下的多相计算来验证空化与流场之间的关联性，最后通过选取一组完整的工况点进行详细的单相计算与多相计算对比，以此来探究空化的发生对流动的影响机理。

2.5.1　空化对流场的影响分析

为了探究空化对流场的影响，在研究过程中特选择了驼峰区内的 $0.72Q_{\mathrm{BEP}}$ 工况点作为研究对象，在保持流量以及转速不变的前提下，通过改变进口压力的方式对 11 个不同空化系数下的流场进行计算，并以此分析空化与流场变化之间的关系。

图 2.58 所示为不同空化系数下同一流量点的外特性变化情况，其中横坐标 σ 表示空化系数，纵坐标表示外特性参数（H 表示扬程，TZ 表示转矩）。沿空化系数减小方向进行观察，从图中可以看出当空化系数较大时，空化系数的减小对外特性的影响并不明显，只有当空化系数降低到一定范围时，空化系数的变化才会直接影响扬程和转矩的变化，但此时变化幅度并不大。随着空化系数的进一步减小，当达到某一临界的空化系数时，扬程及转矩迅速降到较低位置。图中的变化趋势可以从外特性的角度说明，即当空化系数较大时，空化系数的变化对流场影响很小，此时并未发生空化或相变等情况，因此外特性与空化系数并未表现出较强的相关性。当空化系数降低到流场内出现空化情况时，空化系数的变化会直接影响流场的分布，因而会在一定程度上表现出外特性与空化系数之间的线性关系，但这种线性关系并不会保持很久；当空化系数降低到某一临界点时，流动状态会发生突变，此时微小的空化系数变化也会引起流场中巨大的波动，从

外特性上来看就是扬程和转矩的高斜率下降。

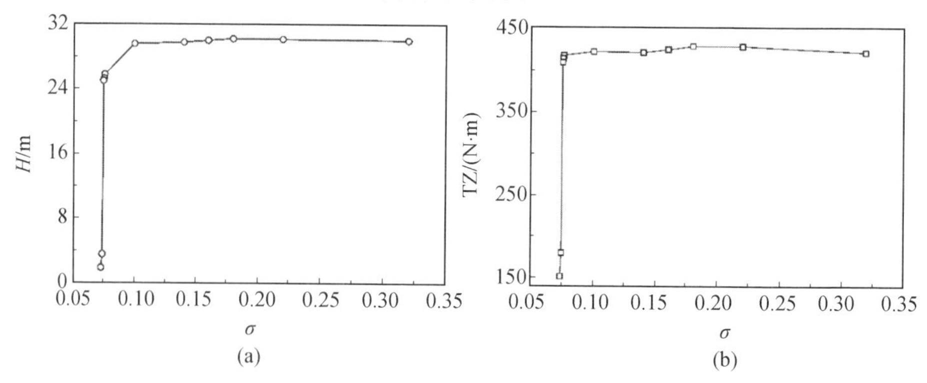

图 2.58　不同空化系数下同一流量点的外特性变化情况

图 2.59 所示为不同空化系数下流域压差损失情况，其中 LPI 表示总压力损失占输入功率的百分比，L 表示损失值，LP 表示部件损失占总损失的百分比，横坐标表示空化系数。从图中可以看出，流域总损失占输入功率的百分比在较大空化系数下几乎没有变化，基本保持在 1/5 左右，而当空化系数持续降低到 0.1 后，流域总损失迅速增大。对于导叶和转轮部件，其损失的变化情况与空化系数的关系基本与总损失的变化情况一致，但明显可以看出在空化系数降低到 0.1 以后，转轮流域的损失值变化远高于导叶流域内损失的变化。对这两个部件的损失占比情况进行分析，更能够看出空化系数的变化对两者的影响，对于转轮流域而言，当空化系数在一定范围内减小时，其总压力损失占比没有明显变化，当空化系数降低到更低范围时，转轮流域的损失占比迅速提高；而对导叶流域的损失占比情况则恰恰相反，但空化系数降低到足够小的范围时，空化系数越小，损失占比越小。从这组图中可以看出，在全流域内，导叶损失是主要的流动损失，但空化系数的变化会在更大程度上影响转轮流域内的损失以及流动情况，因此接下来主要对转轮流域内的流动情况随空化系数的变化进行分析。

图 2.60 所示为不同空化系数下同一流量点的转轮子午面水蒸气体积分数示意图，从图中可以看出在空化系数较大时，并未发生空化，而当出现空化后，随着空化系数的减小，空化面积逐渐增大，当达到一个临界值后，空化面积迅速增加，堵塞流道。从图中可以明显看到，在低空化系数范围内，靠近上环位置更容易出现空化现象，当空化系数达到 0.073 5 时，空化已经完全延伸到转轮出口位置，留给水流体的流动空间已经非常狭小，但此时呈现的空化情况在真实试验中一般不会出现，且对比扬程曲线可以看出，在该工况点位置扬程出现了急速下坠，这必然与水蒸气堵塞流道有重要关系。这说明在达到该空化系数时，空化已经对流动的稳定造成了严重的破坏，由此导致了损失的急剧增加以及由此带来的扬程下降这一外特性显示。

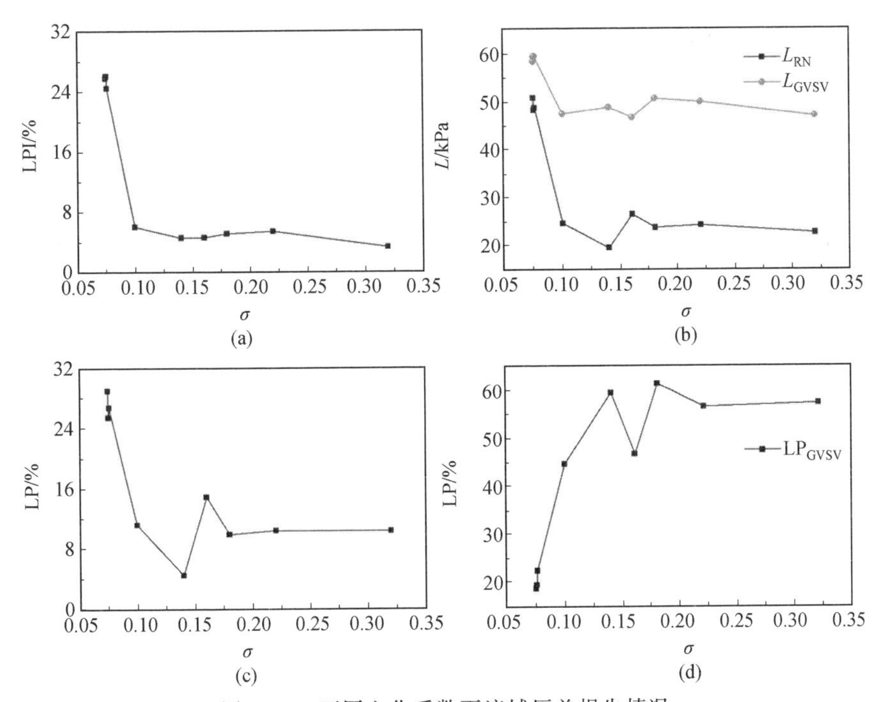

图 2.59 不同空化系数下流域压差损失情况

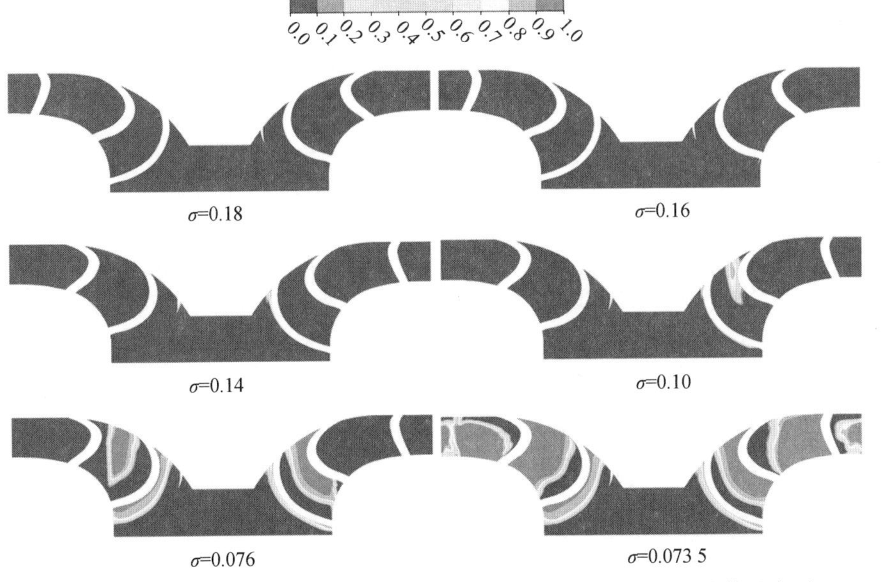

图 2.60 不同空化系数下同一流量点的转轮子午面水蒸气体积分数示意图

图 2.61 所示为不同空化系数下水蒸气体积分数为 0.5 的等值面。从图中可以看出在空化系数为 0.16 时空化出现，当出现空化后随着空化系数的降低，在原有出现空化的位置空化面积逐渐增加，而且逐渐向流道内部延伸，没有出现明显的空化脱离现象；当空化系数降低到某个临界值以下时，空化面积急剧增加，甚至蔓延到导叶区域，而这种现象在真实试验过程中由于考虑到机组安全性的原因并不会真正出现。

图 2.61　不同空化系数下水蒸气体积分数为 0.5 的等值面

图 2.62 所示为不同空化系数下水蒸气体积及等值面面积变化，图中数据源自后处理中的计算求取(VF 表示体积分数)。从图中可以看出，随着空化系数的减小，空化占据的体积及面积均随之增大，当达到临界值后，空化面积和体积在量化角度均出现了跳跃式的增加。由于目前计算的组数不够充足，因此对于临界空化系数的获得以及更高空化系数下的流场情况还需要进一步研究。

图 2.63 所示为不同空化系数下转轮 Turbo 面 SP0.5 时流线图。从图中可以发现，沿着流动方向流速逐渐增加，但在转轮流道沿流动方向的中后区域出现了不同程度的低速流动情况，而随着空化系数的减小，在流场中叶片附近位置逐

渐出现低速旋涡情况，当空化系数相对较大时，旋涡与叶片贴合较好，且旋涡范围较小。当空化系数从 0.076 降低为 0.073 5 时，流线速度明显增加，且旋涡由原来的椭圆形变为狭长形，旋涡沿流线方向变化程度的位置空大空化比较剧烈。

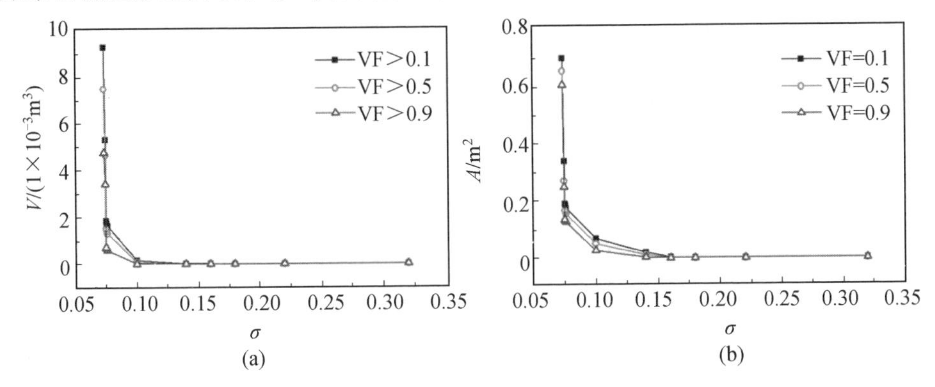

图 2.62　不同空化系数下水蒸气体积及等值面面积变化

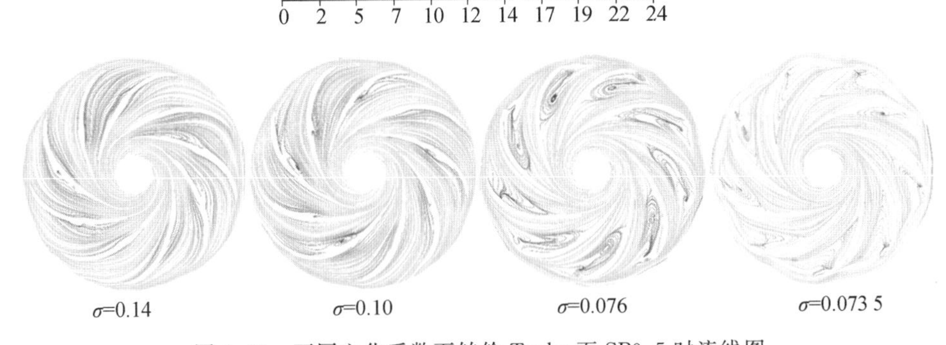

图 2.63　不同空化系数下转轮 Turbo 面 SP0.5 时流线图

图 2.64 所示为不同空化系数下转轮叶片展向面水蒸气体积分数示意图，其中 SP0.5 为中间展向面，SP0.9 为靠近转轮上冠位置展向面。从图中可以看出，随着空化系数的降低，在转轮叶片吸力面上会逐渐出现空化区域，且空化面积在增大的同时也逐渐向流道内部延伸，在较小空化系数时，空化区域在展向面上呈现出钝角三角形状态。当空化系数从 0.076 变为 0.073 5 时，空化面积出现明显的激增，而且空化区域从叶片进口端一直延伸到转轮出口处，从图中可以看出，由于空化效应的存在，每一流道内部的可流动区域被极大地压缩，而且空化外缘在呈流线型发展到一定程度后会出现一个迅速的截断现象，即形成了上文中所述的三角形状态，这个截断情况对流动的影响十分重要，在接下来会针对该区域

着重进行分析。对于空化激增的工况点进行分析可以发现,空化区域已经完全占据整个流道的绝大部分,在进口区域已经被压缩到原来 1/3 的情况下,出口位置几乎完全被空化占据,造成了剩余流道内流体流速的急剧增加,由此导致更大的损失。对比不同展向位置的空化程度可以发现,相对于转轮中间展向面,靠近转轮上冠位置的空化程度明显更为严重,这在图中直接显示为空化面积的变化,尤其在空化系数相对较大的工况点,上冠附近展向面与转轮中间展向面的空化程度差异很大。这说明在相同空化系数下,转轮上冠附近的流道流动通过程度相对更差。

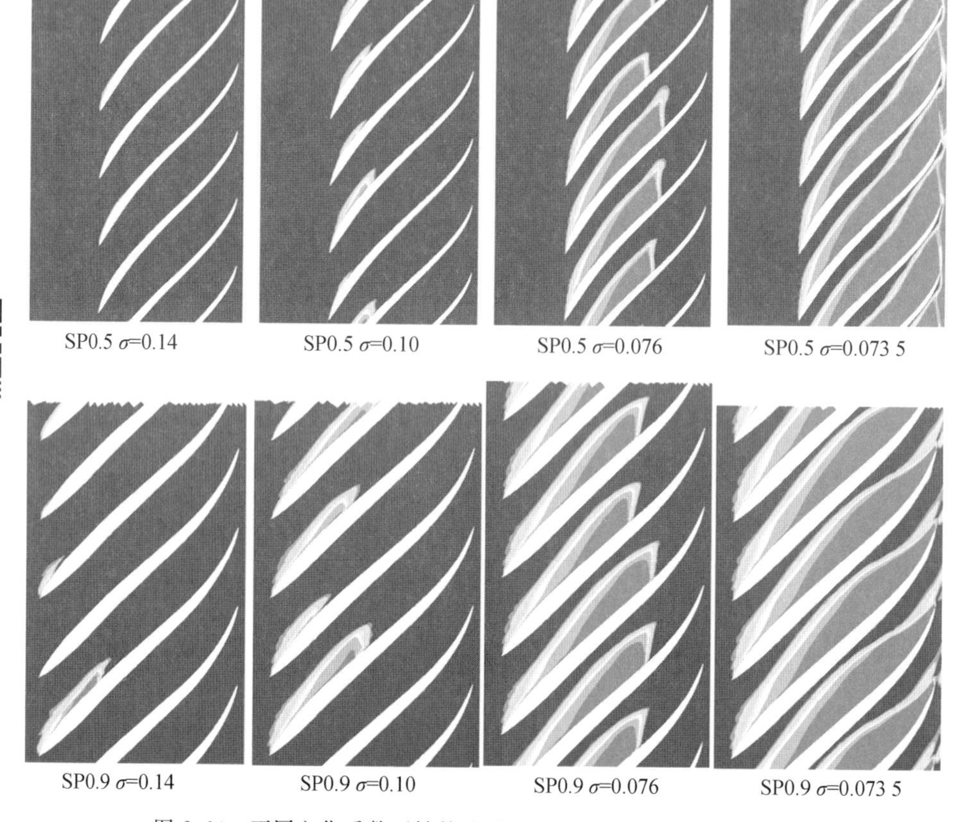

图 2.64　不同空化系数下转轮叶片展向面水蒸气体积分数示意图

图 2.65 为不同空化系数下转轮叶片展向面旋涡强度分布示意图，从图中可以看出，在转轮叶片进口区域，旋涡强度一般较小，这说明在进口区域流动旋转程度并不剧烈，并且不存在大强度或大尺度的旋涡情况。在流道内部，对于空化系数相对较大的工况点，转轮叶片压力面旋涡强度比较均匀，而在吸力面则出现了旋涡强度大梯度化的现象，对于该现象，初步推断与空化区域有关。随着空化系数的降低，流道内部高旋涡强度区域逐渐增加，这说明旋涡流动逐渐变得剧烈。在空化系数相对较大的工况点，高强度区域主要集中在转轮叶片尤其是吸力面位置。当空化系数降低时，高强度区域逐渐脱离叶片而向流道中间转移。随着空化系数降低，低旋涡强度区域也沿流动方向明显增加。对比图 2.64 与图 2.65 不难发现，高旋涡强度区域出现的位置与空化发生位置密切相关，从流动方向角度来看，其中大部分的高强度旋涡出现在空化区域沿流动方向的下游，即空化消失的位置恰好是高强度旋涡位置。同时，与其他贴近叶片表面的高旋涡强度区域对比发现，空化下游的高旋涡强度区域往往在远离叶片表面的位置，这说明该区域的旋涡运动与壁面脱流回流引起的旋涡情况有所不同。除此之外，这部分高旋涡强度的区域与附近位置相比，旋涡强度的梯度变化也更为显著。将图 2.65 中的低强度区域分成叶片前与叶片间两部分进行分析可以看出，叶片前

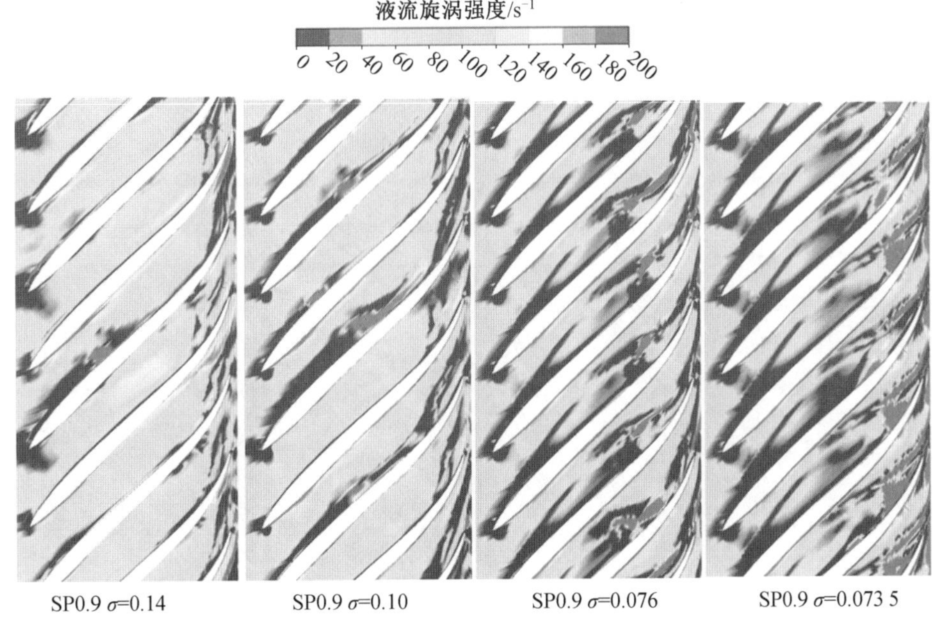

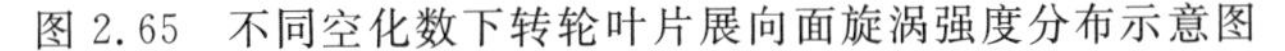

图 2.65　不同空化数下转轮叶片展向面旋涡强度分布示意图

缘的低强度区域主要靠近转轮进口，产生这部分低旋涡强度的原因在上文中已经介绍。而在叶片之间的低强度区域（以深蓝色为主）的形状与空化区域极为相似，根据流场间的流动关系，初步认为是在该区域空化发生后的水蒸气形成稳定的区域占据了流道的部分位置，导致水流体难以通过该区域，故该区域没有旋涡出现。但水流体在流经该区域表面后因流道狭窄造成了流速增加，稳定性下降。空化区域的形成在流道内造成流道渐缩和突然扩大，导致原本平稳的流动在经过渐缩和突然扩大的流道后发展变得极不稳定，引起旋涡强度的急剧增加，与未发生空化时相比，发生空化时的流道形状对于水流体而言已经发生变化，这也是空化对流动影响的一个关键因素。

接下来从能量的角度分析叶道间流动的变化情况，图 2.66 为不同空化系数下转轮叶片展向面湍动能强度分布示意图。从图中可以看出，在转轮叶片进口

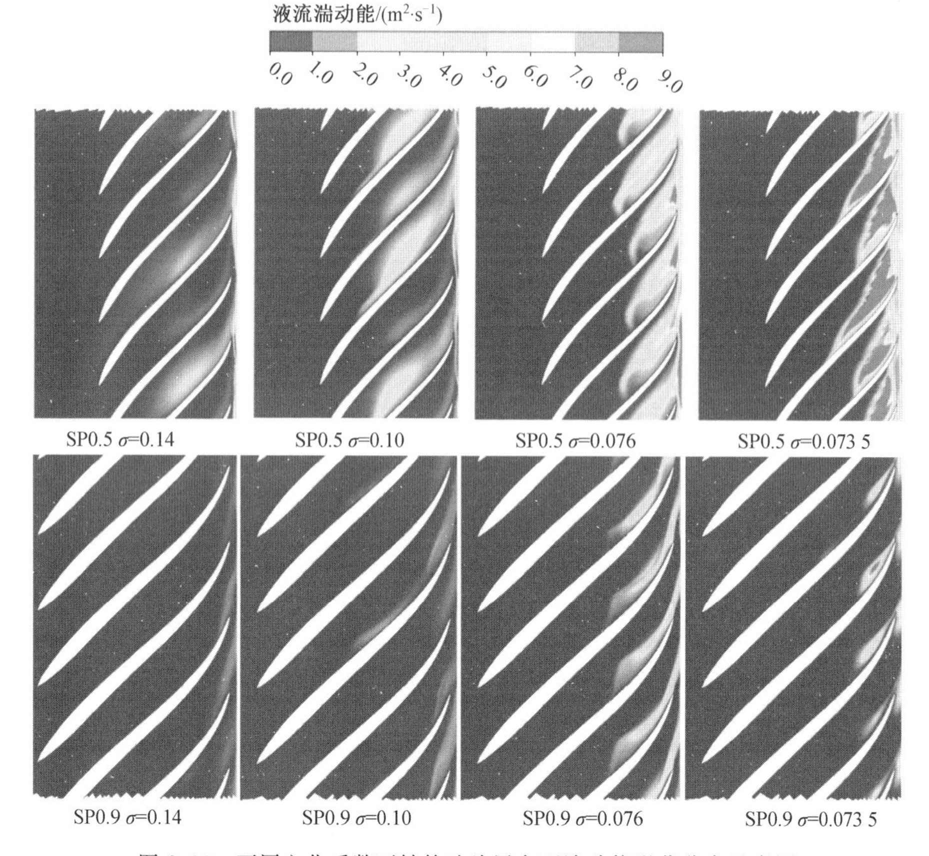

图 2.66　不同空化系数下转轮叶片展向面湍动能强茺分布示意图

区域，不同空化系数工况点下，湍动能强度较小，这说明在进口区域流动比较稳定，湍流速度变化程度不大，而且空化系数的变化对其影响也比较小。当流动进入流道中部以后，湍动能强度逐渐增加，而且加强位置主要是在转轮叶片吸力面位置，但不同空化系数下情况略有不同，对于空化系数相对较大的工况点，大湍动能区域沿流动方向出现得比较早，且随着流动的延伸，高强度区域先呈现减小的趋势，然后增大；对于空化系数相对较小的工况点，高强度区域出现得较晚，但强度更高，沿流动方向变化的趋势也比较一致，即强度随流动方向逐渐增大。对比图 2.64 中的空化区域和结构可以明显地发现，湍动能发生变化的主要区域集中在空化发生后的邻近位置，这与图 2.65 所呈现位置信息一致，但相对于图 2.65，湍动能的强度分布情况更为清晰地展示了空化的存在以及空化发生程度的变化对于流动的影响，即空化的发生以及发展导致湍动能强度在空化下游增加，湍动能强度的增加说明了当流动经历空化区域后变化程度比较剧烈。综合图 2.65和图 2.66 可以初步说明，空化对流动的影响主要是空化导致流道结构发生变化，异常的流道结构引起了旋涡运动的发生和发展，并由此诱发了下游流域的流动变化加剧，导致流动损失增加。同时对比不同径向高度上展向面的湍动能情况，明显发现靠近壁面位置的展向面湍动能强度整体低于叶道中间面，这说明流道中间位置受到空化影响而引起的流动变化更大。

2.5.2　单双相对比分析

在以往的数值模拟中，往往采用单相计算来模拟流动情况，但在单相数值模拟计算中无法体现多相流动之间流体相变化对于流动产生的影响，即无法探测出空化等因素对流动是否产生干扰，故本书采用单双相数值计算的方式，对单双相计算结果进行对比分析，以此来探究空化的发生对于驼峰特性的影响。

1. 外特性对比分析

外特性数据能够最直观地展示流动状态的变化，当数值模拟方式改变时，外特性会有最直接的体现，故首先从外特性角度进行对比分析，图 2.67 和图 2.68 为单双相计算结果的外特性曲线示意图。从扬程角度进行分析可以看出，单相计算的扬程整体略高于相同流量点下多相计算的结果，这说明空化的发生造成了扬程的降低。对曲线走向及趋势进行对比可以发现，单相计算的结果并未出现类似于驼峰特性的正斜率区域，而多相计算在 $0.65Q_{BEP}$～$0.76Q_{BEP}$之间的位置出现了驼峰特性，这从外特性的角度说明驼峰特性与空化的发生有一定的关系。而对效率曲线进行分析可以看出，在驼峰特性区域单相计算效率值均高于多相计算结果，这说明在该区域空化的发生对效率产生了直接影响。而在更小的流量区域，单相计算效率较多相更小。

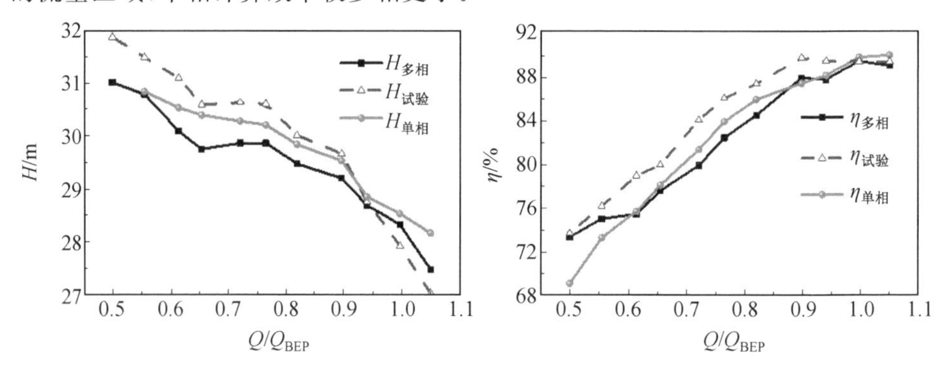

图 2.67 单双相计算流量—扬程特性曲线　　图 2.68 单双相计算流量—效率特性曲线

扬程的变化主要源于流场内部水力损失的变化，故接下来从水力损失的角度分析单双相计算的差异。在水力损失分析中，主要采用总压值表征能量的变化情况，下文中所提到的压差均指特定流域进口、出口总压的差值。图 2.69～2.72所示为单双相计算下各部件压差损失情况。从图中可以看出，在流体流经的 4 个主要部件中，当流体流过导叶流域时其损失最大，且损失大于其他部件损失之和，因此可以认为，由于导叶流域流动稳定性的下降而引起的能量损失是机组能量损失的主要原因。而对比分析其他 3 个流域可以发现，在不同流量区域三者发生的损失不尽相同，在大流量区域到中等流量区域，转轮损失与蜗壳损失几乎相同且损失相对较低，尾水管损失处于各过流部件中的最低位置；在小流量区域，转轮损失加剧，蜗壳损失变化比较平缓，尾水管流域损失增加。总体来看，随着流量的减小，各部件损失都随之增大，但对于蜗壳以及尾水管这两个过流部件而言，流量的变化对于损失影响不大，这也可以说明这两个部件的流动比较稳定，能量衰减较小。同时对比损失占比的分布图可以看出，导叶流域的损失约占总损失的 60％左右，虽然流量的减小导致导叶区域的流动损失增加，但从损失占比的角度来看，流量减小时导叶区域的损失占比反而下降。与此形成鲜明对比的是转轮区域的流动损失在流量减小的过程中逐渐发挥了重要的作用。从变化趋势上来看，单相计算结果过渡更为平缓，沿着流量变化的方向，水力损失变化比较规律，而多相计算结果则在某些特定的流量点出现与单相计算结果不符的变化规律，这说明空化的出现对于流场内部的水力损失情况产生了影响，而具体的影响情况需要对各个部件水力损失进行单独分析并根据内流场变化给出。

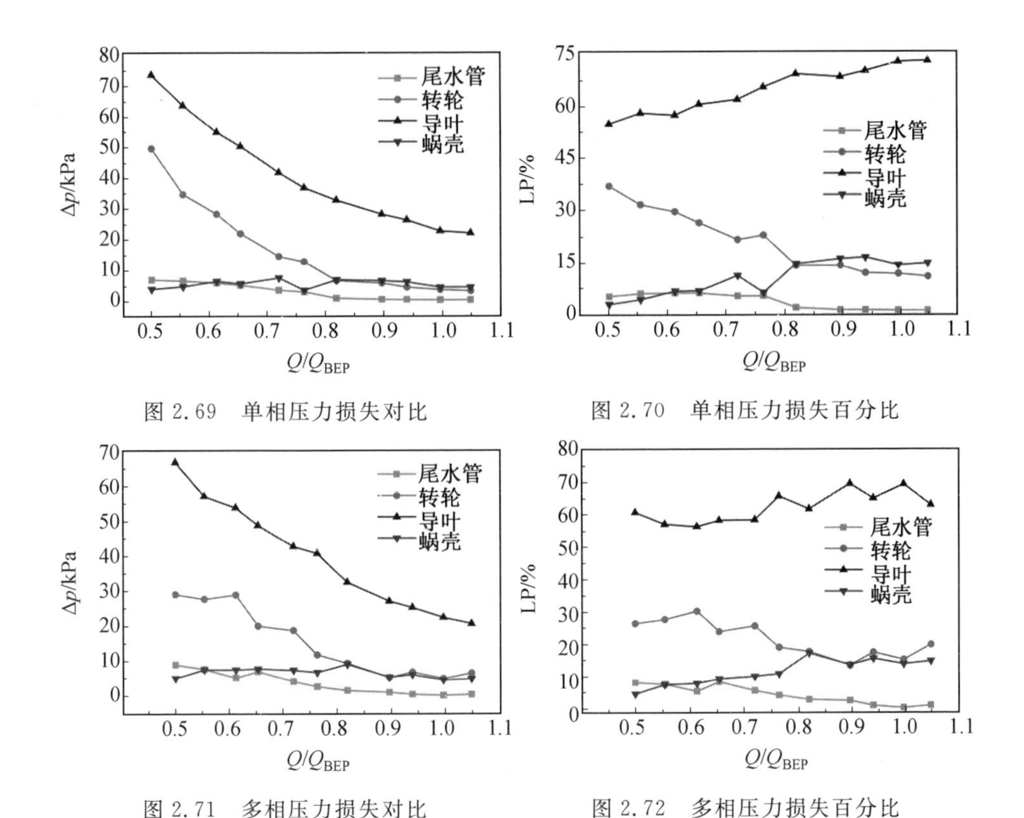

图 2.69　单相压力损失对比　　图 2.70　单相压力损失百分比

图 2.71　多相压力损失对比　　图 2.72　多相压力损失百分比

从部件的角度单独分析单双相计算对不同部件水力损失的影响，图 2.73～2.76 所示为各过流部件在单双相计算下的输入总压和压差损失对比情况，其中 TP 为输入总压，LPI 为流域损失总压占输入总压的比值。对输入总压进行分析，可以看出在大中流量工况点，单双相计算结果基本一致，当流量降低到 $0.72Q_{BEP}$ 以后，多相计算输入功率相对更低一些，这说明在小流量区域受到空化影响，导致流体受到的有用功率减小，且流量越小，差异越大。

对各部件压差损失比例进行对比可以看出，在最优工况点附近，单双相各部件压差损失基本相同，当流量降低到驼峰流量点以后，单双相计算结果出现差异，其中转轮流域和尾水管流域变化明显。对于尾水管流域损失进行对比发现，多相计算压差损失明显高于单相计算结果，尤其在驼峰特性 $0.72Q_{BEP}$ 工况点，多相计算尾水管压差损失较单相明显上升。而对于转轮流域，在多数工况点多相计算的压差损失更大，而当流量降低到小流量点时，单相计算的压差损失更大。对比图 2.68 中的效率曲线可以看出，转轮流域压差损失的差异是引起单双相效率变化的主要原因。由于在多相计算中流量扬程曲线出现了驼峰特性，因此针对多相计算转轮与导叶流域压力损失曲线的拐点以及与之对应的流量扬程曲线进行分析，可以看出当流量逐渐降低时，导叶区域变化比较规律，而驼峰特性工况点范围内的转轮损失急剧增加，同时占总损失的百分比也增加，此时由于能量损失异常增加，扬程出现下降的情况。而当流量通过驼峰特性后，转轮流域损失以及损失占比情况又回归正常，这从水力损失的角度说明了驼峰特性的形成与转轮流域内的损失异常变化有密不可分的关系。

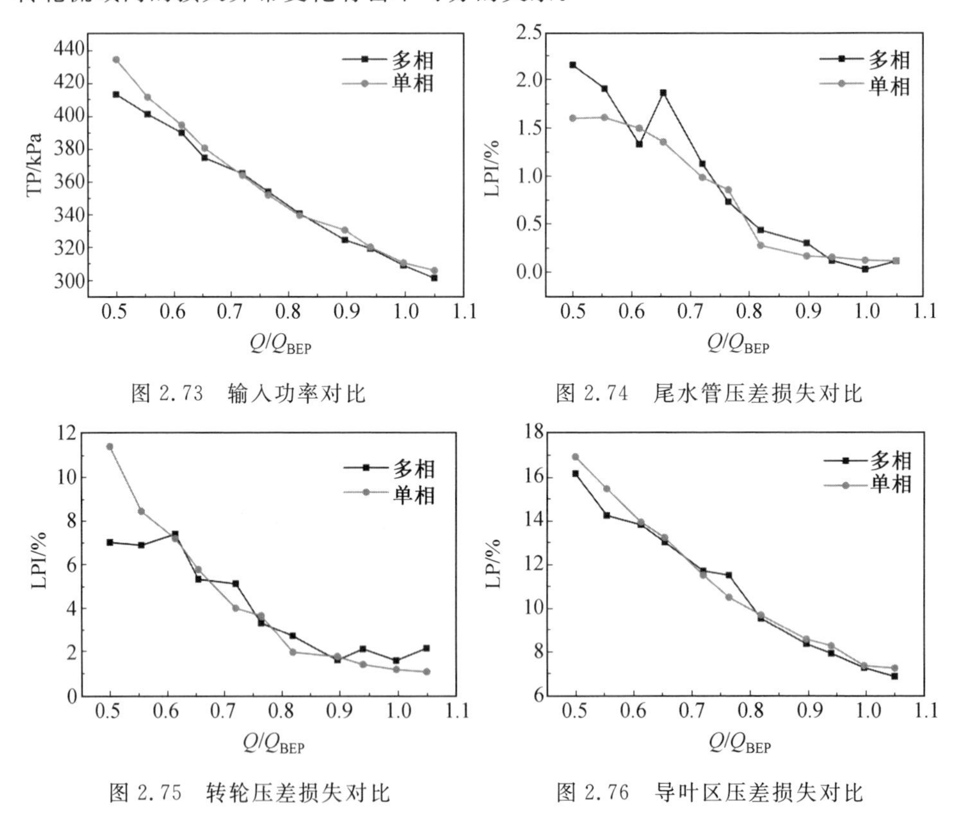

图 2.73 输入功率对比

图 2.74 尾水管压差损失对比

图 2.75 转轮压差损失对比

图 2.76 导叶区压差损失对比

2. 尾水管流动情况对比

在外特性表现略有差异或基本相同时，内流场的流动情况可能大为不同，故接下来对产生流动损失的三个主要部件尾水管、转轮、导叶进行详细的内流场对比分析。首先是尾水管部分，由图 2.74 可知，在尾水管流域的流动中，单双相计算结果的最大差异出现在 0.65Q_{BEP} 工况点，因此接下来主要结合该工况点下的流动情况进行单双相对比分析。

图2.77、图2.78所示为不同流量点下尾水管特定截面的单双相计算结果对比，其中TKE(Turbulence Kinetic Energy)表示湍动能。从图中可以看出，在不同流量点，无论是特定截面的平均湍动能还是旋涡强度都有不同程度的差异。其中，湍动能变化差异相对更大，主要表现为在驼峰特性工况点多相计算的湍动能结果较单相计算更小，且随着流量减小多相计算的湍动能值并非一直增大。在进入驼峰特性前的大中流量工况点，单双相计算的湍动能几乎没有差别。对尾水管出口的平均旋涡强度对比图进行分析可以看出，单双相计算差异较小，多相计算只在部分工况点微微偏大，尾水管出口平均旋涡强度最大值出现在0.76Q_{BEP}工况点。这两组图可以说明在空化影响小的工况点单双相计算结果基本一致，而当空化对流动影响增大时，单双相计算结果会出现相对明显的差异。

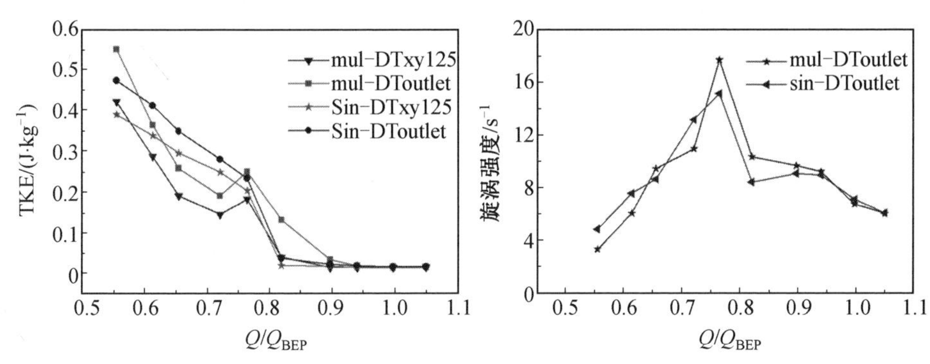

图2.77 不同流量点下尾水管特定截面的平均湍动能

图2.78 不同流量点下尾水管出口平均旋涡强度

图2.79、图2.80分别为0.65Q_{BEP}工况点下尾水管直锥不同截面位置单双相计算平均湍动能及速度旋度(V_{curl})，横坐标Loc表示横截面所在位置，数字越小越靠近转轮进口。从图中可以看出，无论是截面湍动能还是速度旋度，单双相计算结果都基本一致，越靠近转轮进口位置，湍动能和旋涡强度越大。在湍动能变化图中，多相计算湍动能结果普遍低于单相计算结果，这说明在单相计算中，湍流能量较高，流动稳定性相对保持较好；而从速度旋度分析可以看出，当靠近转轮进口时，多相计算中速度旋度较单相计算更高，说明多相计算中旋转强度相对更大。因此也可以说明，在流动稳定性下降且旋转强度变得更大的情况下，多相计算更容易出现比单相计算更大的水力损失，这一点在流量—扬程曲线中得到很好的体现。

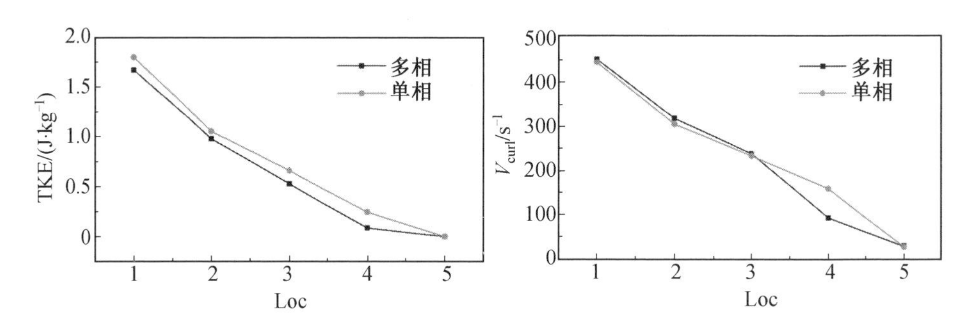

图 2.79　$0.65Q_{BEP}$工况点下尾水管直锥不同截面位置平均湍动能

图 2.80　$0.65Q_{BEP}$工况点下尾水管直锥不同截面位置平均速度旋度

图 2.81 和图 2.82 分别为 $0.65Q_{BEP}$工况点及 $0.72Q_{BEP}$工况点直锥段单双相计算流线图和速度云图。从图中可以看出，对于尾水管而言，即使在外特性表现差异最大的工况点，内部流动情况的区别依旧很小，单双相计算结果基本一致，只是在流动速度方面，多相计算流速更大。在尾水管出口附近的流动方面，可以直观地看到，单相计算比多相计算更早地出现流动分离和由此引发回流的情况，而多相计算则呈现更加明显的速度梯度变化，尤其在尾水管出口靠近直锥壁面的位置，速度梯度相较单相计算更大。对速度云图进行对比，可以发现多相计算中中低速流动占据范围更广，而且中低速流动更靠近转轮进口，但多相计算中尾水管进出口位置的流动速度更高，这也就导致在多相计算中，尾水管出口位置的速度梯度更大，因此会造成更强烈的速度交换，引起水力损失的升高。

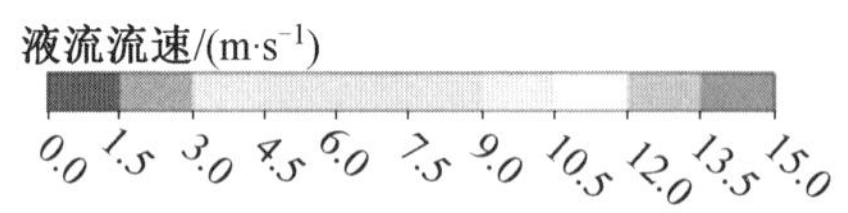

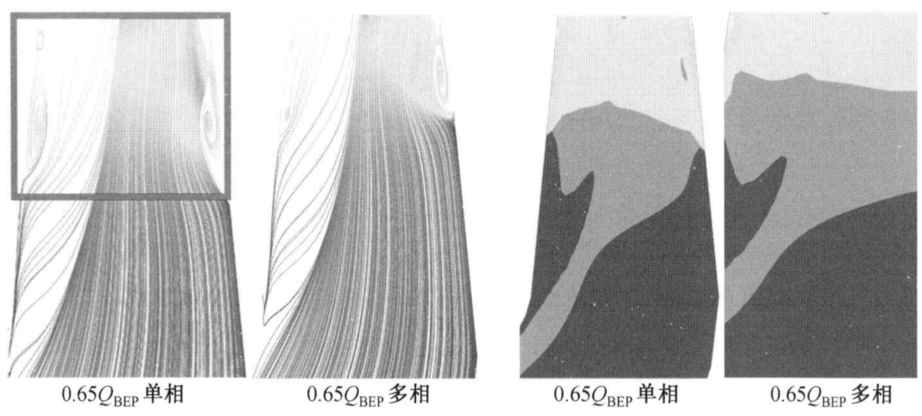

图 2.81　单双相计算直锥段流线图

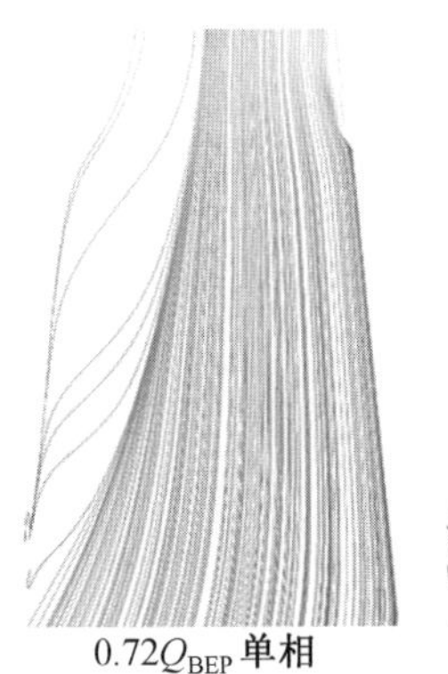

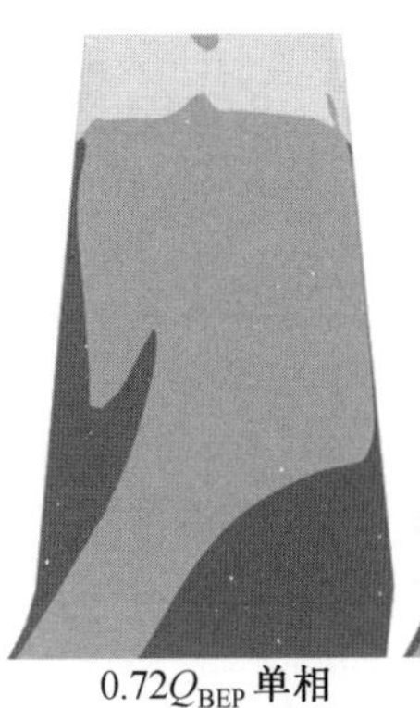

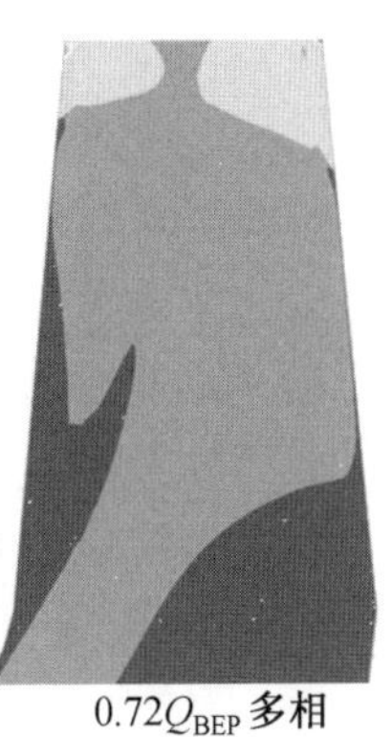

$0.72Q_{BEP}$ 单相　$0.72Q_{BEP}$ 多相　$0.72Q_{BEP}$ 单相　$0.72Q_{BEP}$ 多相

图 2.82　单双相计算直锥段速度云图

由以上单双相计算结果对比分析可知,空化对于尾水管流动的影响整体较小,空化的出现主要对尾水管出口附近的流动造成干扰,引起速度梯度增大,造成损失增加,其原因主要是尾水管出口的回流现象。对比单双相的参数变化情况可以明显看出在驼峰特性工况点它们的变化规律不一致,其中多相会有突变的拐点,而单相则比较平滑,这也就是单相计算中扬程曲线变化并未出现驼峰特性的一个原因。

接下来对多相计算进行进一步的分析,对比各流量工况点的流场变化,探究在多相计算中出现驼峰特性的原因。图 2.83 为各工况点下尾水管中间流面流线分布示意图,从图中可以看出,当在最优工况点附近时,流动比较稳定,尾水管出口处并未出现回流现象。当流量逐渐降低到 $0.82Q_{BEP}$ 工况点时,在尾水管出口端出现轻度的流动分离,随着流量继续降低,流动分离更加严重,回流现象更加明显;当流量降低到 $0.72Q_{BEP}$ 工况点时,流动分离点明显向流道远端延伸;当流量降低到更低负荷工况点时,流动分离的起始点已经到达弯肘端,此时尾水管内部靠近壁面位置的流动情况已经非常紊乱。整体来看,尾水管内部的流动在不同工况点的变化比较规律,随着流量的减小,流动逐渐紊乱,逐渐产生回流。

图 2.84 和图 2.85 分别为尾水管不同高度横截面平均湍动能变化和尾水管出口平均旋涡强度。其中,xy 表示横截面位置,数字越小越靠近尾水管出口。从湍动能分布整体变化趋势来看,随着流量的减小,各截面平均湍动能随流量减小逐渐呈升高趋势,但由于各截面与尾水管出口距离不同,因此湍动能变化的拐点不同,具体的规律表现为越靠近尾水管出口面,湍动能拐点发生位置越早,对比不同截面可以发现越靠近尾水管出口湍动能越大,这说明尾水管的不稳定流动源于尾水管出口位置。对靠近出口位置的两个截面进行分析可以看出在 $0.76Q_{BEP}$ 工况点湍动能上升趋势更大,这可能与转轮内部的空化流动有一定的关系。对速度变化进行分析可以看出,在最优工况点附近,流量越小速度越小,而

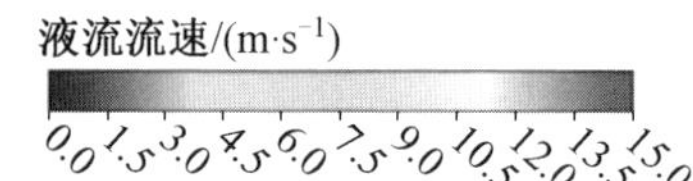

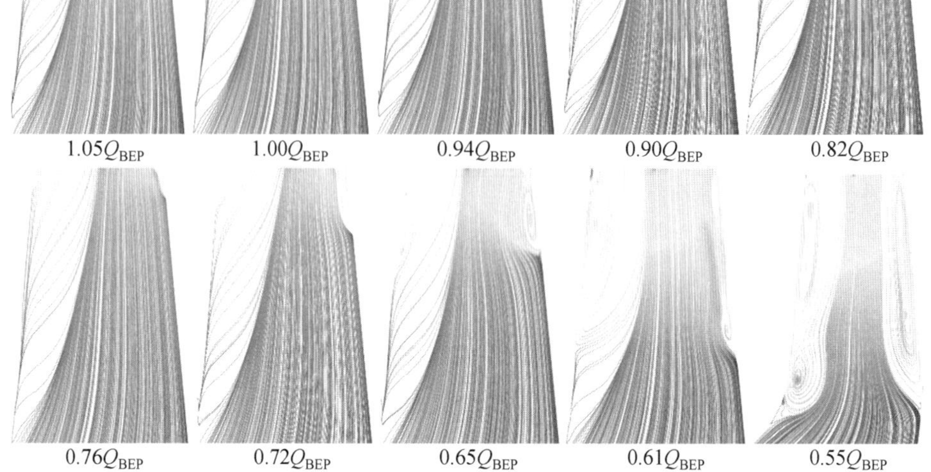

图 2.83 各工况点下尾水管中间流面流线分布示意图

当流量降低后，各截面速度不再随流量减小而线性变化，而是在不同工况点出现速度增加的现象。对于靠近尾水管出口的截面可以明显地看出速度变化的起始工况点为0.76Q_{BEP}工况点，该点在流量一扬程曲线上恰好是驼峰特性工况点的起点，这说明尾水管出口位置的流动变化与驼峰特性形成有重要联系。

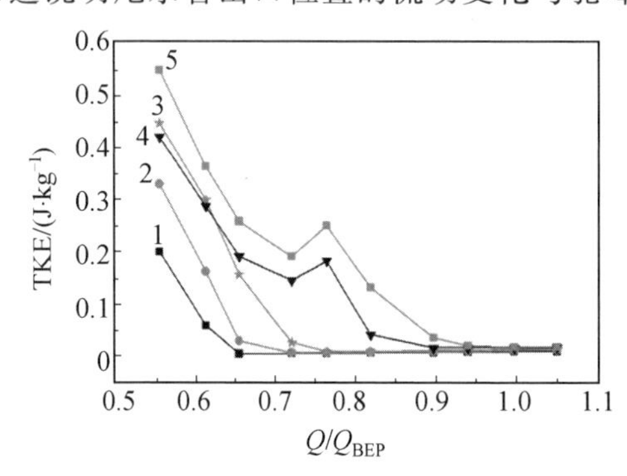

图 2.84 尾水管不同高度横截面平均湍动能变化

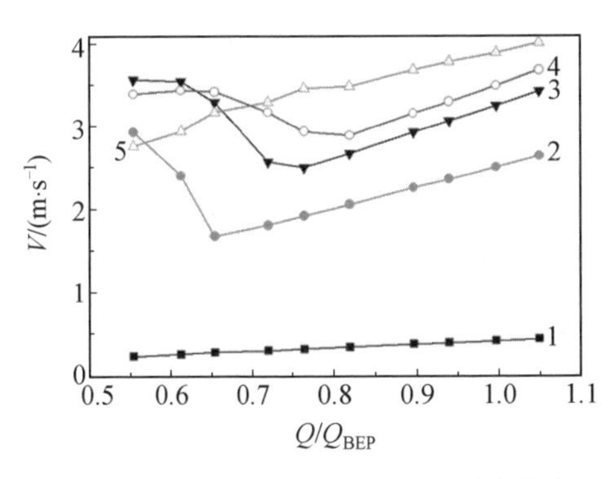

图 2.85　尾水管出口平均旋涡强度

图 2.86 为各工况点下尾水管直锥段各截面湍动能分布示意图，由于最优工况点附近湍动能分布基本一致，因此不在图中展示。沿着流量减小的方向分析，当流量降低到 $0.76Q_{BEP}$ 工况点时，在靠近尾水管出口位置截面湍动能明显升高，且湍动能升高的位置主要靠近壁面；在 $0.72Q_{BEP}$ 工况点时，壁面附近出现了高湍动能圆环，这说明在靠近尾水管出口端的流动已经紊乱，但远离出口端的其他截面湍动能并未出现明显变化；当流量下降到 $0.65Q_{BEP}$ 工况点时，高湍动能圆环变大，且远离出口端的截面湍动能开始发生变化，这说明在该工况点原有的稳定流动已经遭到破坏。随着流量进一步降低，高湍动能区域向尾水管中心扩散，且流量越小，高湍动能区域越大。

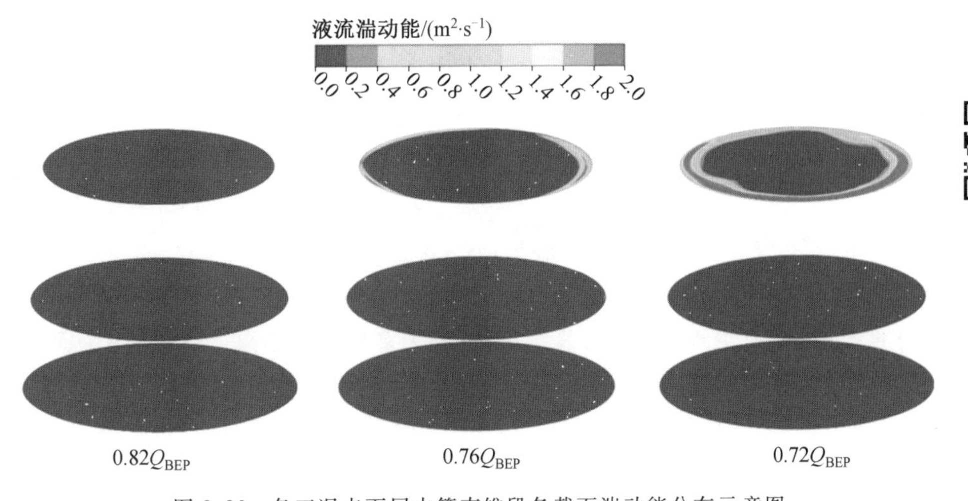

图 2.86　各工况点下尾水管直锥段各截面湍动能分布示意图

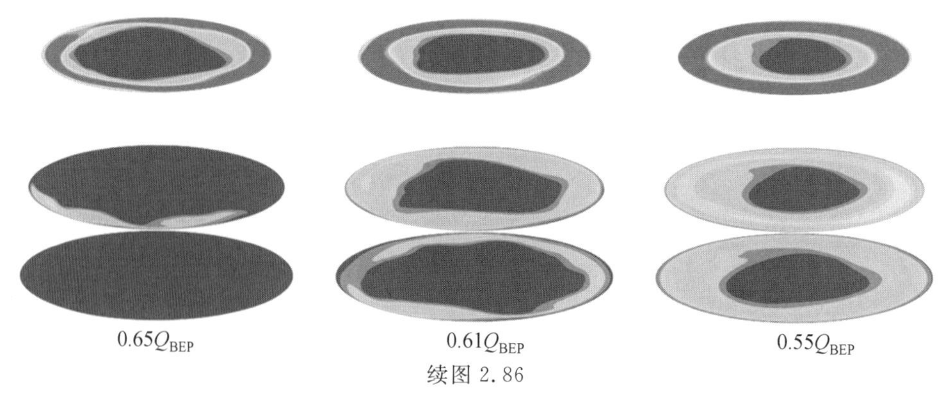

续图 2.86

3.转轮流动情况对比

由图 2.75 所示转轮压差损失对比情况可知，在 0.72Q_{BEP}工况点两种计算呈现的差异较大，因此在转轮流域的流场分析中主要以该工况点为例进行对比。为了更加清晰地分析转轮流道的流动分布情况，将转轮按叶片到叶片的方式展开，如图 2.87 所示。

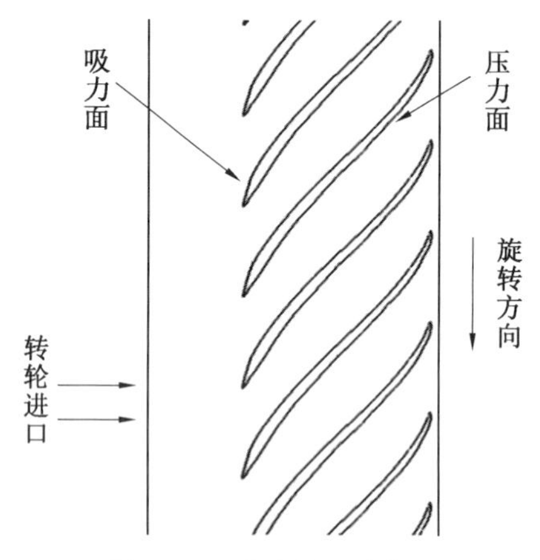

图 2.87　叶片展面示意图

图 2.88、图 2.89 分别为 0.72Q_{BEP}工况点转轮叶片展向面单双相计算流线图及速度云图，其中左侧为单相计算结果，右侧为多相计算结果。从流线图中可以看出，单双相计算流动分离的起始位置和旋涡区域基本一致；但相对于单相计算，多相计算流道内的旋涡数相对较少，但旋涡范围更大，旋涡引起的流动变化更为剧烈，这在速度云图中可以更直观地体现。从速度云图中可以看出，蓝色的低速区域在多相计算的结果中占据更大的范围。从这两个图中可以看出，当采用多相计算时，流道内受到空化影响会产生更强烈且覆盖面积更大的低速旋涡，这种低速旋涡很有可能是损失增加的原因。

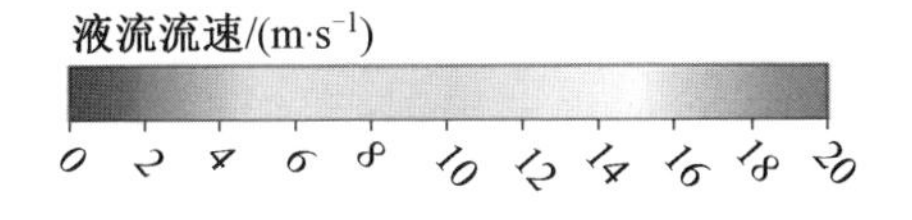

图 2.88　0.72Q_{BEP}工况点转轮叶片展向面单双相计算流线图

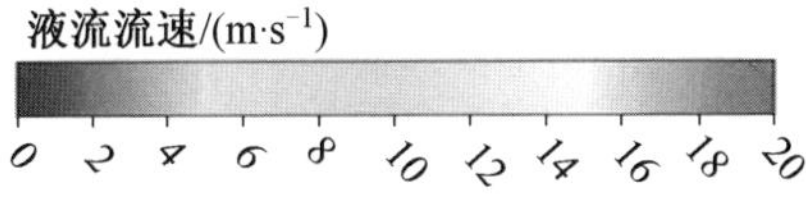

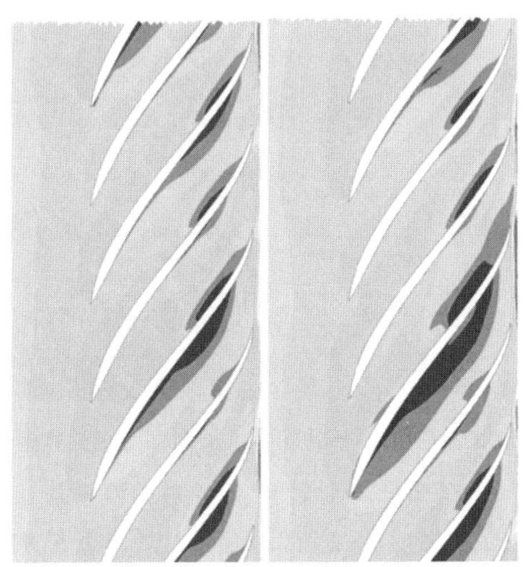

图 2.89　0.72Q_{BEP}工况点转轮叶片展向面单双相计算速度云图

图 2.90 和图 2.91 所示分别为 0.72Q_{BEP}工况点下转轮叶道展向面多相计算空化分布情况及单双相计算旋涡强度情况，在该工况点的空化情况展示中分别展示了叶道内水蒸气的流动矢量图和水蒸气体积分数示意图。从图中可以看出，空化发生在叶片吸力面靠近转轮进口位置，且水蒸气流速高的区域与水蒸气体积分数高的位置十分吻合。对比单双相叶道内旋涡强度示意图可以看出，两种计算下旋涡强度分布比较相似，在整体形态以及数值变化等区域均十分贴合。而多相计算结果中高旋涡强度区域较多，其中最突出的差异是流道内部旋涡强度的变化。在多相计算结果中，在转轮某一叶片的吸力面前缘出现了高旋涡强度的区域，且该区域与周围旋涡强度相比变化梯度较大。具体在各图中对比该位置，可发现这正是水蒸气体积分数激增的区域，即空化发生的位置，这说明多相计算中空化的出现导致了流道内部高旋涡强度区域的出现，这一点在单相计算中无法探知，因此也可以认为这一区域的流动变化与压差损失以及外特性的变化有直接的关系。

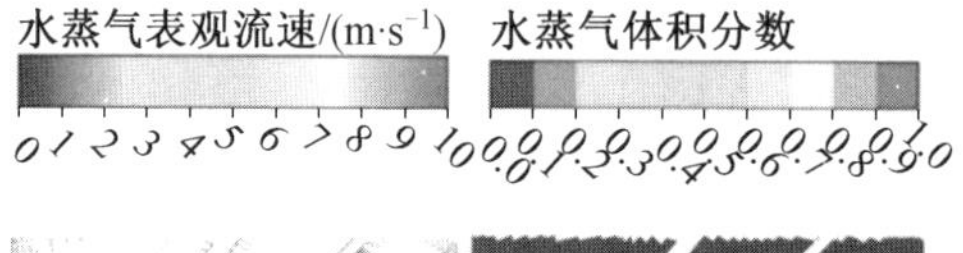

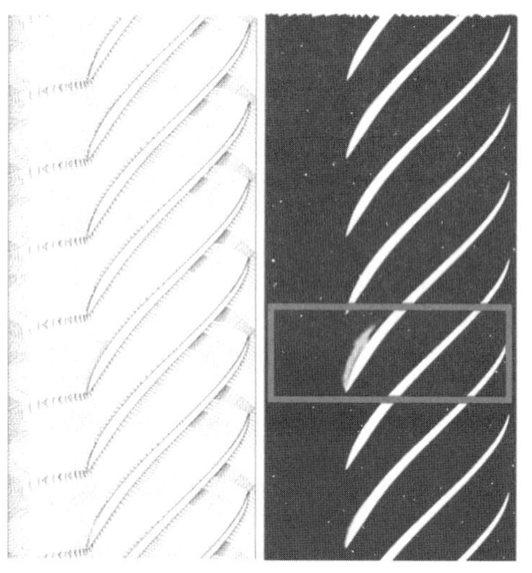

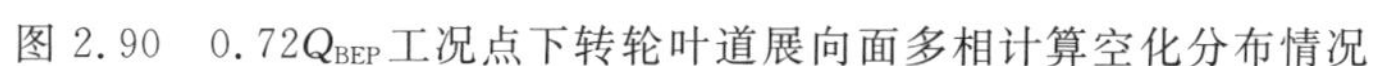
图 2.90　0.72Q_{BEP}工况点下转轮叶道展向面多相计算空化分布情况

由以上分析可知，单双相计算对转轮流域内的流动影响较大，其中最明显的是在多相计算中出现的空化情况会造成流体从壁面更早地分离，引起更强烈的旋涡运动，这也是空化对流动产生影响的一个重要原因。

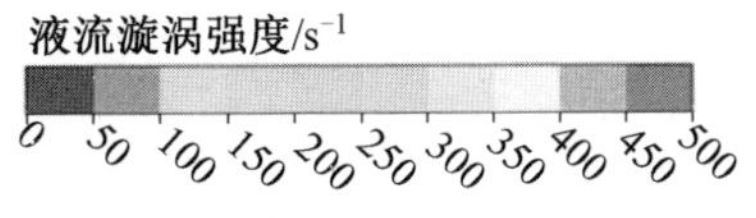

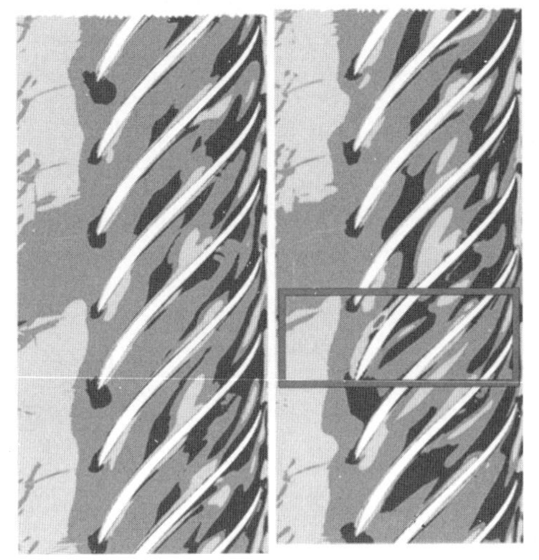

图 2.91　单双相计算旋涡强度情况

接下来对多相计算中出现的空化现象进行分析，以此来探究空化与驼峰特性之间的耦合关系。图 2.92 为转轮子午面水蒸气体积分数示意图，一般认为水蒸气体积分数高于 0.5 的区域出现了空化现象。从图中可以看出，水蒸气体积分数较高的区域主要集中在转轮叶片吸力面靠近转轮进口侧，其中越靠近转轮叶片的位置水蒸气体积分数越高，这说明在此区域的压力很低，空化发生程度很大。对比不同流量点下的水蒸气体积分布图，可以明显看出，随着流量的减小，空化面积先呈现减小的趋势，随后在某一流量范围内空化区域突然增大，然后又逐渐减小乃至消失。对比流量一扬程曲线中出现转折点的流量区域可以发现，空化面积出现拐点的流量区域恰好是驼峰特性出现的区域，即 $0.65Q_{BEP}$～$0.76Q_{BEP}$之间，这充分说明了空化区域在特定流量点的异常增加对于驼峰特性的产生有一定作用，而且从大流量点的空化区域可以看出，驼峰特性工况点的空化更趋向于向流道内部延伸而并非仅存在于转轮进口区域的转轮叶片吸力面。

图 2.93 为转轮吸力面水蒸气体积分数示意图，其中绿色的主区域为水蒸气体积分数为 0.5 的等值界面，相对于转轮子午面水蒸气体积分数示意图，图 2.93 也直观显示了水蒸气体积分数高于 0.5 的区域分布。根据水蒸气面积分布变化可以看出，当水泵水轮机在大流量点运行时，转轮吸力面空化情况比较严重。当

流量逐渐减小时空化面积逐渐减小，在部分叶片上空化现象已经完全消失，尤其在 0.76 Q_{BEP} 工况点，水蒸气仅存在于部分叶片吸力面靠近转轮进口处尖端的极小区域，但当流量下降到 0.72Q_{BEP} 时，空化面积和空化叶片数明显增加。根据流量一扬程曲线也可以看出，在 0.72 Q_{BEP} 和 0.65 Q_{BEP} 两个工况点扬程明显下降，而随着流量的继续下降，空化面积再次减小，扬程也再次升高，这说明空化区域的扩大与扬程的降低及驼峰特性的出现有着密切的关系。

图 2.92　转轮子午面水蒸气体积分数示意图

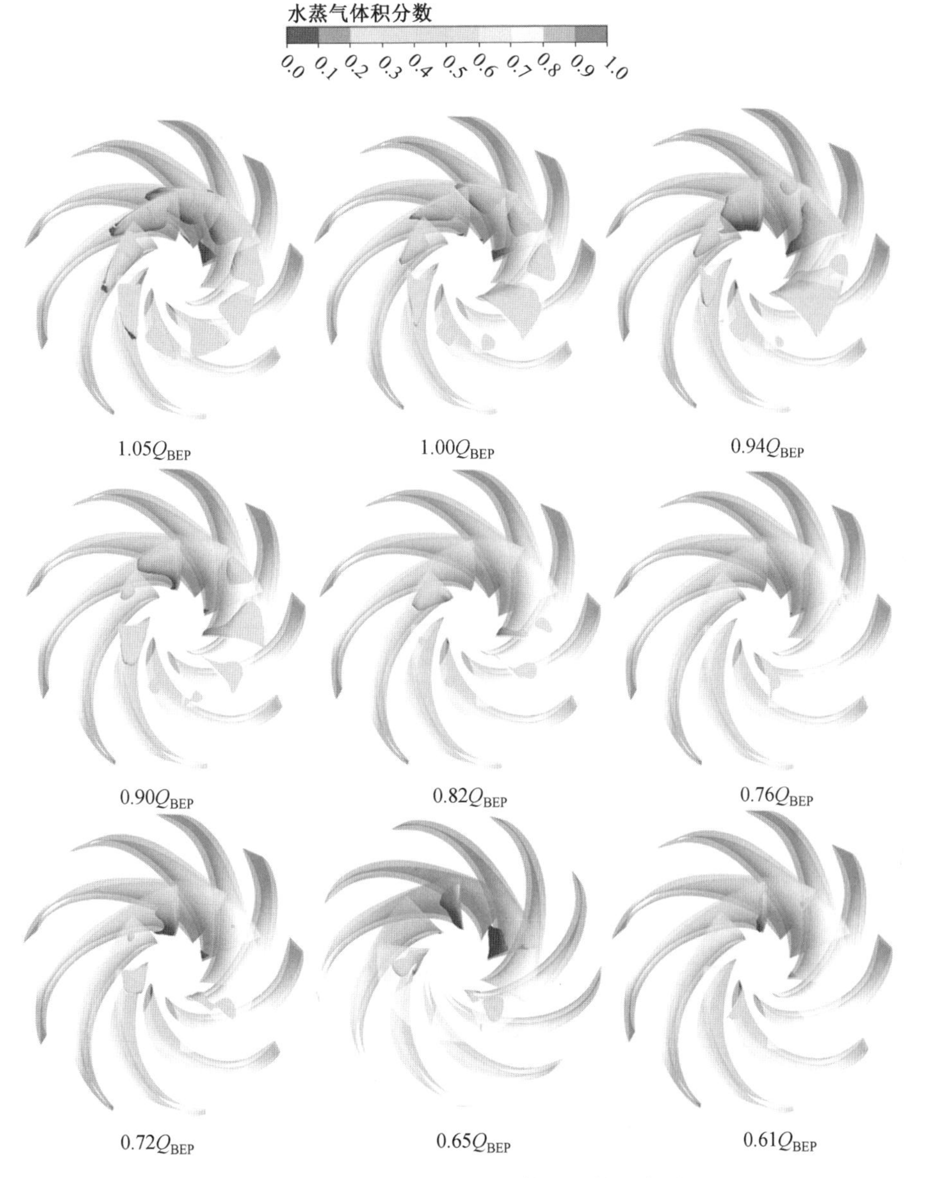

图 2.93　转轮吸力面水蒸气体积分数示意图

图 2.94 为转轮中间截面流线示意图。从流线图中可以看出，随着流量的减小，流道内流线分布逐渐趋向于不稳定，在驼峰特性工况点 0.65 Q_{BEP} 出现了明显的旋涡现象，且旋涡位置流速较正常流速有所降低。而当流量继续降低时，流道

内的旋涡逐渐扩散并减小，流动再次趋于稳定状态。这说明在驼峰特性工况点空化的产生会导致原有流动的稳定性变差，在壁面和空化的联合作用下，旋涡在流道内产生并引起流速降低，同时有扩大堵塞流道的趋势。当流量继续降低，空化现象减弱后，旋涡逐渐变小，而该流量区域下的空化面积也有所增加，这说明空化直接对流动分离和旋涡发展产生了影响。

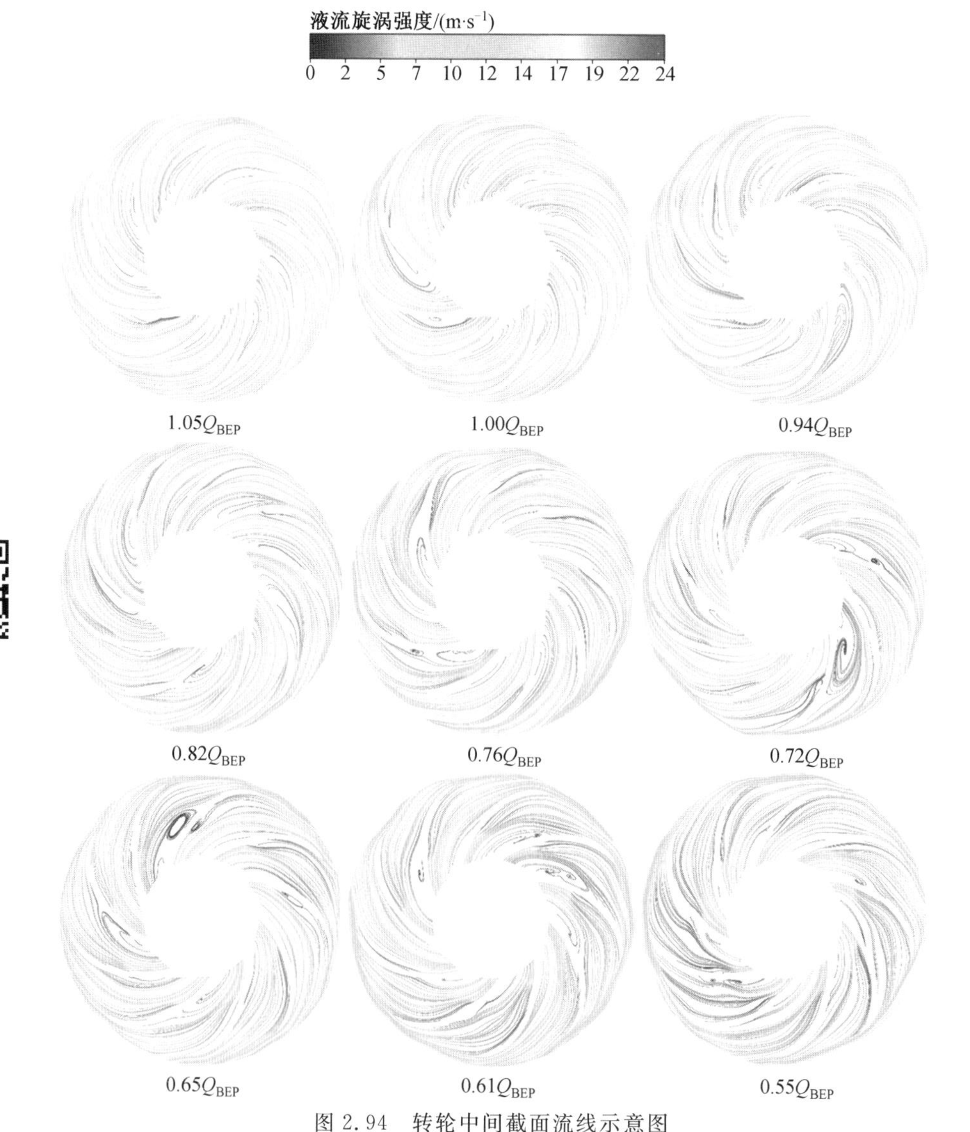

图 2.94　转轮中间截面流线示意图

为了更好地从量化的角度对空化与驼峰特性之间的关系进行分析，采用水蒸气占据体积及水蒸气体积分数等值面面积这些具体的数字特征来对比不同工况点下的空化发生情况。图 2.95 为水蒸气体积变化图，图 2.96 为水蒸气面积变化图。沿着流量减小的方向进行分析，在流量未降低到驼峰特性之前，空化占据体积逐渐减小，而唯一与这一规律相违背的 0.94Q_{BEP}工况点恰好是扬程相对降低的工况点，这说明在该工况点空化情况加剧，引起损失增加，造成扬程下降。除此之外，当流量点下降到0.72Q_{BEP}工况点时，空化占据体积再一次增加，直到 0.61Q_{BEP}工况点，空化占据体积才开始有规律地下降。对比流量一扬程曲线可以看出，这一异常增加的空化流量区间恰好与定义的驼峰特性区域重合，这说明在该流量区域水蒸气占据体积的不规律变化与驼峰特性区域的扬程下降有着紧密的联系，而水蒸气占据体积的异常增加表现在流场内部的就是水蒸气团变大，致使原有流道形状改变，出现不规则的气团结构，干扰常规的水流体进行正常的流动。对于水蒸气体积分数等值面的面积变化而言，其基本趋势与水蒸气占据体积在流场中的变化相似，故不再赘述分析。

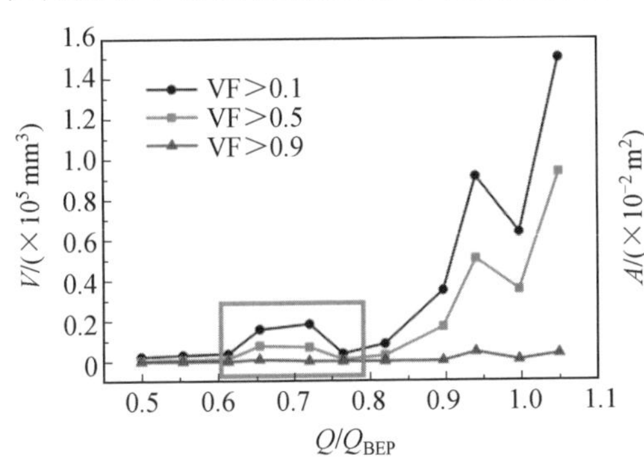

图 2.95　水蒸气体积变化图

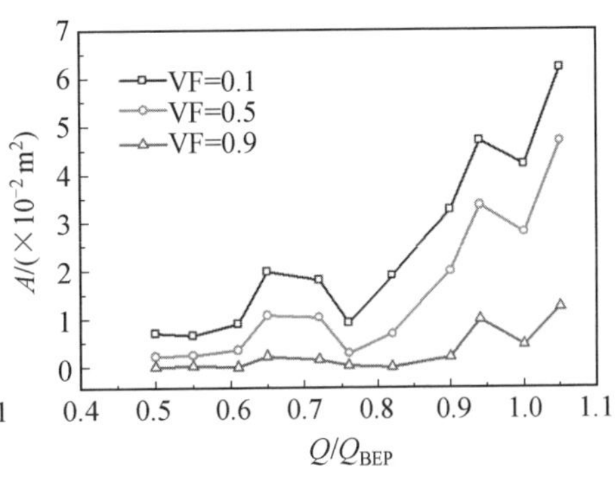

图 2.96　水蒸气面积变化图

按照叶片到叶片展开的方式对空化区域进行观察，图 2.97 为叶片展面水蒸气体积分数示意图，其中 SP0.2 为靠近转轮下环位置，SP0.9 为靠近转轮上冠位置。从图中可以看出，在大流量点时，空化主要出现在靠近转轮下环的位置，而且空化区域与壁面贴合比较紧密，空化发生在转轮叶片流道的中间位置。随着流量的降低，空化情况逐渐减弱的同时，空化由下环位置向上冠位置转移，且空化主要发生在转轮叶片流道靠近进口的位置。此外，随着流量的下降，空化与壁面贴合的程度也有所减弱。当流量点降低到 0.76Q_{BEP}工况点时，空化程度相比上一个流量点有所加强，且空化由上冠位置又向下环位置延伸。随着流量点的

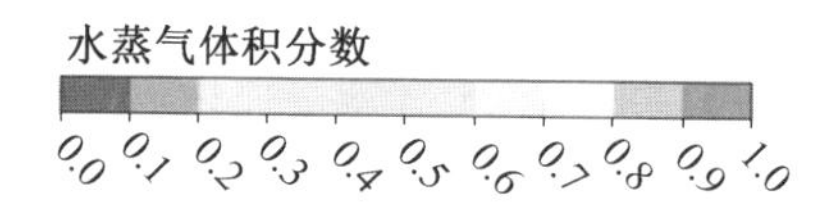

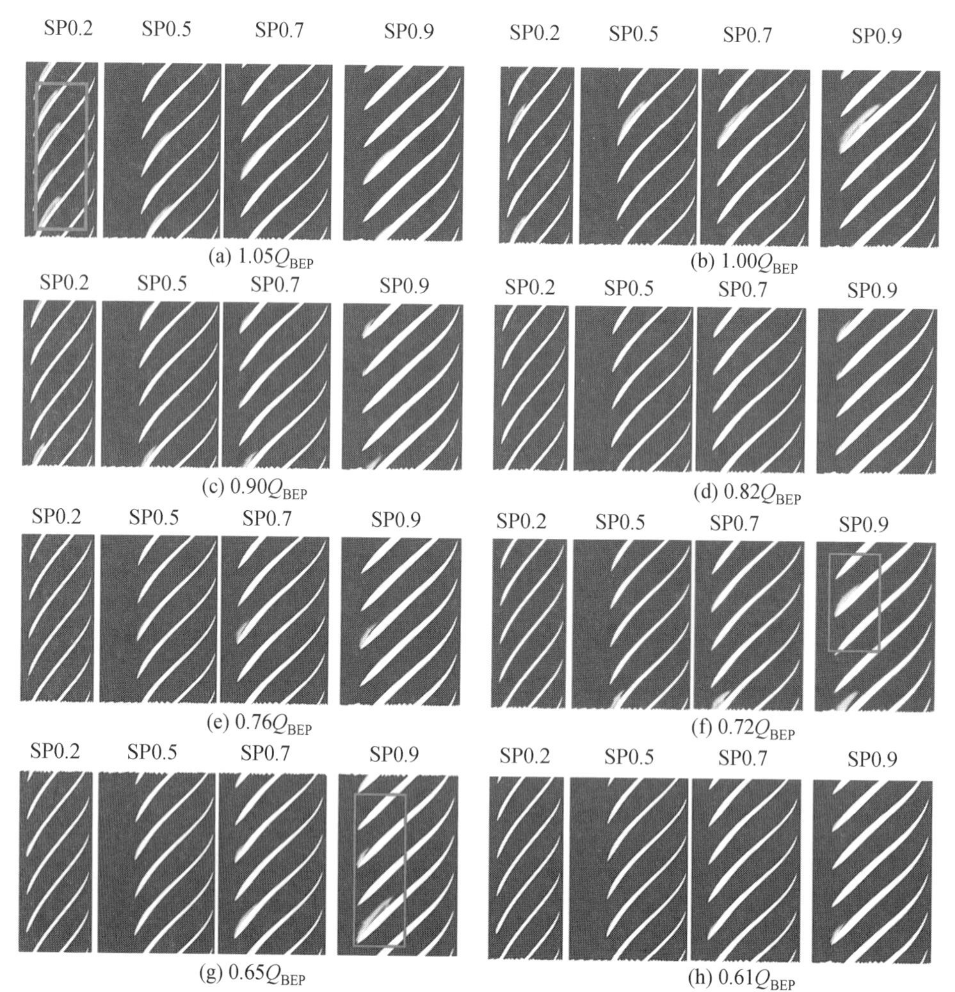

图 2.97　叶片展面水蒸气体积分数示意图

继续下降，空化面积增加，空化位置向流道内转移，空化脱离程度更大，但主要空化位置依然发生在靠近上冠位置，且在 0.65Q_{BEP} 工况点 SP0.9 时捕捉到最大空化面积，当流量继续降低时，空化程度迅速减弱。由此可以判断，当处于该空化系数下运行时，由于进口压力小，各工况点会出现不同程度的空化现象。在大流量点，空化主要贴合壁面，且以下环位置的空化为主；当流量降低时，在一定范围

内空化会随之减弱并向上冠附近转移。在驼峰特性工况点，空化会改变发生的位置和程度，主要表现为发生位置更靠近流道内部，发生程度更加剧烈，从而对流动造成严重的影响。在非空化小流量点，空化并不严重，对流动的影响也相对较小。

4. 导叶流动情况对比

对图2.76中导叶区压差损失进行分析可以看出，在$0.76Q_{BEP}$工况点两种计算呈现的差异相对较大，因此在导叶流域的流场分析中主要以该工况点为例进行对比。图2.98和图2.99分别为各工况点导叶进口平均湍动能以及速度旋度对比图。从图中可以看出，单相计算时，两种曲线随工况点变化比较规律；而当多相计算时，曲线则会出现明显的拐点和与单相计算不符的变化规律。对旋涡强度进行分析可以看出，随着流量降低，单相计算结果逐步增大，且增大的斜率比较稳定；而对比多相计算可以发现，一方面速度旋度不随着流量降低而单调递增，另一方面在驼峰特性附近工况点，速度旋度变化趋势有明显的陡增现象。对平均湍动能进行对比可以看出，在大中流量点时，单、多相之间差异不大；而当流量降低到$0.72Q_{BEP}$工况点以后时，多相计算的湍动能值整体偏低，且变化趋势并不规律。由于导叶流域为流场中损失占比最大区域，因此从这两组图中也可以看出单相计算的外特性曲线变化比较规律，这是因为不同流量点下流场变化比较规律；而多相计算则会在某些工况点出现异常的流动突变，造成外特性曲线中驼峰特性的出现。

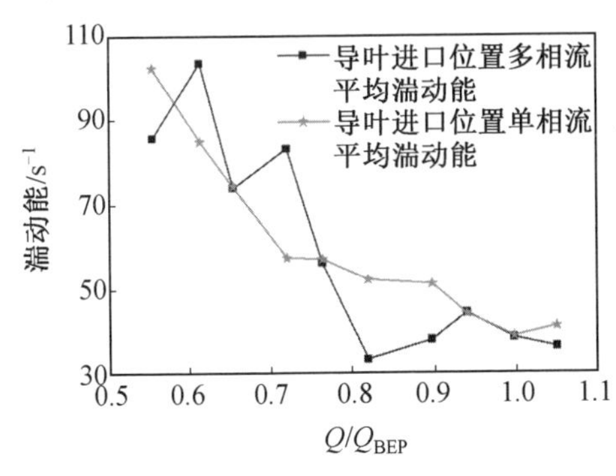

图2.98　导叶进口位置平均湍动能

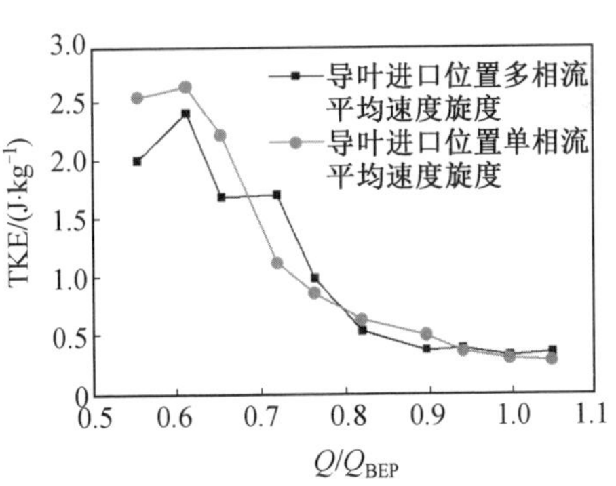

图2.99　导叶进口位置平均速度旋度

图2.100为$0.76Q_{BEP}$工况点导叶中间流面单双相计算流线图，其中左侧为单相计算结果，右侧为多相计算结果。从流线图中可以看出，两者流动情况比较接近，这是由于空化主要出现在转轮流动内部，因此其对导叶的影响并不像转轮

流场中那么直接且显著。根据后处理计算可知，单相计算时导叶进口平均速度为 14.55 m/s，而多相计算时该数值为 14.72 m/s；同时在单相计算时导叶流域内部最高速度为 17.61 m/s，而多相计算时该数值为 18.18 m/s。对流线形状进行分析，单双相计算旋涡出现的位置基本一致，这在一定程度上验证了计算的准确性；同时可以发现，在大多数旋涡位置上，多相计算结果的旋涡发散程度和占据位置更大，而且这些低速旋涡多出现在活动导叶与固定导叶交界的位置上，这说明在进口速度更大的情况下，流动在流经活动导叶并冲击固定导叶前缘时，更容易产生流动分离的情况。

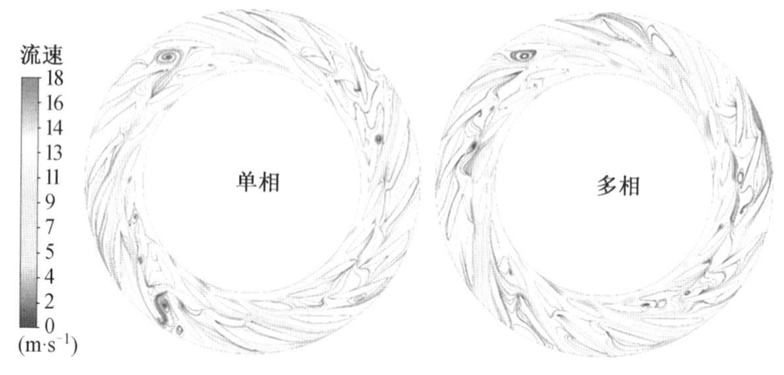

图 2.100　0.76Q_{BEP}工况点导叶中间流面单双相计算流线图

图 2.101 为导叶流域中间流面旋涡强度示意图。从图中可以看出，两者高旋涡强度位置比较接近，相对于单相计算结果，在固定导叶前缘尖端位置，多相计算旋涡强度更大。同时在多相计算中，中等旋涡强度范围内的区域在流道中分布的面积也较单相计算更大，经后处理计算分析可知，单相计算的中间流面平均旋涡强度为 39.954 s^{-1}，而多相计算的结果为 156.132 s^{-1}。这从量化的角度更清晰地对比了单双相计算在导叶流域的差异，说明尽管流态相似，但流场内的特征数值还存在着很大的差异。

图 2.102 为通过 Q 方法提取的导叶流域中间流面单双相旋涡示意图。从图中可以看出，在多相计算中旋涡出现后保持范围更长，在单相计算中出现的小范围点状旋涡情况在多相计算中则变成片状大面积旋涡；而且在活动导叶与固定导叶之间的位置，在多相计算中大部分都出现了片状旋涡堵塞流道的情况，而在单相计算中旋涡虽然出现在固定导叶前缘但堵塞流道的情况相对较少。同时对进口位置进行对比可以看出，在多相计算中，进口位置出现旋涡比例明显更高。

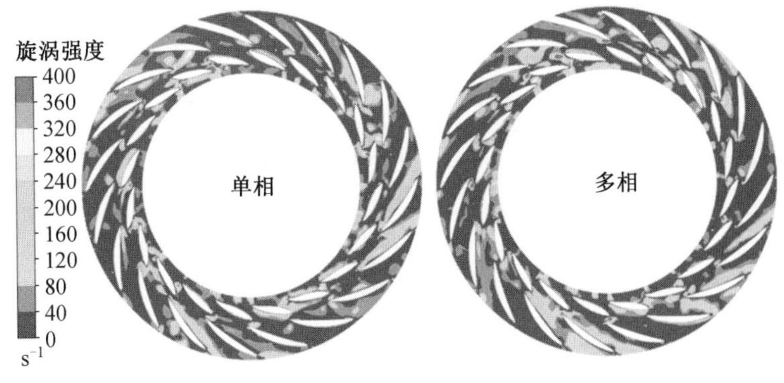

图 2.101 导叶流域中间流面旋涡强度示意图

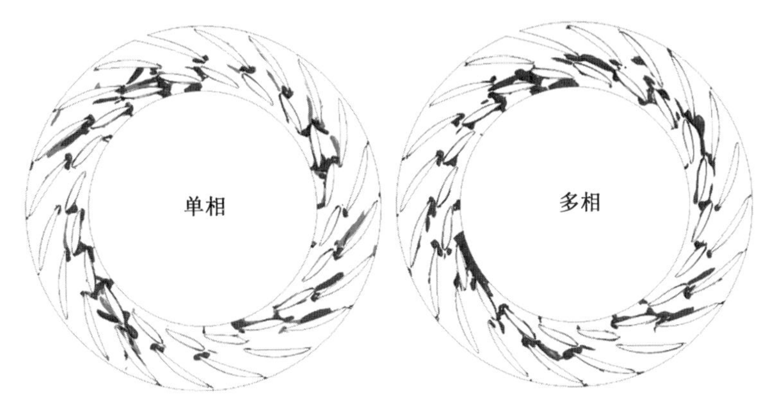

图 2.102 通过 Q 方法提取的导叶流域中间流面单双相旋涡示意图

图 2.103 为导叶中间流面流线图,由单一工况点流线图可以看出,由导叶进口到导叶出口位置流速逐渐下降。在导叶进口与活动导叶之间的区域,流速较高且流线走向一致,流速分布比较规律。当流动延伸至活动导叶尾缘处时,流动稳定性遭到破坏,其中部分活动导叶尾缘区域出现回流情况,在活动导叶之间形成低速旋涡。另一部分活动导叶尾缘区域不产生回流,但却在尾缘处形成了脱流现象,与固定导叶前缘区域形成高速冲击,在活动导叶与固定导叶中间位置形成旋涡而堵塞流道,引起活动导叶外缘与固定导叶内缘间的过流困难,且这种趋势随着流量减小而逐渐加重。同时可以观察到,当流量逐渐下降时,固定导叶流域的变化情况远远大于活动导叶流域,由于上方流动的稳定性出现变化,固定导叶之间的流动情况变得十分恶劣。这种流动稳定性极差的情况并不是单独地出现在某两个固定导叶之间,而是经常在相邻的固定导叶间发生,且发生该种现象的固定导叶在不同流量点下并不确定。综合来看,流动稳定性的破坏主要源于

活动导叶尾缘与固定导叶前缘之间的位置，而在这其中，尾缘发生回流的概率高于脱流。

图 2.103　导叶中间流面流线图

综合来看,单相计算与多相计算在对流场细节模拟方面存在一定的差异,但都能对流场中的流动情况进行基本的描述,虽然在一些工况点单相计算的外特性数值与试验值更加接近,但是当流场内出现类似空化等相变情况时,单相计算所模拟的外特性变化趋势无法与试验结果准确对应。通过对外特性、水力损失以及内流场的对比,可以看出多相计算在模拟实际流动中更加准确,同时空化的出现导致了整体能量的下降,在不同工况点,各个部件单双相计算的水力损失各不相同,由于空化更靠近转轮进口和尾水管出口,因此转轮和尾水管在单双相计算中的水力损失差异较其他位置更大。通过对内流场的分析发现,空化的出现主要影响了尾水管出口处的回流起始位置、转轮流道内的流动分离情况以及导叶流域的流速分布和旋涡形态。综合以上分析可以认为,空化的出现对流动造成明显的影响,但空化的强度对流动的影响程度需要依靠进一步对不同空化系数下的计算结果进行分析而得出。

本节通过同一流量点下不同空化系数计算结果之间的对比探究了空化对流场的影响,验证了空化与流场之间存在耦合关系,并通过流场分析确定了空化主要影响的流域部件和影响形式;随后针对单相和多相计算结果进行了对比分析,通过外特性对比、水力损失对比以及内流场流动状态对比等方式阐述了单双相计算流场的差异,以及由此引起的驼峰特性的形成原因。

第3章

水轮机工况“S”特性形成机理

本章从机理方面分析了“S”特性的形成原因，并在空化条件下开展了相应研究。“S”特性出现于水泵水轮机的水轮机工况下，具有较为复杂的流动特性。针对“S”特性区压力脉动，研究了水轮机工况及制动工况下的导叶流域、转轮尾水管流域、反水泵工况；针对空化下“S”特性的影响分析，研究了“S”特性区压差、熵产、流场及内流机理，以及水轮机工况和制动工况下的压力脉动及内流特性；针对“S”特性区迟滞效应，进行了“S”特性及压力脉动试验，并分析了“S”特性区压力脉动时域和频域特点。本章内容有助于解释“S”特性机理及空化对于“S”特性的影响。

水泵水轮机作为机组的主要部件，在运行的过程中主要存在水泵和水轮机两种工作状态，在水轮机工况下运行时，水泵水轮机的工作点可能会进入“S”特性区内，即在不同的导叶开度下，单位转速与单位流量曲线表现出明显的“S”特性，机组在该区域运行时会产生严重的振动和噪声，甚至导致机组并网失败。根据水泵水轮机工作的工程经验，旋转流体机械内部产生的空化现象会对“S”特性产生很大影响。空化是指液体局部的压力降低时，液体内部的蒸汽形成、发展和溃灭的过程，这一过程会在流道内造成压力脉动，影响机组的正常运行。因此研究空化对于“S”特性的影响有助于从机理上分析“S”特性的成因以及空化在其中所发挥的作用，本章在考虑空化的条件下对水泵水轮机的“S”特性进行数值研究。

3.1　水轮机工况“S”特性问题描述

在水泵系统中，关于对初始扰动的瞬时响应存在两种不稳定性，分别是静态不稳定性和动态不稳定性，即持续增加的扰动和扰动幅度连续增加的振荡。系统的静态不稳定与初始运行点的偏离情况有关，可以通过（准）稳态性能特征描述。静态稳定性是动态稳定性的必要非充分条件。尽管这个准则没有动态不稳定性那么严格，但是它是区分工程应用中不稳定性的一种更实际的标准。

实际上，忽视管道特征后，可以通过静态稳定准则计算出导致水泵水轮机运行不稳定的性能特征，即水轮机工况下的“S”特性。“S”特性特征体现在图 3.1 中给出的 $Q_{ED}-n_{ED}$ 曲线中，其中 Q_{ED} 为流量因数（Q 是体积流量），$Q_{ED}=\frac{Q}{D^2\sqrt{E}}$；$n_{ED}$ 为转速因数，$n_{ED}=\frac{nD}{\sqrt{E}}$；$T_{ED}$ 为力矩因数（E 是机组的比能，T 是扭矩），$T_{ED}=\frac{T}{\rho D^3 E}$。机组流速与速度之间的特征曲线为 $Q_{11}-n_{11}$。

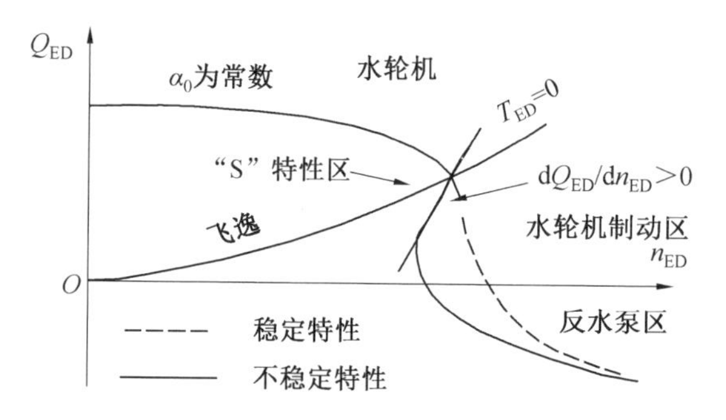

图 3.1　促使运行不稳定性的水泵水轮机性能特征"S"特性

简单说来，图 3.1 所示的"S"形曲线中非稳定区水平和垂直坐标之间不再一一对应，而正斜率促进了特定瞬态过程中运行工况的不稳定振荡。实际上，"S"特性会增加水轮机启动阶段与电网同步的困难和水轮机甩负载时的不稳定性等。例如，根据报道，天荒坪抽水蓄能电站在试运行阶段中，低扬程工况下就出现了这类不稳定现象，如图 3.2 所示。其中，Q_{11}为单位流速，$Q_{11}=\dfrac{Q}{D^2\sqrt{H}}$；$n_{11}$为单位转速，$n_{11}=\dfrac{nD}{\sqrt{H}}$；$T_{11}$为单位力矩，$T_{11}=\dfrac{T}{\rho D^3 H}$。

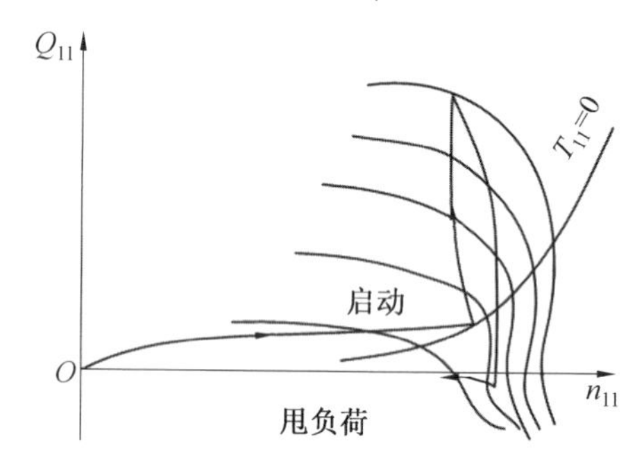

图 3.2　水泵水轮机工况启动和甩负载的运行不稳定

关于"S"特性流动机理，通过试验和计算研究，发现水泵水轮机"S"特性区存在复杂的流动特征，比如，转轮进口的回流、静态涡的形成及无叶区的旋转失速等，尤其是在飞逸工况下。类似地，二次流、无叶区、导叶流道的旋转失速及叶轮进口预旋都被认为是形成正斜率的主要原因。习惯上用 B_0 表示导叶高度，Z_g 表示导叶数，Z_s 表示固定导叶数。

考虑到这些性能特征导致机组的不稳定性，设计师们通常会预留安全裕度。图 3.3 所示为水泵水轮机"S"特性的安全裕度。首先，针对导叶开度增量不超过

1°的情况进行了模型试验。导叶开度为常数时，$Q_{11}-n_{11}$曲线与飞逸曲线有交叉点，$Q_{11}-n_{11}$曲线的斜率随着导叶的增加而增加。当$\boldsymbol{T}_{11}$趋近于n_{11}、曲线上Q_{11}/n_{11}趋近于0或$\boldsymbol{T}_{11}/n_{11}$趋近于0时，定义为临界点。扬程的安全裕度可以计算为电网允许频率范围内临界点扬程与机组最低扬程的差(图3.3中为50.5 Hz)。这个裕度的最低值一般建议用于工程实际(40 m或20 m)。

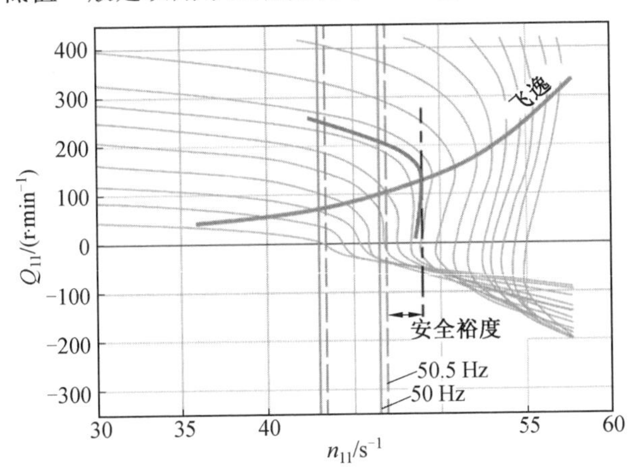

图3.3　水泵水轮机的“S”特性安全裕度

应该注意到，在面对“S”特性引起的电网同步困难时，在大量抽水蓄能电站中运用了一种使用非对称导叶的技术。这项技术最先用于COO Ⅱ号抽水蓄能电站(比利时)，在我国用于天荒坪和宜兴抽水蓄能电站。研究人员对其流动机理、对压力脉动的影响以及非对称导叶应用优化方面开展了大量工作。

3.2　水轮机工况系统稳定性分析

3.2.1　“S”不稳定性描述

研究表明，在无量纲单宽流量/扭矩曲线与单位转速曲线的基础上，对水泵水轮机转轮“S”特性造成的不稳定性可以进行直观的描述。注意：四象限特征的表示与目前流行的表达不同。在后一种情况下，水轮机工况是机组单宽流量与单位转速图的第一象限。这里简要地引用了不稳定性的核心概念，甩负荷时，发电机突然与电网解列，这个过程可以表述为

$$J\frac{\pi}{30}\frac{\mathrm{d}n_1'}{\mathrm{d}t}=-m_1'D^4\sqrt{H}\tag{3.1}$$

式中　J——转动部件的转动惯量；

ω——转轮的角速度。

从水轮机正常运行点开始，固定导叶开度下的瞬变现象会沿固定路线反复振荡，这是因为压力管道和尾水管的水力冲击使得水头发生了快速变化。同时还可以观察到压力、流量、转速和扭矩的突然变化。在此过程中，水轮机工况和反泵工况之间的流向也会发生改变。这种流向切换是1983年在巴伊纳巴什塔(Bajina Basta)抽水蓄能电站的现场试验中发现的。

3.2.2　稳定性判据

水泵系统的不稳定性名称源自于一种简单二阶系统对初始扰动的瞬态响应。扰动持续增大的情况表现为静态不稳定，而振幅不断增加的情况则表现为动态不稳定。系统的静态不稳定性与初始工况点的纯散度有关，瞬态性能也可以推导为(准)稳态序列。这种不稳定性可以只用水力机械部件的稳态特性来解释。通常，不稳定性的极限可以用泵特性曲线的斜率与节流线斜率的关系来表示。然而，有人指出，静态不稳定性的判据过于简单，不适用于许多实际的不稳定性问题。即使系统是静态稳定的，也可能会发生动力不稳定的情况，导致系统在初始点附近发生振荡运动。静态稳定性是动态稳定性的必要条件，但不是充分条件。动态不稳定性的预测还应包括惯量和电容在内的附加参数，即体积、管道长度L等。大部分将稳定性判据用简单的水力系统(蓄水池－管道－水泵水轮机)性能曲线特征来表示的研究可以分为以下两类。

1.静态不稳定判据

研究表明，与水管稳态流动特性相比，空载转速($\boldsymbol{T}=0$)下的不稳定性取决于$Q_{ED}-n_{ED}$性能曲线的斜率，管道的稳态流动特性曲线几乎呈竖直线。以此来判断，流量与水头特性曲线的正斜率是稳定的。

对转轮在固定和可变转速下的静态不稳定性判据进行更详细的推导可以发现，就具有上下水库、水管和水轮机的简单电站系统而言，在固定转轮转速下，当水轮机水头－流量曲线斜率与水头－损失曲线斜率为负时，会产生不稳定性，即

$$\frac{\mathrm{d}H_t}{\mathrm{d}Q}>-\frac{\mathrm{d}H_f}{\mathrm{d}Q} \tag{3.2}$$

式中　H_f——沿程水头损失；

H_t——净水头，水头流量曲线可以推导成$\mathrm{d}Q_{ED}/\mathrm{d}n_{ED}$，梯度表达式为

$$\frac{\mathrm{d}H_t}{\mathrm{d}Q}=\left(\frac{Q}{2H_t}-\frac{D^3 n}{2H_t}\frac{\mathrm{d}Q_{ED}}{\mathrm{d}n_{ED}}\right)^{-1} \tag{3.3}$$

稳定性极限可以用无量纲参数表示为

$$\frac{dQ_{ED}}{dn_{ED}}=\frac{Q_{ED}}{n_{ED}}\left(1+\frac{H_t}{H_f}\right) \tag{3.4}$$

如图 3.4 所示，极限线的斜率随着水头损失的增加而减小。

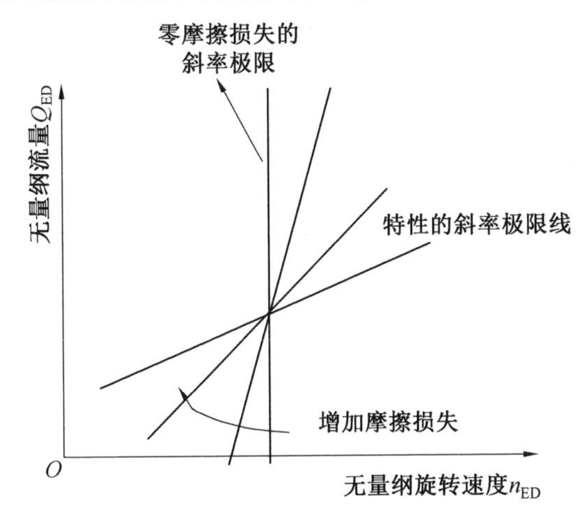

图 3.4　水轮机工况特性的斜率极限线

在水头损失为零的情况下，它呈一条垂直线。在水头恒定、水头损失为零的情况下，稳定极限在流速特性上呈一条垂直线。

$$\frac{dQ}{dn}=\infty \tag{3.5}$$

可变转速下需要另一个转速方程，即

$$J2\pi\frac{dn}{dt}=T_h-T_g \tag{3.6}$$

式中　J——转动部件的转动惯量；

T_h 和 T_g——水力扭矩和发电机扭矩。

静态不稳定判据可用 T/n^2 和 Q/n 表示。因此，稳定性极限由 $Q_{ED}-n_{ED}$ 和 $T_{ED}-n_{ED}$ 特性的斜率决定。

$$\frac{d(T/n^2)}{d(Q/n)}=\rho D^2\frac{\dfrac{dT_{ED}}{dn_{ED}}-2\dfrac{T_{ED}}{n_{ED}}}{n_{ED}\dfrac{dQ_{ED}}{dn_{ED}}-Q_{ED}}=0 \tag{3.7}$$

2. 动态不稳定判据

线性化稳定性分析没有考虑管道摩擦和流体弹性（即无滞性流和刚性液柱简化法）。方程式可以用无量纲参数表示为

$$\frac{\mathrm{d}V}{\mathrm{d}t}=gL(H-H_s) \tag{3.8}$$

$$I\frac{\mathrm{d}\omega}{\mathrm{d}t}=-T \tag{3.9}$$

$$\frac{\mathrm{d}v}{\mathrm{d}\tau}=\frac{h-1}{t_f/t_m} \tag{3.10}$$

$$\frac{\mathrm{d}\alpha}{\mathrm{d}\tau}=-\beta \tag{3.11}$$

式中 V——管道的平均速度；

t——时间；

g——试验重力加速度；

L——管道的长度；

H——跨机头；

H_s——静态水头或蓄水池水头；

I——所有转动部件和带液的转动惯量；

ω——机器的角速度；

T——转轮不平衡力矩。

流量、速度、水头和扭矩可以用无量纲参数表示为 $v=V/V_R$（水泵工况，$v>0$），$\alpha=\omega/\omega_R$（水泵工况，$\alpha>0$），$h=H/H_R$，$\beta=T/T_R$，其中下标 R 表示额定条件。$t_f=(V_R L)/(gH_R)$，而 $t_m=(I\omega_R^2)/(\rho g Q_R H_R \eta_{RT})$，二者分别表示水力传动时间和机器运转时间，$\eta_{RT}$ 表示水轮机工况的最佳效率。由于 $\beta=0$ 代表的是飞逸工况，机器在接近飞逸工况时的稳定性分析也可以看作是求解奇异型方程，即

$$\frac{\mathrm{d}v}{\mathrm{d}\alpha}=-\frac{h-1}{\tau_f\beta} \tag{3.12}$$

$\tau_f=t_f/t_m$，利用特征曲线的多项式

$$\frac{h}{\alpha^2}=a_0+a_1\left(\frac{v}{\alpha}-\frac{v_0}{\alpha_0}\right)+a_2\left(\frac{v}{\alpha}-\frac{v_0}{\alpha_0}\right)^2 \tag{3.13}$$

$$\frac{\beta}{\alpha^2}=b_1\left(\frac{v}{\alpha}-\frac{v_0}{\alpha_0}\right)+b_2\left(\frac{v}{\alpha}-\frac{v_0}{\alpha_0}\right)^2 \tag{3.14}$$

以及 v 和 α 关于奇异点的线性展开，可以确定不同运动需要的条件：

$$\tau_f=-\frac{a_1}{b_1\lambda_0}\text{（周期性）} \tag{3.15}$$

$$\tau_f>-\frac{a_1}{b_1\lambda_0}\text{（阻尼周期）} \tag{3.16}$$

$$\tau_f<-\frac{a_1}{b_1\lambda_0}\text{（极限环或不稳定性）} \tag{3.17}$$

式中，$-v_0$、$-\alpha_0$ 为飞逸条件，且 $\lambda_0=v_0/\alpha_0$，周期运动的固有频率为

$$\omega_f=\sqrt{\frac{2b_1}{\tau_f}} \tag{3.18}$$

稳定极限可以看作是机组飞逸工况（$T_{11}=0$）的特性，即

$$\frac{dT_{11}}{dn_{11}}=0 \tag{3.19}$$

由此可知，当弹性常数与机器时间常数的比值较大时，必须考虑流体弹性的影响。

3.3　典型水泵水轮机“S”特性区压力脉动研究

水泵水轮机在运行的过程中，流场内部普遍存在压力脉动，当压力脉动幅值 ΔH 较高时对流动的稳定性产生影响，并影响机组的安全运行。而在“S”特性区内，流动的不稳定性加剧，要研究空化对“S”特性的影响首先要在单相工况下了解其压力脉动的传播规律。

为分析压力脉动，在流道的不同位置共设置了 153 个监测点，蜗壳进口处测点为 SC01，然后沿流动方向在蜗壳设置测点 SC02～SC04，如图 3.5 所示。考虑到“S”特性区低负荷工况下导叶各个流道内存在大量旋涡，每个流道的流动规律差别较大，所以在固定导叶周向设置了 20 个测点（SV01～SV20），高度上到导叶上壁面与下壁面的距离相同，活动导叶和无叶区的测点设置规律与固定导叶相同，活动导叶内测点为 GV01～GV20，无叶区内测点为 RG01～RG20，如图 3.6 所示。为了研究尾水管内的压力脉动特性，选取尾水管的直锥段、弯肘段与扩散段设置测点，尾水管测点分布图如图 3.7 所示，考虑到直锥段可能出现空泡，所以在直锥段设置 9 个测点，命名为 CT01～CT09，在弯肘段与扩散段设置 3 组测点，每组 4 个测点，其中弯肘段测点命名为 ET01～ET04，扩散段测点为 DT01～DT04。由于转轮对整个流域的影响较大，所以在转轮流域设置了多组测点，在每个转轮的流道均设置了 3 个测点，在命名上按照“名称－流道位置－编号”进行。转轮流域测点设置上需要注意，在 CFX 的计算中旋转域的测点位置随网格运动而不断变化，所以在频域处理上需要注意由测点旋转而产生的频率。转轮流道进口监测点为 RNUP01～RNUP09；中间位置为 RNMID01～RNMID09；转轮流道出口测点为 RNDN01～RNDN09，如图 3.8 所示，在转轮中心轴上设有测点 RNM01 与 RNM02，如图 3.9 所示。

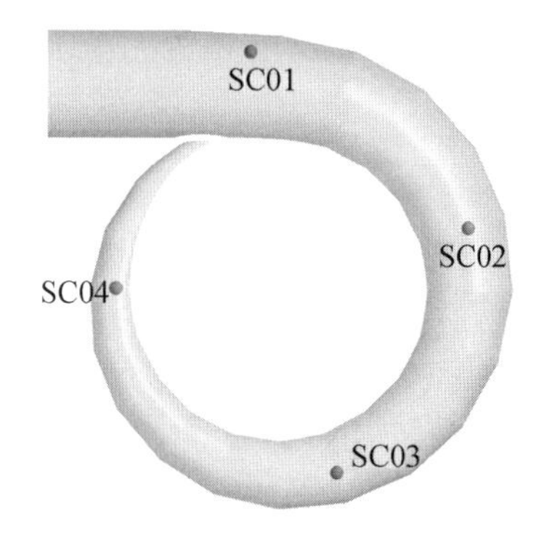

图 3.5　蜗壳测点分布图

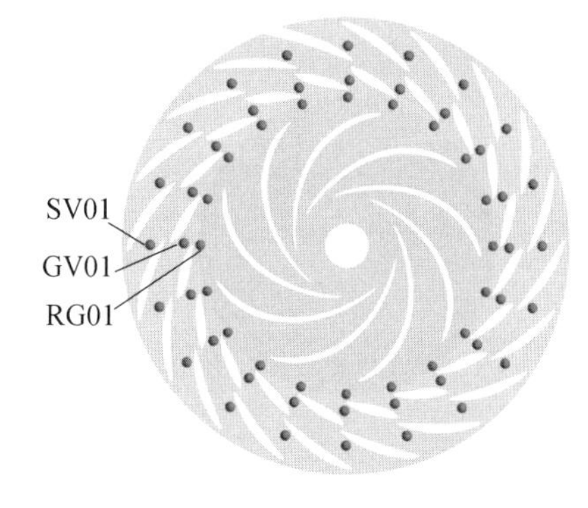

图 3.6　双列叶栅测点分布图

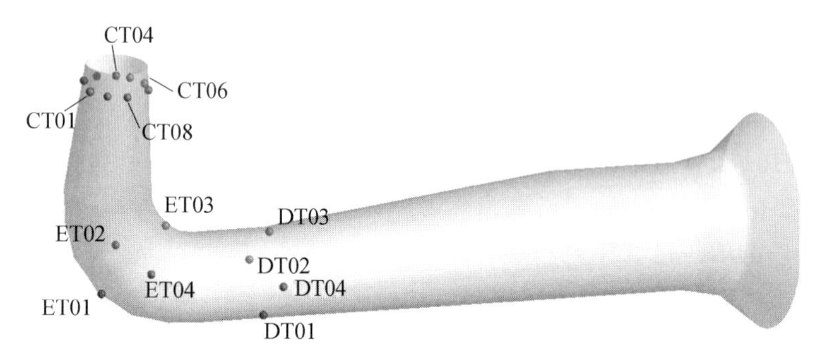

图 3.7　尾水管测点分布图

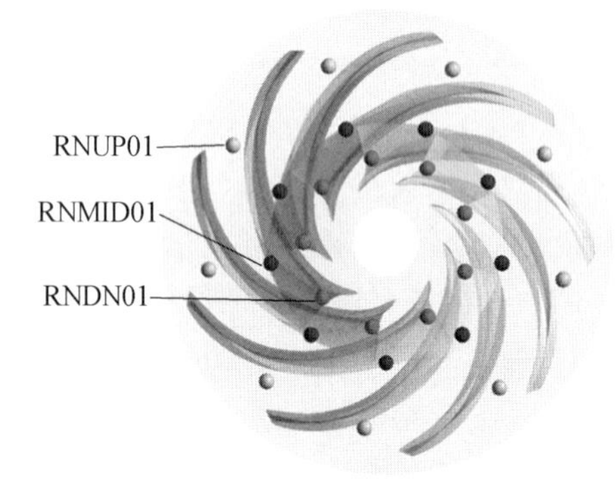

图 3.8　转轮流道测点分布图

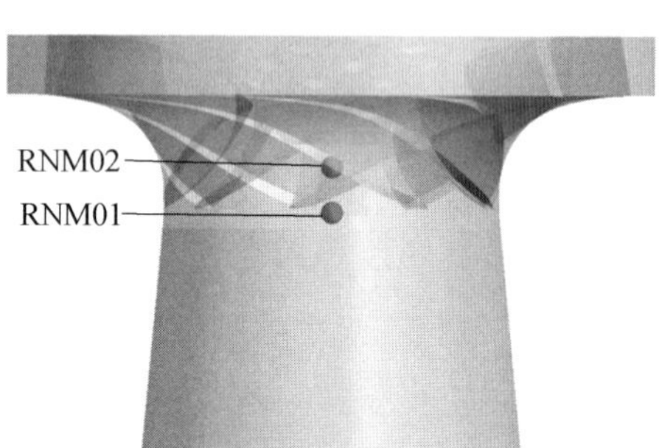

图 3.9　转轮中心轴测点分布

在对不同测点压力脉动进行分析时，对计算提取的压力数据进行无量纲化处理，引入无量纲系数 C_p，其计算公式为

$$C_p=\frac{p-\bar{p}}{\rho g H}\times 100\% \tag{3.20}$$

式中　p——计算压力，Pa；

$\bar{p}$——平均压力，Pa；

ρ——流体密度，kg/s³；

H——水头，m。

3.3.1　水轮机工况压力脉动分析

水轮机工况下流域内的流动较为稳定，流场内的旋涡较少且损失较小，首先对该工况下压力脉动进行分析。图3.10和图3.11所示为水轮机工况下活动导叶内20个测点的压力脉动时域图与频域图，可以看出在时域图中压力随着时间均匀变化，流场中没有出现压力突变。在频域图中，20个测点的压力脉动中均存在$9f_n$、$18f_n$和$27f_n$，流场中没有出现特征低倍频率，且高倍频的幅值在不同测点间相近，其压力脉动的分布在空间上具有一定的对称性，这也证明了定常计算中水轮机工况较为稳定的结论。

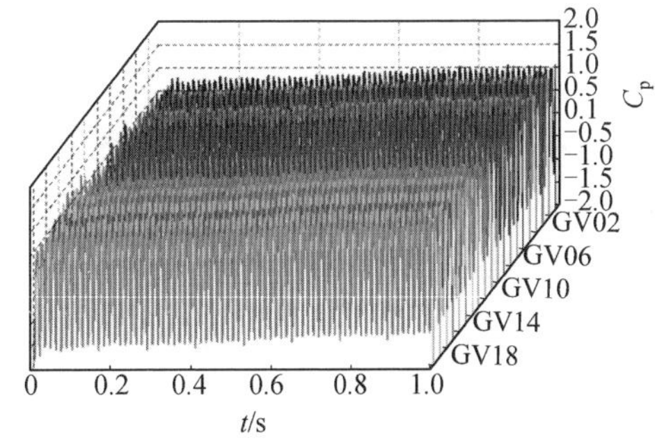

图3.10　活动导叶测点压力脉动时域图

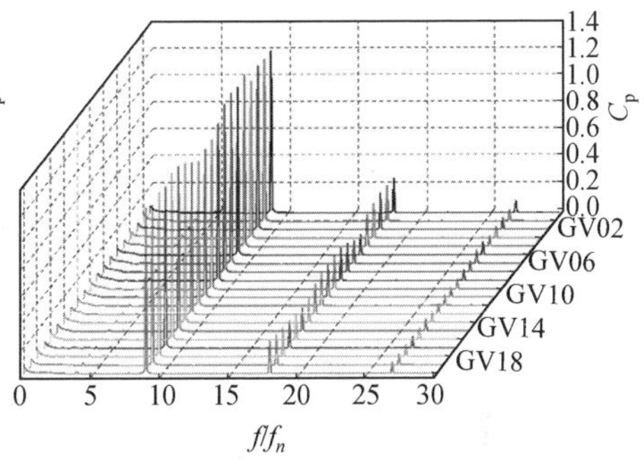

图3.11　活动导叶测点压力脉动频域图

图3.12与图3.13所示为RG01测点压力脉动时域图与频域图，从时域图中可以看出，试验中与模拟中压力的波动均很稳定，压力的变化在固定的范围内由于导叶和转轮的动静干涉而稳定变化。从频域图中可以看出，试验与模拟中均出现由于转轮旋转形成的$1f_n$，在高倍频方面，试验由于测点相对于导叶静止，所以流场由于9叶片转轮的旋转形成$9f_n$及其倍频，在模拟中为了使测点位置与试验一致，测点设置于旋转域，旋转域不断旋转导致出现与导叶数相关的倍频。其动静干涉产生倍频与测点位置设置有关，不影响其流动特性的研究，可以看出流场内仅存在与旋转干涉相关的倍频，没有特征低倍频率，水轮机工况下的压力脉动非常稳定。

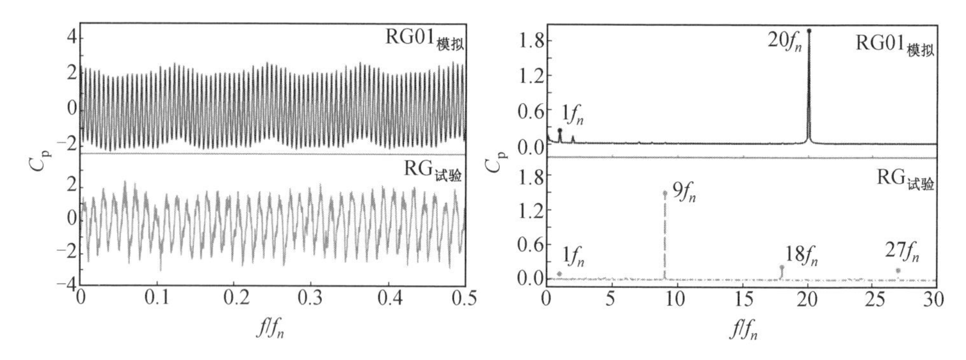

图 3.12　RG01 测点压力脉动时域图　　　图 3.13　RG01 测点压力脉动频域图

图 3.14 所示为活动导叶测点 t_1 时刻压力脉动幅值，其中 $t_1=0.917$ s，根据图可以看，在相同时刻不同测点的 C_p 值存在明显不同，相位差为 π 的两个测点 C_p 值相近，由于水轮机工况下主频为 9 倍频，所以极坐标图主要表示 9 倍频的变化。当截取时刻变化时，C_p 的高值随转轮的旋转而顺时针转动，所以 9 倍频为导叶与 9 叶片转轮之间动静干涉产生的倍频。图 3.15 所示为不同测点经 FFT 变换后高倍频率压力脉动幅值，可以看出无叶区测点由于在转轮和导叶交界面处，压力脉动幅值较大；固定导叶远离动静交界面时，压力脉动幅值较小。由于水轮机工况下流动非常稳定，所以同组测点在不同位置的压力脉动幅值接近，其中固定导叶处测点由于蜗壳处出水的位置不同，导致压力脉动幅值存在较小的不对称性，但其压力脉动幅值很小，对流动基本不造成影响。

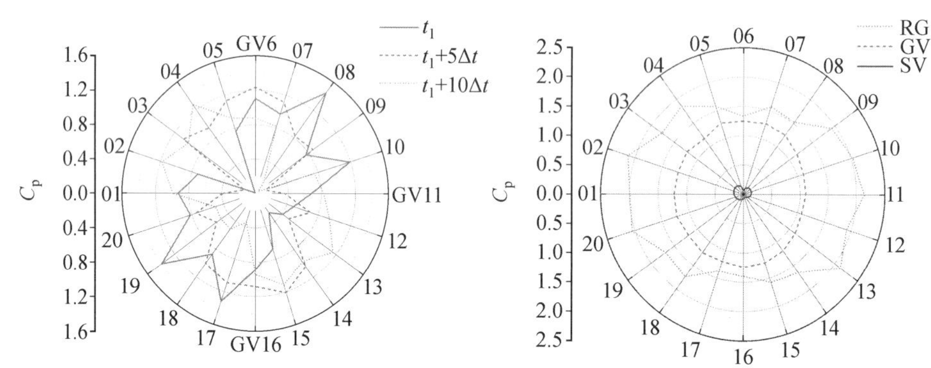

图 3.14　活动导叶测点 t_1 时刻压力脉动幅值　　　图 3.15　不同测点经 FFT 变换后高倍频率压力脉动幅值

图 3.16 和图 3.17 所示分别为尾水管锥管处的 CT01 压力脉动时域图与频域图，可以看出在频率成分上，计算值的压力波动与试验值相比较小，计算中没有明显的高压力脉动幅值频率。试验值中出现了部分低倍频率，但其值在 0.1

以下，与以上其他测点压力脉动幅值相比非常小，试验值中存在电机运行、机组振动等因素，该低压力脉动幅值的频率产生在合理的误差之内，仍可认为计算方法能较好地模拟水泵水轮机的运行，且研究可以看出水轮机工况下尾水管内流动较其他部件更为稳定。

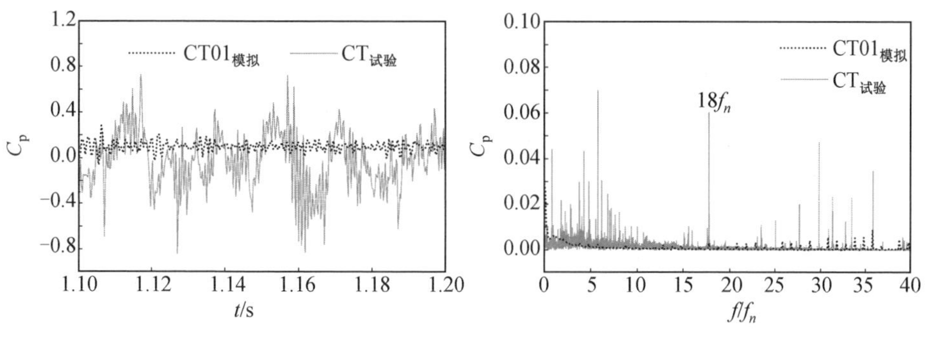

图 3.16　尾水管锥管处 CT01 压力脉动时域图　　图 3.17　尾水管锥管处 CT01 压力脉动频域图

图 3.18 和图 3.19 所示为导叶流道和转轮流道的流量分布等值线图，从图中可以看出在导叶内各流道的流量值相差很小，其中流道内流量最大值为 4.15 kg/s，流量值最小为 5.15 kg/s，并且流道内流量值较为稳定，不随时间的变化而产生明显变化。在转轮流道内，由于转轮的旋转，流道内的流量均匀变化，且变化值同样较小，流量的变化规律可以反映水轮机内部流动的稳定性与对称性。

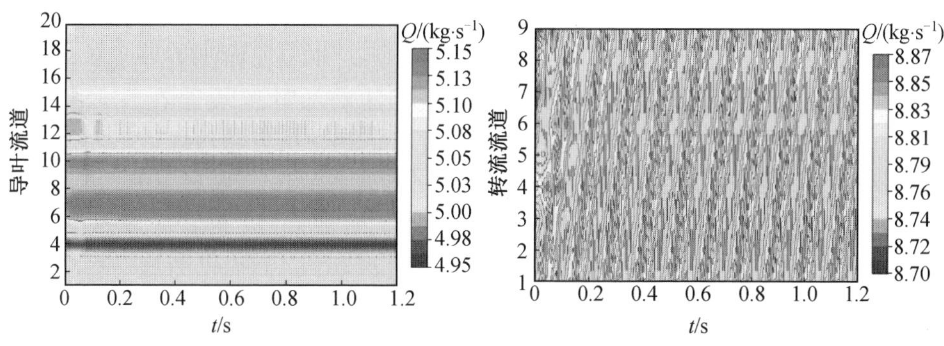

图 3.18　导叶流道流量分布等值线图　　图 3.19　转轮流道流量分布等值线图

图 3.20 为水泵水轮机流道纵向截面与不同部件横向截面的流线分布图，可以看出流道内没有出现旋涡结构，蜗壳与导叶部分流速未发生明显变化，导叶出口流体由于转轮的旋转，其流速略高于周围流体，从流动角度来看水轮机工况下流量较制动工况和反水泵工况大，流场内未形成旋转失速单元，流动具有很好的对称性，流线较为平滑。其中，流道中流速最高的部位发生于转轮进口处，是由

于转轮的高速旋转运动引起的，但由于进口流量较大，因此没有对导叶流体的流入产生明显的影响。

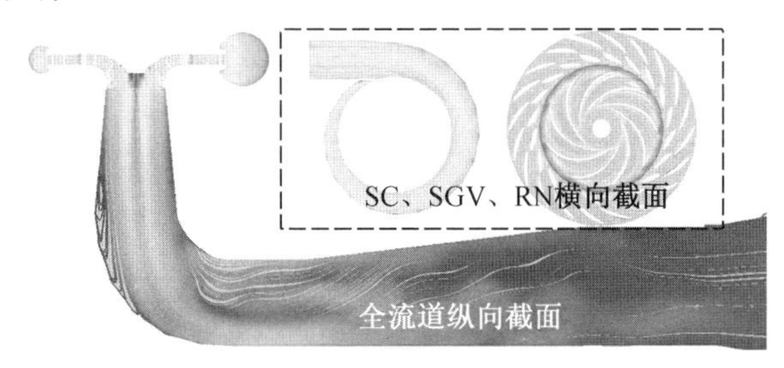

图 3.20　水泵水轮机流道纵向截面与不同部件横向截面的流线分布图

通过以上分析可以看出，水轮机工况运行稳定，流场中没有明显的低倍频率，主要为转轮和导叶动静干涉产生的倍频，该倍频在无叶区内幅值较高，尾水管内幅值较低，且同组测点的不同位置处幅值相近。在流动方面，水轮机工况各个部件的流动上具有高度的对称性，流动中没有出现旋涡。水轮机工况的流动稳定性是其效率较高的原因，在水泵水轮机工作时也尽量使其在水轮机工况下运行。

3.3.2　制动工况压力脉动分析

1. 导叶流域分析

导叶作为流动的上游，其不稳定对下游转轮与尾水管的流动特性影响较大。图 3.21 和图 3.22 所示分别为活动导叶测点压力脉动时域图和频域图，从图中可以看出，在制动工况下流场内压力脉动信号与水轮机工况相比更加紊乱，频域图中出现了更多的低倍频率压力脉动信号。活动导叶流域存在 $0.49f_n$ 和 $0.74f_n$ 两个低倍频率压力脉动，且不同测点的低倍频率压力脉动幅值不同，如图 3.23 和图 3.24 所示。在 GV17 测点处，0.49 倍转频的压力脉动幅值达到最大(3.47)，另外流场内还存在动静干涉产生的 9 倍频和 18 倍频。图 3.25 和图 3.26所示分别为 RG06 测点压力脉动时域图和 RG11 测点压力脉动频域图，可以看出模拟与试验中均出现明显的低倍频率，在 x 方向测点 RG06 中，模拟低倍频率为 $0.49f_n$，试验低倍频率为 $0.59f_n$，两者压力脉动幅值非常接近；在 y 方向测点 RG11 中，模拟的低倍频率压力脉动幅值高于试验低倍频率压力脉动幅值。对于模拟中产生的误差有两个解释：第一，试验时间为 20 s，有大量的取样点，而模拟受计算时间的限制只进行了 1.4 s，数据点分辨率较差；第二，制动工况下流动较为紊乱，试验中存在外界干扰导致误差的产生。

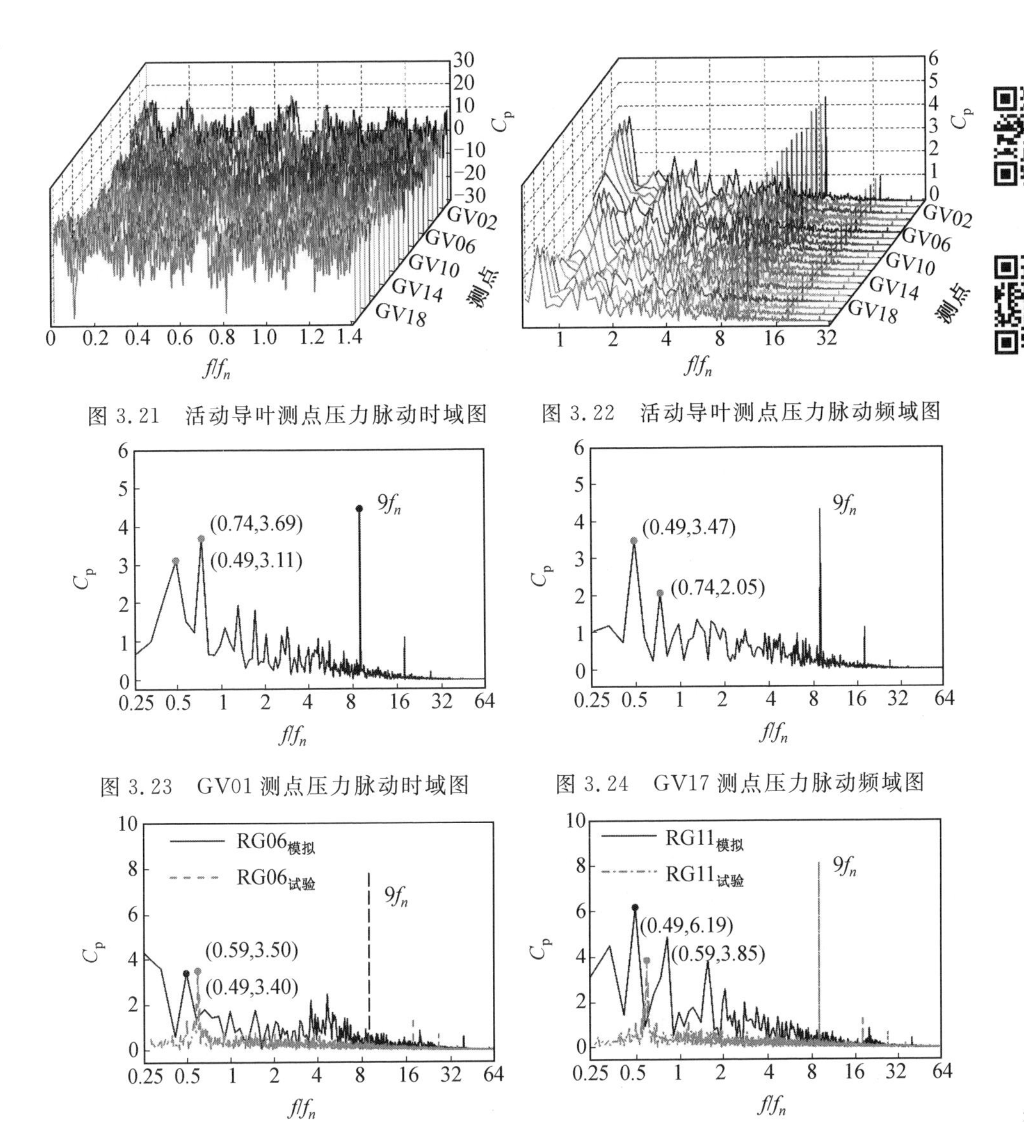

图 3.21　活动导叶测点压力脉动时域图

图 3.22　活动导叶测点压力脉动频域图

图 3.23　GV01 测点压力脉动时域图

图 3.24　GV17 测点压力脉动频域图

图 3.25　RG06 测点压力脉动时域图

图 3.26　RG11 测点压力脉动频域图

图 3.27 所示为活动导叶测点压力低通滤波时域图，图 3.28 所示为压力脉动在导叶周向的传播方向。在图 3.28 中看出 GV01、GV04、GV07 和 GV10 4 个测点低倍频率峰值依次出现，低倍频率压力在周向上沿顺时针传播。从活动导叶与无叶区测点的频域图可以看出，无叶区的压力脉动的低倍频率幅值高于固定导叶，低倍频率压力产生的原因还需要结合流场进行分析。

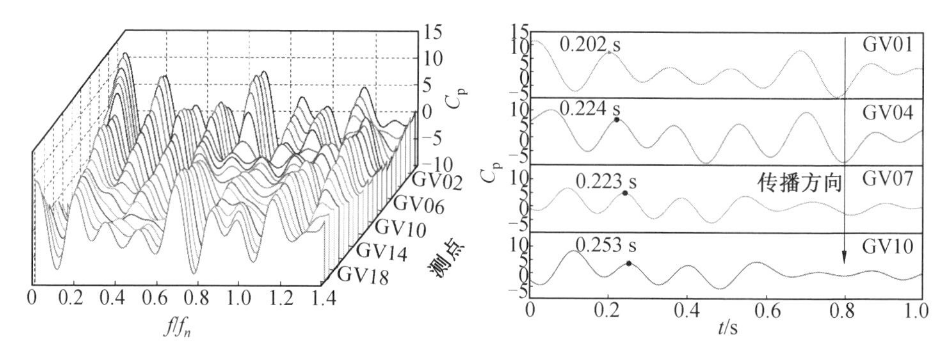

图 3.27 活动导叶测点压力低通滤波时域图 图 3.28 压力脉动在导叶周向的传播方向

为了对导叶流域的流动状态进行分析，研究中对各流道的流量数据进行处理并绘制等值线图，如图 3.29 所示。从图中可以看出在导叶流道内存在回流区，回流区将流道堵塞，并在周向上随着转轮的旋转而移动。研究中在一个旋转周期内选择 t_1～t_6 6 个时刻分析导叶流域出现的旋转失速现象，不同时刻双列叶栅流线图如图 3.30 所示。可以看出在 t_1 时刻，导叶流域的 SV01 与 SV02 流道出现旋转失速现象，回流区出现的区域无叶区的流动速度较高，高速运动的流体阻碍了导叶内水的流出，形成回流区。当运动至 t_2 时刻回流区随转轮的运动旋转到 SV05 至 SV07 流道，固定导叶区域活动导叶区出现较大的回流旋涡，无叶区内出现分离旋涡，在 t_3、t_4、t_5 和 t_6 时刻，回流区继续沿顺时针方向在导叶区域的周向传播，在 t_6 时刻回流区运动至 SV18 至 SV20 流道，完成了一个周期的旋转。在模拟计算中，回流区的前 3 次旋转运动在流量上较后几次不明显，并且数据点取样点远远小于试验值，导致低倍频率上存在一定的误差。

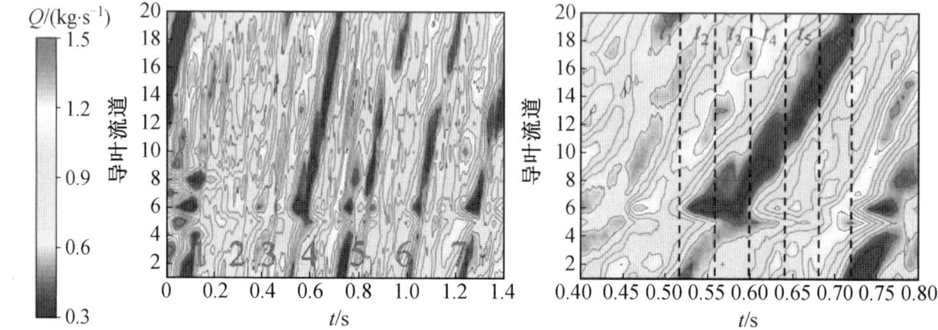

图 3.29 制动工况导叶流道流量

图 3.31 所示为 t_6 时刻无叶区旋涡结构示意图，从图中可以看出在出现回流区的 SV18 至 SV20 流道对应的无叶区处，涡结构分布较多；在未发生回流的区

域，流场内仅产生少量的旋涡。在研究中利用湍动能(TKE)强度来代表湍流的发展情况，可以看出涡结构较多的位置其湍流强度也较高，这是由于导叶流道出现堵塞现象，导致导叶出口位置流动紊乱。该堵塞随转轮的运动在各流道出口周期性出现，导致叶栅流域回流生成，并产生低倍频率压力脉动。

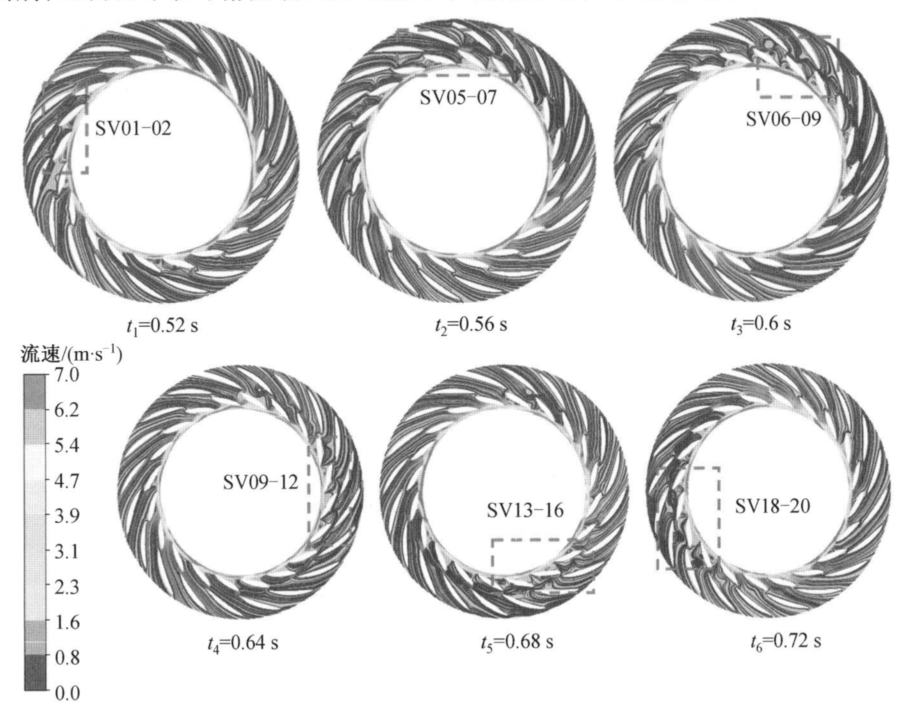

图 3.30　不同时刻双列叶栅流线图

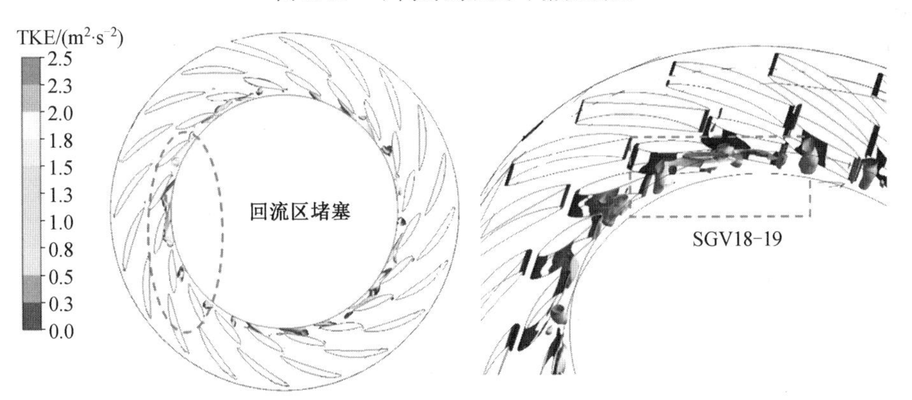

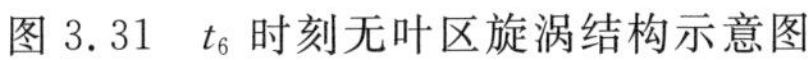

图 3.31　t_6 时刻无叶区旋涡结构示意图

2.转轮尾水管流域分析

为了研究水泵水轮机在制动工况下压力脉动的传播规律与内部流动特性，本小节对转轮与尾水管流域进行了研究。图 3.32 和图 3.33 所示分别为转轮内流道中部测点 RNMID 的压力脉动时域图与频域图，图 3.34 和图 3.35 所示分别为尾水管锥管测点 CT 的压力脉动时域图与频域图。从图中可以看出转轮不同流道内各测点变化规律相同，压力脉动频域图中均存在上文分析到的 $0.49f_n$，且 CT05 流道的低倍频率压力脉动幅值最高。由于转轮测点随旋转运动不断变化，所以研究压力脉动在转轮内传播规律时选择单个流道进行分析，选择压力压力脉动幅值最高的 CT05 号流道进行研究。对于尾水管的锥管部分，计算中出现了 $0.49f_n$ 和 $0.74f_n$，其中$0.49f_n$幅值最大的测点为 CT07。

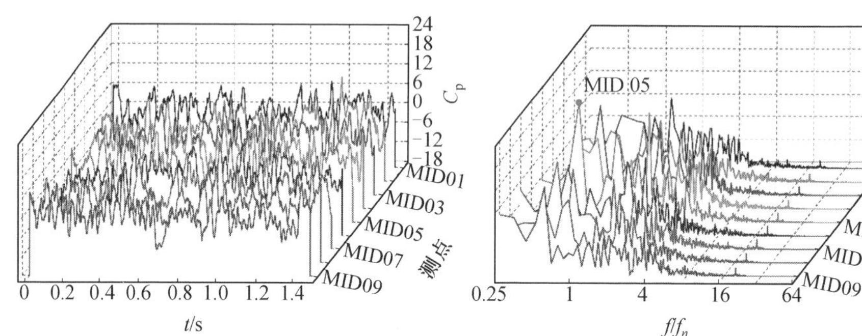

图 3.32 转轮内流道中部测点 RNMID 的压力脉动时域图

图 3.33 转轮内流道中部测点 RNMID 的压力脉动频域图

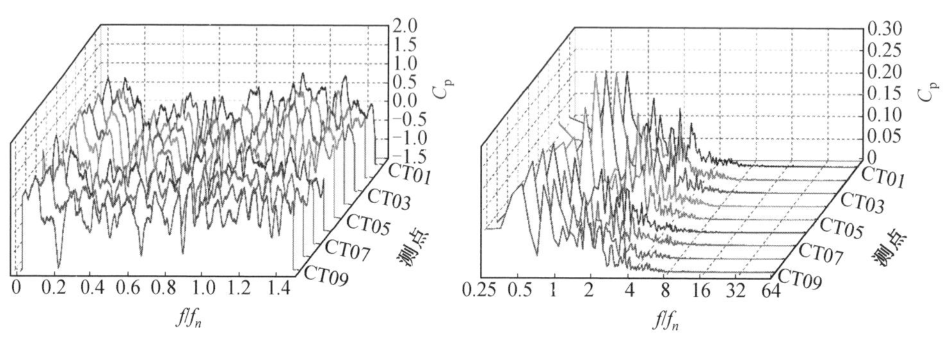

图 3.34 尾水管锥管测点 CT 的压力脉动时域图

图 3.35 尾水管锥管测点 CT 的压力脉动频域图

图 3.36～3.39 所示分别为转轮流道 5 内上游、中部和下游 3 个测点及尾水管锥管测点 CT07 压力脉动频域图，这 4 个测点在流场中按流动方向依次分布。可以看出 $0.491f_n$ 压力脉动幅值最大出现在转轮流道的上游，为 4.801；该低倍

频率压力脉动传播至中部时，下降为2.633；传播至下游时，压力脉动幅值为2.521；尾水管锥管处测点压力脉动幅值仅为0.219。转轮与尾水管不同位置测点间的压力脉动幅值变化体现为由上游至下游逐渐变小，表示压力脉动产生的影响逐步减弱，这也与之前分析的结果相同，低倍频率压力脉动是由无叶区旋转失速产生的，并向上游和下游传播。

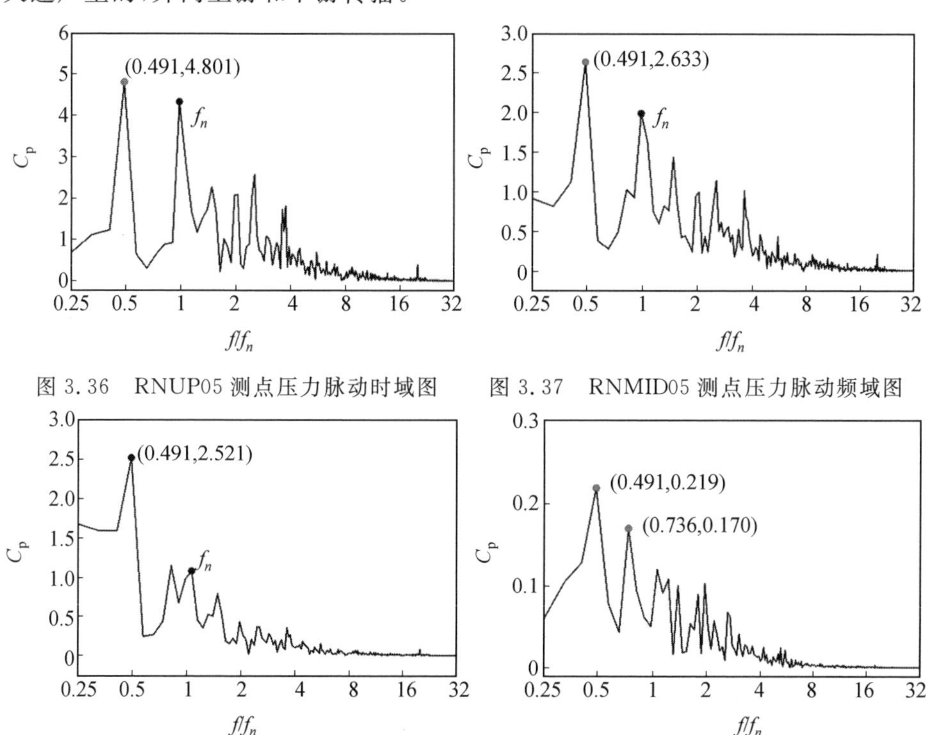

图3.36　RNUP05测点压力脉动时域图　　图3.37　RNMID05测点压力脉动频域图

图3.38　RNDN05测点压力脉动时域图　　图3.39　CT07测点压力脉动频域图

在对压力脉动传播规律进行研究后，对转轮内部流动进行了研究，图3.40和图3.41所示分别为转轮和叶栅不同位置流道流线图与局部熵产率分布图，其中两图中的左图为产生旋涡的位置，右图为未出现旋涡的位置。可以看出当导叶内部流道产生回流时流道被堵塞，进入对应的转轮流道的流体流量较低，在对应的转轮流道内形成了旋涡；而未产生旋涡的导叶流道，其对应的转轮流道内流动也相对顺滑，所对应的转轮内也未出现旋涡流动，该现象说明转轮流道的堵塞与无叶区的流动相关。

从能量损失角度分析，可以看出当导叶流道和转轮流道内出现较多旋涡时，无叶区的熵产率较高，而当旋涡消失时，无叶区的熵产率降低，熵产主要分布于转轮的叶片进口。这与前文分析的结论相同，流场内的旋涡流动会导致损失的增加。

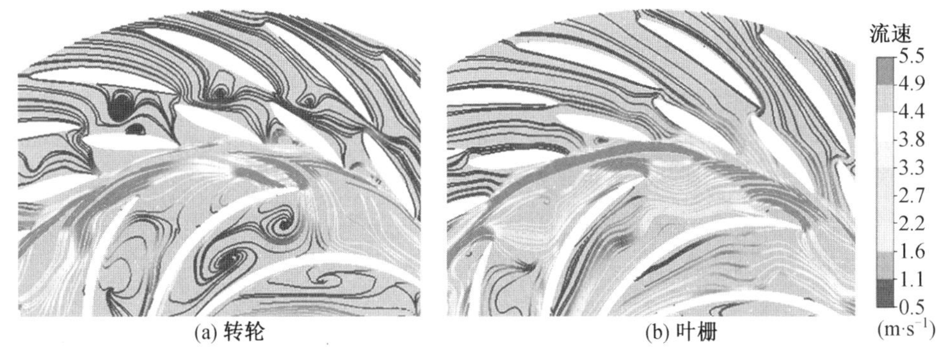

图 3.40　转轮和叶栅不同位置流道流线图

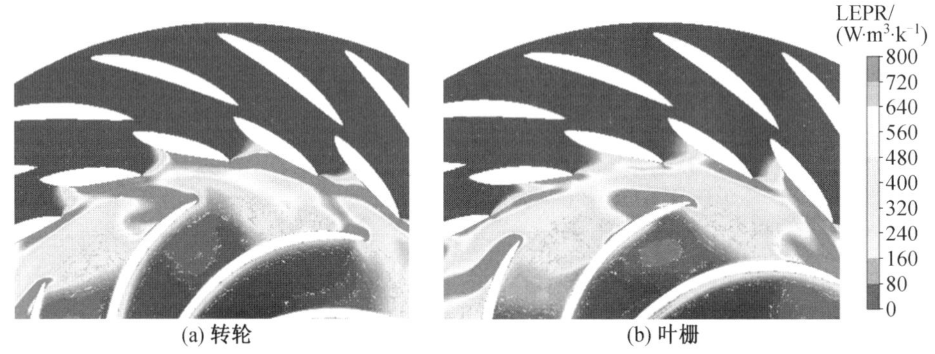

图 3.41　转轮和叶栅不同位置流道局部熵产率分布图

对水泵水轮机制动工况进行分析可以看出，在压力脉动的传播方面，流场内各过流部件内均存在动静干涉产生的 9 倍转频。由于制动工况的流量较小，水难以流入高速旋转的转轮，因此在无叶区形成了旋转失速单元。旋转失速单元对导叶流道形成堵塞作用，引起导叶内部回流区随转轮沿周向旋转，并产生了 $0.49f_n$ 的特征低倍频率。同时回流区的产生会导致无叶区的熵产值升高，高值的熵产与剧烈的压力脉动引起较高的水力损失，这也是水泵水轮机制动工况下效率较低的原因。

3.3.3　反水泵工况压力脉动研究

根据上文分析，水轮机工况下压力脉动较小，而在制动工况下，流场内出现较为强烈的压力脉动。根据工程经验，在水轮机进入制动工况时，很容易进入反水泵工况，在反水泵工况下，转轮内的水会被高速旋转的转轮反向甩出，流至导叶内部，在流场内形成大量的回流区，当反水泵工况深入时将对机组的安全造成较大的威胁，本节对反水泵工况的压力脉动进行研究。

图 3.42 和图 3.43 所示分别为活动导叶测点压力脉动时域图和频域图，可以看出反水泵工况活动导叶区域内的各测点压力变化一致。图 3.44 所示为活动导叶区 GV11 测点压力脉动频域图，可以看出在反水泵工况下，压力脉动幅值较制动工况下降，流场中的主频为 $9f_n$，流场内的低倍频率分量压力脉动幅值较 $9f_n$ 小，但是不同于水轮机工况，9 倍转频的压力脉动幅值受测点位置的影响较大。可以看出流场内还存在 $0.19f_n$、$4f_n$ 和 $5f_n$，根据前文的研究，低倍频率可能与无叶区的旋涡与尾水管内的不稳定流动有关，具体原因还需要深入研究。

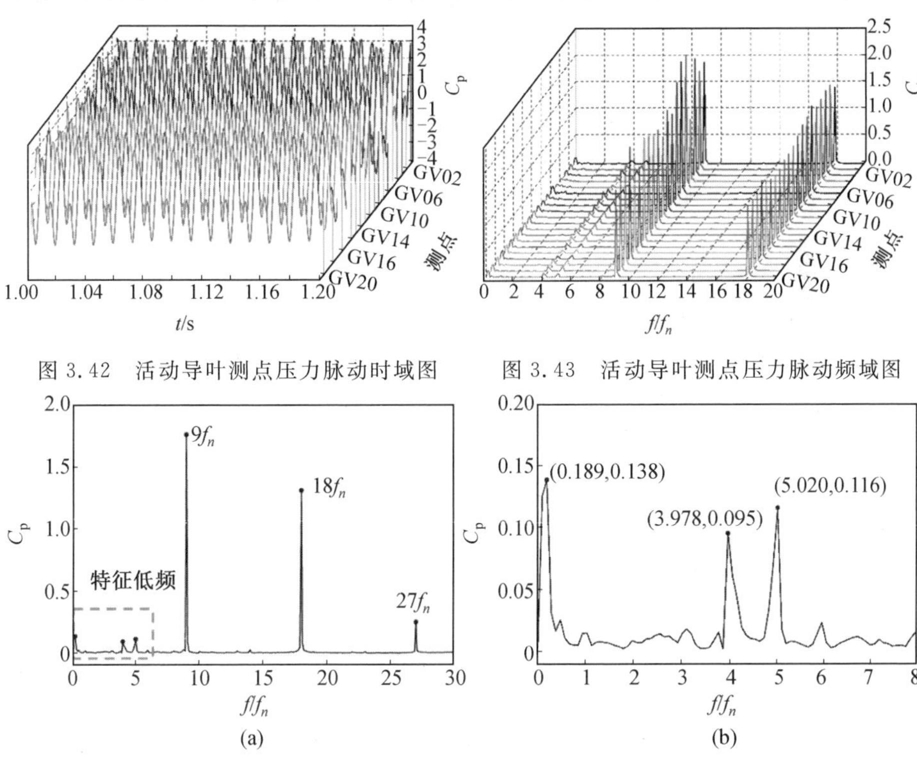

图 3.42　活动导叶测点压力脉动时域图

图 3.43　活动导叶测点压力脉动频域图

图 3.44　活动导叶区 GV11 测点压力脉动频域图

本小节主要对导叶内低倍频率中压力脉动幅值最高的 $0.19f_n$ 的压力脉动进行分析研究，图 3.45 和图 3.46 所示分别为尾水管锥管测点压力脉动时域图和频域图。从时域图中可以看出，锥管内不同位置测点压力脉动幅值和相位均存在着不同，从频域图中可以看出锥管段的 9 个测点的主频均为导叶内所分析的 0.19 倍转频，该低倍频率的压力脉动幅值在 CT03 点最低为 0.142，CT03 两侧测点的主频压力脉动幅值沿周向有上升的趋势，在 CT08 点达到最高的压力脉动幅值为 0.293。

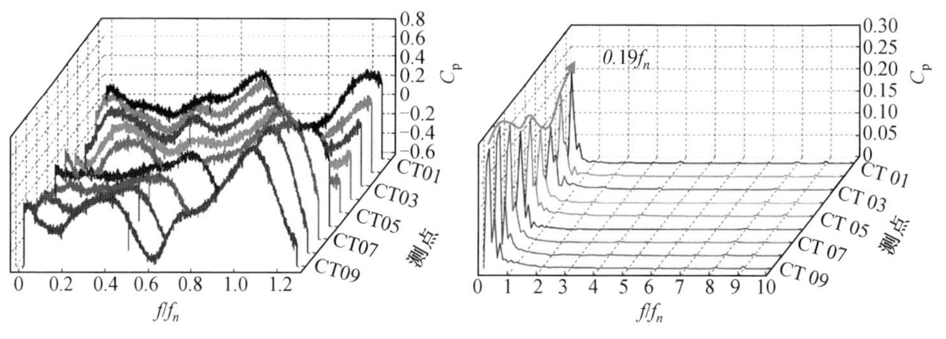

图 3.45　尾水管锥管测点压力脉动时域图　　图 3.46　尾水管锥管测点压力脉动频域图

为了对该低倍频率的传播规律进行研究，对压力数据进行低通滤波处理，锥管测点压力脉动低通滤波时域图如图 3.47 所示，活动导叶测点压力脉动低通滤波时域图如图 3.48 所示。可以看出锥管部位测点在周向上位置接近 180°的两个测点，在低倍频率压力脉动频域图上相位相差 π，而活动导叶测点在周向位置相距 180°的两个测点没有出现 π 的相位差，但在时间上脉动峰值的出现有先后顺序。根据该现象可以判断，0.19f_n 的低倍频率产生于叶栅内部或无叶区内，该脉动频率在叶栅内未受到转轮旋转的影响，0.19f_n 的低倍频率产生传播至转轮流道内，之后流向尾水管内，由于受转轮旋转的影响，锥管的不同测点间产生相位差。

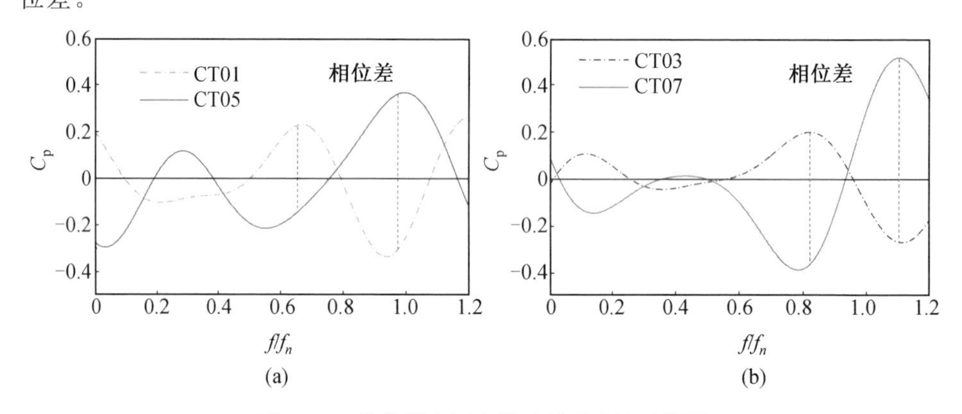

图 3.47　锥管测点压力脉动低通滤波时域图

为了进一步研究 0.19f_n 的产生原因，对无叶区和转轮流道内测点进行分析对比。由于无叶区设置在转轮流域，且计算中测点随转轮旋转，所以研究中选择了无叶区测点 RG01 及其对应旋转流道 2 中部的测点 RNMID02 进行对比，由图 3.49 和图 3.50 中的 RG01 压力脉动频域图和 RNMID02 压力脉动频域图可以看出流场中存在较多的整数倍转频，且无叶区的低倍频率压力脉动高于转轮中

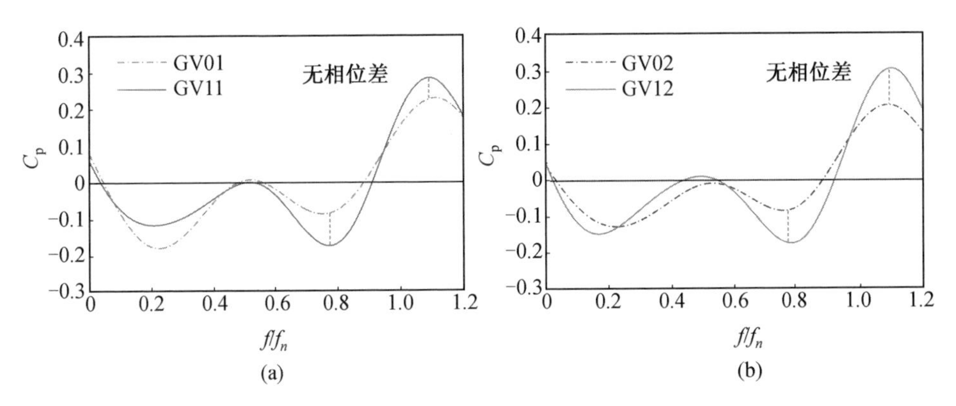

图 3.48　活动导叶测点压力脉动低通滤波时域图

部，所以低倍频率压力的传播方向是无叶区至转轮。为了研究流场中低倍频率压力的传播规律，研究中统计了各位置测点低倍频率脉动的最大压力脉动幅值，如图 3.51 所示，根据条形图可以看出无叶区内测点压力脉动幅值最大为 0.52，低倍频率压力由无叶区向上游和下游传播，压力脉动幅值在无叶区两侧呈下降趋势。由于无叶区测点随转轮旋转，所以在分析周向上低倍频率压力传播规律时用活动导叶测点研究，低频压力脉动沿导叶周向压力脉动幅值如图 3.52 所示。在图中可以看出，活动导叶流域 $0.19f_n$ 的最大压力脉动幅值出现在测点 GV17 处，压力脉动幅值为 0.17，该频率有沿周向向两侧传播的趋势，压力脉动幅值最小的测点是 GV04，压力脉动幅值为 0.076。

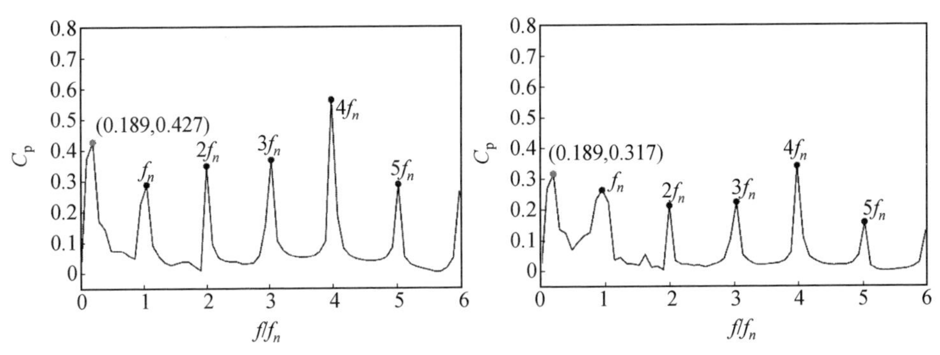

图 3.49　RG01 测点压力脉动频域图　　　图 3.50　RNMID02 测点压力脉动频域图

图 3.53(a)所示为导叶流域压力脉动幅值最大测点 GV17 经滤掉高倍频率波后的 $0.19f_n$ 压力脉动曲线，研究中选取了曲线上 4 个不同时刻的点进行分析。由图 3.53(b)可以看出在 A 时刻，流道 14～18 的部分流道无叶区产生了低速旋涡区，如图 3.54 所示，该旋涡区由活动导叶出口流体冲击转轮处高速水环形成，在 B 时刻流道内的小型低速旋涡消失，并在 C 时刻继续出现，在 D 时刻消失，这

个在无叶区挡水环外的低速涡流区的产生与消失引起了流场中低倍频率的压力脉动。在流场中还可以发现固定导叶间出现了明显的堵塞流道的大回流区，流道内大回流区的形状与大小不随时间的增加而变化，流道内的流动相对稳定，这也是小流量反水泵工况下流场内压力脉动较小的原因。

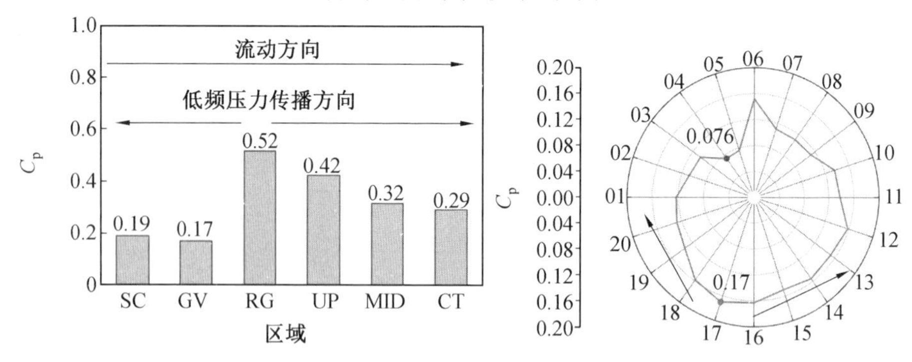

图 3.51　低倍频率压力脉动传播方向

图 3.52　低倍频率压力脉动沿导叶周向压力脉动幅值

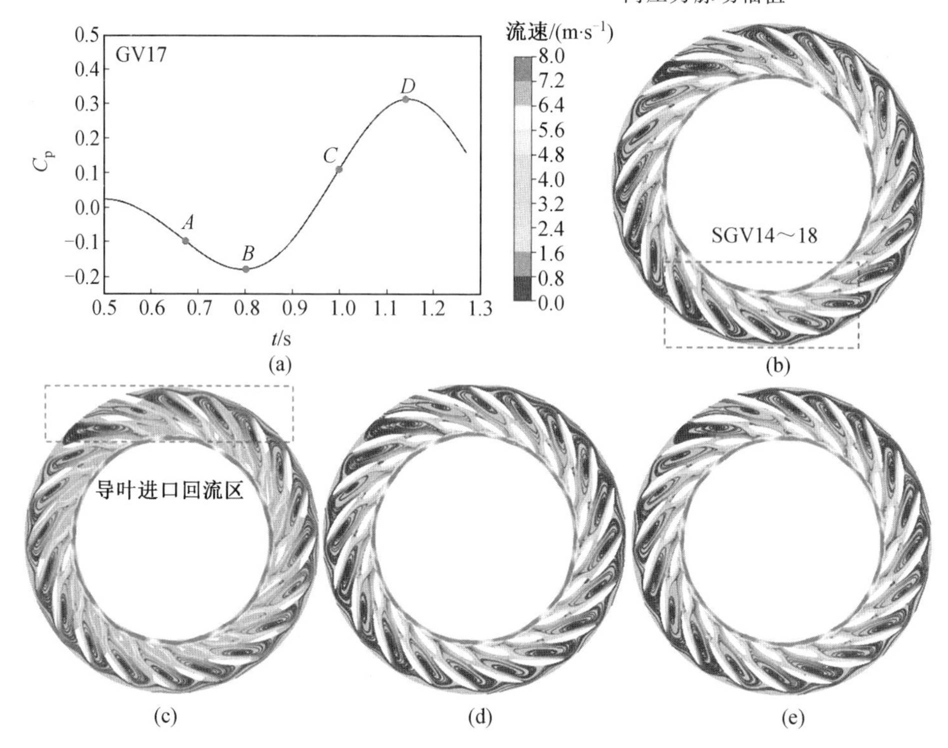

图 3.53　双列叶栅不同时刻流线图

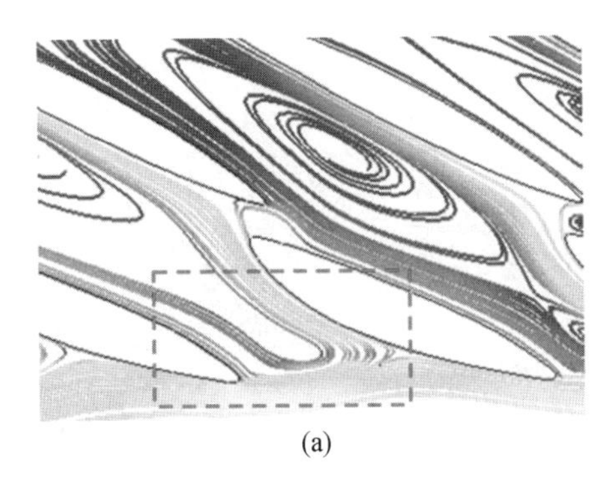

(a)

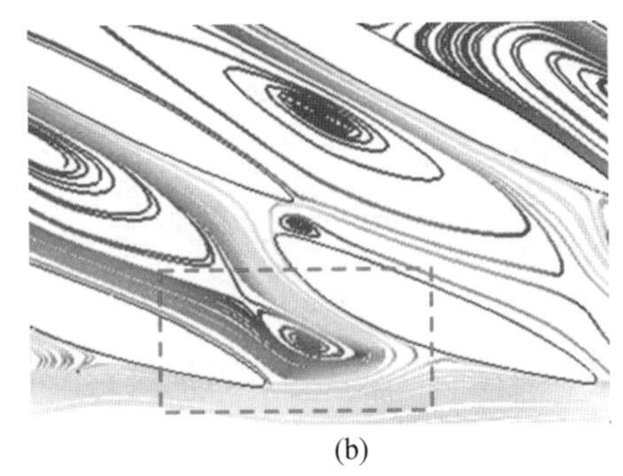

(b)

图 3.54　无叶区低速旋涡示意图

本小节对水泵水轮机反水泵工况进行分析，可以看出在小流量的反水泵工况下压力脉动幅值较低，其中固定导叶与活动导叶流域产生了较大的回流，该回流区不随流动的发展而变化，导致流道内相对的稳定运动，这也是反水泵工况下压力脉动幅值较低的原因。该工况下无叶区内会周期性地产生一个较小的失速单元，并产生 $0.19f_n$ 的低倍频率压力脉动，向上游和下游进行传播，但其幅值较小，对流动未产生较大的影响。

3.4　典型水泵水轮机"S"特性区迟滞效应研究

为了验证水泵水轮机在水轮机工况"S"特性区存在迟滞效应，首先选取 16 mm、20 mm 和 24 mm 活动导叶开口进行"S"特性试验研究，对比流量增大方向和流量减小方向的外特性；其次，进行压力脉动试验研究，初步分析触发"S"特性区迟滞效应产生的压力脉动位置与来源；最后，对压力脉动信号进行时域和频率分析，确定触发"S"特性区迟滞效应的特征频率并分析其来源。

3.4.1　水轮机工况"S"特性试验

水泵水轮机"S"特性试验包括水轮机工况、水轮机制动工况和反水泵工况。"S"特性区临界点判断标准为在 $T_{11}-n_{11}$ 曲线上，特性曲线与 n_{11} 坐标轴的交点处，其切线与 n_{11} 坐标轴的夹角等于 90°时"S"特性区临界点，该值与考虑电网正常频率变化的最小水头即为安全裕量。为获得详细的"S"特性曲线，在水轮机制动区、空载和反水泵区进行详细试验，并尽可能增加试验点数。

选取 16 mm、20 mm 和 24 mm 活动导叶开口，首先从水轮机工况开始，逐渐降低流量，直至反水泵工况，严格按照流量减小方向；然后从反水泵工况点开始，逐渐增大流量，直至水轮机工况，在此过程中严格按照流量增大方向进行，并尽可能保证两个方向的流量值大小相同。

图 3.55 工况为水轮机工况 16 mm 活动导叶开口“S”特性区特性试验结果，从图中可以看出，在 16 mm 活动导叶开口下，在 $Q_{11}-n_{11}$ 曲线上存在明显的“S”特性，并且发现在零流量工况点到反水泵工况在流量增大方向和流量减小方向存在明显的不同，形成迟滞效应。在 $T_{11}-n_{11}$ 曲线上，在零力矩处也观察到明显的迟滞效应，可见“S”特性区迟滞效应的产生与力矩有关。

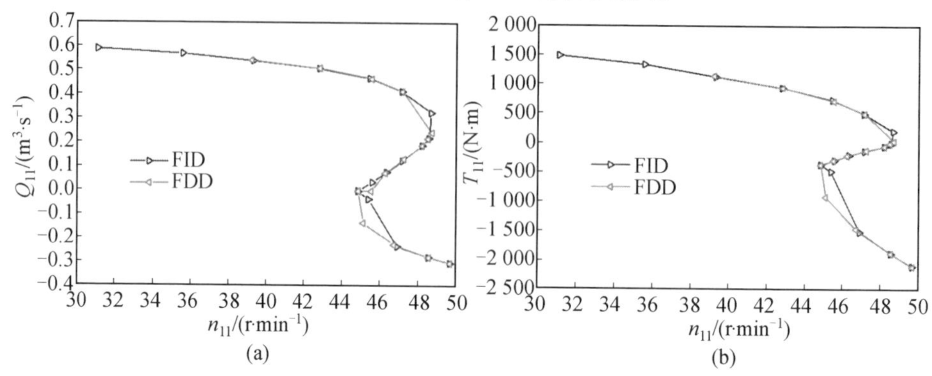

图 3.55 水轮机工况 16 mm 活动导叶开口“S”特性区特性试验结果

图 3.56 所示为水轮机工况 20 mm 活动导叶开口“S”特性区特性试验结果，从图中可以看出，在 20 mm 活动导叶开口下，在 $Q_{11}-n_{11}$ 曲线上也存在明显的“S”特性，并在反水泵工况出现迟滞效应。在 $T_{11}-n_{11}$ 曲线上也观察到迟滞效应，但是迟滞效应有所减弱。

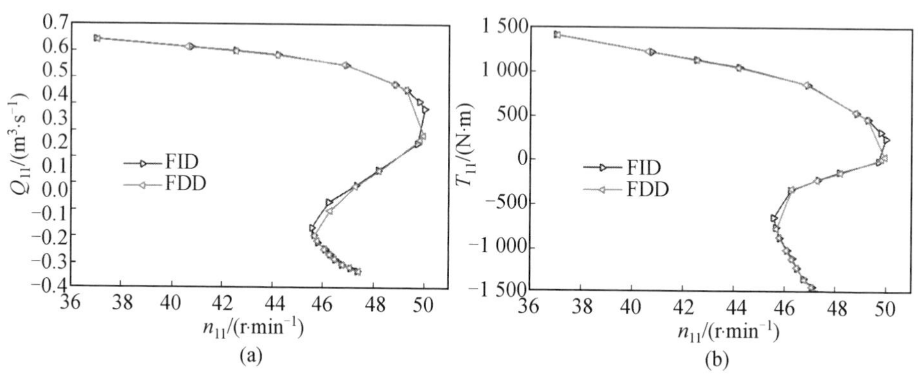

图 3.56 水轮机工况 20 mm 活动导叶开口“S”特性区特性试验结果

图 3.57 所示为水轮机工况 24 mm 活动导叶开口“S”特性区特性试验结果，从图中可以看出，在 24 mm 活动导叶开口下，在 $Q_{11}-n_{11}$ 曲线上也存在明显的

“S”特性，在水泵水轮机制动工况存在明显的迟滞效应。在 $T_{11}-n_{11}$ 曲线上也存在明显的“S”特性，但是迟滞效应变弱，几乎消失。

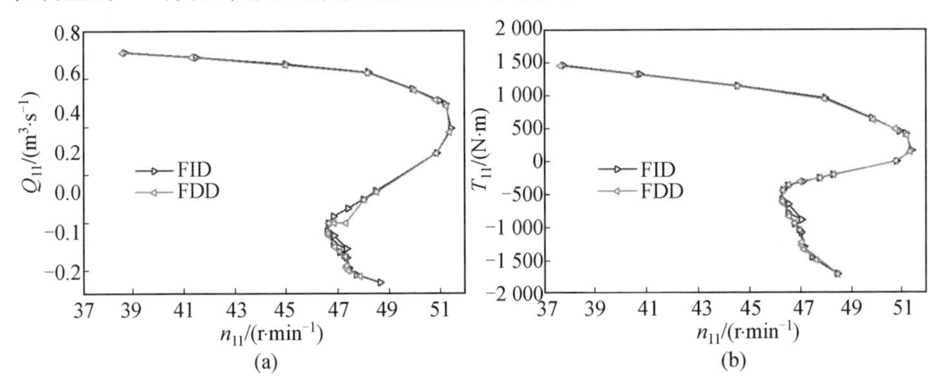

图 3.57 水轮机工况 24 mm 活动导叶开口“S”特性区特性试验结果

通过对该水泵水轮机进行“S”特性试验研究，结果表明在 16 mm、20 mm 和 24 mm 活动导叶开口下，均存在明显的“S”特性并伴随着不同程度的迟滞效应，除此之外，随着活动导叶开口的增大，迟滞效应强度有所降低。

3.4.2 水轮机工况“S”特性区压力脉动试验

通过对水泵工况压力脉动试验研究，结果表明驼峰区迟滞效应的触发是由无叶区的旋转失速引起的。在本节，针对“S”特性区进行压力脉动试验，验证“S”特性区迟滞效应的来源。

水轮机工况压力脉动试验监测点如图 3.58 所示，与水泵工况压力脉动试验监测点一致，在整个流道内设置 9 个压力脉动监测点，尾水管肘管处 2 个测点(ET1 和 ET2)，尾水管锥管处 2 个测点(CT1 和 CT2)，顶盖处 1 个测点(TC1)，转轮和活动导叶间(无叶区)2 个测点(RG1 和 RG2)，活动导叶和固定导叶间 1 个测点(SG1)，蜗壳出口处 1 个测点(SC1)。

对于水轮机工况压力脉动试验，一般压力脉动系数根据式(3.21)计算获得。压力脉动系数为瞬时压力减去平均压力相对于水轮机输入能量($\rho g H$)。通过采用压力脉动的标准差来表征各个测点的压力脉动大小，如式(3.22)所示。

$$C_{\mathrm{p}}=\frac{p-\bar{p}}{\rho g H}\times 100\% \tag{3.21}$$

$$\widetilde{C}_{\mathrm{p}}=\frac{1}{\rho g H}\sqrt{\frac{1}{N}\sum_{i=1}^{N}(p_i-\bar{p})^2} \tag{3.22}$$

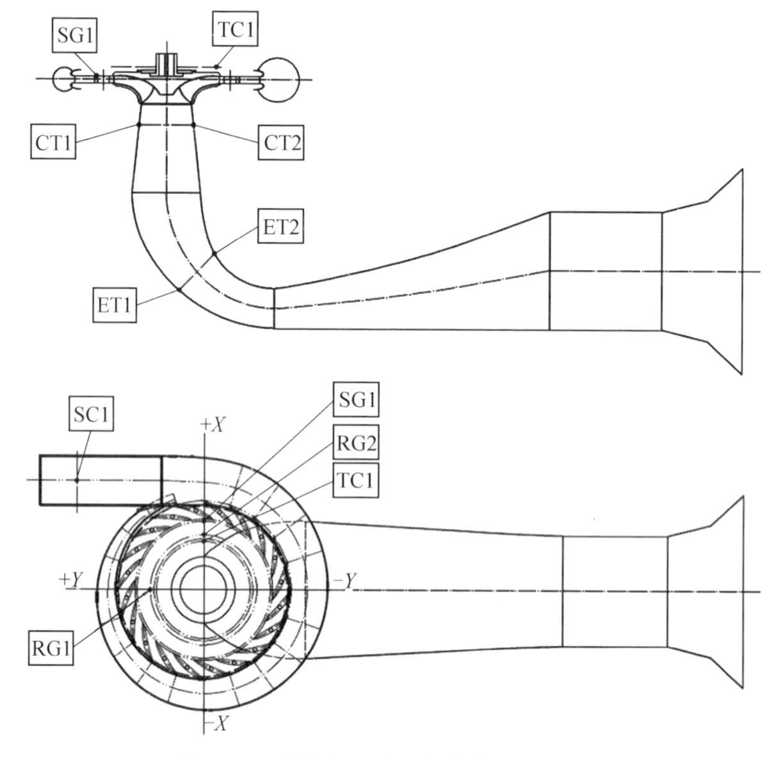

图 3.58　水轮机工况压力脉动试验监测点

图 3.59 所示为水轮机工况 16 mm 活动导叶开口“S”特性区压力脉动标准方差，为清晰表达各个监测点的脉动情况，对尾水管肘管处 2 个监测点和尾水管锥管处 2 个监测点采用同一标尺表示，对无叶区 2 个监测点采用同一标尺表示，对于顶盖和蜗壳测点采用同一标尺表示。从图 3.59 中可以看出，压力脉动幅值最强出现在无叶区，其次是导叶间，最低出现在尾水管肘管处。

对于尾水管压力脉动肘管监测点 ET1 和 ET2，压力脉动随着流量的减小逐渐增大，在零力矩工况点处压力脉动幅值达到最高；在水轮机制动工况下，随着流量继续减小，压力脉动强度降低；在反水泵工况下，随流量反向增加，压力脉动幅值呈增大的趋势。在迟滞工况下，压力脉动强度出现不同。

对于尾水管锥管出监测点 CT1 和 CT2，压力脉动幅值相对于尾水管锥管监测点 ET1 和 ET2 明显增大，而且随着工况点变化压力脉动幅值变化明显，说明随着工况点变化，在尾水管锥管处回流、涡带等不良流动变化剧烈。在零力矩工况点和反水泵工况最大负流量工况点，不良流动剧烈，压力脉动幅值较大。

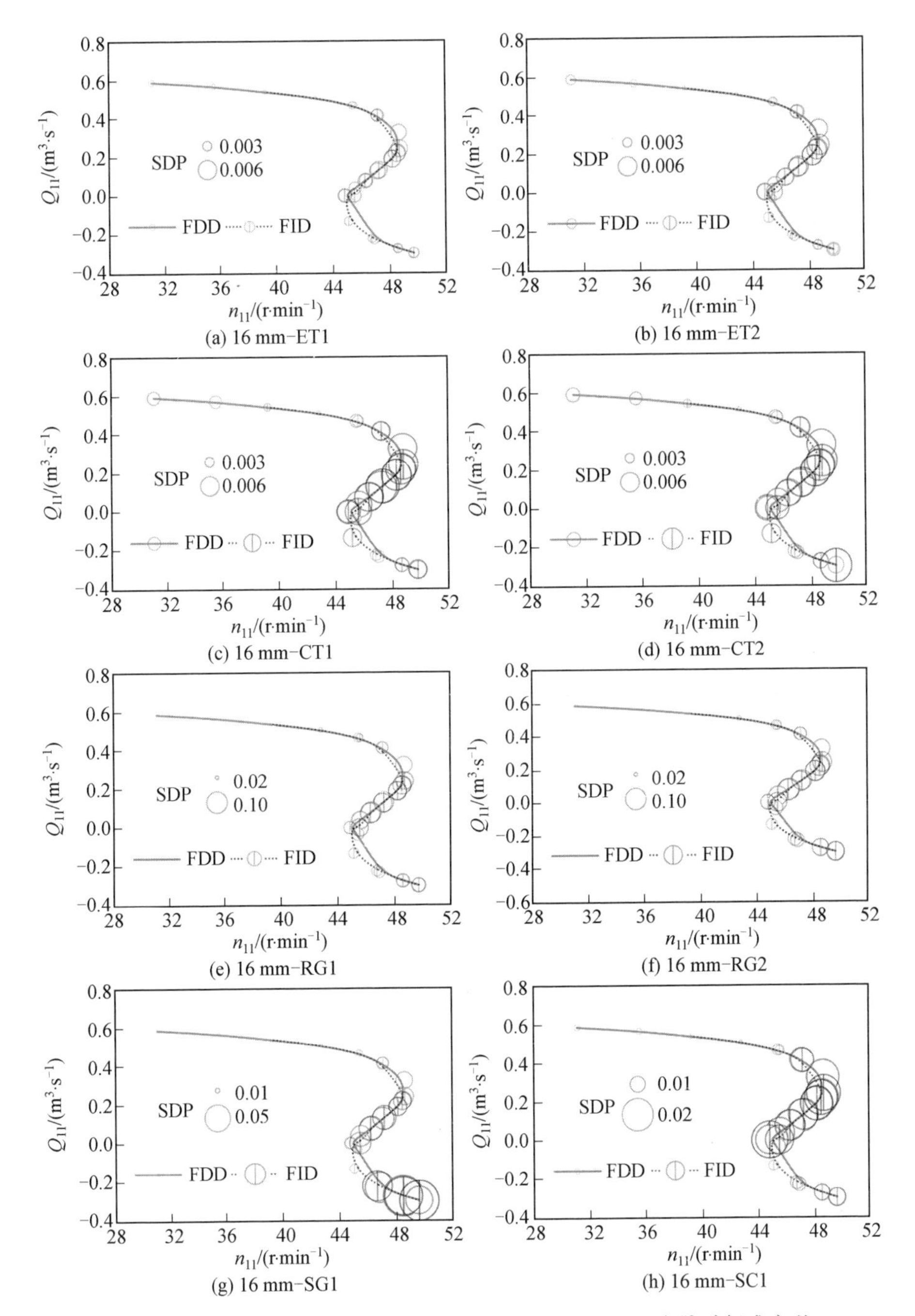

图 3.59 水轮机工况 16 mm 活动导叶开口"S"特性区压力脉动标准方差

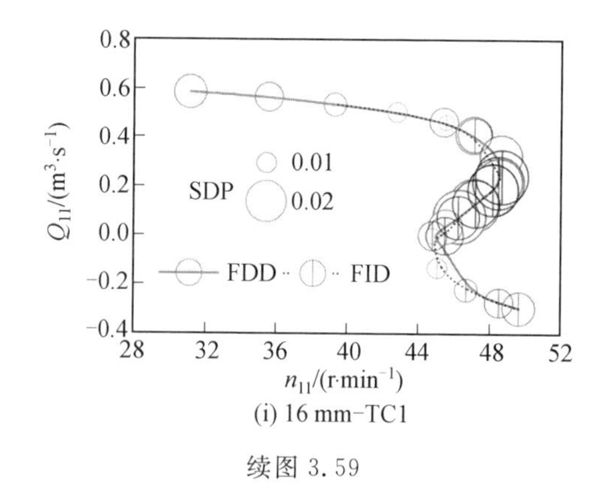

(i) 16 mm-TC1

续图 3.59

对于无叶区监测点 RG1 和 RG2，除了压力脉动幅值远远高于其他监测点，整体变化趋势与其他工况点一致，在零力矩和反水泵工况最大负流量工况点压力脉动幅值最大。同时可以观察到，在流量增大和流量减小两个方向，压力脉动幅值出现不同。

对于活动导叶和固定导叶间监测点 SG1，可以观察到最大压力脉动幅值出现在反水泵工况最大负流量工况点，可知在反水泵最大负流量工况点活动导叶和固定导叶内流动分离、旋涡等不良流动严重。

对于蜗壳出口处监测点 SC1，压力脉动幅值最大出现在零力矩工况点，反水泵工况最大负流量工况点压力脉动幅值远小于零力矩工况点。从图 3.59(h)中可以看出，在流量增大方向(黑线)上压力脉动幅值强度明显大于流量减小方向。

对于顶盖监测点 TC1，在大流量区域，从图 3.59(i)中可以看出流量减小方向的压力脉动幅值大于流量增大方向，在水轮机制动工况和反水泵工况下，流量增大方向压力脉动幅值明显大于流量减小方向。

通过对 16 mm 活动导叶开口各个监测点的压力脉动标准方差进行分析，获得了压力脉动随工况点传播的规律，发现“S”特性区存在的迟滞效应也与无叶区内的高幅值压力脉动有关。

图 3.60 所示为水轮机工况 20 mm 活动导叶开口“S”特性区压力脉动标准方差，从图中可以看出，压力脉动幅值最高出现在无叶区监测点 RG1 和 RG2 处。对于所有的监测点，压力脉动幅值随着流量的减小而升高，直至零力矩工况点，幅值达到最大，进入水轮机制动工况；随着流量继续减小，压力脉动幅值快速减小，直至零流量工况点，进入反水泵工况；随着流量反向增大，压力脉动幅值逐渐增大；各个监测点压力脉动幅值变化趋势与 16 mm 活动导叶开口一致，但是相比于 16 mm 活动导叶开口，整体压力脉动幅值有所下降。

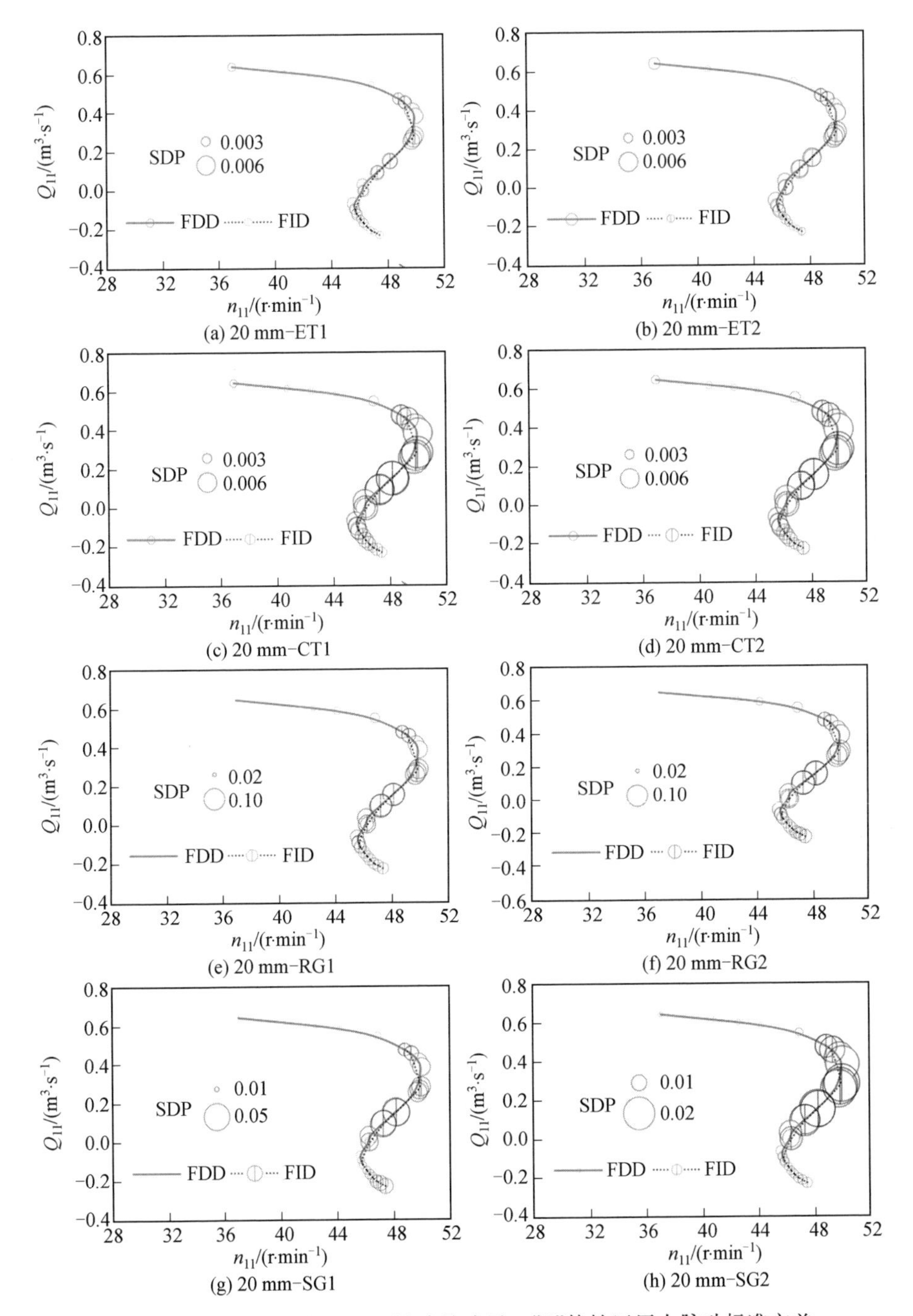

图 3.60　水轮机工况 20 mm 活动导叶开口“S”特性区压力脉动标准方差

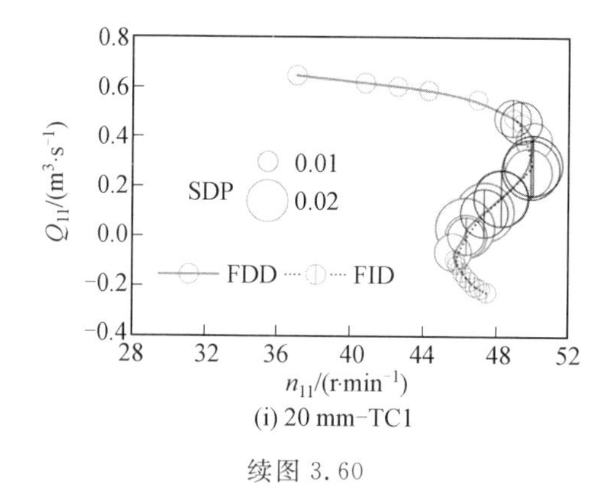

(i) 20 mm-TC1

续图 3.60

图 3.61 所示为水轮机工况 24 mm 活动导叶开口“S”特性区压力脉动信号标准方差，从图中可以看出，各个监测点压力脉动变化趋势与 16 mm 和 20 mm 活动导叶开口变化趋势一致。压力脉动幅值最高出现在无叶区，最低出现在尾水管肘管处。

对于尾水管肘管处监测点 ET1 和 ET2，在水轮机工况的最大流量处，压力脉动随着流量的减小而缓慢减小，达到最优工况点后，随着流量继续减小，压力脉动幅值快速升高，到达零力矩工况点，压力脉动幅值达到最大，此时进入水轮机制动工况；随着流量继续减小，压力脉动幅值缓慢降低，直至零流量工况点，进入反水泵工况；随着流量反向增大，压力脉动幅值呈缓慢降低的趋势，这与 16 mm和 20 mm 活动导叶开口变化趋势不同，可能由于活动导叶开口的增大，反水泵工况点出现剧烈不良流动，工况点向着更大的负流量工况点移动。在迟滞环工况点，可以从图中看到流量增大方向的压力脉动幅值明显大于流量减小方向。

对于尾水管锥管处监测点 CT1 和 CT2，整体变化趋势与尾水管肘管监测点 ET1 和 ET2 一致，但是整体压力脉动幅值明显大于尾水管肘管处监测点。

对于无叶区监测点 RG1 和 RG2，压力脉动幅值相比于其他监测点明显升高，整体变化趋势与尾水管肘管和锥管处监测点一致，在迟滞环工况点，流量增大方向明显大于流量减小方向。

对于活动导叶和固定导叶间的监测点 SG1，压力脉动幅值的变化趋势在水轮机工况、水轮机制动工况与其他监测点一致；在反水泵工况，随着流量的反向增大，压力脉动幅值快速增大，这与其他工况点不一致，说明当水泵水轮机进入反水泵工况点，活动导叶和固定导叶内流动分离和旋涡等不良流动严重。

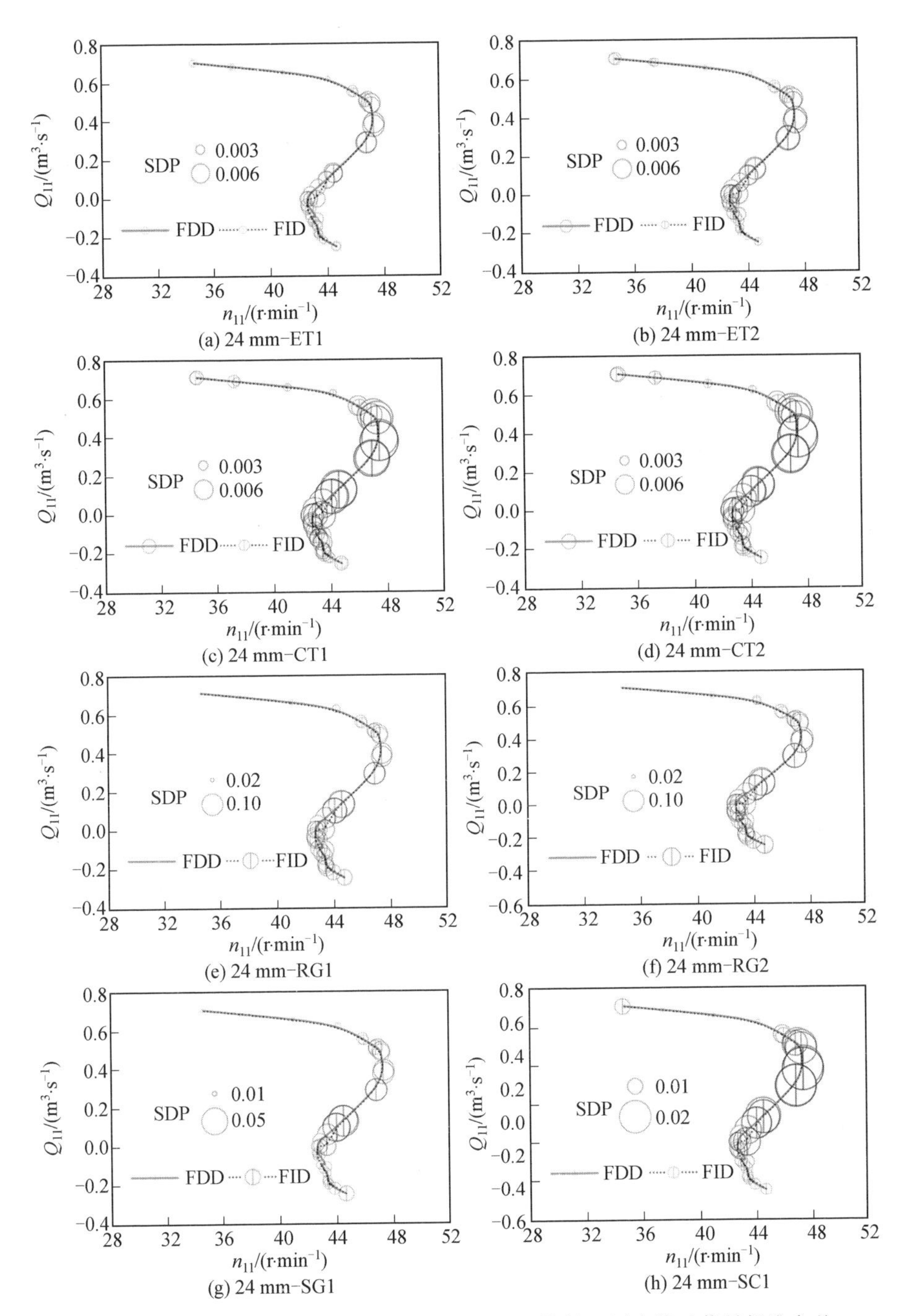

图 3.61　水轮机工况 24 mm 活动导叶开口“S”特性区压力脉动信号标准方差

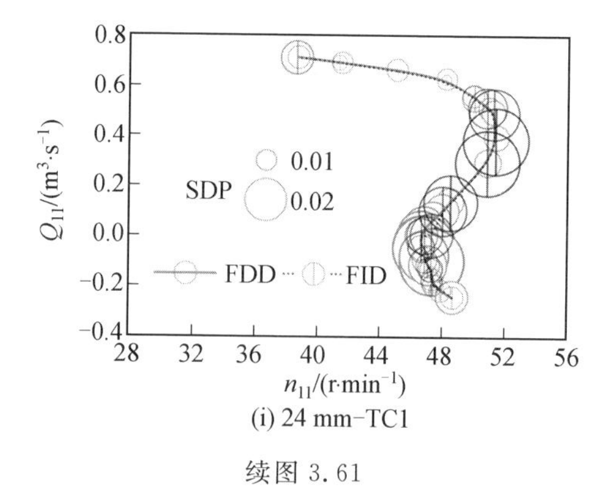

(i) 24 mm-TC1

续图 3.61

对于蜗壳出口监测点 SC1，压力脉动幅值的变化趋势与尾水管肘管和锥管监测点一致。

对于顶盖监测点 TC1，压力脉动幅值的变化趋势与其他工况点明显不一致。在水轮机工况和水轮机制动工况点，压力脉动幅值在两个流量方向明显不同。从图 3.61(i)中可以看出，在流量增大方向压力脉动幅值远大于流量减小方向，但是在迟滞环工况点处，流量减小方向的压力脉动幅值远大于流量增大方向的压力脉动幅值。

通过对 16 mm、20 mm 和 24 mm 活动导叶开口各个监测点压力脉动信号进行标准差分析，得到整个流量区域压力脉动幅值的变化趋势，主要出现在零力矩工况点和反水泵工况最大负流量工况点，在迟滞环工况点两个流量方向上压力脉动幅值出现不同；通过对比各个监测点，压力脉动幅值最高出现在无叶区。因此“S”特性区迟滞环的触发与驼峰区迟滞环的触发一致，均来自无叶区。

3.4.3 “S”特性区时域和频域分析

通过对压力脉动标准差进行分析，得知触发“S”特性区迟滞效应的主要因素是无叶区内的高幅值压力脉动。本节通过对各个监测点在整个运行过程中的时域数据进行快速傅里叶变换(FFT)，得到高幅值脉动的频域特性，分析无叶区内高幅值压力脉动来源。如图 3.62 所示，可以清楚地看到，活动导叶与转轮之间无叶区的脉动主频为 $9f_n$，同时也存在二倍频($18f_n$)和三倍频($27f_n$)，而转轮叶片恰好为 9，说明无叶区压力脉动主要由活动导叶与转轮之间的动静干涉造成。这种动静干涉是转轮叶片引起的旋转流场扰动与活动导叶尾流引起的流场扰动之间调制的结果，它造成的异常压力脉动在整个过流部件中传播，可能引起水力激振力与转轮、导水机构或厂房局部构件的共振，从而产生破坏。

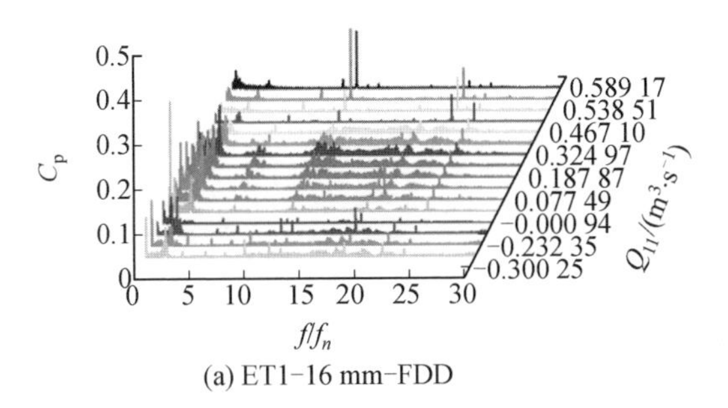

(a) ET1-16 mm-FDD

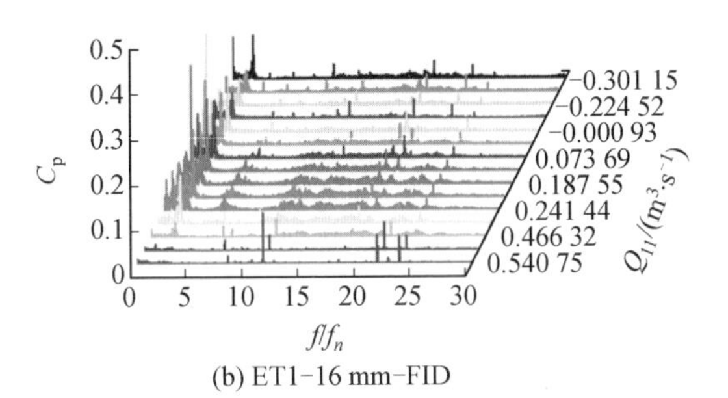

(b) ET1-16 mm-FID

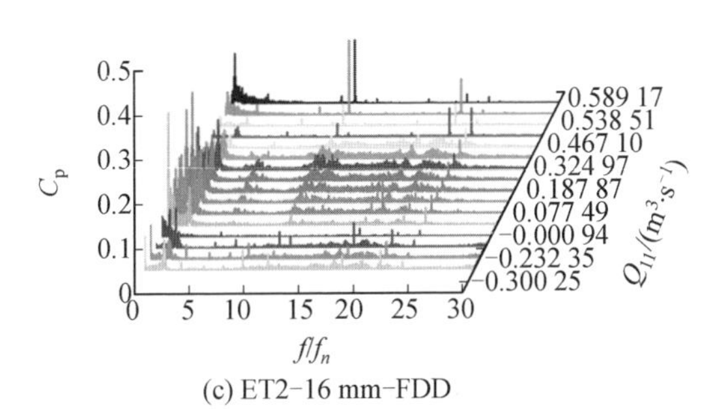

(c) ET2-16 mm-FDD

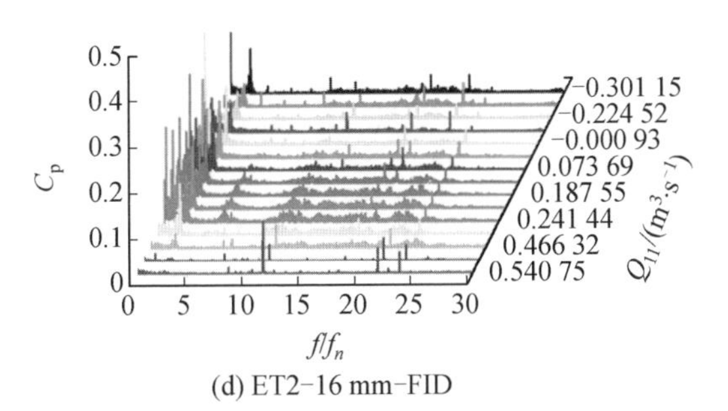

(d) ET2-16 mm-FID

图 3.62 不同工况下各测点压力脉动频率图

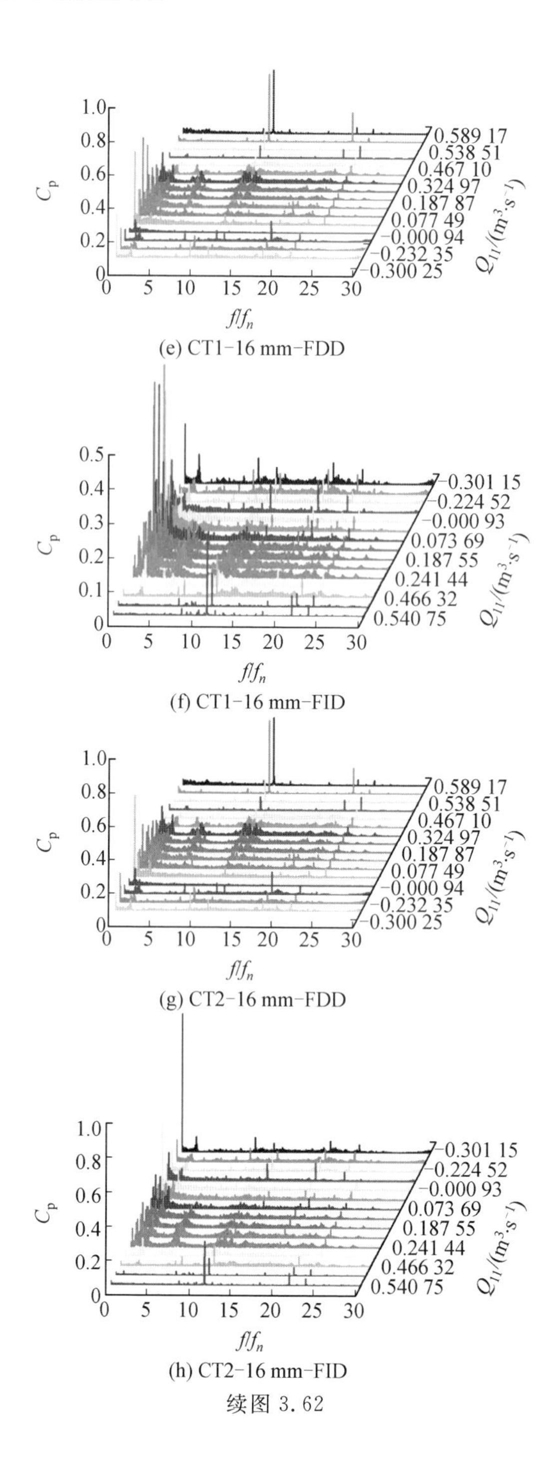

(e) CT1-16 mm-FDD

(f) CT1-16 mm-FID

(g) CT2-16 mm-FDD

(h) CT2-16 mm-FID

续图 3.62

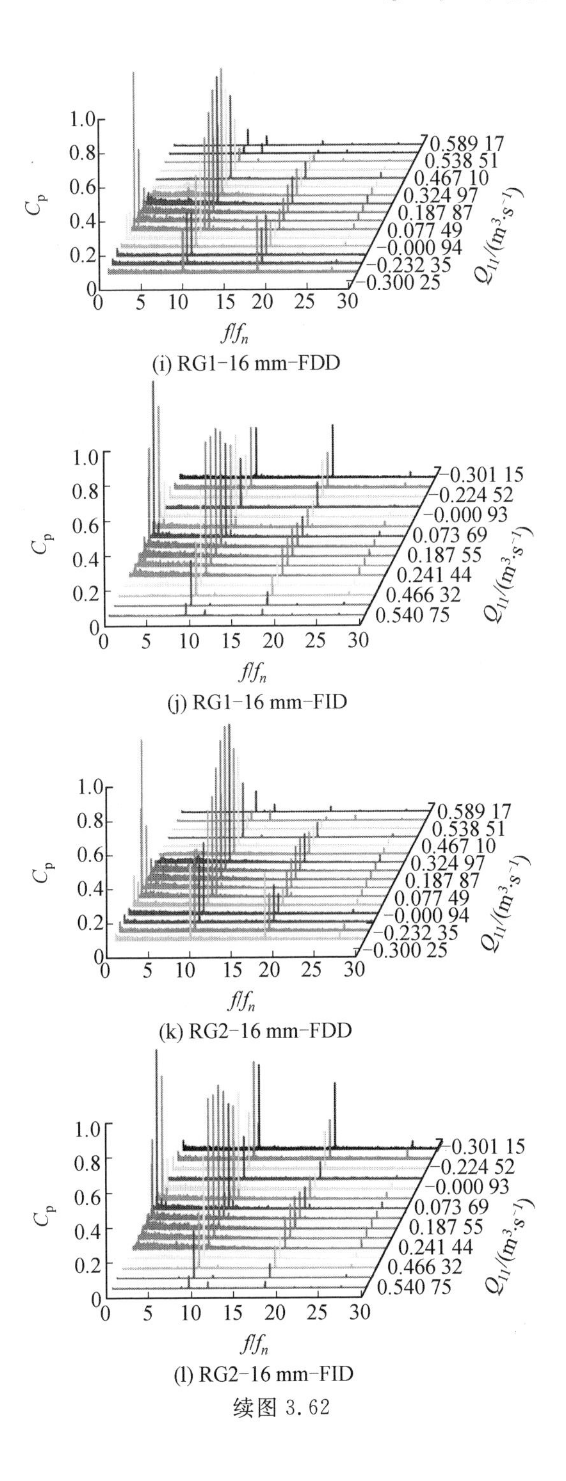
1.0
0.8
0.6
0.4
0.2
0
C_p
0 5 10 15 20 25 30
f/f_n
0.589 17
0.538 51
0.467 10
0.324 97
0.187 87
0.077 49
−0.000 94
−0.232 35
−0.300 25
$Q_{11}/(m^3 \cdot s^{-1})$
(i) RG1-16 mm-FDD
−0.301 15
−0.224 52
−0.000 93
0.073 69
0.187 55
0.241 44
0.466 32
0.540 75
(j) RG1-16 mm-FID
(k) RG2-16 mm-FDD
(l) RG2-16 mm-FID

续图 3.62

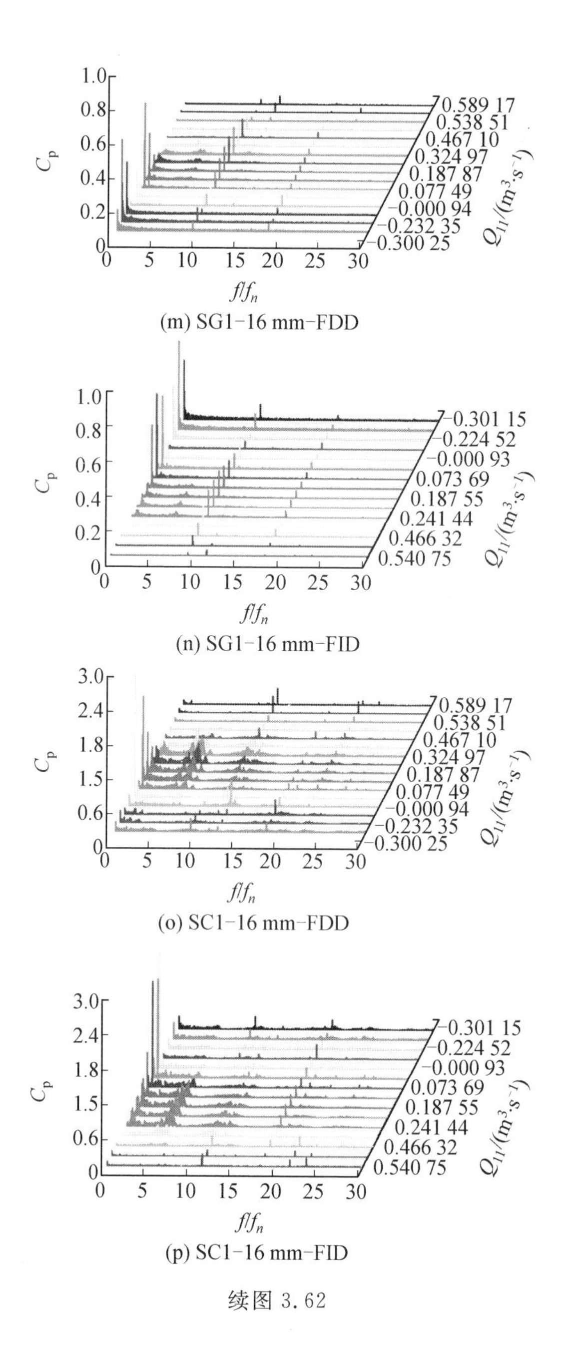

(m) SG1-16 mm-FDD

(n) SG1-16 mm-FID

(o) SC1-16 mm-FDD

(p) SC1-16 mm-FID

续图 3.62

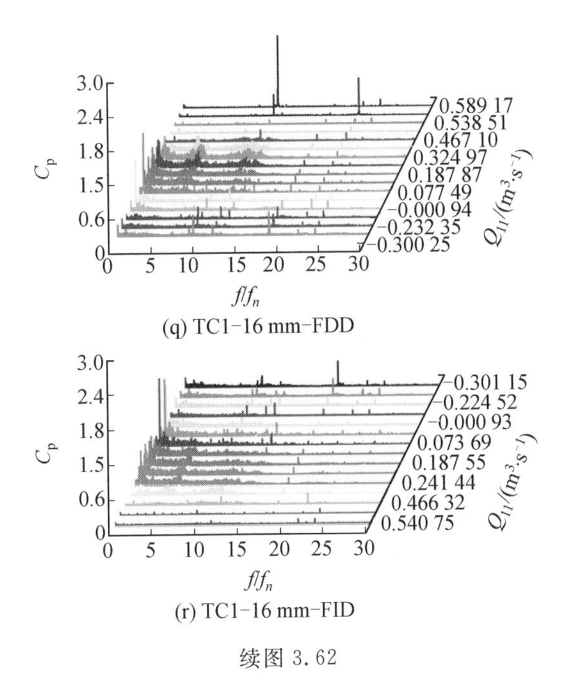

(q) TC1-16 mm-FDD

(r) TC1-16 mm-FID

续图 3.62

在固定导叶与活动导叶之间，最高压力脉动幅值为叶片通过频率，同时可以观察到 2 阶和 3 阶谐波频率，但它们相对于叶片通过频率较小。在导叶之间和无叶区的脉动主频为叶片通过频率，但固定导叶与活动导叶之间的压力脉动幅值小于活动导叶与转轮之间无叶区的压力脉动幅值，这是由于该处的压力脉动主要是转轮与活动导叶的动静干扰传至此处，因此主要频率以叶频倍频为主，而叶频倍频脉动即等于转轮的转频与叶片数的乘积（转轮转频为转轮每秒旋转的次数，单位为 Hz）。另外可以发现，在流量减小和增大两个方向的频率有很大的差别，这也是导致"S"特性迟滞效应的一个重要原因。

在尾水管中，可以观察到十分复杂的低倍频率、叶片通过频率、2 阶谐波频率和一些由这些基本频率衍生而得到的非线性频率，这可能与尾水管内的复杂旋涡有关。顶盖处的频率成分与尾水管中基本相同，但是压力脉动幅值较尾水管中的压力脉动幅值大。在蜗壳进口，存在复杂的低倍频率和 2 阶谐波频率，在流量增大方向存在一个压力脉动幅值较高的低倍频率（5 倍左右的转频）。

为了更加清晰地分析各监测点的低倍频率压力脉动，单独取出低倍频率成分进行分析，如图 3.63 所示，其中，对于横轴取以 2 为底的函数。可以发现，各工况点的低倍频率压力脉动中，尾水管中的压力脉动占主导地位，表现出比较复杂的低倍频率压力脉动，韩文福指出混流式水轮机尾水管处的压力脉动为低倍频率脉动。

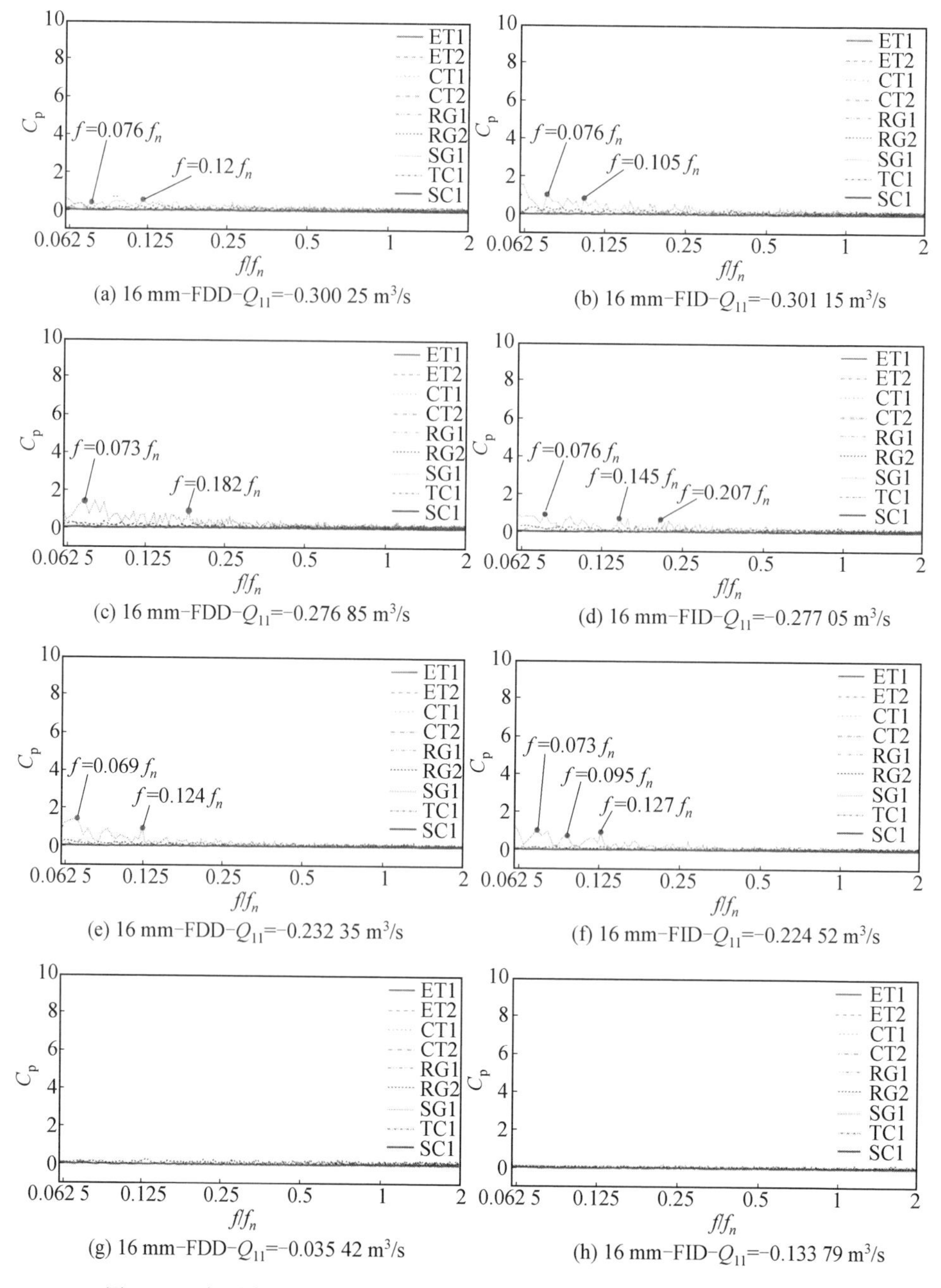

(a) 16 mm-FDD-Q_{11}=-0.300 25 m³/s (b) 16 mm-FID-Q_{11}=-0.301 15 m³/s

(c) 16 mm-FDD-Q_{11}=-0.276 85 m³/s (d) 16 mm-FID-Q_{11}=-0.277 05 m³/s

(e) 16 mm-FDD-Q_{11}=-0.232 35 m³/s (f) 16 mm-FID-Q_{11}=-0.224 52 m³/s

(g) 16 mm-FDD-Q_{11}=-0.035 42 m³/s (h) 16 mm-FID-Q_{11}=-0.133 79 m³/s

图 3.63 各测点在不同工况下的低倍频率压力脉动在两个方向上的对比

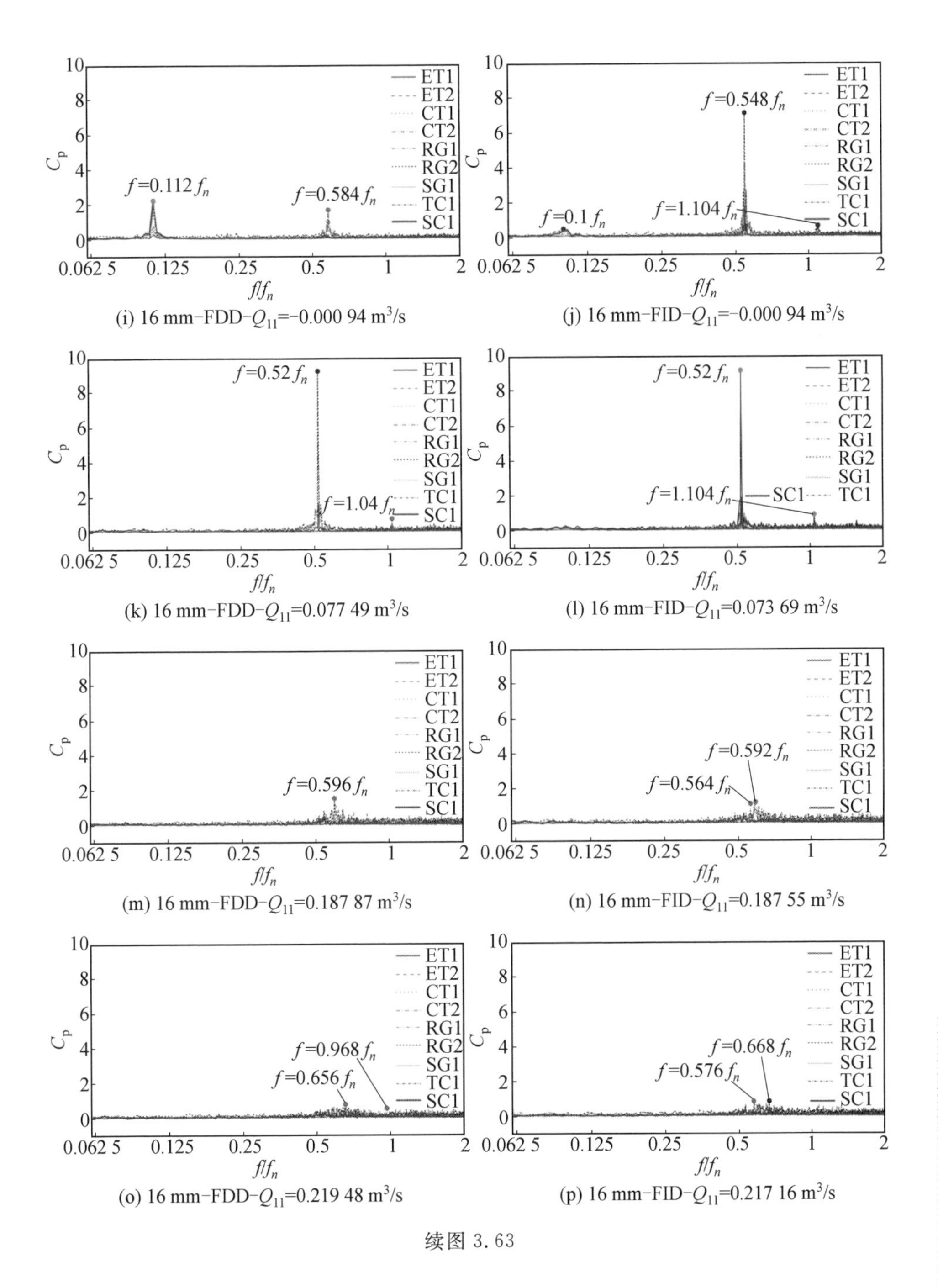

(i) 16 mm-FDD-Q_{11}=-0.000 94 m³/s
f=0.112 f_n
f=0.584 f_n
(j) 16 mm-FID-Q_{11}=-0.000 94 m³/s
f=0.548 f_n
f=0.1 f_n
f=1.104 f_n
(k) 16 mm-FDD-Q_{11}=0.077 49 m³/s
f=0.52 f_n
f=1.04 f_n
(l) 16 mm-FID-Q_{11}=0.073 69 m³/s
f=0.52 f_n
f=1.104 f_n
(m) 16 mm-FDD-Q_{11}=0.187 87 m³/s
f=0.596 f_n
(n) 16 mm-FID-Q_{11}=0.187 55 m³/s
f=0.592 f_n
f=0.564 f_n
(o) 16 mm-FDD-Q_{11}=0.219 48 m³/s
f=0.968 f_n
f=0.656 f_n
(p) 16 mm-FID-Q_{11}=0.217 16 m³/s
f=0.668 f_n
f=0.576 f_n
ET1
ET2
CT1
CT2
RG1
RG2
SG1
TC1
SC1
C_p
f/f_n

续图 3.63

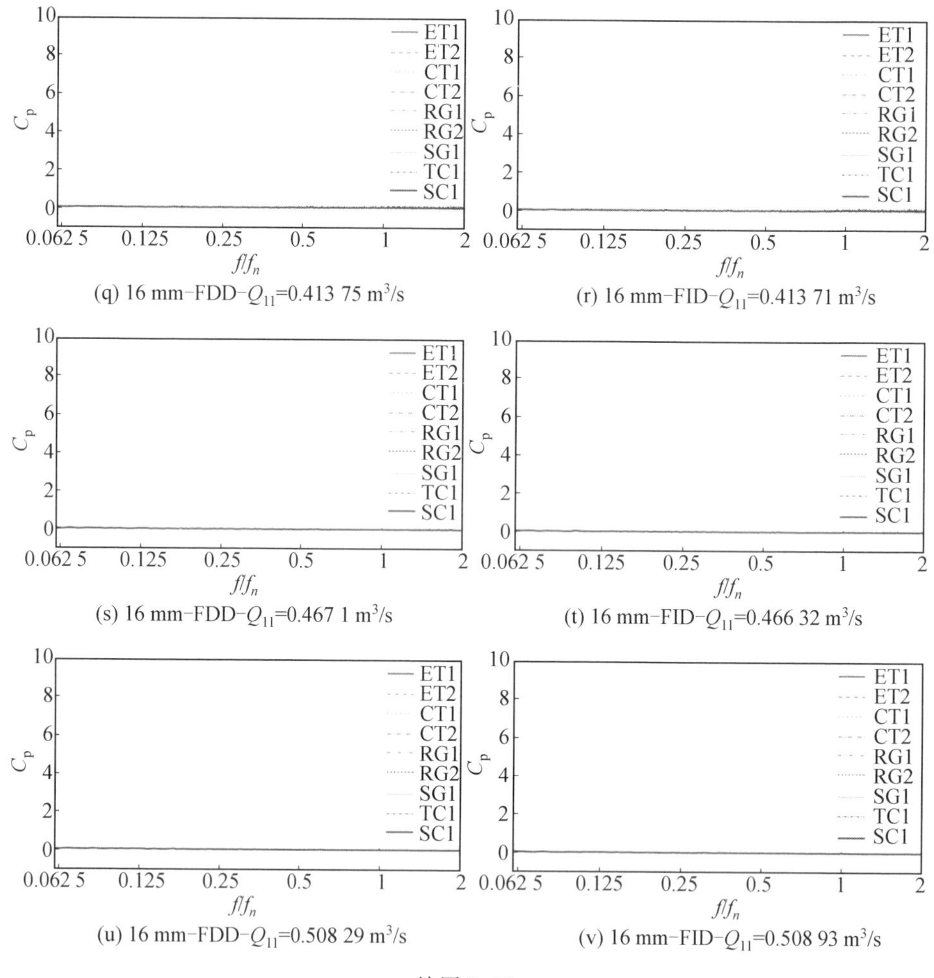

(q) 16 mm-FDD-Q_{11}=0.413 75 m³/s
(r) 16 mm-FID-Q_{11}=0.413 71 m³/s
(s) 16 mm-FDD-Q_{11}=0.467 1 m³/s
(t) 16 mm-FID-Q_{11}=0.466 32 m³/s
(u) 16 mm-FDD-Q_{11}=0.508 29 m³/s
(v) 16 mm-FID-Q_{11}=0.508 93 m³/s

续图 3.63

当单位流量大于 0.413 71 m^3/s 时，在流量增大和减小方向上低倍频率消失，没有明显的区别；当单位流量小于－0.224 52 m^3/s 时，在流量增大和减小方向上低倍频率的频率和压力脉动幅值基本相同，也没有发现特别明显的区别，这与单位转速－单位流量特性曲线相一致，当单位流量大于 0.413 71 m^3/s 和小于－0.224 52 m^3/s 时，特性曲线重合，没有迟滞效应。当单位流量位于－0.224 52 m^3/s 和 0.413 71 m^3/s 之间时，在流量增大和减小方向上低倍频率的频率和压力脉动幅值均出现不同，表现出明显的迟滞效应，这也与单位转速－单位流量特性曲线上的迟滞环相匹配。

在流量增大方向 $Q_{11}=-0.224\ 52\ m^3/s$ 工况和减小方向 $Q_{11}=-0.232\ 35\ m^3/s$ 工况下的反水泵区，蜗壳内存在较大的低倍频率压力脉动，Hasmatuchi 等人通过试验同样发现在反水泵工况下蜗壳内存在这种低倍频率压力脉动。在流量增大方向 $Q_{11}=-0.000\ 93\ m^3/s$ 工况，蜗壳进口、固定导叶与活动导叶之间主要存在与尾水管内的 $0.108f_n$、$0.584f_n$ 相同的低倍频率压力脉动，这说明压力脉动在整个水轮机中传播，尾水管内的压力脉动可以传播到引水部件。

对于 $Q_{11}=-0.000\ 94\ m^3/s$ 工况点，在流量增大方向，第一主频为 $f_1=0.548f_n$，其 C_p 值达到 7.082；在流量减小方向，第一主频为 $f_1=0.112f_n$，其 C_p 值仅为 2.17，两者相差 69.36%，说明迟滞效应严重影响各监测点的压力脉动，从而影响水轮机机组的安全稳定运行。

另外可以发现，在负的低负荷工况，单位流量的改变会对各监测点压力脉动产生较大的影响。比如在流量增大方向，当单位流量从 $-0.000\ 94\ m^3/s$ 变化到 $-0.000\ 93\ m^3/s$ 时压力脉动变化很大，在 $Q_{11}=-0.000\ 94\ m^3/s$ 工况点，第一主频 $f_1=0.548f_n$，其 C_p 值达到 7.082，另外还存在两个压力脉动比较明显的频率 $0.1f_n$ 和 $1.104f_n$；而在 $Q_{11}=-0.000\ 93\ m^3/s$ 工况点，第一主频 $f_1=0.548f_n$的 C_p 值仅为 2.107，减小了 70.25%，另外还存在一个压力脉动与第一主频 $f_1=0.548f_n$相接近的点 $0.108f_n$，其 C_p 值为 2.066，两者相差仅为 1.95%。

通过频率分析可知，在迟滞环工况点处，高幅值压力脉动来自低倍频率。选取流量减小方向 $Q_{11}=0.000\ 94\ m^3/s$ 和流量增大方向 $Q_{11}=-0.000\ 94\ m^3/s$ 两个工况点进行时域分析，如图 3.64 所示。

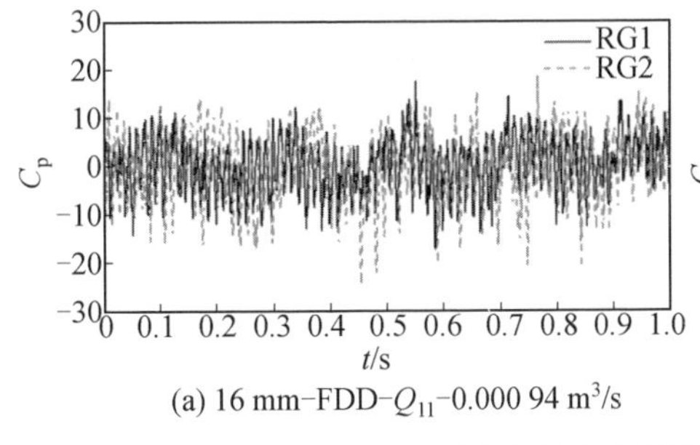

(a) 16 mm-FDD-Q_{11}-0.000 94 m^3/s

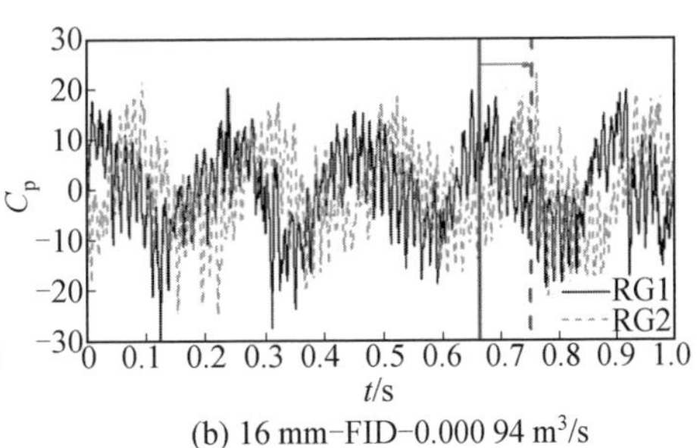

(b) 16 mm-FID-0.000 94 m^3/s

图 3.64 两个流量方向迟滞环工况点时域相位差分析

如驼峰区压力脉动分析时所述，无叶区内监测点 RG1 和 RG2 在同一半径内相位相差 90°。对于流量减小方向工况点，低倍频率存在 $0.112f_n$ 和 $0.584f_n$，从时域信号可以看出，RG1 监测点的时域信号和 RG2 监测点的时域信号存在相位差，但是不明显；对于流量增大方向工况点，低倍频率只有$0.584f_n$，压力脉动幅值明显大于流量减小方向工况点(4 倍左右)，而且时域信号存在明显的相位差，可知扰动源首先经过 RG2 监测点，然而经过 RG1 监测点，沿着逆时针旋转与转轮旋转方向相反，呈明显的周期性，这种现象与驼峰区分析的现象一致，该高幅值低倍频率压力脉动来源于旋转失速。在两个流量方向上，由于旋转失速的强度不同，产生不同程度的压力脉动，因而在“S”特性曲线上表现出迟滞效应。

本节首先对高水头低比转速水泵水轮机的水轮机工况进行了“S”特性试验，验证水泵水轮机在水轮机工况 16 mm、20 mm 和 24 mm 活动导叶开口“S”特性区存在迟滞效应；其次，对这 3 个活动导叶开口进行了压力脉动试验，通过压力脉动试验分析，触发“S”特性区迟滞效应的主要因素是无叶区内高幅值低倍频率脉动($0.1f_n$～$0.6f_n$)；最后对压力脉动试验结果进行时域和频率分析，结果表明“S”特性区的迟滞效应是无叶区的旋转失速导致的。在“S”特性区工况点，由于流量增大方向上旋转失速产生的压力脉动幅值远大于流量减小方向上的同一工况点，从而产生不同的水力损失，进而导致“S”特性区外特性出现明显的不同，形成迟滞效应。

3.5 空化对“S”特性的影响分析

本节对不同空化系数下的工况进行定常计算，通过对外特性的对比找出空化对“S”特性的影响，同时对水轮机工况、飞逸中的空化区域、能量损失等因素进行分析探究空化现象的出现与“S”特性区内部流动变化的关系。

3.5.1 空化对“S”特性区损失的影响

1.压差分析

为了研究“S”特性区内不同工况能量方面的变化情况，分析不同工况下的水轮机工况、飞逸工况、制动工况和反水泵工况水力损失，以确定影响水泵水轮机“S”特性的主要过流部件，并在后续的研究中进行重点分析。首先分别计算蜗壳、双列叶栅、转轮和尾水管内的压差 Δp，将压差按式(3.23)转换为水头值，并用该值与总水头的比值来衡量各部件的损失。

$$h=\frac{p_1-p_2}{\rho g} \tag{3.23}$$

式中　p_1——蜗壳进口压力；

p_2——尾水管出口压力；

h——水头。

4 种典型工况下各流域的压差损失见表 3.1，由表 3.1 可知，在 4 种工况下双列

叶栅与转轮部分的损失远远高于蜗壳与尾水管的水力损失。蜗壳部分的压差损失占比最小,由于水轮机工况下各部件损失都相对较小,且流量较大,所以蜗壳损失占比在水轮机工况下最大,但仅为7.5%,所以在后文对流场的分析中蜗壳不作为研究的重点部件。双列叶栅与转轮的水力损失较大,在反水泵工况下,双列叶栅的损失达到51.2%,成为主要水力损失部件。在其余3种典型工况下,水力损失最大的部件均为转轮,在飞逸工况下,转轮的压差损失达到最大,为79.3%。尾水管内的水力损失在水轮机工况和制动工况下较大,对流场会产生一定的影响。根据以上分析,将重点对水泵水轮机的双列叶栅、转轮及尾水管进行研究。

表3.1 4种典型工况下各流域的压差损失 %

工况	SC	SGV	RN	DT
水轮机工况(S03)	7.5	23.6	55.3	13.2
飞逸工况(S05)	0.019	15.1	79.3	5.5
制动工况(S06)	0.47	37.6	49.4	10.5
反水泵工况(S10)	0.56	51.2	46.2	2.1

不同空化系数下各过流部件压差损失见表3.2,分析可以看出,双列叶栅和转轮处的水力损失受空化影响较大。在水轮机工况下发生弱空化时,各部分水力损失占比基本不变,在$\sigma=0.072$工况下,转轮损失占比略微增加,在不同空化系数的工况下,转轮均是损失产生的主要部位。由表可以看出,在飞逸工况和制动工况下,转轮损失占比随空化系数的降低而不断升高,双列叶栅占比下降,在这两种工况下,转轮仍然为产生损失的主要部位。在反水泵工况下,双列叶栅成为主要损失部件,当空化系数降低时,双列叶栅损失占比也明显增加,当$\sigma=0.072$时,双列叶栅占比达到68.2%。根据上述对比分析,空化的产生与双列叶栅和转轮的流动变化有密切的关系,研究的重点也将集中在转轮和双列叶栅流域。

表3.2 不同空化系数下各过流部件压差损失 %

工况	水轮机工况		飞逸工况		制动工况		反水泵工况	
空化系数	σ_1	σ_2	σ_1	σ_2	σ_1	σ_2	σ_1	σ_2
SC	7.6	7.4	0.054	0.1	0.04	0.1	0.62	0.72
SGV	24.3	23.3	12.8	11.7	37.8	36.7	61.1	68.2
RN	54.5	57.4	81.5	82.5	50.2	52.7	37.86	30.13
DT	13.6	11.9	5.7	5.7	12	10.5	0.42	0.95

2. 熵产分析

在水泵水轮机内部的流动过程中,考虑到流体间的黏性力作用,水泵水轮机的动能和势能会转化为内能，根据热力学定律该过程中系统的熵是增加的，可以利用不同部件熵产率来判断损失。所以在研究中不仅可以通过压差进行损失的间接分析，还可以根据热力学定律对水泵水轮机内部损失进行定量精确的分析，熵产理论详细介绍见第 4 章。

典型工况下不同分量熵产如图 3.65 所示。可以看出，在总熵产方面，水轮机工况熵产最低，反水泵工况熵产最高，飞逸工况和制动工况下总熵产接近。当流量在水轮机工况下减小时，壁面熵产变化不大，而由湍流引起的熵产变大，在反水泵工况下，湍流引起的熵产占主要部分。图 3.66 所示为水泵水轮机不同过流部件的总熵产，可以看出转轮是除反水泵工况外的其他工况下熵产最高的部件，在反水泵工况下，双列叶栅熵产值最高。熵产分析说明在水泵水轮机“S”特性区内的不稳定工况下，由于流量减小，转轮的转速依然较快，流场中的流动变得复杂，湍流引起的熵产增加，反水泵工况下出现的反向回流导致叶栅内的损失最大，这也与压差损失分析的结论一致。

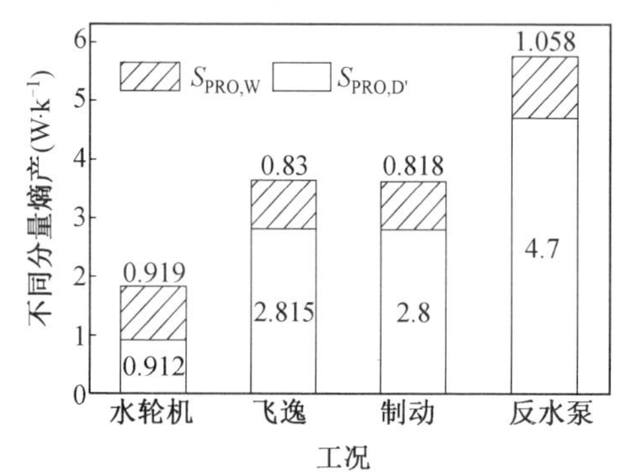

图 3.65　典型工况下不同分量熵产

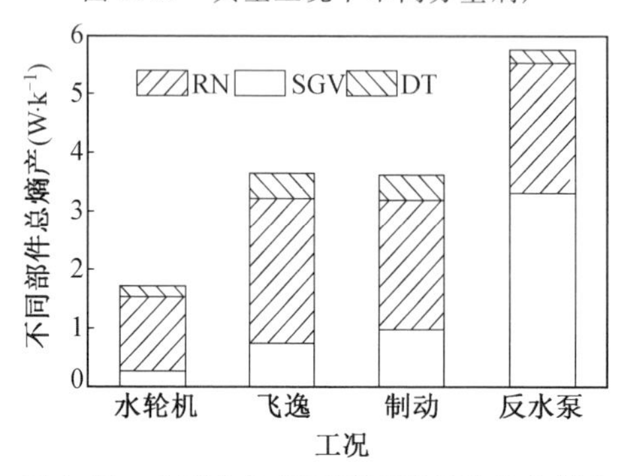

图 3.66　水泵水轮机不同过流部件的总熵产

图 3.67 所示为叶栅及转轮流域熵产分布云图，水轮机工况下熵产较低，产生熵产的主要部位为转轮叶片出口处；飞逸工况和制动工况下主要熵产部位为

活动导叶和转轮间的无叶区；反水泵工况下熵产主要部位为无叶区和活动导叶间。在 4 种典型工况下均可以看出转轮的叶片边缘出现熵产较高的区域，根据以往试验中出现空化的部位可以推断叶片边缘的损失较大，与空化的出现有关，以下将对叶片边缘高熵产区域进行初步分析。

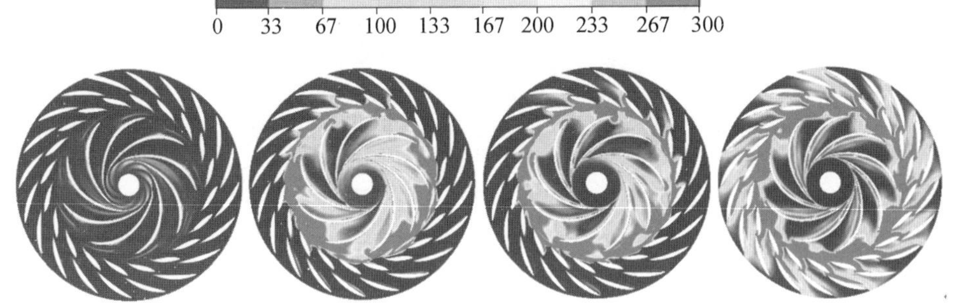

图 3.67　叶栅及转轮流域熵产分布云图

图 3.68 和图 3.69 所示分别为制动工况 $\sigma=0.092$ 转轮叶片边缘熵产分布云图和叶片边缘水蒸气体积分数分布云图，可以看出空化区出现在叶片边缘高熵产区的尾部，说明空化的出现与流体在转轮叶片边缘处损失较大能量相关，由于流体能量损失，流场内压力降低至饱和蒸汽压之下产生了空化。图 3.70 所示为转轮叶片边缘水蒸气的熵产分布图，在空化区域，空泡在叶片尾缘产生了损失，但是数值上较小，流场中的损失主要还是由湍流造成的，从图 3.71 也可以看出，叶片尾缘形成了一个明显的低速区，低速区与空泡位置重合。

通过压差分析和熵产分析发现在 4 种典型工况下，转轮和双列叶栅均为产生损失的主要过流部件，其中水轮机工况、飞逸工况和制动工况下转轮熵产高于双列叶栅，而在反水泵工况下双列叶栅熵产最高。损失主要集中在无叶区和转轮叶片边缘，且叶片边缘的损失与空化的产生密切相关。当空化产生时，转轮和叶栅的熵产总和占比增加，说明这两部分由空化发生导致的损失加大。空化对不同工况的影响将在下文中结合内流特性进行分析。

熵产/(W·m⁻³·K⁻¹)
0 30 60 90 120 150 180 210 240 270 300

图 3.68　转轮叶片边缘熵产分布云图

水蒸气体积分数
0 0.1 0.2 0.3 0.4 0.5 0.6 0.7 0.8 0.9 1.0

图 3.69　转轮叶片边缘水蒸气体积分数分布云图

局部熵产/(W·m⁻³·K⁻¹)
0 0.02 0.04 0.07 0.09 0.11 0.13 0.16 0.18 0.20

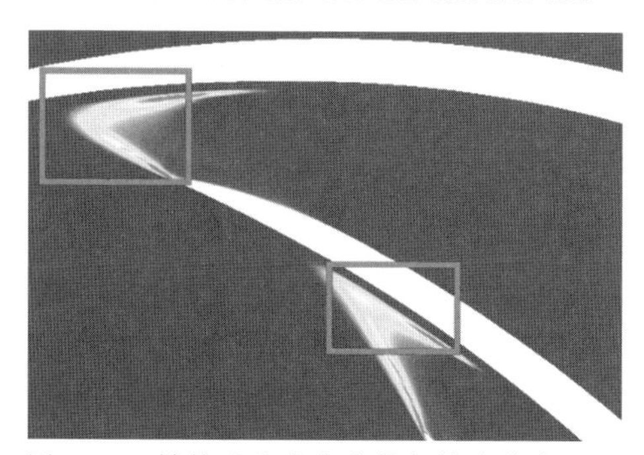

图 3.70　转轮叶片边缘水蒸气熵产分布云图

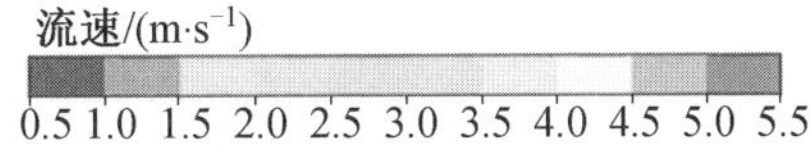

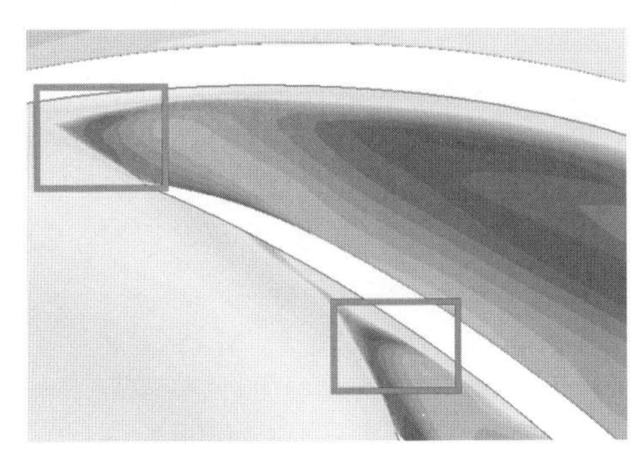

图 3.71　转轮叶片边缘速度分布

3.5.2　空化对"S"特性区流场分析

1. 流场分析

为了探究空化对不同工况的流动影响，在研究过程中首先对非空化条件 $\sigma=0.45$ 下的水轮机工况、飞逸工况、制动工况及反水泵工况进行分析。根据压差分析，在水泵水轮机"S"特性区内双列叶栅和转轮是产生损失的主要部件，所以对这两种情况进行主要研究。图 3.72 所示为典型工况叶栅及转轮流线图，可以看出，在水轮机工况下，双列叶栅和转轮中的流线比较平顺，流道中没有出现明显的低速区；在飞逸工况下，双列叶栅的部分流道中出现旋涡流动，旋涡区流动速度明显降低，与出现旋涡的叶栅流道相连的转轮流道中也产生旋涡；在制动工况与反水泵工况下，流道内旋涡大量增加，制动工况的旋涡主要出现在转轮流域，而反水泵工况由于出现与水轮机主流方向相反的流动，导致叶栅的大部分流道被旋涡占据。根据流线图可以看出在速度的分布上，无叶区的流速由于转轮的旋转明显高于其他部位，在飞逸工况、制动工况和反水泵工况下，无叶区出现了一个明显的高速"水环"，在飞逸工况下"水环"未完全闭合，而制动工况在无叶区产生了完整闭合的"水环"。结合工况分析发现，当机组运行在"S"特性区低负荷工况区时，转轮的转速加快，转轮进口速度较高，而流量减小、流速降低导致水流进入转轮的难度增加，形成"水环"。"水环"对转轮进口的阻碍作用导致叶栅内形成大量旋涡，同理转轮出口的高速流动导致转轮内旋涡的形成。大量的旋涡流动导致能量损失，流道内压力降低，为空化的产生提供了条件。

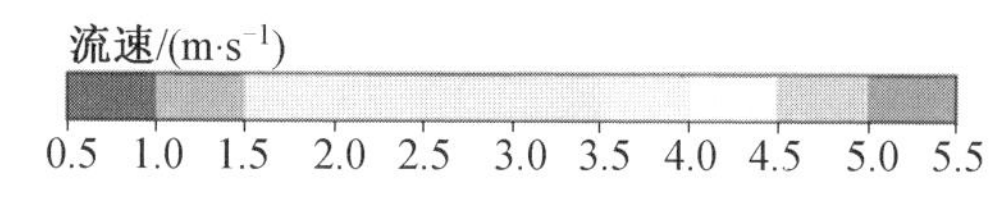

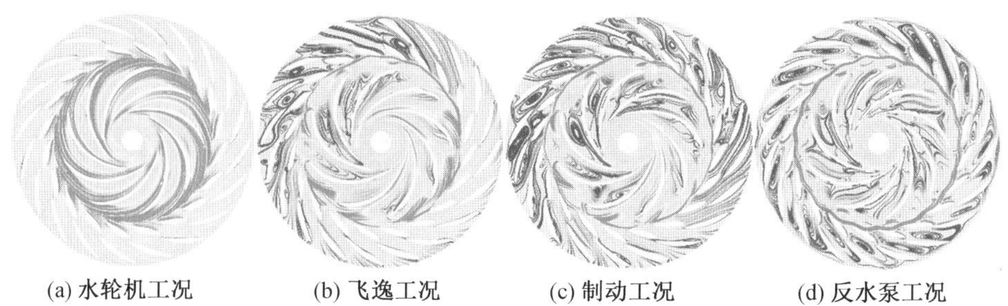

图 3.72　典型工况叶栅及转轮流线图

在对非空化工况叶栅及转轮流线进行分析后，针对空化对“S”特性的影响进行分析，首先观察在不同工况下空化产生的位置。通常认为水蒸气体积分数超过 0.5 的区域发生空化，所以图 3.73 截取了空泡体积分数为 0.5 的等值面图，其中左图为空化系数 $\sigma=0.092$ 的等值面图，右图为 $\sigma=0.072$ 的等值面图。

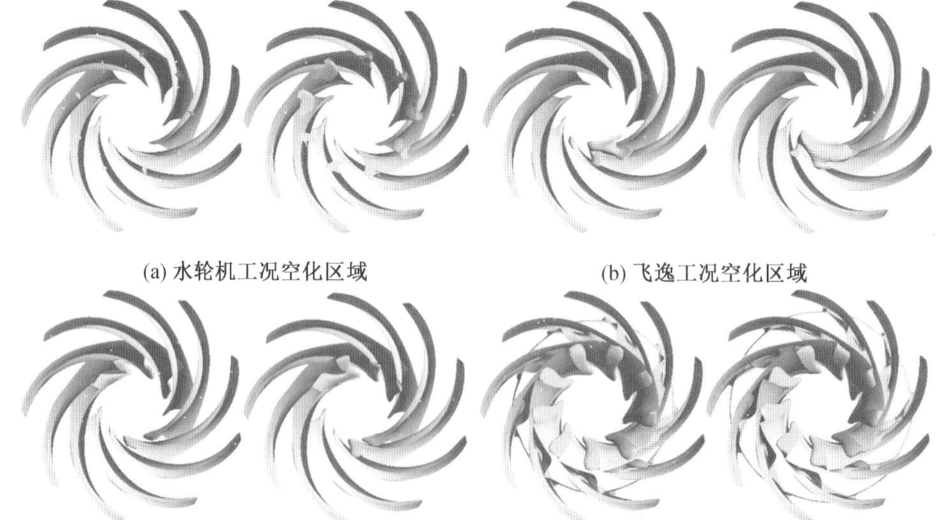

图 3.73　不同空化系数下的空化区域

从图 3.73 中可以看出相同空化系数下，水轮机工况、飞逸工况、制动工况和反水泵工况的空化区域面积依次增加，在水轮机工况下，空化系数较高时，空化区域仅为数个微小空泡，当空化系数减小时，出现贴合转轮叶片的片状空泡。飞

逸工况与制动工况发生空化时，在转轮叶片边缘产生空泡，空泡位置和形态与水轮机工况下的空泡有明显不同，由于飞逸工况和制动工况下流道内产生旋涡，流动具有不对称性，导致转轮内只有个别流道出现空泡，而不同于水轮机工况下各个流道均出现空泡。反水泵工况下由于叶栅内旋涡损耗大量能量导致转轮内出现严重空化，空泡堵塞流道，并且低空化系数条件下，空泡向转轮进口延伸。

在对流场内流线和空泡位置进行分析后，发现空泡的产生与流动变化有一定的关联。图 3.74 所示为制动工况 $\sigma=0.072$ 工况下转轮空化与流线分布。从水蒸气的体积分数可以看出在这 4 种空化工况下，空泡位置与转轮叶片边缘处旋涡的位置完全重合，在旋涡面积较大、流动速度更低的位置产生了较大的空泡。旋涡位置能量损耗较大，压力下降较快，当降低至水蒸气气化压力时就产生了空泡，这就可以解释图中制动工况下空泡位置和旋涡位置重合的现象，并且空泡的产生会进一步堵塞流道，造成流线的紊乱。

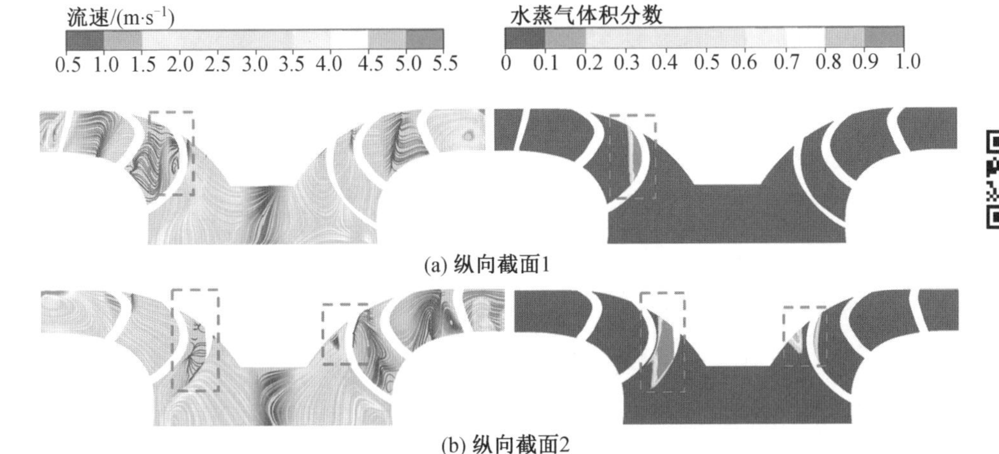

(a) 纵向截面1

(b) 纵向截面2

图 3.74　制动工况 $\sigma=0.072$ 工况下转轮空化与流线分布

图 3.75 所示为 4 种典型工况下 $\sigma=0.072$ 的转轮叶片展向面水蒸气体积分数示意图，其中 SP0.5 为转轮中间展向面，SP0.1 为靠近转轮下环位置展向面，SP0.9 为靠近转轮上冠位置展向面。在水轮机工况下，在 SP0.1 的转轮出口叶片处出现小面积空化区域，而其他两个截面未出现明显空化，这与吸力面水蒸气体积分数图一致，大部分空泡贴合壁面，转轮叶片边缘空泡较小。飞逸工况与水轮机工况相反，越靠近上冠的展向面空化区域面积越大，可以看出空化最严重的区域出现在流道内接近出口的位置，空泡堵塞流道，对流动产生较大影响。制动工况下空泡位置与飞逸工况相似，但空化程度更严重，制动工况下转轮大部分流道被空泡堵塞。反水泵工况下，SP0.5 的展向面空化程度最严重，所有的转轮流

道均被空泡堵塞，这也与转轮流线图中转轮内流线稀疏的结果保持一致。

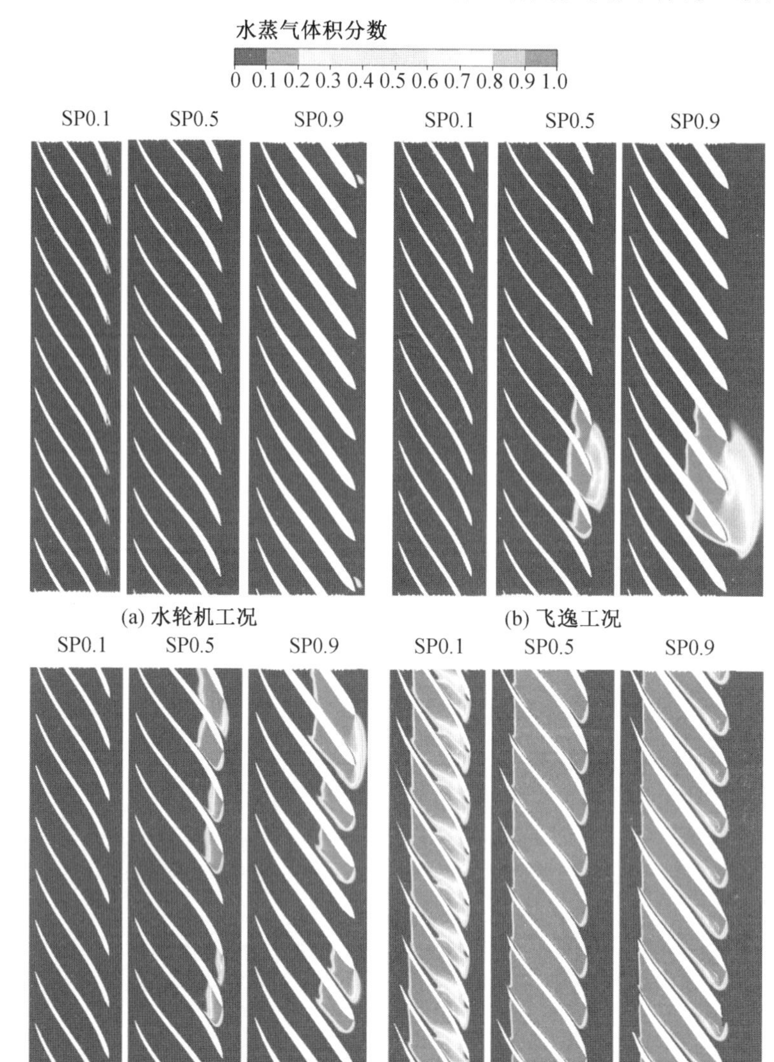

图 3.75　4 种典型工况下 $\sigma=0.072$ 的转轮叶片展向面水蒸气体积分数示意图

对流线和空泡产生位置进行分析后可以得出结论，水轮机工况下由于流速较大且空泡体积较小，空化产生的水蒸气无法以泡状存在，只能以片状形式依附于叶片表面；而流量较小的工况，旋涡较多，存在流动相对滞止的区域，所以体积

较大的气泡能够囤积于叶片尾缘；反水泵工况下，尾缘气泡产生到一定数量，凝聚成堵塞转轮流道的大空泡，使导叶出口水更难流入转轮，这也加剧了反水泵工况叶栅内的复杂流动。所以水泵水轮机“S”特性区内空化的产生与流道内的旋涡有密切关联，飞逸工况和制动工况下旋涡主要集中在转轮与无叶区，反水泵工况下旋涡主要集中在双列叶栅间，流场的空化程度随着“S”特性的深入而不断增加，所以空化对流道内的旋涡产生了较大的影响。接下来将对不同工况下流道内旋涡进行多种方式的分析。

2. 内流机理分析

在研究产生空化的内流机理前，先选取水轮水轮机“S”特性曲线上6个不同流量的工况点进行分析。通过前文分析，旋涡的产生对“S”特性区的形成有较大的影响，所以本小节首先对不同工况下的旋涡量大小进行研究，双列叶栅及转轮流域旋涡量分布如图3.76所示。在水轮机工况S03下，转轮的无叶区内旋涡量

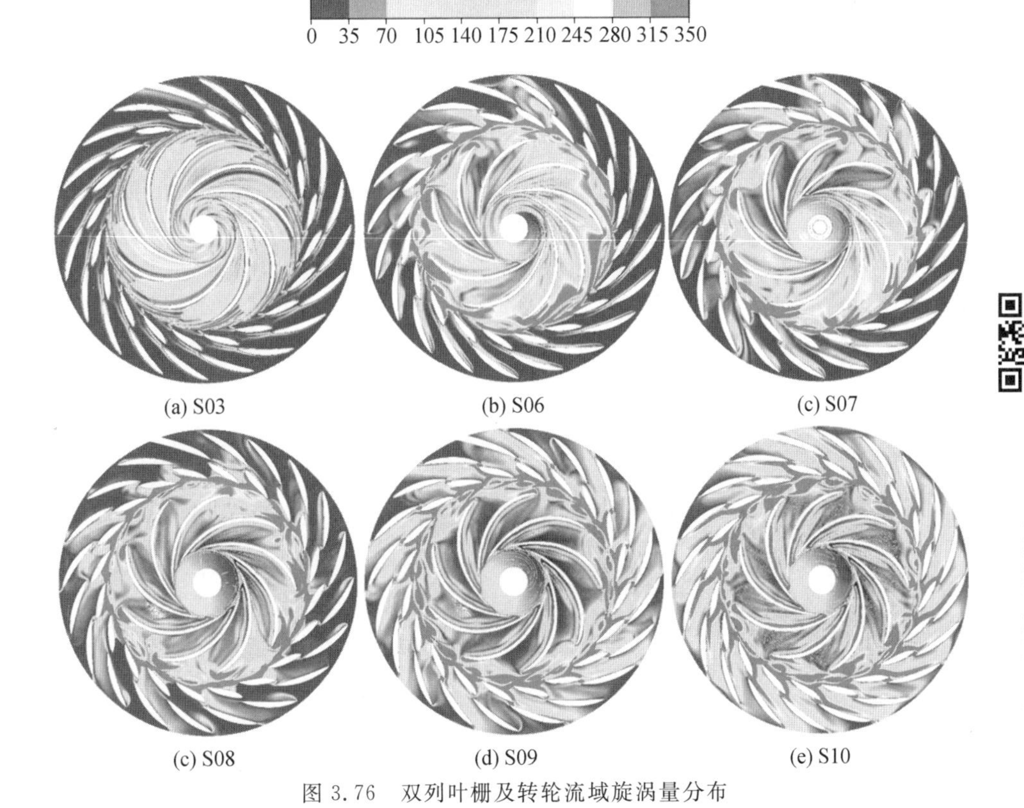

图3.76　双列叶栅及转轮流域旋涡量分布

值处于较低的水平；当流量减小至飞逸工况 S06 时，无叶区开始出现较大的旋涡量分布，并且主要分布在活动导叶的尾缘，少量分布于转轮叶片进口处；当流量减小至 S07 工况，旋涡量分布较大区域开始由无叶区向活动导叶流道内延伸；在反水泵工况 S08 下出现反向流量时，活动导叶流道内部存在旋涡量较大的分布，且当反向流量增大至 S10 时，较大旋涡量分布也存在于固定导叶流道内。对不同工况下旋涡量分布进行对比分析，并结合前文对流线的分析可以得到结论，无叶区内的旋涡流动产生于活动导叶的尾缘，在“S”特性深入的过程中，转轮叶片前缘旋涡脱落与活动导叶尾缘旋涡共同长大。在反水泵工况下，由于反向回流的冲击作用，较大的旋涡量分布被冲击到固定导叶与活动导叶区域。

根据旋涡量分析，无叶区的旋涡量分布较大区域是影响“S”特性的重要因素，为了研究各工况在空化时的涡核分布规律，利用 Q 准则来提取涡核。Q 准则对于流场内旋涡运动的反映较为全面，所以利用 Q 准则可以较为直观地看出流场内的涡核分布。本研究在 Q 准则中选取 0.3% 的等值面来提取水泵水轮机转轮区域、固定导叶和活动导叶在不同工况下的涡核分布，如图 3.77 所示。根据对“S”特性的研究，在流量较小的工况下，双列叶栅和转轮间的无叶区会出现高速水环阻碍流动的进行，用 Q 准则可以直观看到涡核分布在不同工况下的差异主要体现在无叶区内。如图 3.77 所示，在空化系数 $\sigma=0.45$ 的工况下涡核的分布规律表现为在水轮机工况下，无叶区附近基本没有涡核分布，这与之前的分析相对应，水轮机工况下流线平顺，无叶区没有明显的高速区域；在飞逸工况和制动工况下，无叶区内产生大量涡核，产生的旋涡阻碍水从叶栅流向转轮，结合之前对流线的分析，可以确定水泵水轮机飞逸工况与制动工况下的不稳定流动与无叶区内的大量涡核分布有关；在反水泵工况下，无叶区内的大量涡核被大量的反向回流冲击到固定导叶区域和活动导叶区域，并且涡核出现在导叶的叶片末端。

(a) 水轮机工况

(b) 飞逸工况

(c) 制动工况

(d) 反水泵工况

图 3.77　典型工况涡核分布

根据以上 4 种典型工况的涡核分析，可以看出飞逸工况与制动工况下无叶区的涡核分布较多，选取制动工况分析空化对旋涡的影响，制动工况在不同空化

系数下的涡核分布如图 3.78 所示，当空化系数减小时，无叶区的涡核明显增加，说明产生的空泡堵塞流道，加剧了流场内的不稳定流动，这种不稳定流动在无叶区内尤为明显，也说明空化对旋涡特性的影响主要发生在无叶区。

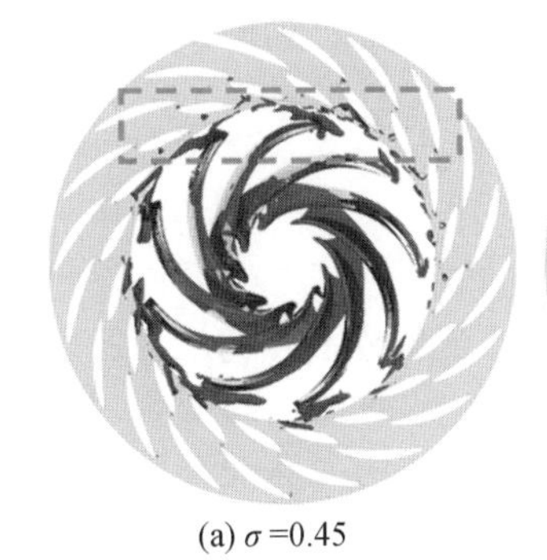

(a) $\sigma=0.45$

(b) $\sigma=0.092$

(c) $\sigma=0.072$

图 3.78 制动工况在不同空化系数下的涡核分布

图 3.79 和图 3.80 为活动导叶出口位置平均湍动能与旋涡强度曲线，在水轮机工况、飞逸工况和制动工况下旋涡强度的变化规律与湍动能变化相同，在水轮机工况下较小，在制动工况下较大，但是在反水泵工况下，导叶出口受反向冲击回流影响较大，旋涡强度明显增加，这与旋涡量分析的结果相同，活动导叶尾缘分离旋涡与转轮叶片前缘的旋涡结合，导叶出口的旋涡增加，使反水泵工况下的流动更加复杂。

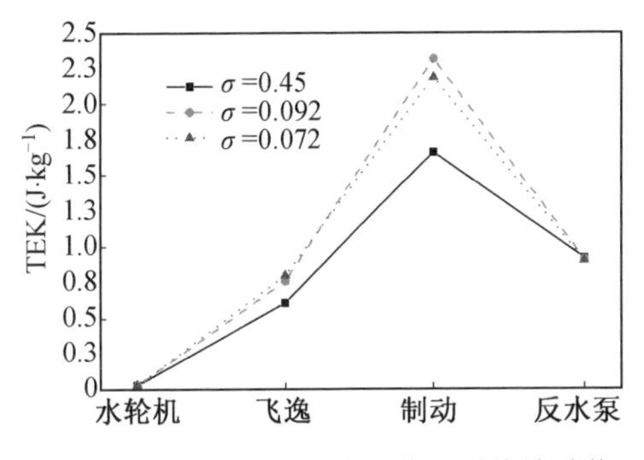

图 3.79 活动导叶出口位置平均湍动能

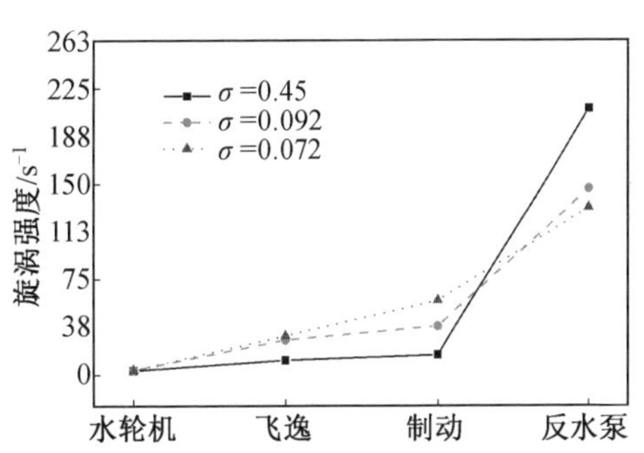

图 3.80 活动导叶出口位置旋涡强度曲线

通过对不同工况在空化情况下的旋涡分析可以得出结论，在水轮机工况下无叶区的流动相对稳定，在飞逸工况和制动工况下由于流量减小转速加快，导叶区的水难以进入转轮，导致无叶区的流动紊乱，并且紊乱的程度受空化影响较大。在反水泵工况下，由于转轮内流体被反向甩出至叶栅流域，无叶区形成的涡量分布较大的区域被冲击至固定导叶流域和活动导叶流域，堵塞导叶流域，这也是反水泵工况下导叶流域损失占比最大的原因。

3.5.3 空化对水轮机工况的影响研究

1. 压力脉动

根据前文的研究，水轮机工况下各部件内的流动具有较高的对称性与稳定性，流场没有产生明显的低倍频率压力脉动。在工程中空化对机组稳定运行影响较大，本节选取水轮机工况空化系数和制动工况空化系数 $\sigma=0.092$ 工况进行非稳态计算，与非空化工况下进行对比，分析空化对"S"特性产生的影响及压力脉动的传播规律。

图 3.81 与图 3.82 所示分别为 $\sigma=0.072$ 的水轮机工况蜗壳测点的压力脉动时域图与频域图，在时域图中可以看出蜗壳内压力波动较小，各测点的变化规律一致，各测点间出现波峰与波谷的时刻接近，且峰值相近。从压力脉动频域图中可以看出，发生空化时流场内存在 $0.56f_n$、$9f_n$ 和 $18f_n$ 的频率，其中 9 倍频与 18 倍频根据前文分析可知，高倍频由导叶和转轮间的动静干涉产生，对于 $0.56f_n$ 的低倍频率压力脉动，将结合其他过流部件进行分析。由于蜗壳的流动较为稳定，其中压力脉动幅值较小，因此不对蜗壳进行详细分析。

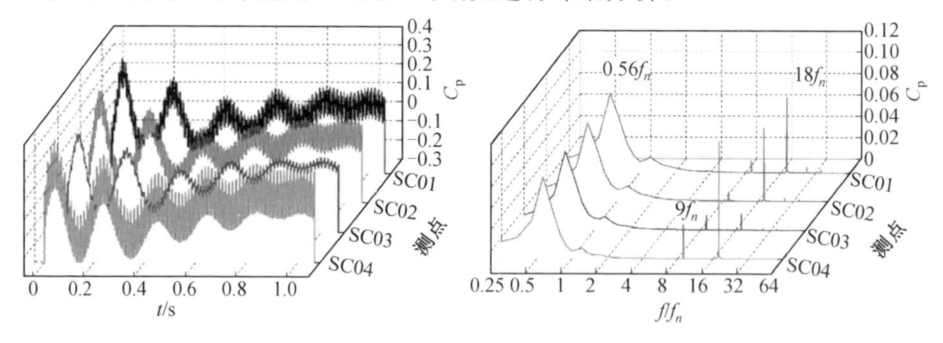

图 3.81 $\sigma=0.072$ 的水轮机工况蜗壳测点压力脉动时域图

图 3.82 $\sigma=0.072$ 的水轮机工况蜗壳测点压力脉动频域图

图 3.83 与图 3.84 所示分别为活动导叶测点压力脉动时域图与频域图，可以看出活动导叶 20 个测点内除动静干涉产生的 9 倍转频之外，还都存在 0.56 倍转频的低倍频率。由于活动导叶位置靠近动静交界面，其低倍频率部分比高倍频率部分压力脉动幅值低很多，所以流场中 9 倍转频为压力脉动的主要成分。将水轮机工况下 GV01 测点单相计算结果与多相计算结果进行对比，如图 3.85 所示，可以看出在两个工况下流场内的频率与压力脉动幅值相近，不同的是，当流场中发生空化时，空化计算结果压力脉动出现了 $0.56f_n$，这说明流场内的低倍频率压力脉动可能来源于生成的空泡。为了进一步分析低倍频率压力脉动的来源，将压力数据进行滤波处理，滤掉高倍频率后的 GV 测点低通滤波压力脉动时域图如图 3.86 所示。由低倍频率压力脉动时域图可以看出，不同测点间基本同

时出现低倍频率压力脉动，同一时刻出现的峰值与谷值压力脉动幅值基本相等，低倍频率压力脉动在不同的测点间没有表现出明显的传播特性，这说明该低倍频率压力脉动不是产生于活动导叶，而是由其他过流部件传播的。

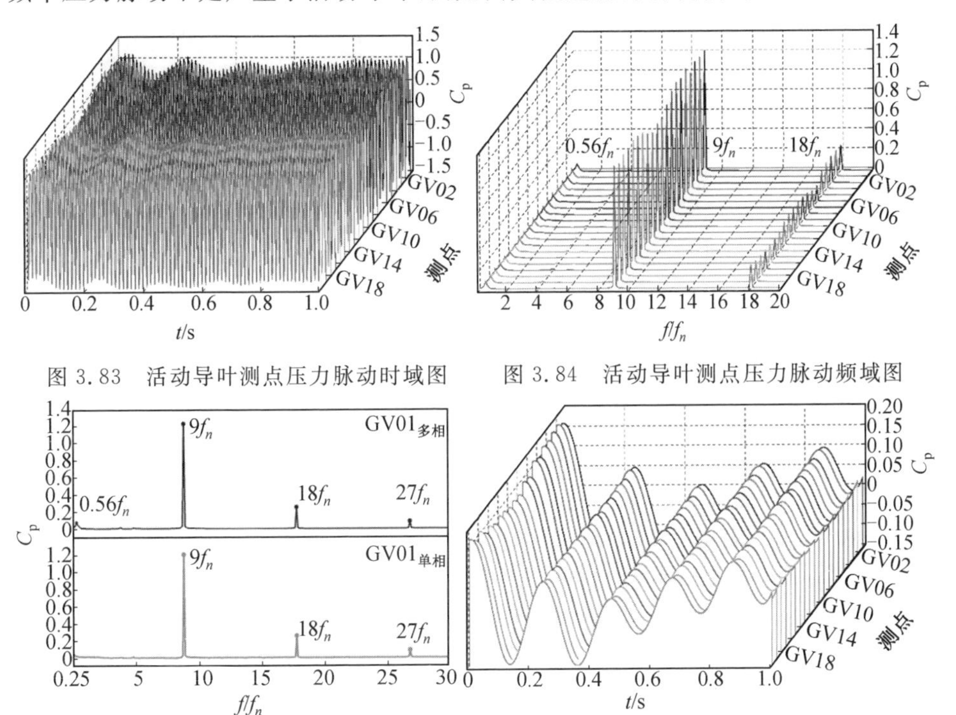

图 3.83　活动导叶测点压力脉动时域图　　图 3.84　活动导叶测点压力脉动频域图

图 3.85　GV01 测点压力脉动时域图　　图 3.86　GV 测点低通滤波压力脉动时域图

图 3.87 与图 3.88 所示为 GV 测点 $0.56f_n$ 与 $9f_n$ 压力脉动幅值周向分布，由图可以看出低倍频率压力脉动在周向上分布较为均匀，在周向上 y 轴左侧的低倍频率压力脉动略大于右侧。其中，低倍频率压力脉动幅值最大出现在导叶 3 号流道，为 0.08，最小出现在 11 号流道，为 0.071，由于该工况下低倍频率压力脉动幅值较小，所以不同测点之间相差不大。对有无空化条件下高倍频率压力脉动幅值进行对比，其不同测点分布规律同低倍频率相似，左侧压力脉动幅值较高，右侧压力脉动幅值较低，可以看出空化的产生使高倍频率部分压力脉动幅值升高，空化对活动导叶间的压力脉动幅值产生了一定的影响。

图 3.89 与图 3.90 所示为尾水管锥管段测点压力脉动时域图与频域图，从图中可以看出，尾水管锥管段的主频为前文分析的 $0.56f_n$，且不同测点该低倍频率引起的压力峰谷值出现的时间基本一致，由动静干涉产生的 $9f_n$ 在尾水管中表现不明显。图 3.91 为 CT01 测点在空化(多相)和非空化(单相)工况下的压力脉动频域图，可以看出空化产生时流场内出现 $0.56f_n$，这与活动导叶测点分析得

到的现象相同。根据低倍频率压力脉动幅值周向分布(图 3.92)可以看出,各测点间低倍频率压力脉动幅值相近,低倍频率最大压力脉动幅值为 0.055,位于测点 CT02,其压力脉动幅值小于活动导叶间的各测点低倍频率的最大压力脉动幅值(0.08),故判断低倍频率压力脉动也不是来自于尾水管的不稳定流动。

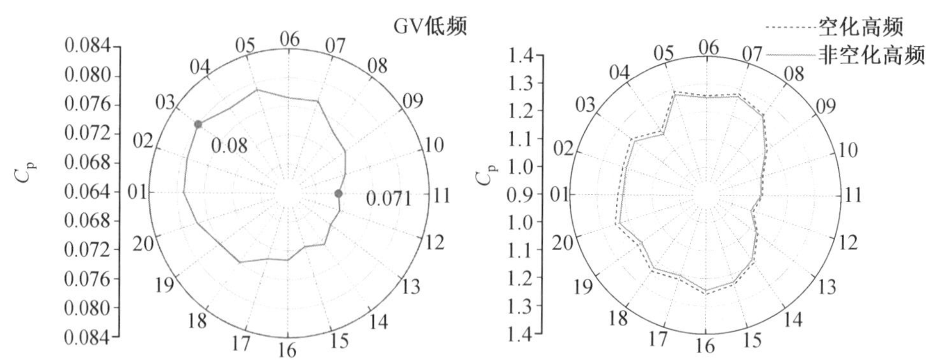

图 3.87　GV 测点 $0.56f_n$ 压力脉动幅值周向分布

图 3.88　GV 测点 $9f_n$ 压力脉动幅值周向分布

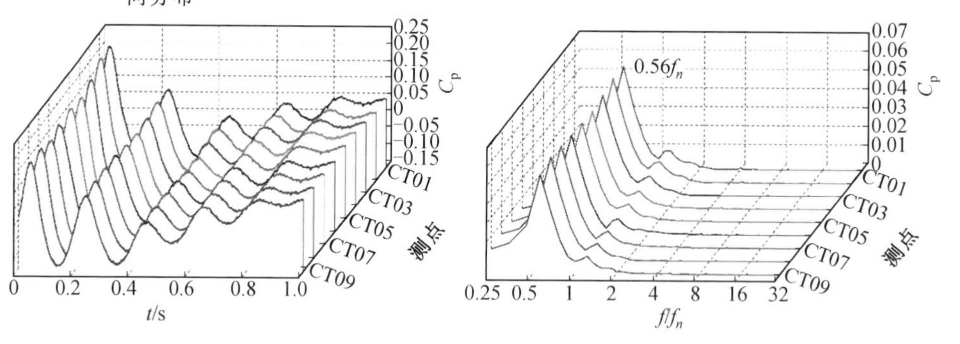

图 3.89　尾水管锥管段测点压力脉动时域图

图 3.90　尾水管锥管段测点压力脉动频域图

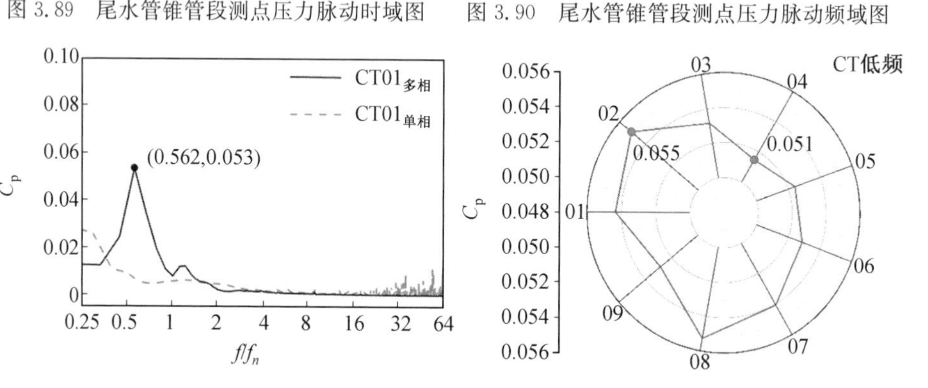

图 3.91　CT01 测点在空化(多相)和非空化(单相)工况下的压力脉动频域图

图 3.92　GV 测点 $0.56f_n$ 幅值

为了探究低倍频率压力脉动的来源，在排除低倍频率压力脉动来源于导叶与尾水管后，对转轮内不同测点的压力脉动进行分析。图 3.93～3.96 所示为转轮不同测点中低倍频率压力脉动幅值最明显的测点的压力脉动频域图，可以看出转轮流道内三个测点均存在 f_n、$2f_n$、$3f_n$ 和 $18f_n$，18 倍频与之前分析相同是由转轮与叶栅动静干涉引起的。在 CFX 的计算过程中，转轮内部测点位置是随网格转动而不断变化的，所以导致转轮中产生了 f_n、$2f_n$ 和 $3f_n$，这三个频率是转轮旋转造成的，它们相当于静止测点的 9 倍频、18 倍频和 27 倍频，所以在振幅的大小上呈现为转轮进口处最大，转轮叶片流道出口处最小，转轮中心轴上测点的频域图中未出现动静干涉引起的高倍频。

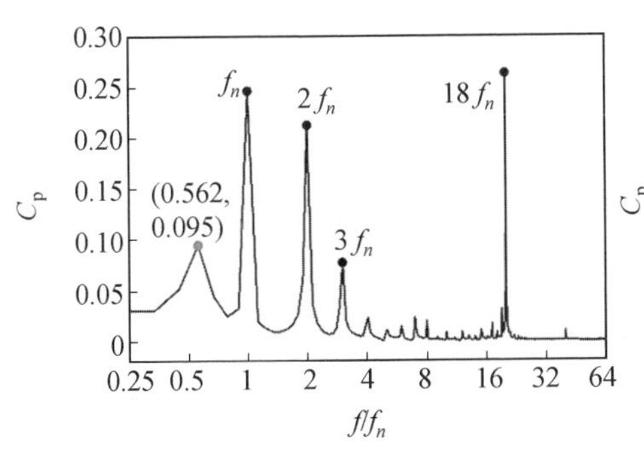

图 3.93　RNUP02 测点 $0.56f_n$ 幅值

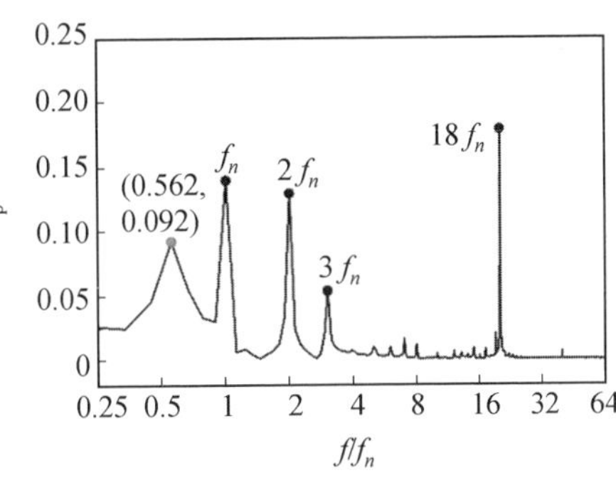

图 3.94　RNMID03 测点 $0.56f_n$ 幅值

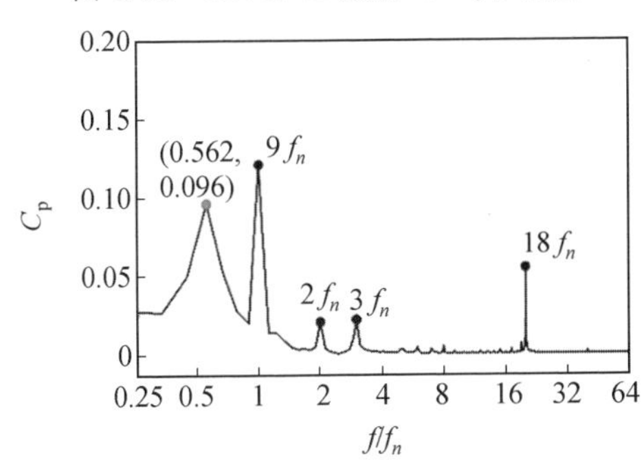

图 3.95　RNDN02 测点 $0.56f_n$ 幅值

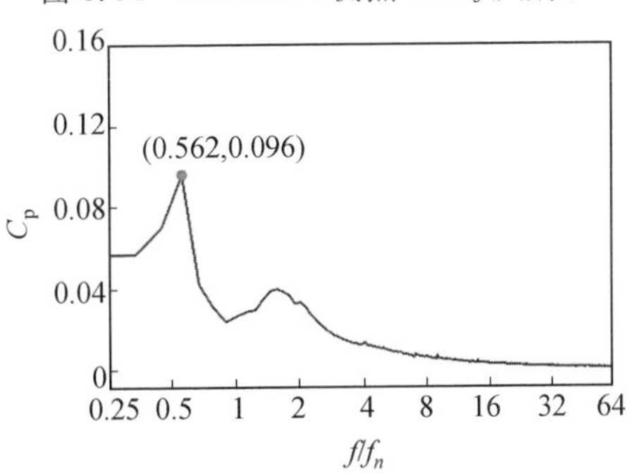

图 3.96　RNM01 测点 $0.56f_n$ 幅值

可以看出转轮内测点频域图中均出现前文分析到的 $0.56f_n$，且其在转轮内的最大压力脉动幅值为 0.096，高于活动导叶测点间的 0.08 与尾水管锥管间的 0.055，这说明 $0.56f_n$ 的低倍频率压力脉动产生于转轮并向上游与下游传播。为了验证这一结论，研究中将转轮中心轴上测点 RNM01、活动导叶测点 GV01 和尾水管锥管测点 CT01 进行低通滤波后的压力曲线进行对比，如图 3.97 所示。可以看出在转轮旋转 3.06 圈时，在转轮中心轴的测点出现第一个谷值，随后另外两个测点出现谷值，之后的峰谷值出现规律也相同，说明低倍频率压力脉动确实是首先在转轮内部出现，之后在导叶和尾水管出现。这说明 $0.56f_n$ 的低倍频率压力脉动来自转轮内部的压力变化，这也验证了之前的猜想，但水轮机工况下出现的压力脉动是否与空泡的产生有关需要对内部流场进行分析才能确定。

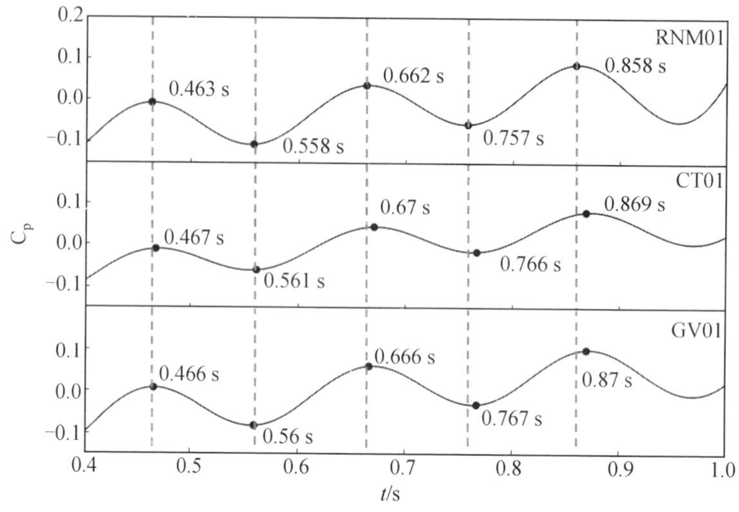

图 3.97　不同测点压力低通滤波时域图

通过对各过流部件的压力脉动进行分析，发现流场中主要存在动静干涉产生的 $9f_n$，其最大值出现在位于动静交界面的活动导叶出口流域。流场中还存在来源于转轮的 $0.56f_n$ 低倍频率，其压力脉动幅值相对较小，产生原因将结合流场特性进行分析。

2. 内流特性

为了研究低倍频率压力脉动产生的原因及其产生的影响，在 RNM01 测点时域图中选取 10 个时间点进行对比分析，如图 3.98 所示，其中时刻 A、E、I 压力脉动处于波峰处，时刻 C 和 G 压力脉动处于波谷处，本小节将从空泡产生和熵产两方面进行分析

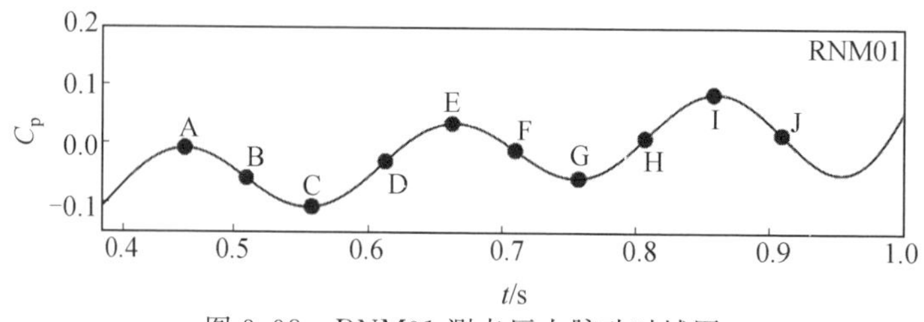

图 3.98　RNM01 测点压力脉动时域图

图 3.99(a)所示为10个时刻点的压力的无量纲压力脉动幅值与流场中空泡体积的折线图。可以看出，当压力脉动处于峰值时刻时，流场内的水蒸气体积处于折线的谷值；当压力脉动处于峰值时刻时，流场内的水蒸气体积处于折线的峰值，这说明低倍频率压力脉动的产生与流场内不断变化的空泡有关，且空化越严重，压力脉动幅值越高，但总体上来看，由于水轮机工况较为稳定，空化程度与压力脉动程度均仅在较低的水平浮动。

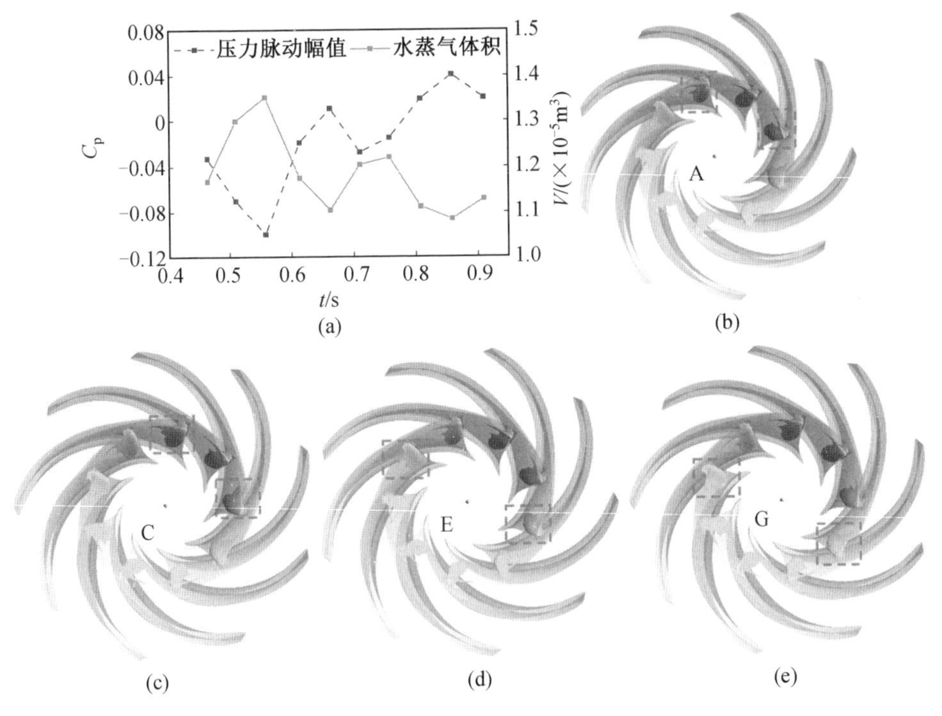

图 3.99　不同时刻压力与水蒸气体积关系

图 3.99(b)～(e)所示为时域图中压力脉动峰值与谷值对应时刻转轮内的空泡分布图，可以看出，在水轮机工况下，转轮的每个流道均出现空泡，且在压力谷值时刻的空化区域略大于压力峰值时刻。压力谷值时刻的空泡形状较为饱满，当压力升高时，空泡形状向叶片的根部缩进，由此推断水轮机工况下的低倍频率压力脉动是由空化引起的。根据前文稳态工况的分析，水轮机工况下空化较弱，空泡形态为片状，所以当空泡形态变化时，没有大的空泡产生与溃灭，而是片状区域体积的增加与减小，所以由于空化而产生的低倍频率压力脉动很弱。同时，

水轮机工况下流动具有很高的对称性，每个流道内的空泡均发生变化，压力脉动由各个流道同时向上游与下游传播，这也是活动导叶与尾水管处不同测点压力脉动未出现明显相位差的原因。

研究中对水和水蒸气两相的熵产进行了研究，图 3.100 为不同时刻双列叶栅与转轮流域的熵产量图。从图中可以看出水轮机工况下不同时刻流场内的熵产值是不断变化的，且熵产的主要过流部件为转轮，双列叶栅仅占流场熵产量的少部分。其中，双列叶栅的熵产量基本不随时间的变化而变化，在不同时刻计算得到的熵产值均为 0.183 8 W/K，空化对熵产值的影响主要体现在转轮处。图 3.101为不同时刻转轮熵产量与水蒸气体积关系图，在图中可以看出折线变化规律为当水蒸气体积升高，空化严重时转轮内的熵产也增加；当水蒸气体积减小时，转轮处的熵产也减小，该变化规律在 F 至 H 时刻的计算内出现短暂的不同，但不影响计算中各点熵产变化的主要规律，即空化发展时熵产值会增加。图 3.102为转轮叶片展向面的截面图，转轮处的熵产主要产生于靠近转轮下环的截面 SP0.8，并且熵产的高值主要出现在叶片的出口处，并形成一段向下延伸的尾迹。正是由于高值熵产的产生，流体能量损失，压力降低导致空泡的产生，这也是图中空泡出现在靠近下环位置处的原因。

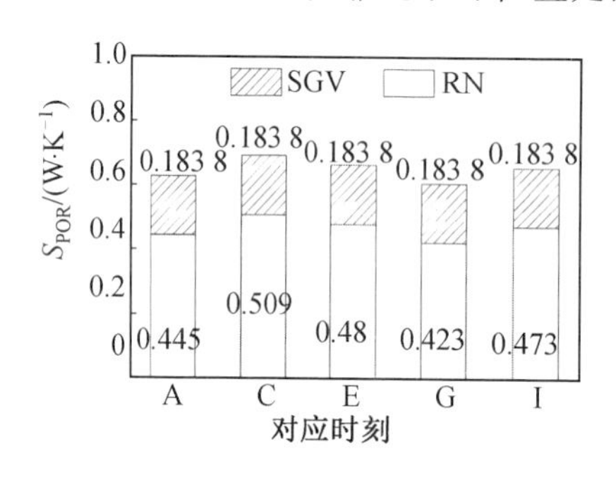

图 3.100 不同时刻双列叶栅与转轮流域的熵产量图

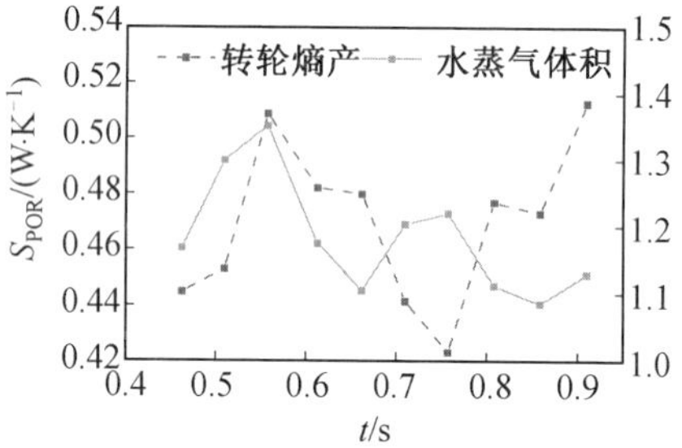

图 3.101 不同时刻转轮熵产量与水蒸气体积关系图

本小节对 $\sigma=0.072$ 水轮机工况进行了分析研究，发现空化在流场内产生了 0.56 倍转频的低倍频率压力脉动，其产生与转轮下环处的空泡体积的变化有关，低倍频率在转轮处产生后向上游与下游传播，而空泡的产生与叶片出口边缘的高熵产值区有关。

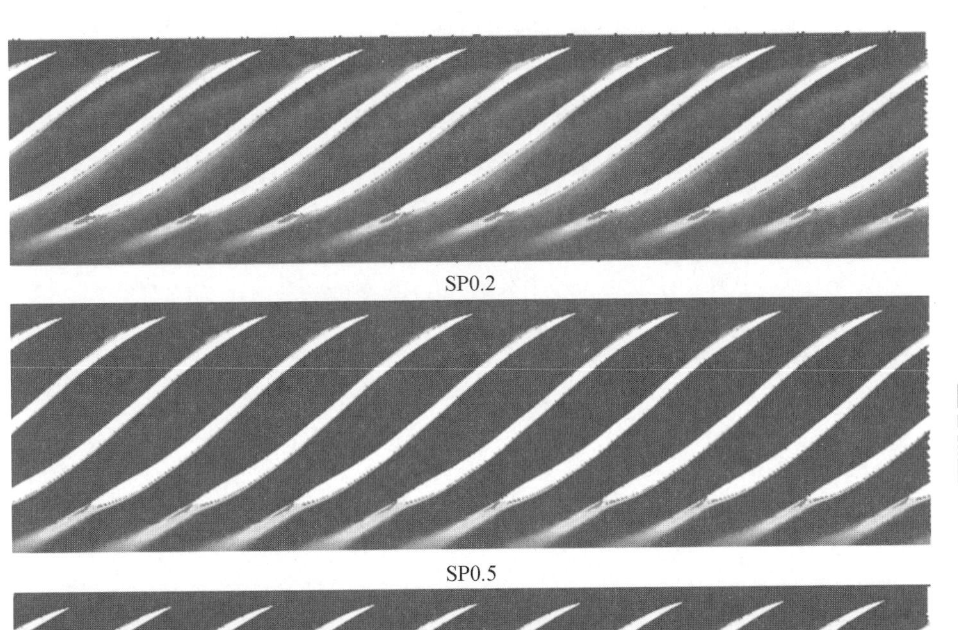

SP0.2

SP0.5

SP0.8

图 3.102 转轮叶片展向面的截面图

3.5.4 空化对制动工况的影响研究

1. 压力脉动

选取 $\sigma=0.092$ 的制动工况进行分析研究，在研究中首先对其压力脉动成分进行分析。图 3.103 与图 3.104 所示分别为蜗壳测点压力脉动时域图与频域图。在时域图中可以看出，蜗壳内压力随着时间变化会周期性地发生突变，该突变在 $t=1.2$ s时最为明显；在频域图中可以看出，蜗壳内沿流动方向的 4 个测点

均存在 $0.45f_n$ 的主频，并且还存在 $0.63f_n$ 和 $4f_n$ 的低倍频率压力脉动，通过蜗壳压力脉动的低通滤波(图 3.105)可以看出各测点的低倍频率压力脉动的波峰与波谷随时间变化均匀出现，具有周期性规律。图 3.106 所示为 SC01 测点压力脉动频域图，可以看出多相和单相计算频率组成相似，其中发生空化时，该测点特征低倍频率的压力脉动幅值为 2.238，单相计算时蜗壳内特征低倍频率的压力脉动幅值为 1.116，所以可以看出空化对蜗壳压力脉动特性影响较大，影响在低倍频率部分表现较为明显。

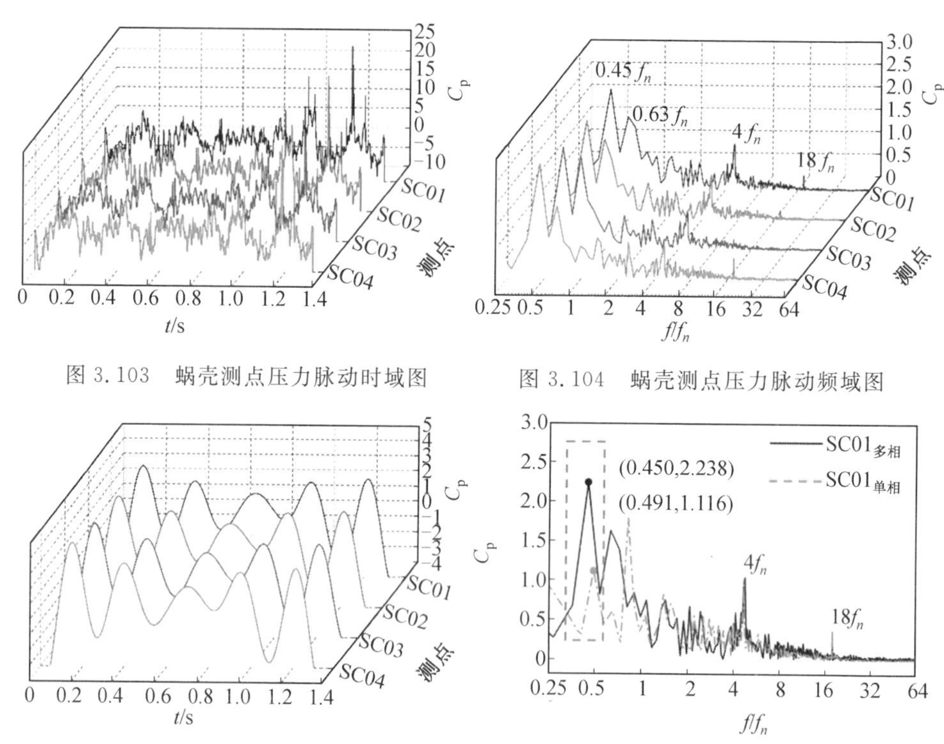

图 3.103　蜗壳测点压力脉动时域图

图 3.104　蜗壳测点压力脉动频域图

图 3.105　蜗壳低通滤波压力脉动时域图

图 3.106　SC01 测点压力脉动频域图

图 3.107 与图 3.108 所示分别为活动导叶测点压力脉动时域图与频域图，在图中可以看出各测点压力变化幅度高于蜗壳流域，在频率成分上，活动导叶流域低倍频率成分较为复杂，其中大部分测点的特征低倍频率为 $0.45f_n$，流场内还存在$0.63f_n$的低倍频率压力脉动，由于临近动静交界面，活动导叶测点内的 9 倍频也较为突出。其中，流场内位置在周向上相距 180°的两个测点经低通滤波后时域曲线未产生较为明显的相位差(图 3.109)。

根据不同工况下 GV01 测点压力脉动频域图(图 3.110)可以看出，对活动导叶区低倍频率压力脉动幅值影响较小，甚至未发生空化的工况低倍频率的压力脉动幅值较高，且活动导叶区的压力脉动幅值高于蜗壳流域，这也确定了低倍频率压力脉动向上游的传播方向为由双列叶栅至蜗壳。图 3.111 与图 3.112 所示分别为空化与非空化两种工况下 GV 测点低倍频率与高倍频率沿周向压力脉动幅值，在图中可以看出，在两种工况下，低倍频率压力脉动在周向上测点的压力脉动幅值分布规律相似，周向不同测点间的压力脉动幅值相差较大，并非水轮机工况下的均匀分布，可以看出单相工况下低倍频率压力脉动幅值高于空化产生的工况。相比于低倍频率压力脉动，由动静干涉产生的 $9f_n$ 高倍频率在周向不同测点间的差异较小，其无量纲压力脉动幅值在 4～5 这一小范围内进行波动，幅值大小在周向上具有一定的对称性。与空化对低倍频率压力脉动产生的影响相反，当空化发生时，高倍频率压力脉动幅值较单相工况高。通过对活动导叶测点压力脉动幅值研究发现，空化会降低流场内的低倍频率压力脉动幅值，但会提高流场内的高倍频率压力脉动幅值。

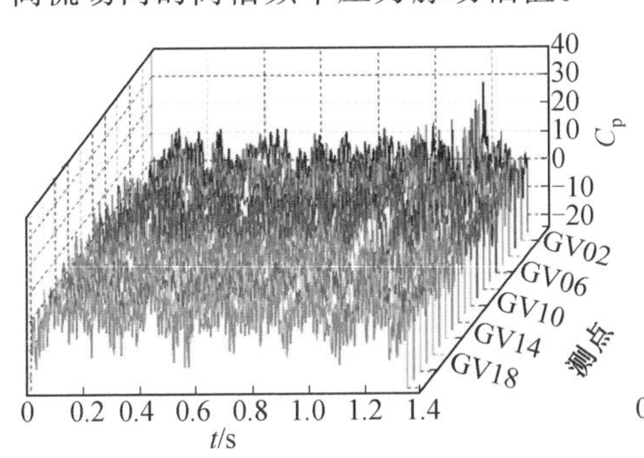

图 3.107　活动导叶测点压力脉动时域图

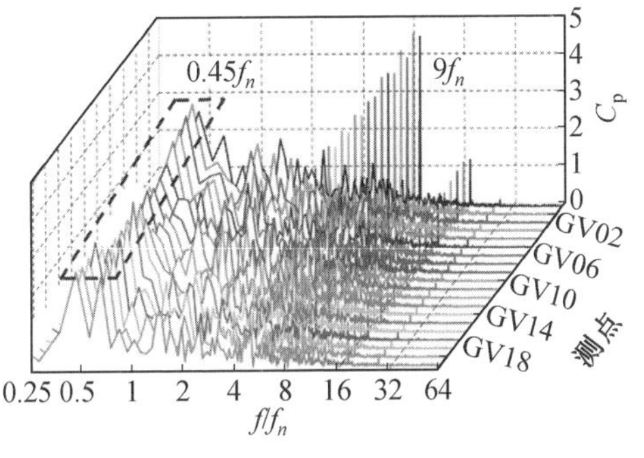

图 3.108　活动导叶测点压力脉动频域图

图 3.109　GV 测点低通滤波时域图

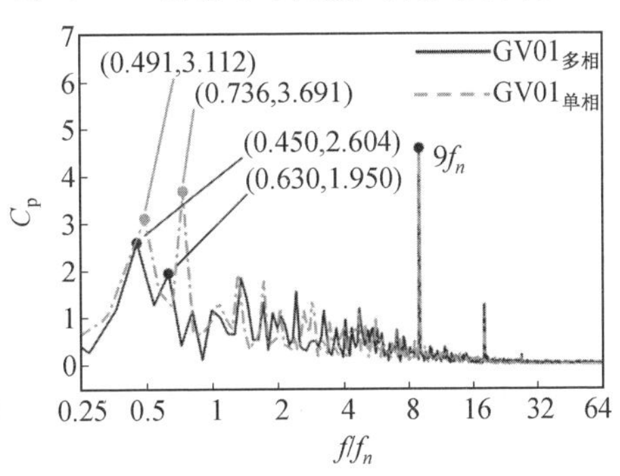

图 3.110　GV01 测点压力脉动频域图

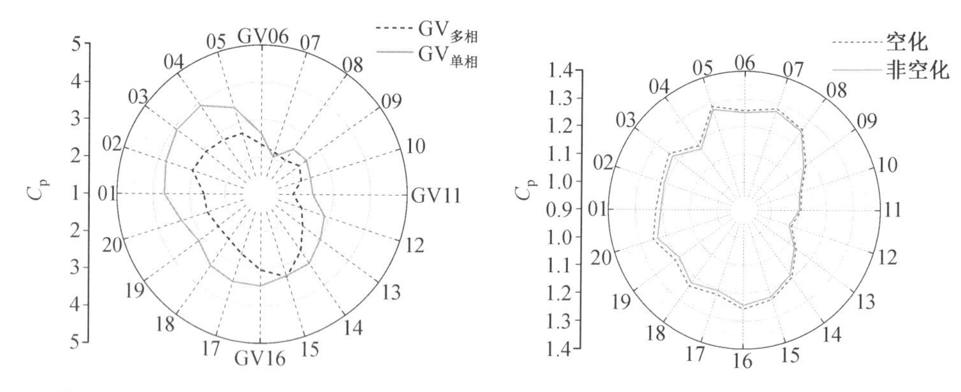

图 3.111　GV 测点低倍频率沿周向压力脉动幅值

图 3.112　GV 测点高倍频率沿周向压力脉动幅值

在对蜗壳与活动导叶测点进行分析后，对尾水管测点进行分析。尾水管锥管测点压力脉动时域图如图 3.113 所示，锥管处各测点压力脉动周期性地出现突变，两次突变时间间隔接近，在 $t=1.2$ s 时产生了一次强烈的压力脉动。在频域图（图 3.114）中，可以看出锥管中仍然存在 $0.45f_n$ 的低倍频率压力脉动，而 $9f_n$ 的高倍频率压力脉动在锥管内不明显。图 3.115 与图 3.116 所示分别为 CT01 测点压力脉动时域图与频域图，图 3.117 与图 3.118 所示分别为 CT05 测点压力脉动时域图与频域图。可以看出，尾水管的锥管部分压力脉动受空化的影响较大，其空化产生时低倍频率部分压力脉动幅值远远高于非空化的低倍频率压力脉动幅值，CT01 测点低倍频率最高压力脉动幅值为 0.79，CT05 测点低倍频率最高压力脉动幅值为 0.747，其压力脉动幅值小于活动导叶内低倍频率压力脉动幅值。

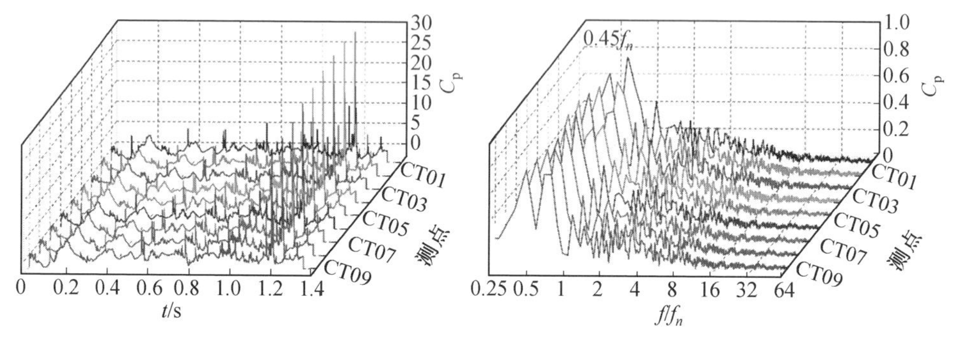

图 3.113　尾水管锥管测点压力脉动时域图　　图 3.114　尾水管锥管测点压力脉动频域图

图 3.119 与图 3.120 所示分别为为尾水管扩散段 DT01 测点压力脉动时域图与频域图，其时域图压力脉动变化波形与锥管测点相同，频率组成上也以 $0.45f_n$ 为主，但在压力脉动幅值上空化工况较锥管段有较大的下降，而非空化工况的扩散段未出现明显的低倍频率压力脉动。通过以上分析可以判断，空化对

尾水管的流动影响较大，空化的发生会提高流场内的低倍频率压力脉动，通过锥管段与扩散段压力脉动的对比可以判断出压力脉动在流场下游的传播方向为尾水管进口至尾水管出口。

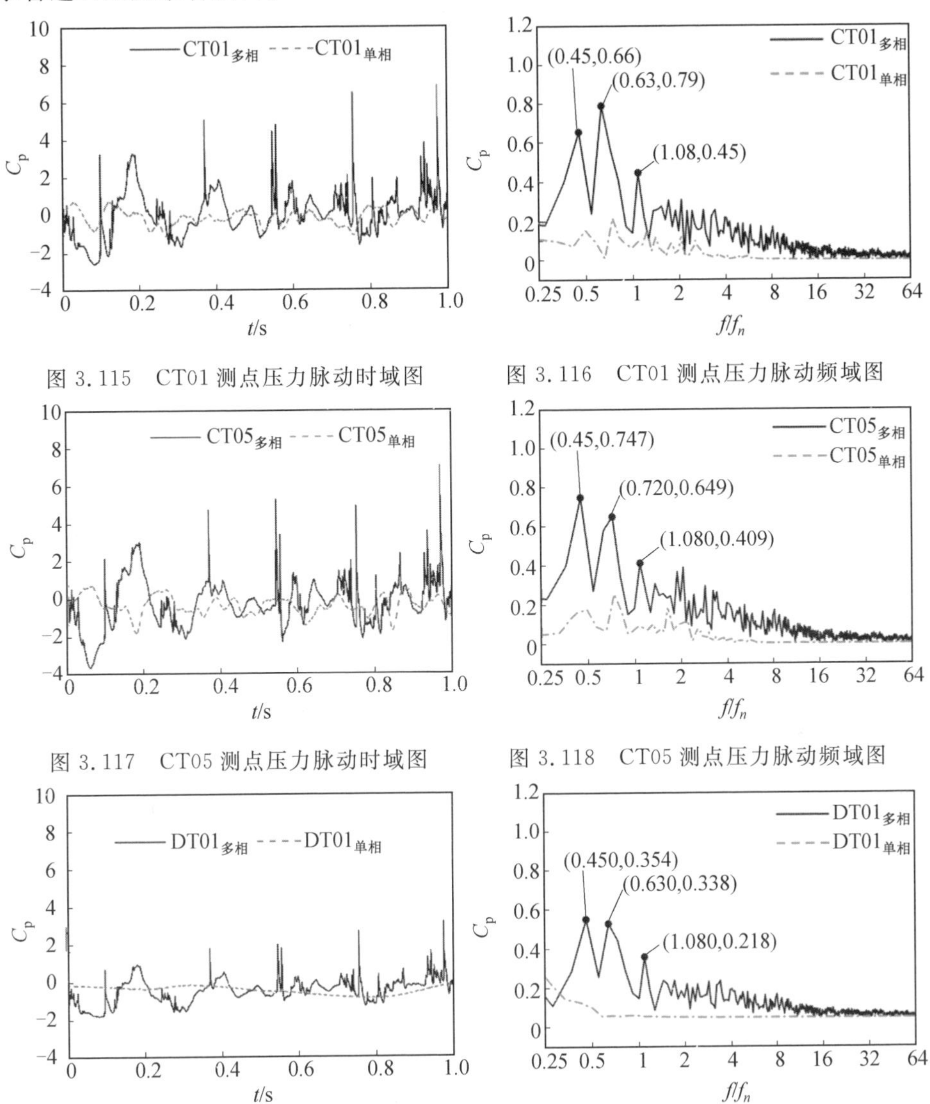

图 3.115　CT01 测点压力脉动时域图

图 3.116　CT01 测点压力脉动频域图

图 3.117　CT05 测点压力脉动时域图

图 3.118　CT05 测点压力脉动频域图

图 3.119　尾水管扩散段 DT01 测点压力脉动时域图

图 3.120　尾水管扩散段 DT01 测点压力脉动频域图

图 3.121 所示为无叶区测点压力脉动频域图，在图中可以看出无叶区压力脉动在频域上的部分规律与活动导叶测点相似，低倍频率的组成较为复杂，但是

压力脉动幅值高于蜗壳、活动导叶与尾水管流域。RG01 测点压力脉动频域图如图 3.122 所示，空化与非空化工况其压力脉动低倍频率部分压力脉动幅值相近，但空化产生时，无叶区出现了较为明显的 $4f_n$，非空化工况该频率压力脉动幅值较低。在前文分析中，制动工况由于流量较小且转轮的转速较高，无叶区形成了旋转失速单元，旋转失速单元产生了低倍频率压力脉动。在本节制动工况空化的分析中，无叶区测点的压力脉动幅值依然最高，但低倍频率压力脉动是否依旧由旋转失速单元产生还需结合流场进行具体的分析。

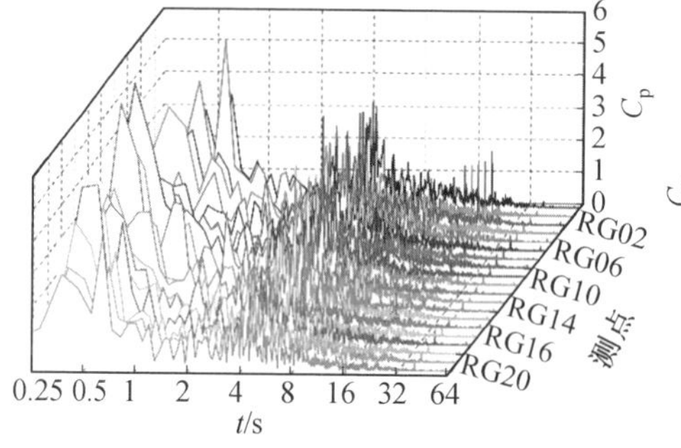

图 3.121　无叶区测点压力脉动频域图

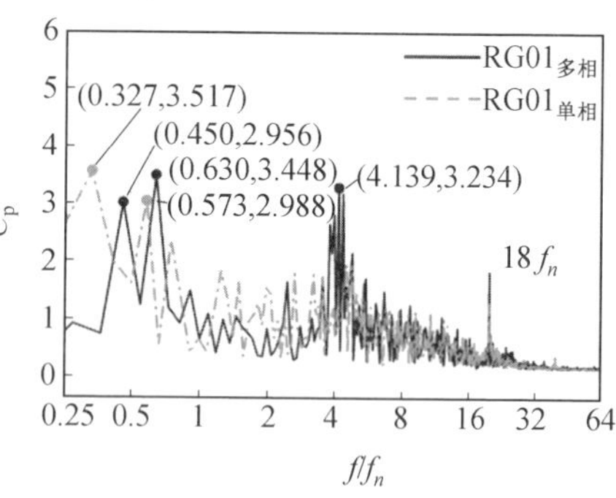

图 3.122　RG01 测点压力脉动频域图

为了研究压力脉动在转轮内的传播规律，研究中选取转轮 1 号流道内上游测点 RNUP01 与下游测点 RNDN01 进行分析，图 3.123 与图 3.124 所示分别为 RNUP01 与 RNDN01 测点压力脉动频域图。在转轮的上游，空化计算中压力脉动特征低倍频率幅值为 2.845，单相计算压力脉动幅值为 4.44，空化工况的低倍频率压力脉动幅值较低，下游的幅值对比规律与上游相同。对比 RNUP01 与 RNDN01 两个测点的幅值可以看出，上游压力脉动幅值明显高于下游，这说明在空化与非空化的工况下，压力脉动在转轮内的传播规律均为从流道上游传播至下游，这说明空化发生时，流场中的不稳定源仍然出现在无叶区。

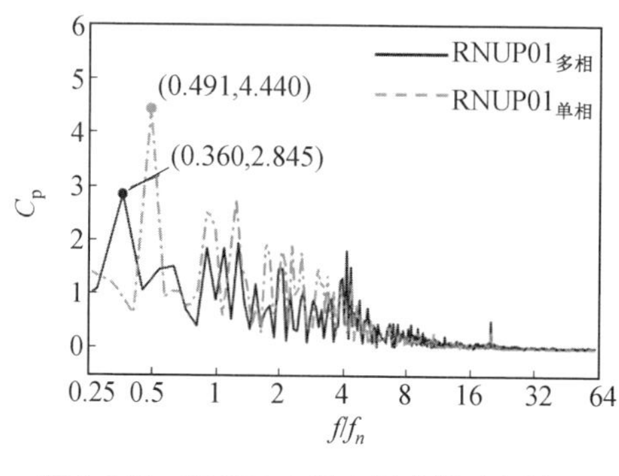

图 3.123　RNUP01 测点压力脉动频域图

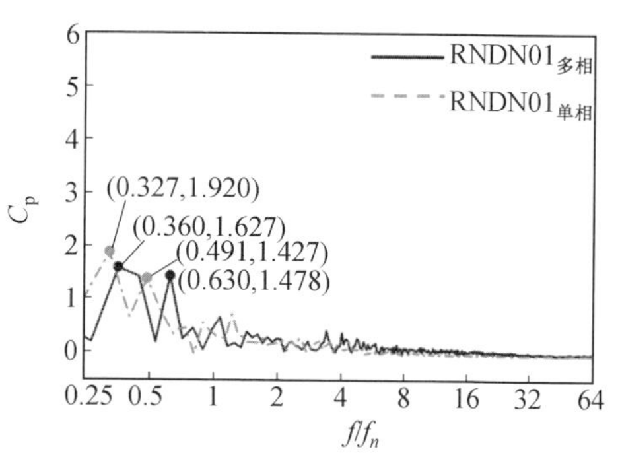

图 3.124　RNDN01 测点压力脉动频域图

通过对制动工况不同测点的压力脉动分析可以看出，空化对蜗壳与尾水管流域的压力脉动影响较大，当空化产生时以上两个流域的低倍频率压力脉动会显著提高。空化对活动导叶压力脉动的影响主要体现在高倍频率部分，空化会提高其高倍频率部分的压力脉动。流场内低倍频率压力脉动最高出现在无叶区，并且该压力脉动在转轮内自流道上游向下游传播。

2. 内流特性

根据对制动工况发生空化时的压力脉动研究，流场内压力脉动幅值最大出现在无叶区内，所以在对流场进行研究时先对无叶区进行分析。由于无叶区为运动测点，无法定点精确研究，而根据前文研究，无叶区和活动导叶出口测点压力脉动幅值频率相近，且其坐标位置相近，所以研究中在活动导叶出口处测点的低通滤波时域图上进行取点。图3.125所示为活动导叶测点低通滤波时域图，分别对8个的特征时刻点进行分析，其中为了更好地对比波峰与波谷间的差异，重点选取峰谷现象较为明显的A、B、G和H工况进行研究。

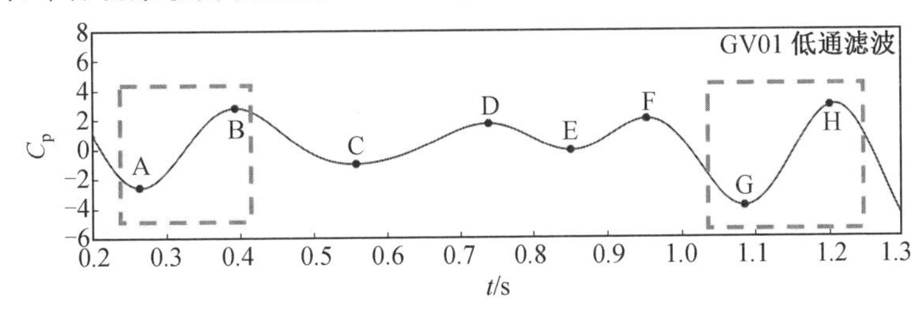

图3.125 活动导叶测点低通滤波时域图

根据前文对非空化制动工况的研究，制动工况的压力脉动主要是由无叶区的旋转失速单元造成的，所以研究中首先分析了空化对无叶区及双列叶栅回流区的影响。在研究中利用导叶出口面上的旋涡强度值来衡量其运动的紊乱程度，图3.126(a)所示为8个特征点导叶出口旋涡强度与活动导叶低倍频率滤波压力脉动幅值的折线图。根据折线图可以看出，导叶出口面的旋涡强度随着低倍频率压力脉动幅值变化而上下浮动。当压力处于谷值时，导叶出口面旋涡强度较高；当压力处于峰值时，导叶出口面旋涡强度较低，这说明空化会加剧无叶区处流体的涡旋运动，且空化程度越严重，涡旋程度也越大。

图3.126(b)～(e)为A、B、G和H工况的导叶内流线图，其中A和G处于压力脉动的谷值时刻，B和H处于压力脉动的峰值时刻。当压力较低时，导叶出口面上的涡旋运动加强，无叶区的旋转失速单元增加，其中A和G均有5个流道出口处无叶区出现旋转失速单元；当压力较高时，导叶的出口面上的涡旋运动减弱，无叶区的旋转失速单元减少，其中B与H均仅有3个流道出口处无叶区出现旋转失速单元。该研究结果表明空化的发展会使无叶区的旋转失速单元增加，

加剧压力脉动的幅度。

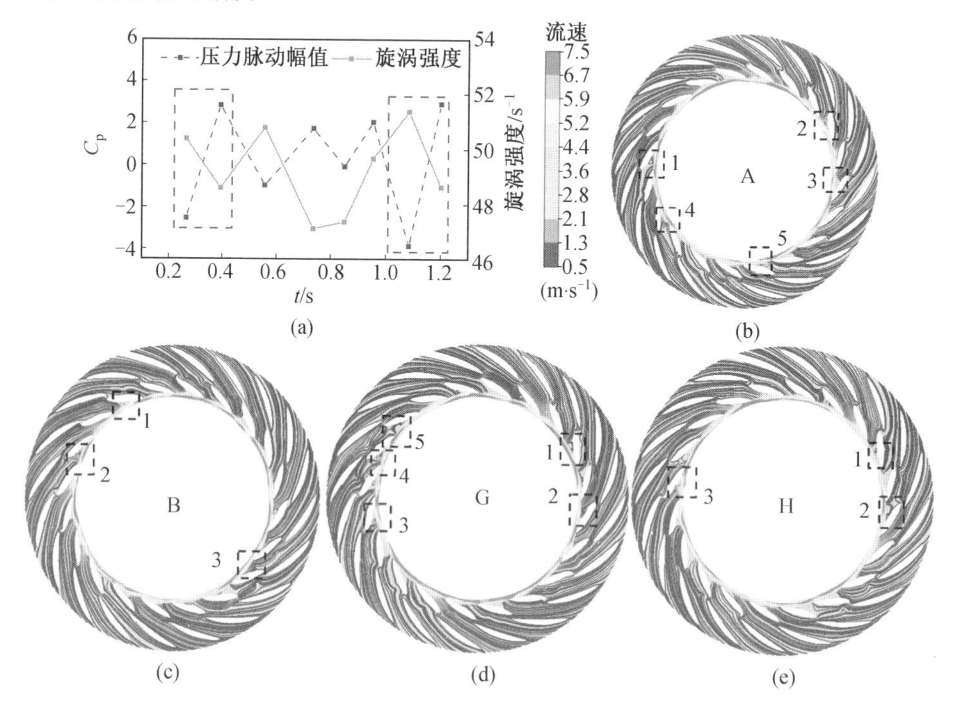

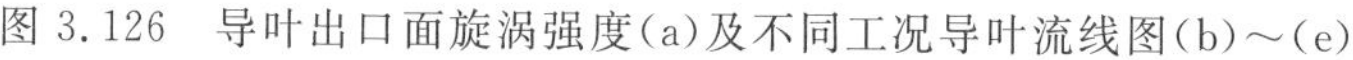
图 3.126　导叶出口面旋涡强度(a)及不同工况导叶流线图(b)～(e)

在前文未发生空化的导叶流线图中，导叶内部流道内出现随转轮旋转而沿周向运动的回流区，而在发生空化时，导叶内部没有出现明显的回流区。根据制动工况导叶流道流量等值线图(图 3.127)可以看出，在发生空化时，导叶流道内的流量幅度较低，低流量区和高流量区出现都较少，这可能是由于空化的产生对流道内流量的分布产生了影响，回流区减少，流动较为顺畅，低倍频率压力脉动传播至蜗壳的过程较为顺利，蜗壳处的低倍频率压力脉动幅值较高。

为了研究无叶区内部的流动变化对空泡产生造成的影响，截取不同时刻转轮内部空泡的情况，如图 3.128 所示。从图中可以看出，制动工况下空泡的形状与产生的位置均与水轮机工况下不同。在前文的研究中，水轮机工况发生空化时，空泡出现的位置靠近下环位置，空泡形状为贴合叶片的片状，但是在制动工况下，空泡出现在靠近上冠的位置处，且空泡不再附着于叶片上，而变为堵塞流道的团状空泡。在图中无叶区旋转失速单元较多的 A 时刻和 G 时刻，转轮内的空泡较多，基本每个转轮流道都被空泡堵塞，当无叶区旋转失速单元较少时，尤其是 B 时刻，转轮内只有少数几个流道内出现空泡。这说明空化的出现与无叶区的流动状态相关，无叶区出现旋转失速单元后，导致流场内部的压力不断变

化，转轮内的空泡形状与数量也不断变化，且由于制动工况的流动不具有水轮机工况下的高度对称性，其空泡的出现及无叶区旋转失速现象的出现也不具有对称性。

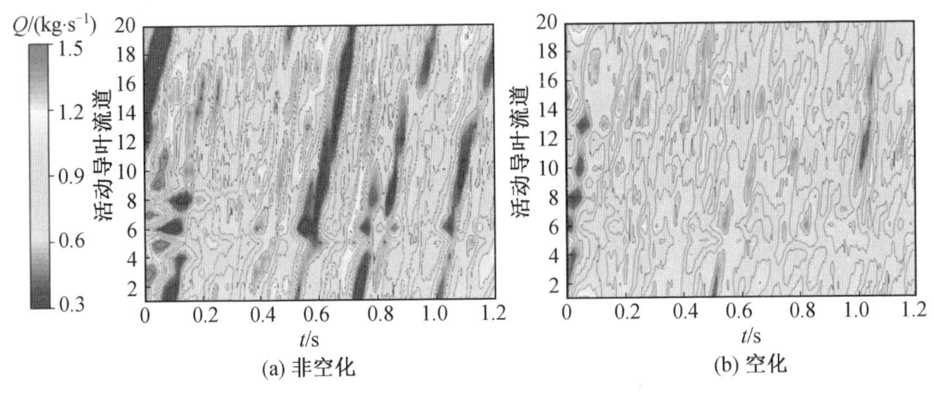

图 3.127 制动工况导叶流道流量等值线图

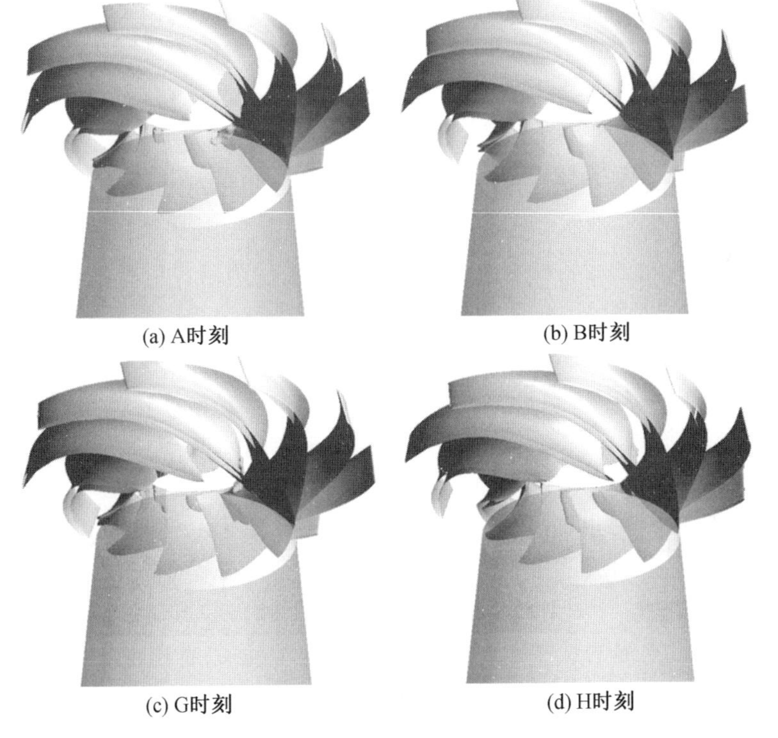

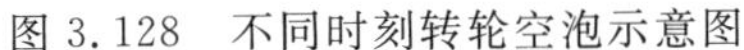

图 3.128 不同时刻转轮空泡示意图

在研究中发现，制动工况下尾水管处的压力脉动幅值虽然与无叶区相比较低，但是发生空化时尾水管内的低倍频率压力脉动幅值较非空化工况明显升高，可能是由于转轮流道下游周期性产生的空泡对尾水管的压力脉动产生了影响。图 3.129 所示为尾水管锥管测点 CT01 压力脉动时域图，根据转轮内空泡发展的规律，在研究中将时域图划分为不同的区域，其中空泡量由少变多的时刻定义为生成区，空泡量由多变少的时刻定义为溃灭区，生成区的压力为下降趋势，溃灭区的压力为上升趋势。在时域图中空泡生成区与溃灭区交替出现，其中在生成区的结束时刻 t_2 和 t_4 流场中空泡量达到极大值，溃灭区的结束时刻 t_3 和 t_5 达到空泡量的极小值。本节在对尾水管的研究中重点选取这几个特征时刻进行分析。

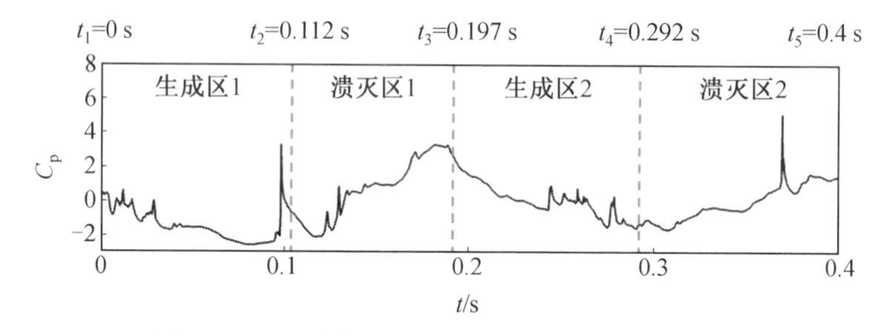

图 3.129　尾水管锥管测点 CT01 压力脉动时域图

图 3.130 所示为溃灭区 1 中流道内空泡发展变化示意图，可以看出在溃灭区 1 的 1 号图内转轮的 9 个流道内均出现大量的空泡，其中个别流道内的空泡体积过大会随着转轮的旋转被甩出。在溃灭区的 2 号图内可以看出 1 号图内被甩出的空泡已经完全溃灭，但是其他流道内仍存在空泡。随着转轮的旋转，在 3 号、4 号和 5 号图内转轮的空泡数量与体积继续不断减小，流道内的空泡发生溃灭，在溃灭区 6 号图中仅剩 4 个流道内存在空泡，空泡量达到最低，且空泡体积很小，不再堵塞流道。从溃灭区 1 的 1 号至 6 号图的过程中，转轮内空泡完成了一次溃灭过程。

图 3.131 所示为生成区 2 中流道内空泡发展变化示意图，可以看出在生成区 1 号图内仅有个别流道出现空泡。在转轮的旋转过程中，各流道内的空泡数量与体积不断增加，当发展至生成区 4 号图所在的时刻时，又重新出现转轮的所有流道内均产生空泡的状态。在生成区 6 号图内，可以看出由于空化发展较为严重，空泡达到一定的体积，空泡不断被甩出并发生溃灭。根据对不同时刻空泡形状与体积发展的研究可以看出，尾水管内压力脉动较高是由于其位置距离产生空化的转轮下游较近，受空化的影响较大，空泡随着无叶区流动的周期性变化

而生成与溃灭，压力脉动幅值得到增强。

图 3.130 溃灭区 1 中流道内空泡发展变化示意图

图 3.131 生成区 2 中流道内空泡发展变化示意图

图 3.132 所示为 $t_1 \sim t_5$ 典型时刻水蒸气体积分数变化折线图，图 3.133 所示为 $t_1 \sim t_5$ 典型时刻转轮和双列叶栅的熵产图。从图中可以看出，在特征时刻的水蒸气体积分数出现较大的变化，最高出现在生成区 1 的结束时刻 t_2，最低出现

在溃灭区 1 的结束时刻 t_3。在熵产值方面，可以看出制动工况发生空化时，其熵产最高的部位仍产生于转轮，数值上约为双列叶栅部位熵产值的 3 倍。虽然转轮和双列叶栅内的熵产随时间的变化而不断改变，但不同时刻点差值较小，且随水蒸气体积分数变化不大，这说明制动工况发生空化时主要熵产源于液相湍流产生的熵产，与水蒸气的关系较小。

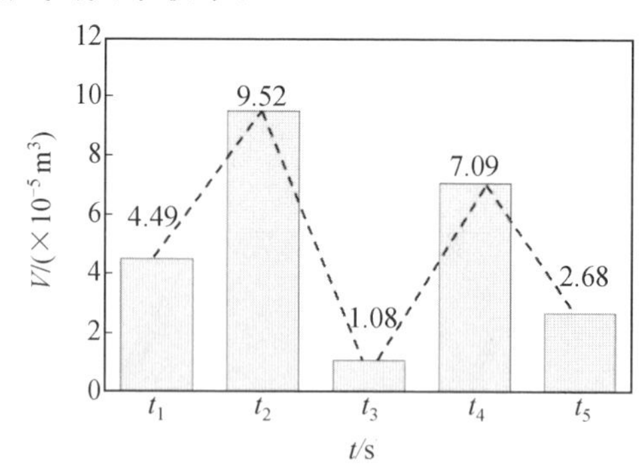

图 3.132　$t_1 \sim t_5$ 典型时刻水蒸气体积分数变化折线图

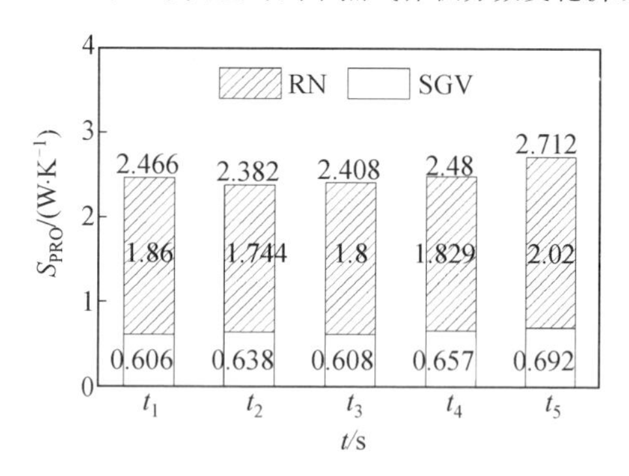

图 3.133　$t_1 \sim t_5$ 典型时刻转轮和双列叶栅的熵产图

图 3.134 所示为水蒸气体积最高的 t_2 时刻与水蒸气体积最低的 t_3 时刻转轮 $Z=0$ 位置横截面的流线图。从流线图中可以看出，流速较高的位置出现在转轮的叶片进口处，最低的部位为转轮流道的内部。当空泡数量较多时，可以看出流道内的旋涡区较多，流体的流速较低，为空泡在流场中的停留提供了条件，这也是制动工况空泡能够堵塞流道的原因。当流道内空泡量较少时，流道内的旋涡也较少，且仅有出现旋涡的流道内产生空泡。以上分析说明，制动工况下，空泡的产生与转轮内旋转运动导致的低速回流有关。

根据对 $\sigma=0.092$ 制动工况流场进行分析发现，该工况下流场内压力脉动主要产生于无叶区的旋转失速，空泡的产生与旋转失速单元密切相关。空泡在流

场内的周期性溃灭也是尾水管内压力脉动幅值高于非空化工况的原因。

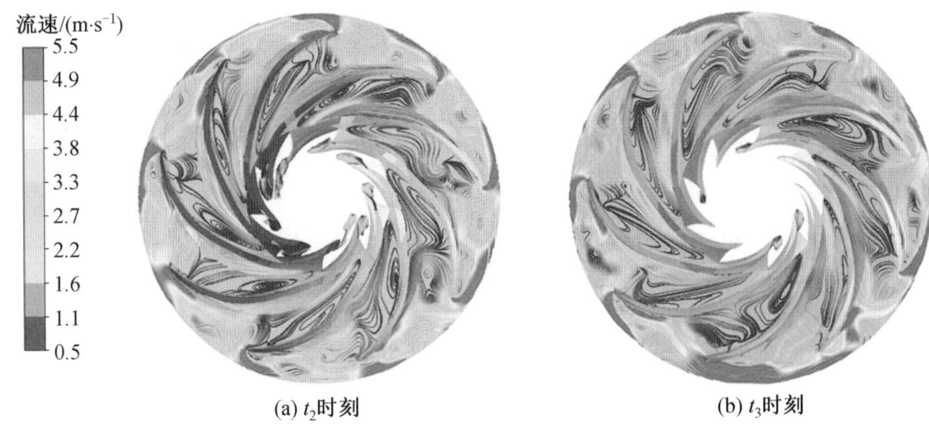

(a) t_2时刻　　(b) t_3时刻

图 3.134　空化发展不同时刻转轮流线图

第 4 章

水泵水轮机水力损失熵产分析理论

本章主要介绍熵产理论，验证熵产理论用于计算损失的准确性，并将其应用于不同活动导叶开口的驼峰特性及迟滞效应研究。在考虑壁面效应的同时，利用壁面函数计算壁面区域熵产，计算结果与压差损失比较吻合，验证了熵产理论的可行性；随后，研究了 13 mm、19 mm 和 25 mm 活动导叶开口下的壁面和主流区熵产率，得出驼峰特性的形成主要源于主流区的不良流动，与壁面摩擦损失的关联性较小；最后选取 19 mm 活动导叶开口分析转轮、双列叶栅和尾水管中的熵产分布，确定不良流动的所在位置，进一步明确驼峰特性的形成机理。

水泵水轮机的不稳定性主要是由各个部件的水力损失导致的。然而，通过传统的压差分析方法只能获得一段区域的损失大小，不能获得损失产生的具体位置，具有一定的局限性。从热力学第二定律角度出发，流动过程中的能量损失可以与熵产联系起来。通过熵产分析，可以准确地计算出具体位置能量损失的大小；除此之外，还可以区分摩擦损失与不良流动产生的损失。然而在过去的计算中，没有考虑熵产的壁面效应，导致由熵产计算出的损失与由压差计算出的损失存在较大的差别。本书在数值模拟的基础上，首先简要地介绍熵产理论；其次考虑熵产壁面效应，采用壁面函数计算壁面区域的熵产，通过压差损失验证熵产理论损失计算的正确性；然后针对该水泵水轮机进行不同活动导叶开口熵产分析，获得不同开口各个部件的熵产分布规律；最后针对 19 mm 活动导叶开口驼峰特性及迟滞效应进行详细研究，获得导致其形成高水力损失的具体位置，为水力部件优化提供理论基础。

4.1　熵产理论简介

熵产是由于流体在流动过程中存在不可逆因素引起耗散效应，使损失的机械能转化为内能，是不可避免的。根据热力学第二定律，在一个实际的流体系统中总是伴随着熵增。在水泵水轮机流动过程中，假设该过程温度恒定，靠近固体表面的边界层内的黏性力会使流体的动能和压力能转化为内能而耗散，引起熵产的增加；高雷诺数区的各种不良流动（旋涡、回流）引起的湍流脉动导致水力损失增加，同时伴随着熵产的增加。通过熵产理论，可以对水泵水轮机内部流动能量的耗散进行精确的评估。

对于牛顿流体，笛卡儿坐标系中的动能方程为

$$\frac{D}{D_t}\left(\frac{1}{2}u_iu_i\right)=u_iF_{xi}+\frac{1}{\rho}\frac{\partial(m_{ji}u_i)}{\partial x_j}-\frac{1}{\rho}\frac{\partial(pu_i)}{\partial x_j}\delta_{ij}+\frac{p}{\rho}\frac{\partial u_i}{\partial x_j}\delta_{ij}-\frac{m_{ji}}{\rho}\frac{\partial u_i}{\partial x_j} \tag{4.1}$$

式中　i——笛卡儿坐标系中的三个方向，$i=1,2,3$；

u——速度，m/s；

F_x——体积力，N；

ρ——密度，kg/m^3；

p——局部压力，Pa；

δ_{ij}——科罗迪克符号；

$$m_{ji}=\mu\left(\frac{\partial u_i}{\partial x_j}+\frac{\partial u_j}{\partial x_i}\right)-\frac{2}{3}\mu\delta_{ij}\frac{\partial u_i}{\partial x_i} \tag{4.2}$$

m_{ji}——黏性剪切应力，N，可以用方程(4.2)计算，即

方程(4.1)左侧代表单位质量动能质点导数，表示为其相对时间的改变率。右侧最后一项是耗散项，表示单位时间内由于黏性力作用而导致的损失，与此同时将机械能转换为内能。

对于速度分量 u_1、u_2、u_3，黏性耗散函数 Φ 可展开为

$$\Phi=m_{ji}\frac{\partial u_i}{\partial x_j}=\mu\left(\frac{\partial u_2}{\partial x_1}+\frac{\partial u_1}{\partial x_2}\right)^2+\mu\left(\frac{\partial u_3}{\partial x_1}+\frac{\partial u_1}{\partial x_3}\right)^2+\mu\left(\frac{\partial u_2}{\partial x_3}+\frac{\partial u_3}{\partial x_2}\right)^2-$$
$$\frac{2}{3}\mu\left(\frac{\partial u_1}{\partial x_1}+\frac{\partial u_2}{\partial x_2}+\frac{\partial u_3}{\partial x_3}\right)^3+2\mu\left[\left(\frac{\partial u_1}{\partial x_1}\right)^2+\left(\frac{\partial u_2}{\partial x_2}\right)^2+\left(\frac{\partial u_3}{\partial x_3}\right)^2\right] \tag{4.3}$$

式中　μ——流体动力黏度，Pa·s。

对于不可压缩流体，连续性方程为

$$\frac{\partial u_1}{\partial x_1}+\frac{\partial u_2}{\partial x_2}+\frac{\partial u_3}{\partial x_3}=0 \tag{4.4}$$

方程(4.3)的简化形式为

$$\Phi=2\mu\left[\left(\frac{\partial u_1}{\partial x_1}\right)^2+\left(\frac{\partial u_2}{\partial x_2}\right)^2+\left(\frac{\partial u_3}{\partial x_3}\right)^2\right]+$$
$$\mu\left[\left(\frac{\partial u_2}{\partial x_1}+\frac{\partial u_1}{\partial x_2}\right)^2+\left(\frac{\partial u_3}{\partial x_1}+\frac{\partial u_1}{\partial x_3}\right)^2+\left(\frac{\partial u_2}{\partial x_3}+\frac{\partial u_3}{\partial x_2}\right)^2\right] \tag{4.5}$$

熵产率可以定义为

$$\dot{S}'''_D=\frac{\dot{Q}}{T} \tag{4.6}$$

式中　$\dot{Q}$——能量耗散率。

在一个稳定过程中，$\dot{Q}$ 等于能量耗散。总体来说，对于层流流动，局部熵产率可以表示为

$$\dot{S}'''_D=2\frac{\mu}{T}\left[\left(\frac{\partial u_1}{\partial x_1}\right)^2+\left(\frac{\partial u_2}{\partial x_2}\right)^2+\left(\frac{\partial u_3}{\partial x_3}\right)^2\right]+$$
$$\frac{\mu}{T}\left[\left(\frac{\partial u_2}{\partial x_1}+\frac{\partial u_1}{\partial x_2}\right)^2+\left(\frac{\partial u_3}{\partial x_1}+\frac{\partial u_1}{\partial x_3}\right)^2+\left(\frac{\partial u_2}{\partial x_3}+\frac{\partial u_3}{\partial x_2}\right)^2\right] \tag{4.7}$$

对于湍流流动，局部熵产率主要包含两部分：一部分是由时均运动引起的；另一部分是由脉动速度引起的湍流耗散导致的。局部总熵产率可以表示为

$$\dot{S}'''_{D}=\dot{S}'''_{\bar{D}}+\dot{S}'''_{D'} \tag{4.8}$$

式中　$\dot{S}'''_{\bar{D}}$——由平均速度产生的熵产率，kW/(m³·K)；

$\dot{S}'''_{D'}$——由脉动速度产生的熵产率，kW/(m³·K)。

平均速度产生的熵产率可根据式(4.9)计算

$$\begin{aligned}\dot{S}'''_{\bar{D}}=&\frac{2\mu}{T}\left[\left(\frac{\partial\bar{u}_1}{\partial x_1}\right)^2+\left(\frac{\partial\bar{u}_2}{\partial x_2}\right)^2+\left(\frac{\partial\bar{u}_3}{\partial x_3}\right)^2\right]+\\&\frac{\mu}{T}\left[\left(\frac{\partial\bar{u}_2}{\partial x_1}+\frac{\partial\bar{u}_1}{\partial x_2}\right)^2+\left(\frac{\partial\bar{u}_3}{\partial x_1}+\frac{\partial\bar{u}_1}{\partial x_3}\right)^2+\left(\frac{\partial\bar{u}_2}{\partial x_3}+\frac{\partial\bar{u}_3}{\partial x_2}\right)^2\right]\end{aligned} \tag{4.9}$$

脉动速度产生的熵产根据式(4.10)计算，即

$$\begin{aligned}\dot{S}'''_{D'}=&\frac{\mu_{\mathrm{eff}}}{T}\left\{2\left[\left(\frac{\partial u'_1}{\partial x_1}\right)^2+\left(\frac{\partial u'_2}{\partial x_2}\right)^2+\left(\frac{\partial u'_3}{\partial x_3}\right)^2\right]+\right.\\&\left.\left(\frac{\partial u'_2}{\partial x_1}+\frac{\partial u'_1}{\partial x_2}\right)^2+\left(\frac{\partial u'_3}{\partial x_1}+\frac{\partial u'_1}{\partial x_3}\right)^+\left(\frac{\partial u'_2}{\partial x_3}+\frac{\partial u'_3}{\partial x_2}\right)^2\right\}\end{aligned} \tag{4.10}$$

式中　μ_{eff}——流体有效动力黏度，Pa·s，可根据式(4.11)计算获得，即

$$\mu_{\mathrm{eff}}=\mu+\mu_{\mathrm{t}} \tag{4.11}$$

式中　μ_{t}——湍流动力黏度，Pa·s。

然而，在采用雷诺时均方法计算中，由脉动速度分量引起的熵产率是不可获取的。根据 Kock 和 Mathieu 等人提出的思想，将湍流模型中 ε 或 ω 与脉动速度分量产生的熵产率关联起来，当雷诺数(Re)→∞，存在下列近似关系。

采用 $k-\varepsilon$ 湍流模型计算时，由脉动速度引起的局部熵产率可表示为

$$\dot{S}'''_{D'}=\frac{\rho\varepsilon}{T} \tag{4.12}$$

式中　ε——湍流耗散率，m²/s³。

采用 $k-\omega$ 湍流模型计算时，由脉动速度引起的局部熵产率可表示为

$$\dot{S}'''_{D'}=\beta\frac{\rho\omega k}{T} \tag{4.13}$$

式中　ω——湍流涡黏频率，s^{-1}；

k——湍动能，m²/s²；

β——经验常数，$\beta=0.09$。

然而，Kock 和 Herwig 采用 DNS 和 RANS 两种方法对比时，发现当 $y^+>50$ 时，直接熵产(通过时均速度直接求得)和间接熵产(通过湍流耗散率间接等价)采用两种方法计算的结果一致，换句话来说，除了靠近壁面区域，其他区域熵产计算

结果一致。两部分熵产率都存在较强的壁面效应，尤其是直接熵产部分，这是由于在靠近壁面区域有相当陡的速度梯度。在模拟过程中采用 SST $k-\omega$ 湍流模型时，网格足够好，$y^+<11.6$ 时，该湍流模型可以直接求得壁面区域的速度场；当 $y^+>11.6$ 时，该湍流模型通过特殊壁面函数来表达壁面区域湍流物理特性，这样即使网格密度不是很好也能表达壁面区域的湍流特性。在过去的计算中，由于没有考虑到壁面效应，而且在壁面附近的熵产明显高于其他主流区域，因此通过熵产计算的扬程损失远小于压差计算获得的损失，导致在壁面区域引起相当大的误差。

在张翔等人对壁面摩擦损失计算方法的提示下，采用式(4.14)计算壁面区域的熵产，即

$$S_{\mathrm{pro},W}=\int_A \frac{\tau \cdot v\mathrm{d}A}{T} \tag{4.14}$$

式中　τ——壁面剪切应力，Pa；

A——计算域表面积，m^2；

v——壁面区域第一层网格中心速度矢量，m/s。

主流区由时均速度和脉动速度所引起的熵产可以通过积分获取，即

$$S_{\mathrm{pro},\bar{D}}=\int_V \dot{S}_{\bar{D}}'''\mathrm{d}V \tag{4.15}$$

$$S_{\mathrm{pro},D'}=\int_V \dot{S}_{D'}'''\mathrm{d}V \tag{4.16}$$

式中　$S_{\mathrm{pro},\bar{D}}$——主流区由时均速度引起的熵产，kW/K；

$S_{\mathrm{pro},D'}$——主流区由脉动速度引起的熵产，kW/K。

因此各个区域的总熵产为

$$S_{\mathrm{pro}}=S_{\mathrm{pro},\bar{D}}+S_{\mathrm{pro},D'}+S_{\mathrm{pro},W} \tag{4.17}$$

假设水泵水轮机在流动过程中的流场温度不变，忽略流场的温度变化，那么局部体积的能量损失率 $\dot{Q}$ 为

$$\dot{Q}=T\cdot S_{\mathrm{pro}} \tag{4.18}$$

流动过程中熵产计算的扬程损失 h_{pro} 为

$$h_{\mathrm{pro}}=\frac{T\cdot S_{\mathrm{pro}}}{\dot{m}g} \tag{4.19}$$

4.2 熵产损失计算方法验证

对于水力机械，各个部件的扬程损失通常通过每个部件的进口出口总压差值来计算。对于水泵水轮机尾水管、活动导叶、固定导叶和蜗壳部件的扬程损失，采用式(4.20)计算获取；对于旋转部件转轮，水力损失是总的旋转输入功减

去液体总压升高所获得的功，采用式(4.21)计算，即

$$h_{\Delta p}=\frac{\int_{\mathrm{In}}p_{\mathrm{Tot}}\mathrm{d}\dot{m}-\int_{\mathrm{Out}}p_{\mathrm{Tot}}\mathrm{d}\dot{m}}{\rho\dot{m}g} \tag{4.20}$$

$$h_{\Delta p}=\frac{W_{\mathrm{s}}-(\int_{\mathrm{Out}}p_{\mathrm{Tot}}\mathrm{d}\dot{m}-\int_{\mathrm{In}}p_{\mathrm{Tot}}\mathrm{d}\dot{m})}{\rho\dot{m}g} \tag{4.21}$$

式中　$h_{\Delta p}$——通过压差计算的扬程损失，m；

p_{Tot}——流体质点所具有的总压，Pa；

$\dot{m}$——水泵水轮机的质量流量，kg/s；

W_{s}——水泵水轮机水泵工况转轮的输入功率(轴功)。

为了验证采用热力学第二定律计算扬程损失方法的正确性，选取活动导叶 13 mm、19 mm 和 25 mm 开口进行不同方法损失计算对比。图 4.1 所示为不同活动导叶开口扬程损失熵产方法和压差方法对比及误差曲线。

如图 4.1(a)所示，对于 13 mm 活动导叶开口，在流量增大和流量减小方向上，除了最大流量和最低负荷工况点，扬程损失计算误差低于 10%。在流量减小方向上，最大误差为 21%，出现在最低负荷工况点，最高负荷工况点误差为 14%，其余工况点误差均在 8%左右；在流量增大方向上，两种方法计算的扬程损失最大误差为 15%，出现在最高负荷工况点，最低负荷工况点误差为 14%，其余误差均在 5%左右。

如图 4.1(b)所示，对于 19 mm 活动导叶开口，在流量减小方向上，扬程损失计算最大误差为 18.1%，出现在低负荷工况点，最高负荷工况点误差为 9.5%，其余工况点误差大部分在 5%左右，在最优工况点，误差一般在 2%以内；在流量增大方向上，计算最大误差为 11.7%，出现在驼峰区工况点，其余工况点误差大部分在 5%以内，在最优工况点附近，误差在 3%以内。

如图 4.1(c)所示，对于 25 mm 活动导叶开口，在流量减小方向上，扬程损失计算误差最大为 18%，发生在低负荷工况点，其余工况误差大部分在 5%以内；在流量增大方向上，最大误差为 20%，出现在最低负荷工况点，其余工况点误差均在 10%以内，最优工况点附近误差在 5%以内。

通过将熵产计算的扬程损失与压差计算结果进行对比发现，两者趋势一致，误差在 10%左右，最大误差一般出现在偏离最优工况点处(最高负荷工况/最低负荷工况)；在最优工况点附近，对于各个活动导叶开口，误差均在 5%内。结果表明，熵产所计算的水力损失结果可信，在壁面区域采用的壁面方程所计算的熵产，在一定的误差范围内是合理和可信的。

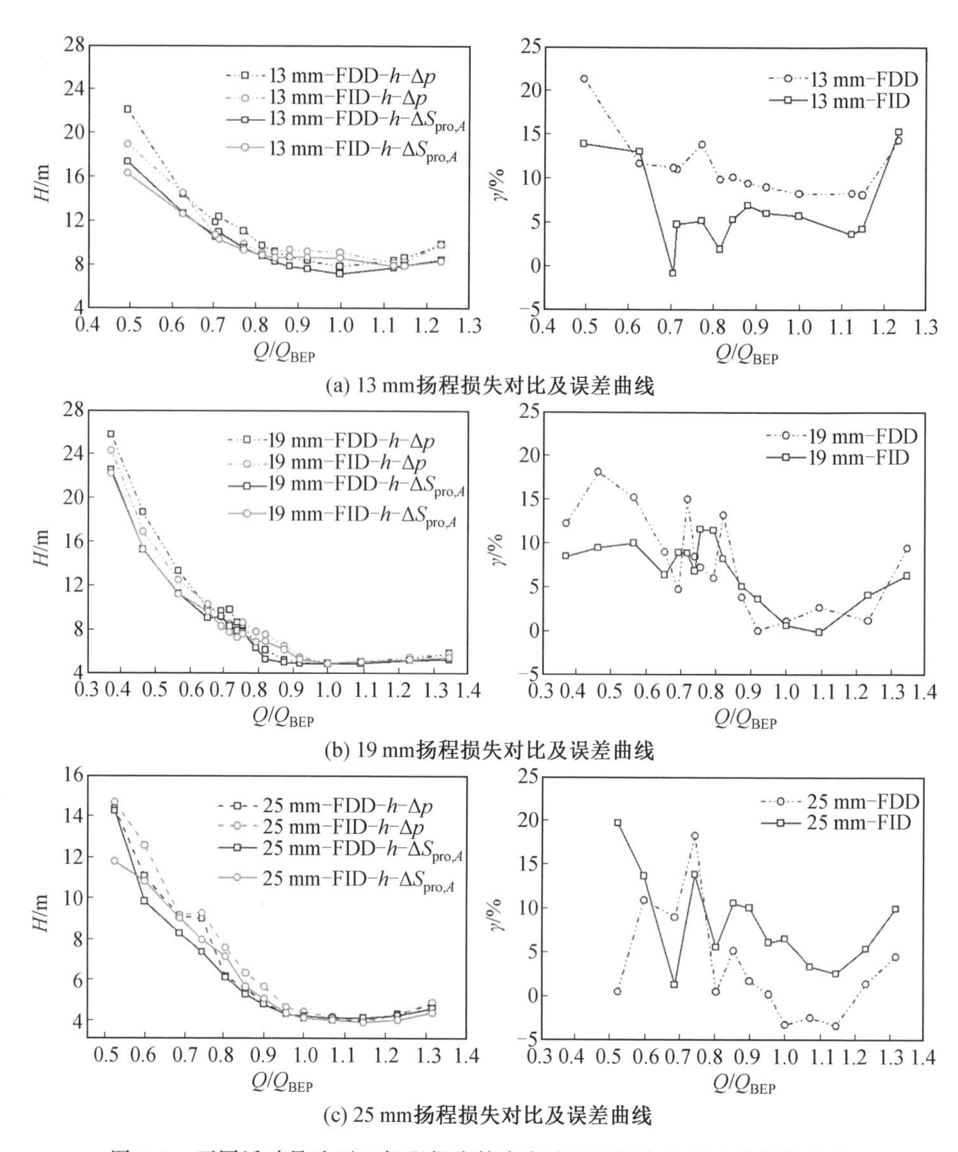

(a) 13 mm扬程损失对比及误差曲线

(b) 19 mm扬程损失对比及误差曲线

(c) 25 mm扬程损失对比及误差曲线

图 4.1　不同活动导叶开口扬程损失熵产方法和压差方法对比及误差曲线

4.3　不同活动导叶开口熵产分布

壁面区域指第一层网格节点到壁面之间的区域，近壁面区熵产主要源于第一层网格节点到壁面之间的较大速度梯度所产生的摩擦损失，可以近似看作是

各个部件的摩擦损失，而主流区的熵产主要来自流动分离、回流、撞击、旋涡等不良流动引起的速度梯度的变化。图 4.2 所示为 13 mm、19 mm 和 25 mm 活动导叶开口下壁面和主流区熵产分布。

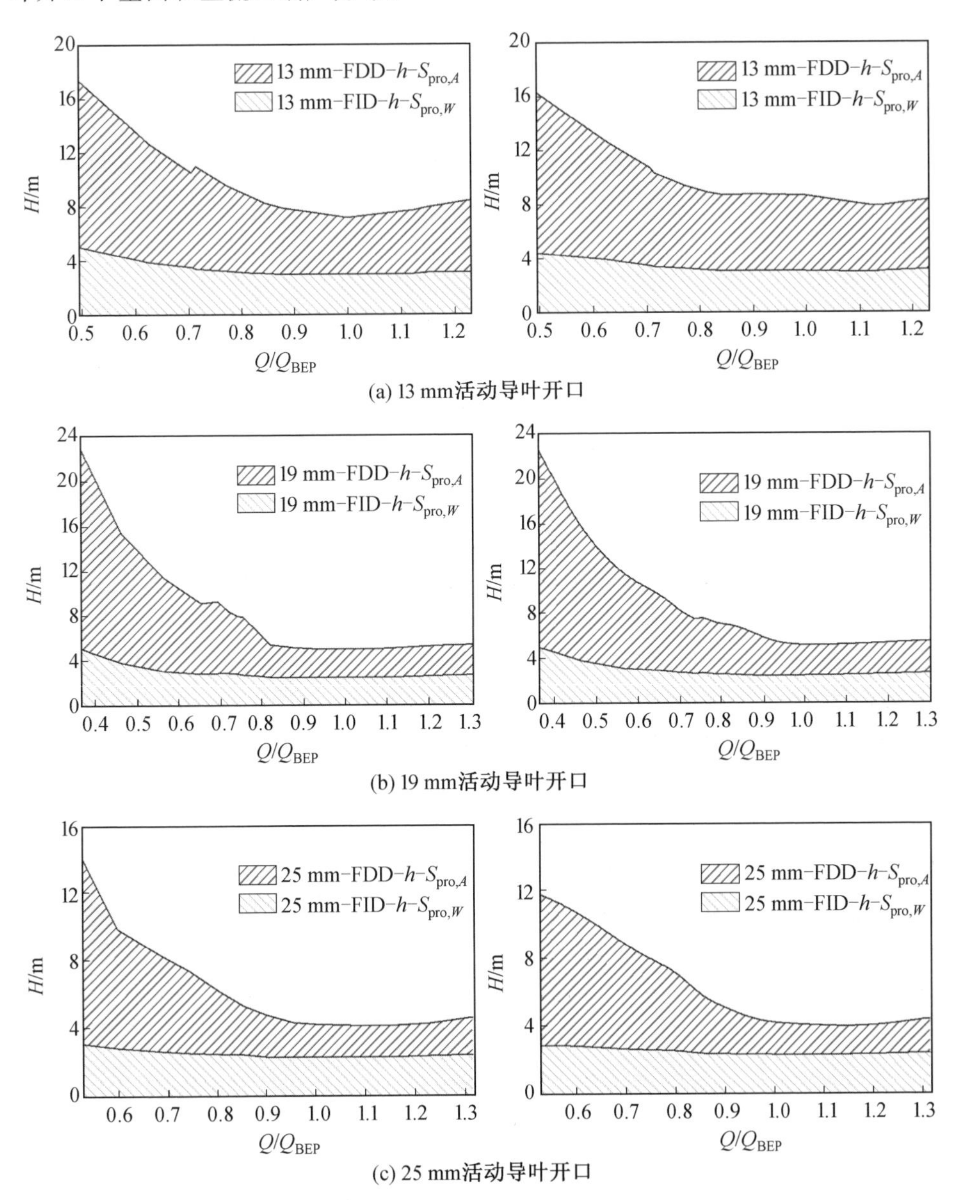

图 4.2　13 mm、19 mm 和 25 mm 活动导叶开口下壁面和主流区熵产分布

对于 13 mm 活动导叶开口，壁面区熵产所占百分比为 30%～40%，随着流量的减小绝对值呈上升趋势，而所占比例逐渐减小。对于各个工况点采取同样的网格数，y^+ 随着流量的减小呈增大的趋势，因此在大流量区工况点有部分摩擦损失导致的熵产包含在主流区内。主流区熵产在最优工况点时最低，在低负荷工况点时最大，从最优工况向大流量方向呈缓慢增加趋势，向小流量方向呈快速增加趋势。

对于 19 mm 活动导叶开口，在小流量区壁面区熵产所占比例略大于 20%，随着流量的增大，所占比例逐渐增大，在最优工况点时达到 50%，壁面熵产绝对值随着流量的增加呈缓慢下降趋势。当大于最优工况点（$1.00Q_{BEP}$）时，主流区熵产变化较小；小于最优工况点时，随着流量的减小，主流区熵产骤增。

对于 25 mm 活动导叶开口，壁面区熵产所占比例的变化趋势与 13 mm 和 19 mm 活动导叶开口一致，最大比例 55%出现在最优工况点附近，最小比例 22%出现在最低负荷工况点。壁面熵产绝对值随着流量的增加呈缓慢增大的趋势。

通过 13 mm、19 mm 和 25 mm 活动导叶开口之间的纵向对比可以看出，19 mm活动导叶开口时水力损失最大，其次是 13 mm 活动导叶开口，最低为 25 mm活动导叶开口。三者之间的摩擦损失相差不大，因此三个活动导叶开口的主要水力损失来源于主流区的不良流动。对于 13 mm 活动导叶开口流量减小方向上$0.65Q_{BEP}$～$0.75Q_{BEP}$区间以及 19 mm 活动导叶开口流量减小方向上$0.6Q_{BEP}$～$0.8Q_{BEP}$流量区间，主流区熵产出现明显的驼峰特性。因而可以得出，扬程特性曲线上驼峰特性的形成主要来源于主流区的不良流动，与壁面摩擦损失的关联性较小。

图 4.3 所示为水泵水轮机各个开口不同流量方向各个部件的主流区熵产分布。对于 13 mm 活动导叶开口（图 4.3(a)），最大的熵产部件为双列叶栅（活动导叶和固定导叶），其次是转轮，最后是蜗壳和尾水管。在大流量区蜗壳部件熵产高于尾水管，随着流量的减小，蜗壳区熵产逐渐减小，而尾水管区熵产呈指数增加。靠近最优工况点时流量增大方向和流量减小方向上熵产的区别主要来源于转轮、双列叶栅（活动导叶和固定导叶）和尾水管，其中转轮起主要作用。

对于 19 mm 活动导叶开口（图 4.3(b)），与 13 mm 活动导叶开口相比，各个部件熵产所占比例及分布规律两种开口时基本一致，熵产最大部件为双列叶栅（活动导叶和固定导叶），其次是转轮。相比于 13 mm 活动导叶开口，由熵产所计算的扬程损失绝对值明显增大，主要分布在转轮和双列叶栅中。除此以外，在靠近最优工况点驼峰区，转轮和双列叶栅的熵产值存在明显的迟滞特性。

对于25 mm活动导叶开口(图4.3(c)),各个部件的熵产分布与19 mm和13 mm活动导叶开口时略有不同。在大流量区($0.95Q_{BEP}\sim1.4Q_{BEP}$),熵产最大值位于转轮处,其次是双列叶栅。在小流量区,熵产分布与13 mm和19 mm活动导叶开口时一致,但相比之下各个部件的熵产值都有不同程度的下降。

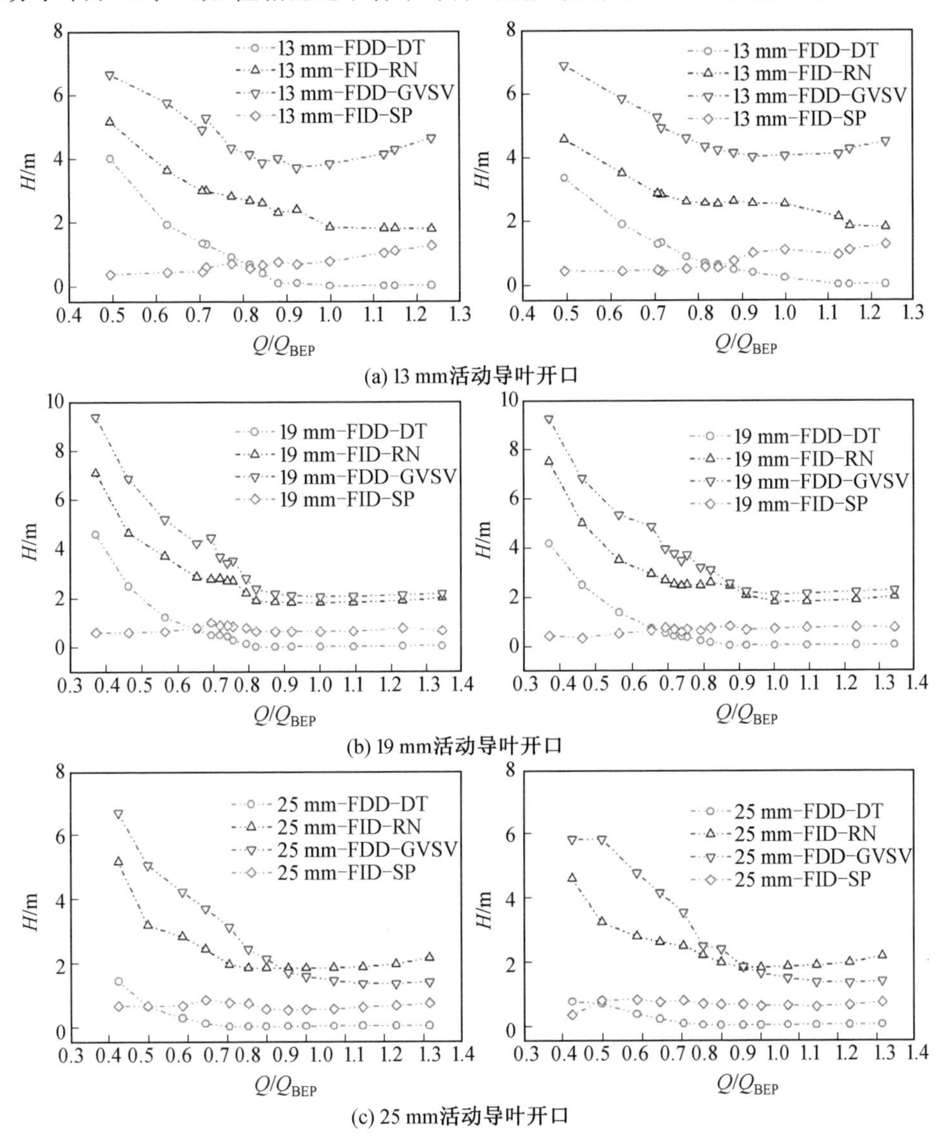

图4.3　水泵水轮机各个开口不同流量方向各个部件的主流区熵产分布

对不同活动导叶开口的主流区熵产进行分析可以得出，随着流量的减小，转轮、双列叶栅和尾水管主流区熵产明显上升，且在驼峰区内出现不同程度的迟滞特性。而蜗壳部件中随着流量的减小，主流区熵产呈缓慢下降趋势，其原因可能是流量的减小，导致蜗壳内形成的二次流动减弱。总体来说，水泵水轮机水泵工况的驼峰特性及迟滞特性主要是由双列叶栅、转轮和尾水管的主流区不良流动引起的，而与壁面摩擦损失的关联性较小。下文将针对各个部件产生熵产的位置进行详细讨论。

4.4 驼峰特性及迟滞效应分析

本节以某水泵水轮机水泵工况为例，选取 19 mm 活动导叶开口，对转轮、双列叶栅和尾水管中的熵产分布进行详细分析，以便更加直观地确定不良流动的位置和形成机理。

4.4.1 转轮局部熵产率分布

19 mm 活动导叶开口两个流量方向上转轮主流区的熵产分布如图 4.4 所示。在两个相反的流量变化方向上，当流量介于 $0.74Q_{BEP}\sim1.00Q_{BEP}$ 之间时主流区的熵产形成一个明显的迟滞环。

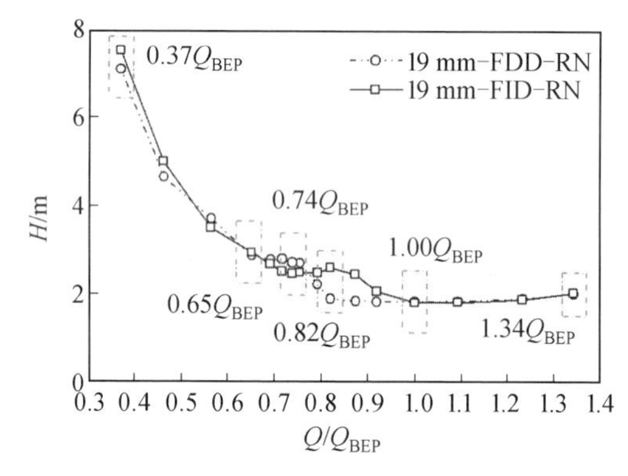

图 4.4　19 mm 活动导叶开口两个流量方向上转轮主流区的熵产分布

图 4.5 给出了 $1.34Q_{BEP}$、$1.00Q_{BEP}$、$0.82Q_{BEP}$、$0.74Q_{BEP}$、$0.65Q_{BEP}$ 和 $0.37Q_{BEP}$ 工况点转轮在不同叶片高度（SP0.95、SP0.8、SP0.5 和 SP0.2）截面主流区的局部熵产率分布。

对于 $1.34Q_{BEP}$ 流量工况点，水力损失主要集中在叶道中间靠近下环位置且偏向转轮出口处，同时在靠近上冠处叶片进口压力面和叶片出口尾迹处出现相

对较高的局部熵产率。大流量的水力损失主要来源于流动分离及叶片的尾迹。流动分离导致叶片表面的低流速运动与主流区的高流速运动进行较强的动量交换产生高水力损失。在流量增大方向和流量减小方向上，该工况点的高局部熵产率的产生位置一致，只是在流量增大方向靠近下环处叶道中间的局部熵产率值略高，但是两者之间的差别较小。

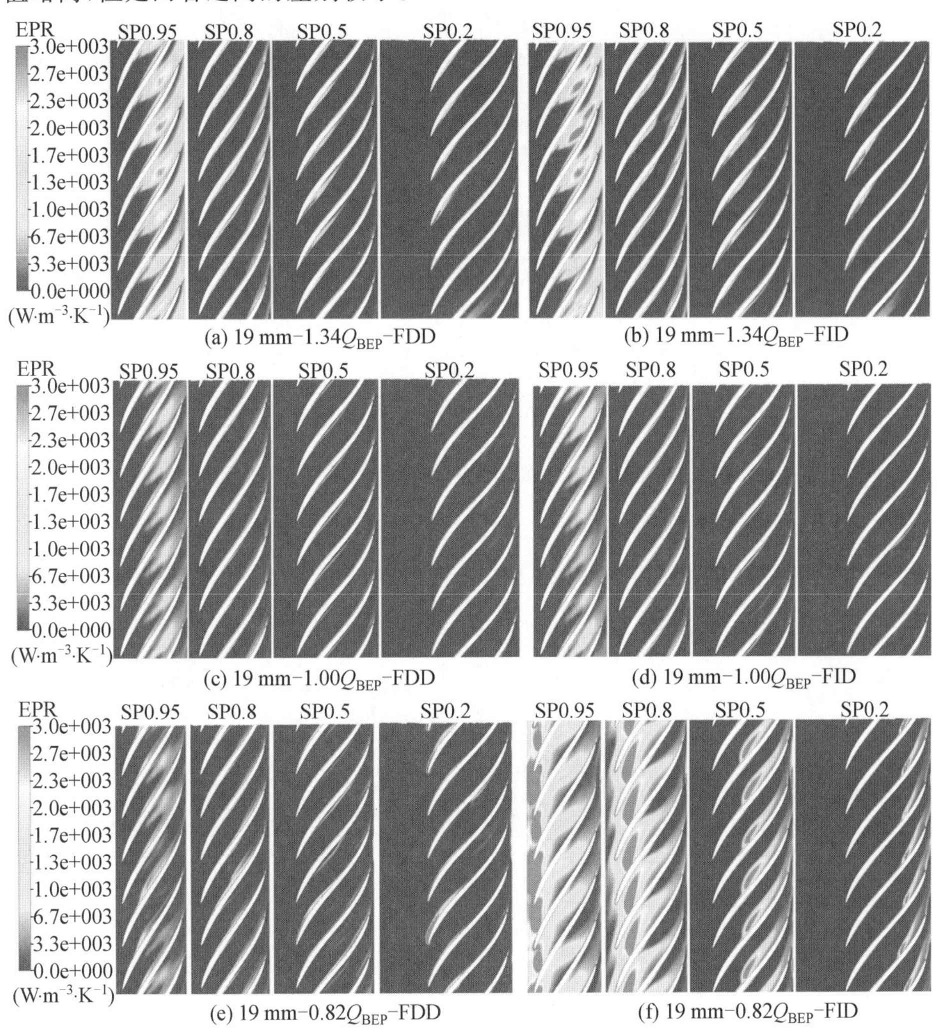

图 4.5　转轮部件不同叶片高度截面主流区的局部熵产率分布

对于 19 mm 活动导叶开口的最优工况点（1.00Q_{BEP}），相比于高负荷工况点

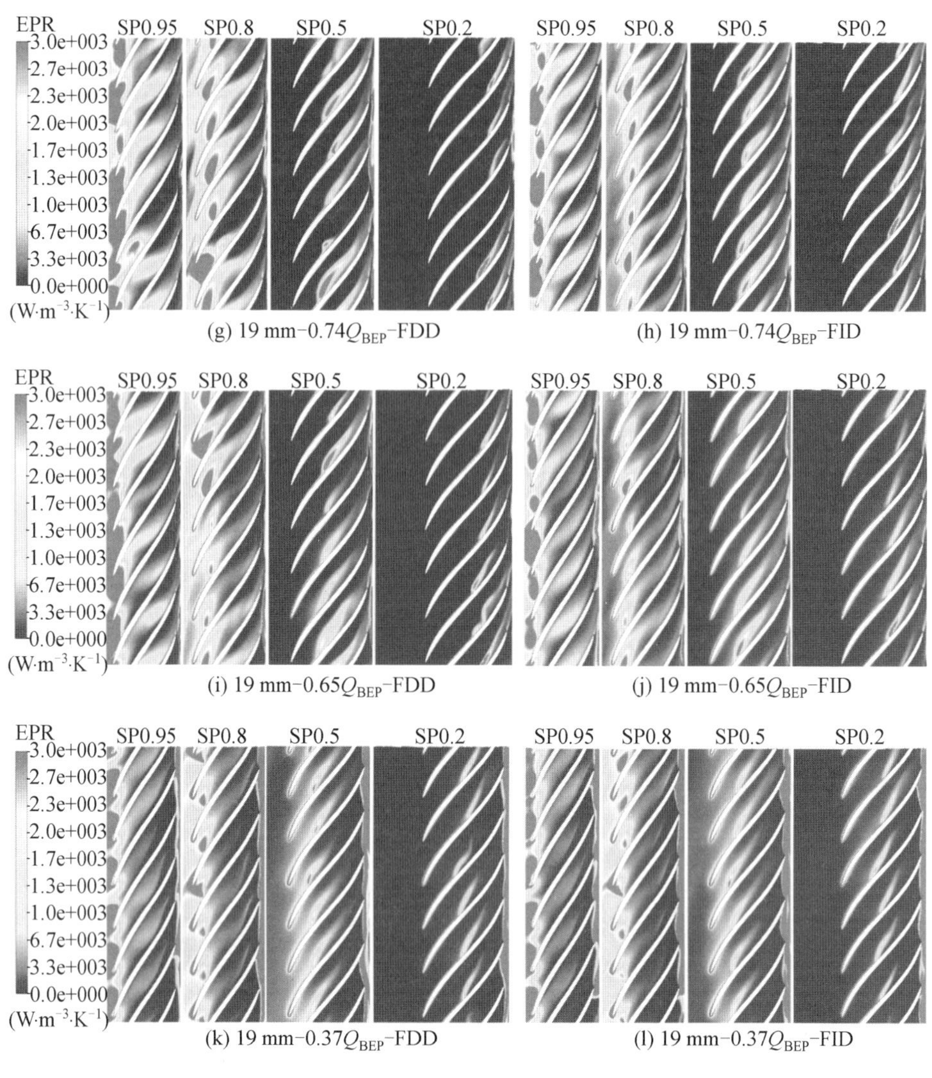

(g) 19 mm-0.74Q_{BEP}-FDD (h) 19 mm-0.74Q_{BEP}-FID

(i) 19 mm-0.65Q_{BEP}-FDD (j) 19 mm-0.65Q_{BEP}-FID

(k) 19 mm-0.37Q_{BEP}-FDD (l) 19 mm-0.37Q_{BEP}-FID

续图 4.5

(1.34Q_{BEP}),靠近下环的局部熵产率大幅度降低,靠近上冠叶片进口的高局部熵产率区域消失,而叶片尾迹仍然存在高局部熵产率区域。对于最优工况点,液流来流方向与叶片安放角之间夹角较小,流动分离较弱,随之产生的水力损失较小。两个流量方向局部熵产率大小和位置分布基本一致,总熵产值也相同。

随着流量继续减小到 0.82Q_{BEP} 工况点,在流量减小方向上,靠近下环的叶道

之间高局部熵产率区域逐渐消失，叶片吸力面出现高局部熵产率区域，同时在靠近上冠处每隔三个叶片的进口吸力面出现极高值的局部熵产率区域，可知在靠近上冠处有较强的流动分离，致使局部熵产率增大。然而，在流量增大方向上，局部熵产率值的分布与流量减小方向明显不同，靠近下环的叶片进口处出现大面积高局部熵产率区域，堵塞叶道截面，从下环到上冠，高局部熵产率区域逐渐减小并且向转轮出口移动。在下环处的旋涡堵塞整个截面的叶道，从下环到上冠，旋涡逐渐减小，并沿着叶片吸力面向转轮出口移动。不同流量方向上的局部熵产率和分布位置不同，导致总熵产值不同，即不同的不良流动导致两个方向的水力损失不同，从而促使外特性扬程不同，呈现迟滞效应。

当到达 0.74Q_{BEP} 流量工况点时，靠近下环处高局部熵产率区域增加，其分布与 0.82Q_{BEP} 工况点在流量增大方向时相同，从下环到上冠，高局部熵产率域减小，并沿着叶片吸力面逐渐向转轮出口移动，同时在靠近双列叶栅处出现两个高局部熵产率区域。在流量减小方向上，从 0.82Q_{BEP} 工况点到 0.74Q_{BEP} 工况点，外特性扬程出现下降，形成驼峰特性。因此通过分析可知，驼峰特性的形成与转轮进口靠近下环的回流产生的旋涡有关。对于 0.74Q_{BEP} 工况点，在流量增大方向上，整个转轮中高局部熵产率区域的分布与流量减小方向一致，因此该工况点两个方向上的水力损失相同，外特性扬程表现一致。

随着流量的继续减小，从 0.74Q_{BEP} 到 0.64Q_{BEP}，转轮部分主流区总熵产值增幅较小，高熵产率区域较 0.74Q_{BEP} 流量工况点向叶片进口方向移动，靠近下环的回流旋涡向上冠缓慢移动。当流量继续减小到 0.37Q_{BEP} 流量工况点时，回流区域继续向上冠移动，高熵产率区域在不同截面中均向叶片进口方向移动，同时在转轮出口处出现高熵产率区域。

4.4.2　双列叶栅局部熵产率分布

双列叶栅部件不同流量方向主流区熵产对比如图 4.6 所示，在两个迟滞环处（0.50Q_{BEP}～0.74Q_{BEP} 和 0.74Q_{BEP}～1.00Q_{BEP}），流量增大方向上双列叶栅中的总熵产值明显高于流量减小方向。图 4.7～4.12 所示为双列叶栅不同截面局部熵产率分布。

如图 4.7 所示，对于高负荷工况点，高局部熵产率区域主要位于靠近底环的

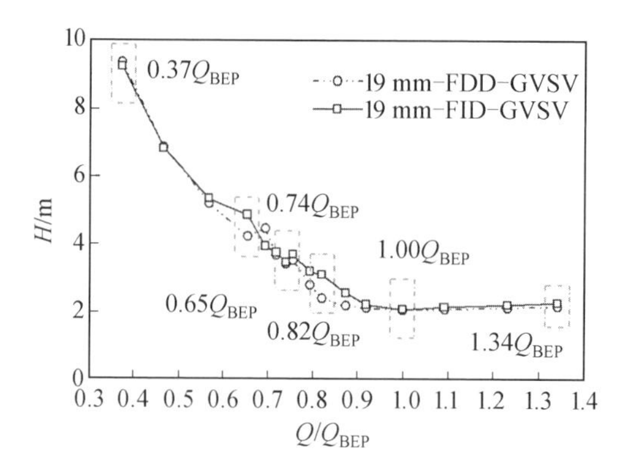

图 4.6 双列叶栅部件不同流量方向主流区熵产对比

横截面上。在靠近顶盖处,仅有几处高局部熵产率区域,而这部分主要位于固定导叶区域。在活动导叶区域,高局部熵产率区域主要位于导叶尾迹区域。在流量增大方向和流量减小方向上,虽然靠近顶盖处高局部熵产率区域分布略有不同,但是总的熵产值基本一致,两个方向所产生的水力损失也基本一致。对于最优工况点(图 4.8),相比于高负荷工况点,靠近底环的局部熵产率大幅度减小,靠近顶盖处的高局部熵产率区域略有增加,而靠近特殊固定导叶处的流道内在两个流量方向上都存在高局部熵产率区域。

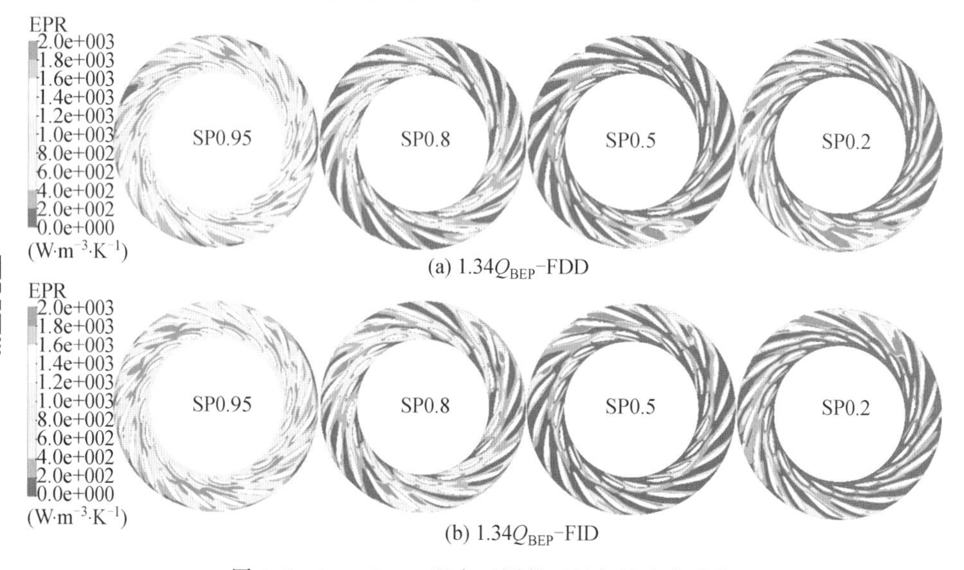

图 4.7 1.34Q_{BEP}工况点不同截面局部熵产率分布

如图 4.9 所示,在流量减小方向上,0.82Q_{BEP}流量工况点位于驼峰区内,同时

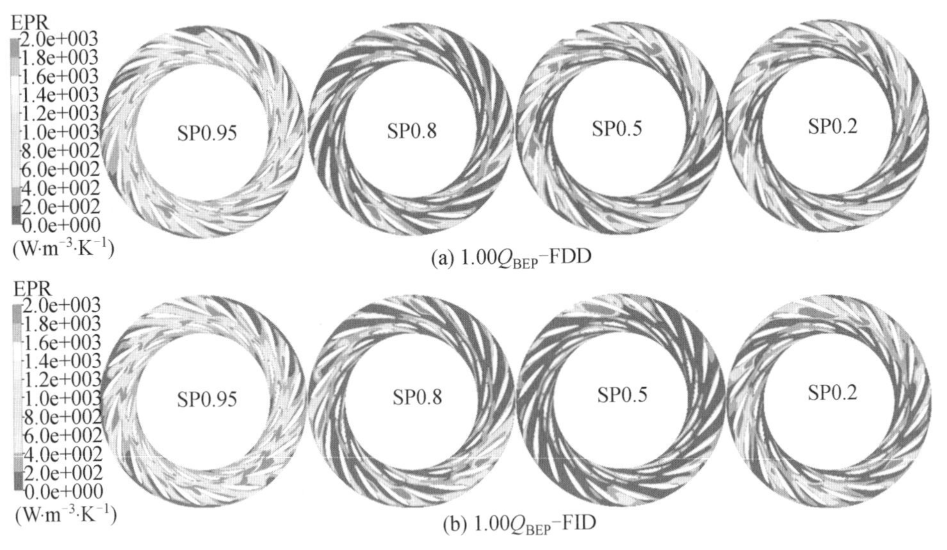

图 4.8　$1.00Q_{BEP}$工况点不同截面局部熵产率分布

位于迟滞环的中心点，与 $1.00Q_{BEP}$流量工况点的高局部熵产率分布基本一致，大部分局部熵产率区域靠近底环，同时在靠近顶盖处发现大面积高熵产率分布区域。由于固定导叶个别通道发生流动分离，以致形成分离旋涡，进而堵塞固定导叶通道，致使相邻通道流速加快，由于分离旋涡低速区域与相邻叶道高流速区域进行剧烈的动量交换，高水力损失产生，因而在该区域表现为高局部熵产率特性。在流量增大方向上，靠近底环截面流动分离严重，几乎每个叶道中都存在不同程度的分离旋涡，可以看出有 4 个叶道被加速，其他固定导叶流道被不同程度堵塞，至此形成 4 个高局部熵产率区域，均匀分布在周向。从下环到上环，流动分离强度逐渐减弱，堵塞流道逐渐减小，高局部熵产率区域逐渐减小。因此通过熵产分析可知，该工况点在两个方向上靠近顶盖和下环处由于不同程度的流动分离，形成了不同程度的分离旋涡，对流道堵塞作用不同，对相邻流道流体加速程度不同，因此动量交换程度不同，表现出水力损失的不同，从而呈现不同的局部熵产率分布。综上所述，双列叶栅中的水力损失来源于固定导叶流道中的流动分离以及形成的分离旋涡的作用。

如图 4.10 所示，随着流量继续减小，到达 $0.74Q_{BEP}$流量工况点，在流量减小方向上，靠近下环的局部熵产率值骤增，靠近顶盖的局部熵产率也有不同程度的增加，可知流量减小到该工况点时，由于固定导叶来流偏离固定导叶的安放角，固定导叶出现严重的流动分离，进而形成分离旋涡。从顶盖到下环处流动分离强度增大，分离旋涡堵塞更多的流道，因而导致双列叶栅中水力损失增大，从而

促进驼峰特性的形成。在该工况点，对于不同流量方向，流动分离强度和分离旋涡分布大致相同，因而在该工况点，外特性扬程未见明显差异。

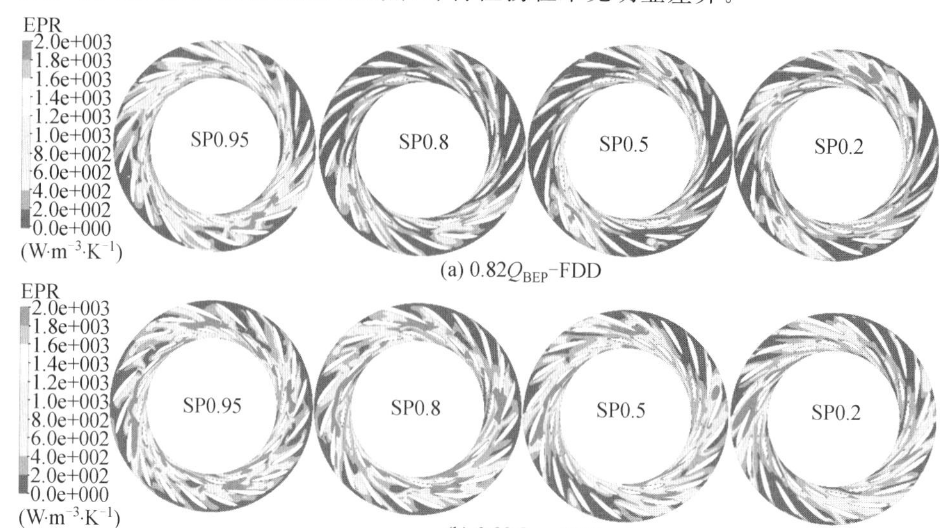

(a) $0.82Q_{BEP}$-FDD

(b) $0.82Q_{BEP}$-FID

图 4.9　$0.82Q_{BEP}$工况点不同截面局部熵产率分布

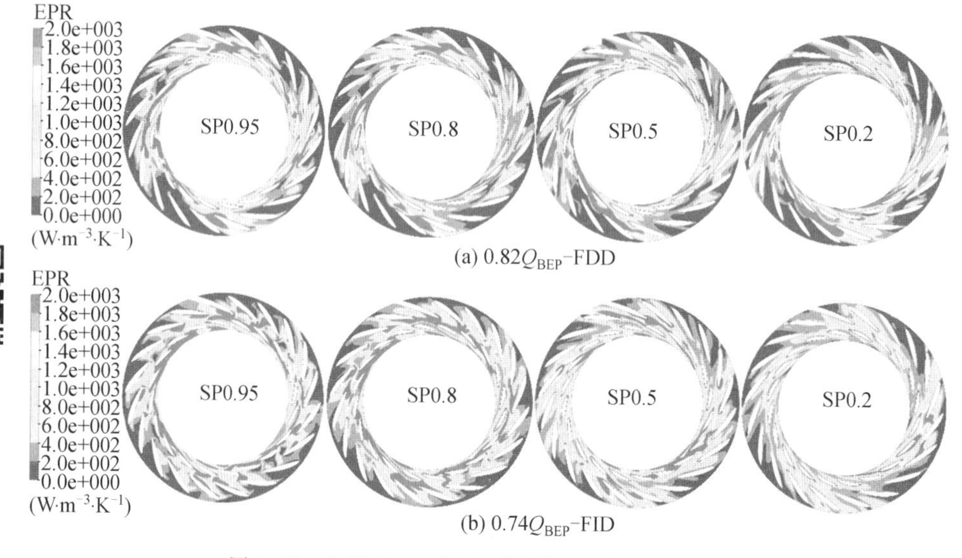

(a) $0.82Q_{BEP}$-FDD

(b) $0.74Q_{BEP}$-FID

图 4.10　$0.74Q_{BEP}$工况点不同截面局部熵产率分布

如图 4.11 所示，对于 $0.65Q_{BEP}$流量工况点，流动分离强度加强，在 SP0.8 截

面的分离旋涡明显增多，在 SP0.5 和 SP0.2 截面出现 4 个均匀分布的旋涡区，致使活动导叶流道形成 4 个加速通道，形成 4 个局部熵产率高值区域。在流量增大的方向上，通过观察流线图可知，固定导叶通道流动分离强度与分离旋涡数量多于流量减小方向，因此水力损失在流量增大方向略高些，并促使 19 mm 活动导叶开口下第二个迟滞环的形成。如图 4.12 所示，当流量减小到 $0.37Q_{BEP}$ 时，随着流量的减小，流速减小，流动分离继续加强，流道堵塞加强，活动导叶处由于堵塞加强，动量交换加剧，活动导叶部分损失也快速增加，而对于固定导叶部分，由于堵塞严重，动量交换减小，局部熵产率高区域呈减少趋势。这与第 3 章压差损失的分析结果一致。随着流量的减小，活动导叶部分损失骤增，而固定导叶在小流量区水力损失变化不大。

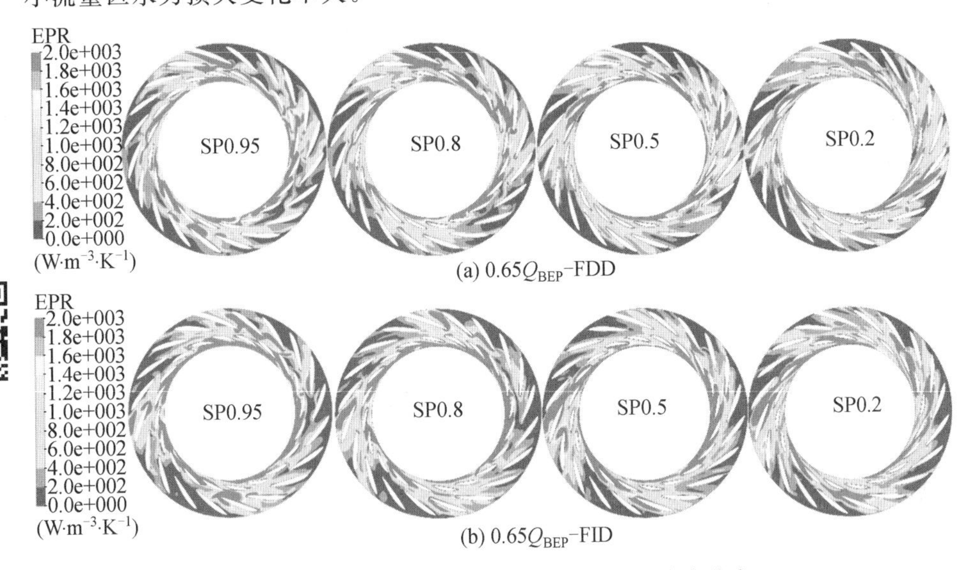

图 4.11　$0.65Q_{BEP}$ 工况点不同截面局部熵产率分布

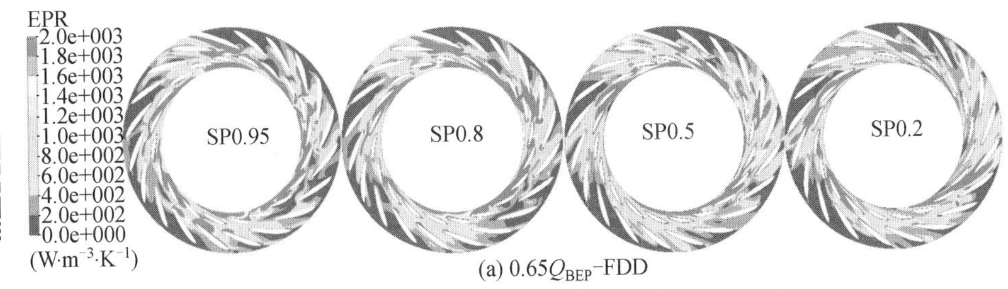

图 4.12　$0.37Q_{BEP}$ 工况点不同截面局部熵产率分布

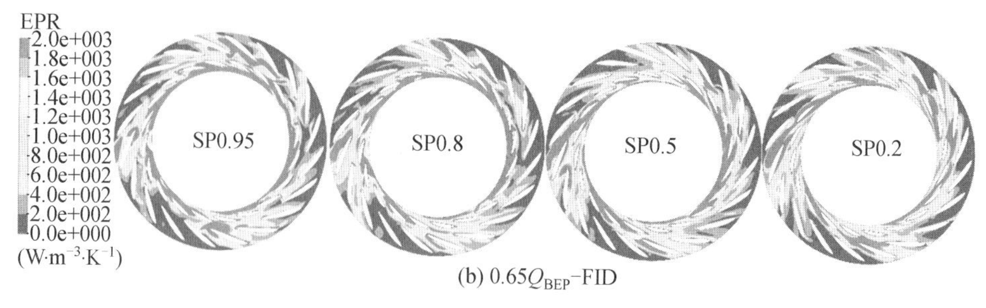

(b) $0.65Q_{BEP}$-FID

续图 4.12

4.4.3 尾水管局部熵产率分布

图 4.13 所示为尾水管主流区熵产变化趋势。在大流量区尾水管主流区的熵产几乎没有变化,当流量小于 $0.82Q_{BEP}$时,随着流量的减小尾水管主流区熵产快速增加。在驼峰区,两个流量方向的尾水管熵产存在一个较小的迟滞环,因此尾水管处在两个流量方向上水力损失的不同也促使了外特性扬程迟滞效应的产生。

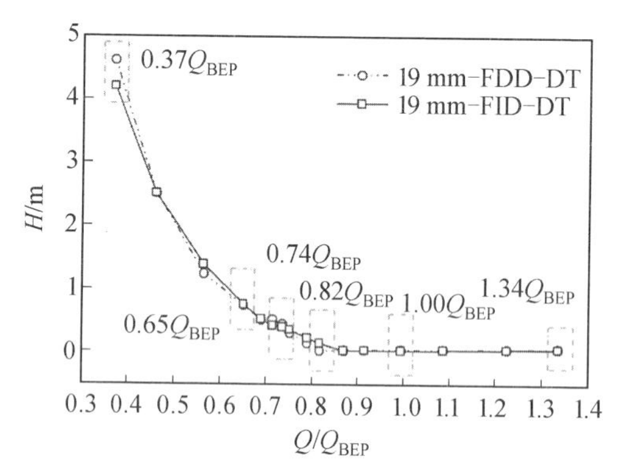

图 4.13 尾水管主流区熵产变化趋势

图 4.14 所示为尾水管主流区不同工况点在不同截面上的熵产率分布。如图所示,截取尾水管纵截面,同时在锥管处截取 A、B 和 C 3 个横截面,在肘管处取 D 截面。当流量大于 $1.00Q_{BEP}$时,整个尾水管流域及各个截面均未发现高熵产率区域。对于 $0.82Q_{BEP}$流量工况点,在流量增大的方向上,靠近转轮进口发现局部熵产率高值区域,而在流量减小方向上未发现。在该工况点两个流量方向上产生水力损失的差值原因是尾水管出口转轮进口靠近壁面处产生了回流。随着流量的继续减小,局部熵产率高值区域面积不断增大,当到达 $0.37Q_{BEP}$流量工况点时,局部熵产率高值区域扩展到 C 横截面处。

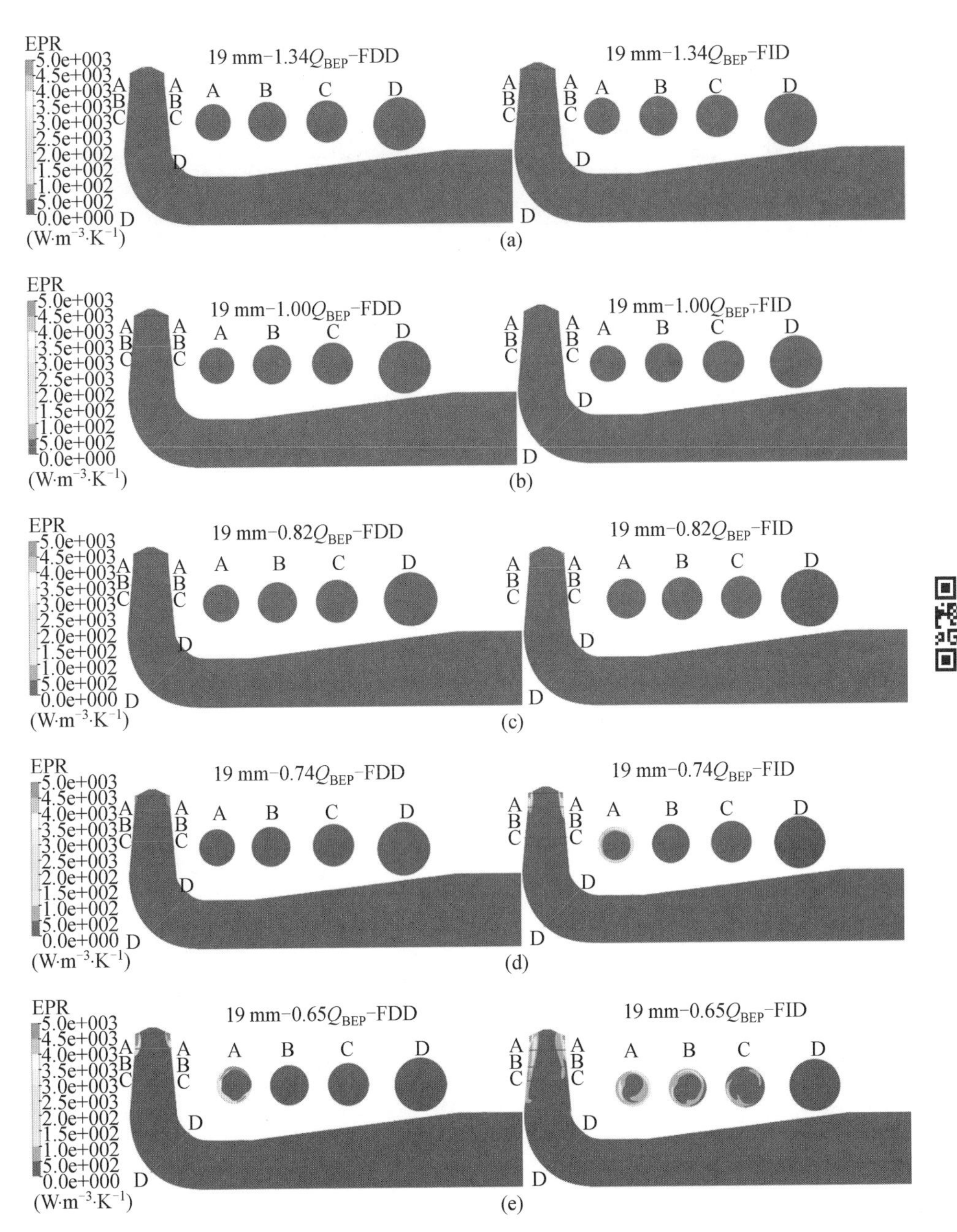

图 4.14 尾水管主流区不同工况点在不同截面上的熵产率分布

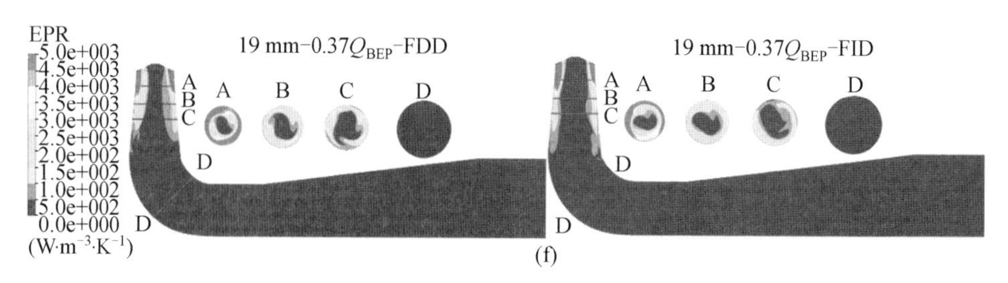
EPR
5.0e+003
4.5e+003
4.0e+003
3.5e+003
3.0e+003
2.5e+003
2.0e+002
1.5e+002
1.0e+002
5.0e+002
0.0e+000
(W·m⁻³·K⁻¹)
19 mm-0.37QBEP-FDD
19 mm-0.37QBEP-FID
A
B
C
D
(f)

续图 4.14

第5章

抽水蓄能机组过渡过程研究

本章主要介绍抽水蓄能机组过渡过程的相关研究，阐述过渡过程数值计算基本理论与方法，结合一、三维联合仿真计算方法分析过渡过程压力脉动形成机理，并研究不同导叶开度及转动惯量下过渡过程的瞬态特性。作为水力发电核心设备，水泵水轮机在过渡过程中的水力激振问题亟须解决。本章首先介绍过渡过程数值计算的3个发展阶段；然后利用其中的一、三维联合仿真方法对水轮机甩负荷瞬态过程及水泵断电瞬态过程进行数值计算，分析脉动压力时空演化特性及形成机理；最后，通过改变导叶开度及转动惯量分析过渡过程的瞬态特性，为后续智能优化打下基础。

5.1 抽水蓄能机组过渡过程概述

为了有效地抑制风能、太阳能发电造成的电力系统波动，提高电网系统对风能、太阳能发电的吸收能力，作为目前技术最成熟、经济性最强、唯一可以在电网尺度大规模商业应用的能量存储技术，抽水蓄能电站得到了大力发展。但为了在输电网中发挥负荷平衡和频率调节的作用，抽水蓄能发电机组要频繁地转换运行工况。在机组转换运行工况的过程中，作为水力发电系统核心关键部件之一的水泵水轮机要经历如水轮机启停、负荷变化、水泵启停和紧急事故断电等一系列复杂的水力过渡过程。由于过渡过程中输水系统管路阀门和导叶开度以及机组转速的改变，输水系统中存在复杂的水锤、压力脉动空化以及回流等水力现象，它们之间相互耦合作用会产生断流弥合水锤等更加复杂的水力现象。这些复杂水力现象会直接诱发产生相比于正常运行工况更加剧烈的高幅值压力脉动。作为交变载荷的脉动压力又会作用于水泵水轮机过流部件表面使其产生疲劳破坏或水力偏载，直接影响水泵水轮发电机组运行的安全稳定和使用寿命。特别是，其会在转动部件的水力端产生剧烈波动的水推力(矩)。这种剧烈波动的水推力又会造成转动部件受力失衡，甚至可能引发整个抽水蓄能发电机组转动部件的抬机、扫膛和水力激振等严重事故，最终威胁人类的生命财产安全。时至今日，一些国内外的水电站，尤其是抽水蓄能电站仍然面临着过渡过程水力激振问题的困扰，而且随着抽水蓄能发电技术逐渐向高水头、大容量、高比转速方向发展，抽水蓄能发电机组面临的这种过渡过程水力激振问题更加突出。因而，进行水泵水轮机过渡过程水力激振问题研究具有重要意义。

蓄能机组过渡过程水力激振问题是一个来源于抽水蓄能发电工程实际的科学问题，开展蓄能机组过渡过程水力激振形成机理研究可以为选择消除水力激振现象提供理论依据，从而提高抽水蓄能机组的安全可靠性，具有重大的工程实际意义。此外，开展抽水蓄能机组过渡过程水力计算还要解决管路系统瞬变流动一三维联合仿真问题、动边界非定常流动问题以及空化水流的压缩性计算问

题，解决上述瞬变流动计算难题，对开展抽水蓄能机组过渡过程水力激振问题形成机理研究具有重要的学术意义，可以有效推进水力机械瞬变流动理论和瞬变流动数值计算三维化的研究进程。因此，本章将对抽水蓄能电站过渡过程的瞬态特性及流动机理进行介绍。

5.2　过渡过程流动数值计算方法

在目前的水电工程实践中主要采用一维的瞬变流动理论与数值计算方法进行抽水蓄能电站过渡过程水力计算。在众多的一维瞬变流动数值计算方法中，一维特征线法由于具有清晰明确的物理意义，便于各种复杂边界条件的编程实现，因而被广泛采用。尽管采用一维特征线法进行抽水蓄能电站过渡过程水力计算的方法已经很成熟，并且被水电工程实践广泛采用，但是单纯的一维计算方法无法给出过渡过程中三维流动特征明显的水泵水轮机的全面瞬态特性。尤其是对于抽水蓄能电站过渡过程事故中频繁出现的蓄能发电机组转动部件水力端的水力偏载和异常压力脉动问题，一维计算方法束手无策。其原因在于上述过渡过程蓄能发电机组转动部件水力端的水力偏载和异常压力脉动问题都属于水力激振问题，具有复杂的三维非定常流动机理。要想揭示这种水力激振问题的三维非定常流动演化机理，从而找到有效的过渡过程蓄能机组水力激振问题解决措施，首先必须进行水泵水轮机过渡过程瞬态流动的三维计算。这也正是近年来学术界大力推进水力机械系统过渡过程瞬变流动计算三维化研究的原因。

5.2.1　基于瞬态试验数据的水泵水轮机三维流动计算方法

起初为了探究水泵水轮机过渡过程中水力激振的三维非定常流动机理，只对机组段进行三维建模，并采用定常的进出口边界条件进行过渡过程瞬态流动计算，采用动网格方法模拟水泵水轮机中导叶和阀门的启闭过程。采用机组转动部件角动量方程式(5.1)～(5.3)迭代计算机组转速的变化过程。

$$M=J\frac{\mathrm{d}\omega}{\mathrm{d}t} \tag{5.1}$$

式中　M——转子所受的合力矩(不考虑机械摩擦和风阻力矩)，N·m；

J——转子的转动惯量，kg·m^2；

ω——转子角速度，rad/s；

t——时间，s。

将转子角动量平衡方程式(5.1)离散成差分方程

$$\frac{M_i}{J}=\frac{\omega_{i+1}-\omega_i}{t_{i+1}-t_i} \tag{5.2}$$

从而有

$$\omega_{i+1}=\omega_i+\frac{M_i}{J}(t_{i+1}-t_i) \tag{5.3}$$

这种方法忽略了三维水泵水轮机进出口边界条件的非定常特性对瞬态流动计算的影响,其计算结果与实际过渡过程情况有一定差距。在此基础上,提出了根据水泵水轮机过渡过程瞬态试验数据给定进出口边界条件的三维计算方法。该计算方法可以准确地计算过渡过程中水泵水轮机内的三维非定常流动,可用于研究水泵水轮机过渡过程水力激振问题的三维非定常流动机理。但由于该计算方法依赖瞬态试验数据,因此无法应用于水电工程实践。

5.2.2 抽水蓄能电站输水系统全三维计算方法

为了摆脱对水泵水轮机瞬态试验数据的依赖,又提出了针对整个抽水蓄能电站输水系统全三维建模的瞬态流动计算方法,即根据三维流动控制方程组式(5.4)和式(5.5)对整个抽水蓄能电站输水系统进行全三维数值计算。

质量守恒(连续性方程):

$$\frac{\partial\rho}{\partial t}+\frac{\partial(\rho u_i)}{\partial x_i}=0 \tag{5.4}$$

动量守恒(N－S 方程):

$$\frac{\partial u_i}{\partial t}+u_j\frac{\partial u_i}{\partial x_j}=f_i-\frac{1}{\rho}\frac{\partial p}{\partial x_i}+\upsilon\Delta^2 u_i+\frac{V\partial^2 u_j}{3\partial x_i\partial x_j} \tag{5.5}$$

式中 u_i——流动速度分量,m/s,$i=1,2,3$;

p——压力,Pa;

t——时间,s;

x_i——坐标分量,m;

f_i——体积力分量,N。

在这种全三维计算方法中,如果考虑调压室内的气液分界面的波动过程以及水泵水轮机内的空化效应的多相流动模拟,将极大增加数值模拟的计算量,甚至无法在工程实际中进行应用,因而该方法只适用于求解过水系统比较短、三维流动特征明显的贯流式水电站过渡过程计算。而对于带有长距离输水管道系统的抽水蓄能电站的过渡过程瞬态流动计算,该方法显然不是最佳选择。

5.2.3 抽水蓄能电站输水系统一、三维联合仿真计算方法

综合考虑瞬态流动一维计算方法和三维计算方法的优点，提出了一、三维联合仿真的抽水蓄能电站输水系统过渡过程瞬态流动数值计算方法，其原理图如图 5.1 所示。针对三维流动特征明显的水泵水轮机组段采用三维流动控制方程组式(5.4)、式(5.5)进行计算，采用一维瞬态流动控制方程式(5.6)、式(5.7)对长距离输水管路系统内的瞬变流动进行计算。

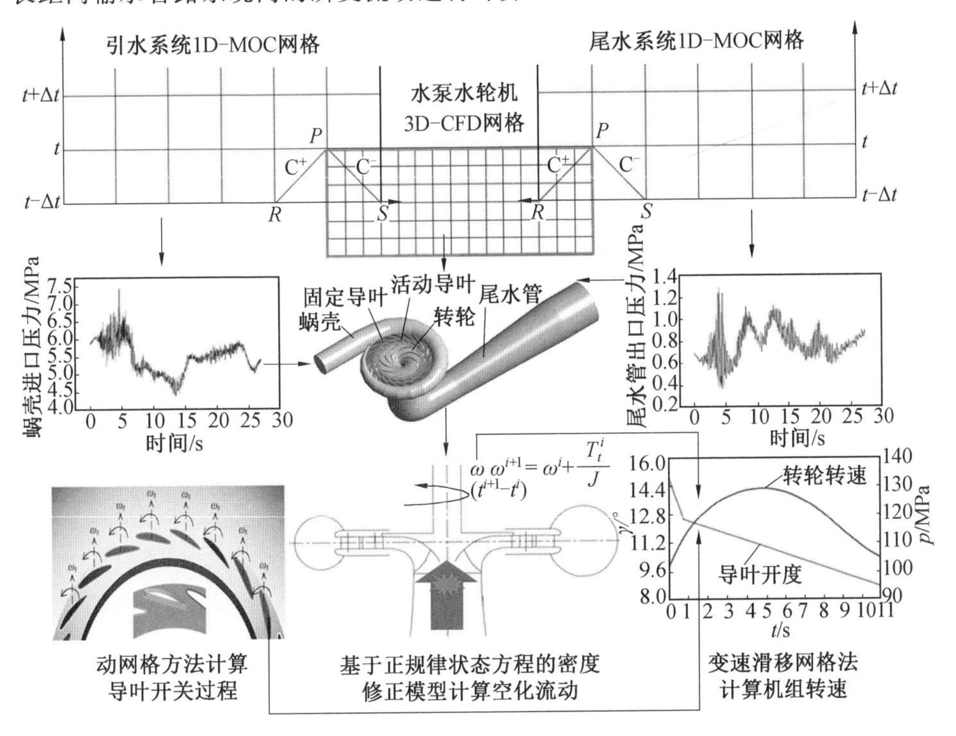

图 5.1　水泵水轮机过渡过程一三维联合仿真方案原理图

质量守恒：

$$\frac{\partial H}{\partial t}+\frac{a^2}{g}\frac{\partial V}{\partial x}+V\frac{\partial H}{\partial x}+V\sin\gamma=0 \tag{5.6}$$

动量守恒：

$$g\frac{\partial H}{\partial x}+V\frac{\partial V}{\partial x}+\frac{\partial V}{\partial t}+\frac{f}{2D}V|V|=0 \tag{5.7}$$

式中　H——水头，包括压力水头和位置水头，m；

V——管路断面平均流速，m/s；

t——时间，s；

x——沿管路轴线的距离，m；

g——重力加速度，m/s^2；

f——管道壁面的摩擦阻力系数；

D——管道直径，m；

a——水击波速，m/s；

γ——管道轴线与水平面的夹角，°。

如图 5.1 所示，一、三维计算域网格部分重叠布置方式按照式(5.8)、式(5.9)进行一维管路系统和三维水泵水轮机计算域之间的耦合数据交互传递。从而在不依赖于任何瞬态试验数据的条件下为一维计算域和三维计算域提供准确的非定常边界条件。

$$C^+: H_P^{(t)} = H_R^{(t-\Delta t)} - B^+ (V_P^{(t)} - V_R^{(t-\Delta t)}) \tag{5.8}$$

$$C^-: H_P^{(t)} = H_S^{(t-\Delta t)} - B^- (V_P^{(t)} - V_S^{(t-\Delta t)}) \tag{5.9}$$

式中 H——水头，包括压力水头和位置水头，m；

V——管路断面平均流速，m/s；

t——时间，s；

B^+、B^-——在每一段管中均为常数，可由上一时刻瞬态参数算出，s。

为了准确计算水泵水轮机内的三维非定常流动，采用弱可压缩模型式(5.10)对水泵水轮机内的水流密度进行修正。采用动网格方法和变速滑移网格方法分别模拟过渡过程中水泵水轮机导叶的启闭和机组转速的波动。

$$\rho = \frac{\rho_0}{1 - \dfrac{p - p_0}{K}} \tag{5.10}$$

式中 ρ——水流密度，kg/m^3；

p——水流压力，Pa；

K——水的体积弹性模量，Pa；

ρ_0、p_0——参考状态下水流密度和压力值。

如果需要考虑水泵水轮机中的空化效应，只需在所关注的三维水泵水轮机的流动控制方程中加入水蒸气的体积分数输运方程和空化模型即可，无须对整个输水系统进行多相流动计算。因而这种一、三维联合仿真计算方法既可以较为准确地对抽水蓄能电站过渡过程的瞬态流动进行计算，又不会造成计算资源的浪费，是未来最有潜力广泛应用于水电工程实践的过渡过程计算方法。

5.3　过渡过程压力脉动流动机理

采用第5.2节介绍的抽水蓄能电站输水系统瞬态流动一三维联合仿真方法可以对水泵水轮机各种过渡过程进行数值计算，从而预测各种过渡过程水泵水轮机的瞬态特性，并探究其非定常流动机理。本节采用一三维联合仿真计算方法对水泵水轮机过渡过程中最为典型的水轮机甩负荷瞬态过程以及水泵断电瞬态过程进行数值计算。根据瞬态数值计算结果采用时频联合分析方法对脉动压力的时空演化特性进行分析，并结合内流场分析异常压力脉动的形成机理。

5.3.1　水轮机甩负荷后瞬态过程压力脉动流动机理

水泵水轮机甩负荷后的瞬态过程分为导叶正常关闭和事故拒动两种情况。甩负荷后导叶拒动飞逸过程的压力脉动时频与甩负荷后导叶正常关闭过程压力脉动的时频特性类似，本小节先着重介绍甩负荷后导叶正常关闭过程的压力脉动。甩负荷过程水泵水轮机内各监测点的瞬态压力时域信号如图5.2所示。

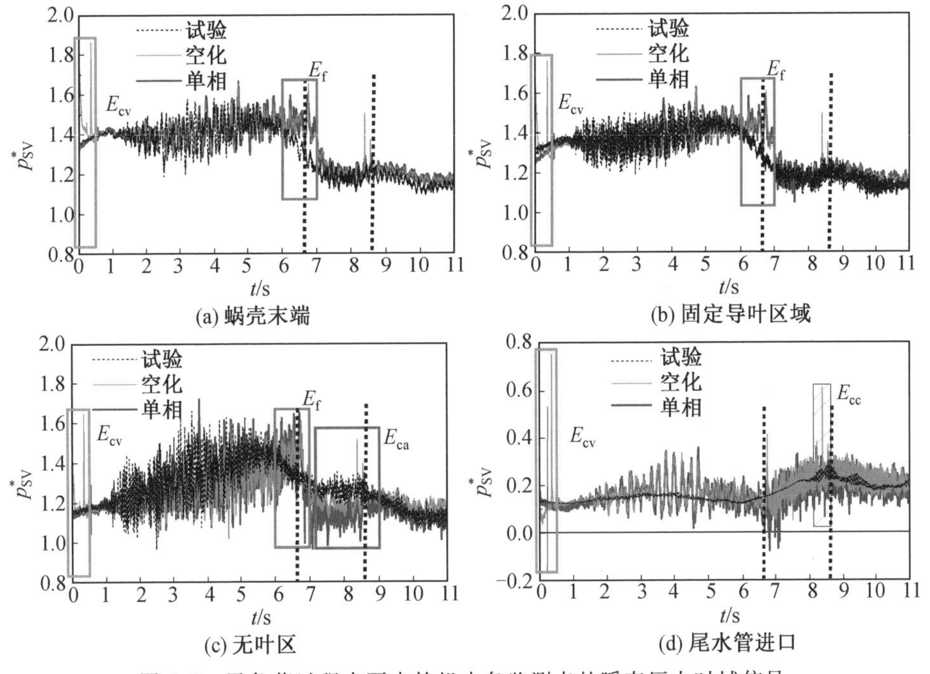

图5.2　甩负荷过程水泵水轮机内各监测点的瞬态压力时域信号

从这种时域信号无法获得任何直观的压力脉动时空分布特征。这里采用时频联合分析中的短时傅里叶变换方法对压力脉动时域信号进行处理，经变换处理得到的结果如图 5.3 所示。甩负荷后导叶正常关闭过程水泵水轮机内的压力脉动主要包括 5 种高幅值压力脉动频率成分：叶片通过频率及其谐波频率，低于 4.5 倍转频的低倍频率高幅值压力脉动频率，空腔溃灭频率，尾水管空化涡诱发的高幅值压力脉动频率以及空腔溃灭和动静干涉的耦合作用频率。其中，尾水管空化涡带诱发的压力脉动和空腔溃灭诱发的压力脉动无法在单相流动模拟中捕捉到。根据图 5.4 所示的甩负荷后导叶关闭过程的瞬态特性曲线划分的机组运行模式，这几种压力脉动频率成分具有如下时域分布特征，其中尾水管空化涡带诱发的压力脉动发生在甩负荷后的水轮机工况，低于 4.5 倍转频的低倍频率高幅值压力脉动发生在转轮水力矩为零的飞逸工况附近，转轮叶片出口附近空腔溃灭诱发的压力脉动主要发生在反水泵工况的最大反向流量工况点附近，并且甩负荷后导叶正常关闭过程水泵水轮机内的压力脉动具有越靠近转轮进出口压力脉动幅值越高的空间分布特征。

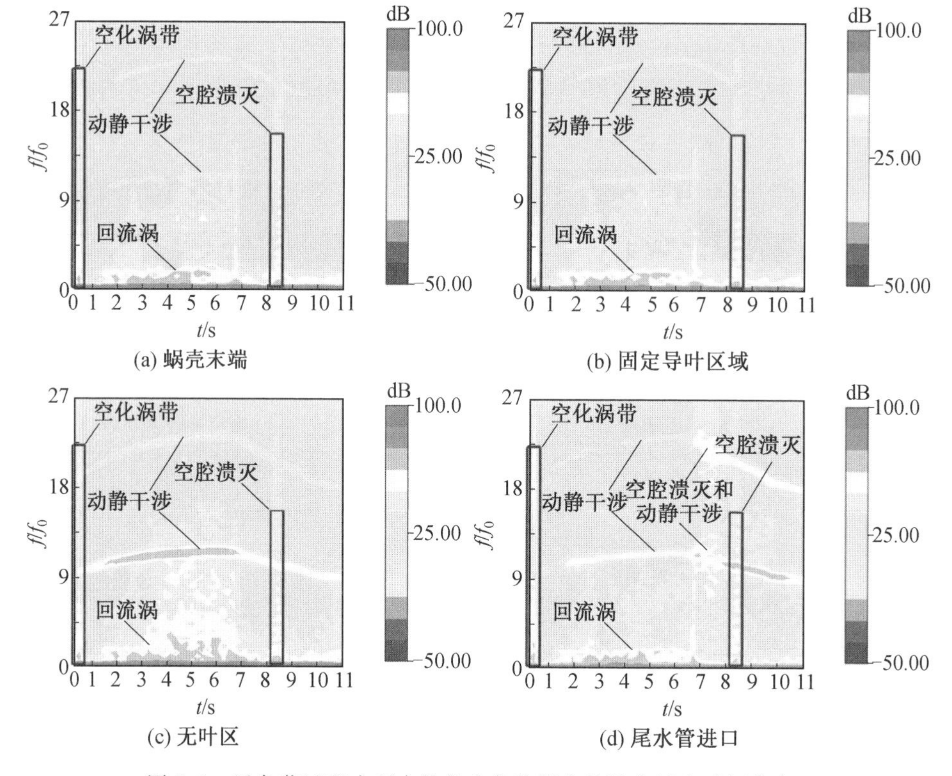

图 5.3 甩负荷过程水泵水轮机内各监测点的瞬态压力时频分布

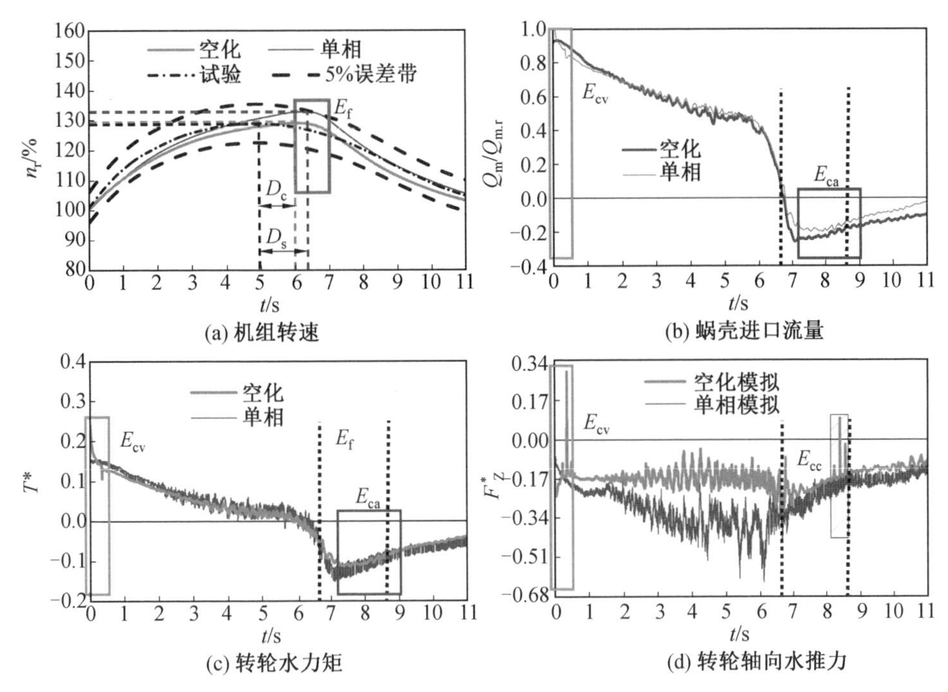

图 5.4 甩负荷过程水泵水轮机各瞬态特性参数的时间历程曲线

叶片的通过频率及其谐波频率主要是由叶轮机械的动静干涉产生的，这种压力脉动的形成机理在行业内已经形成了基本共识，并且可以采用式(5.11)和式(5.12)进行计算。

对于静止部件内的监测点：

$$f_{\mathrm{RSI-S}}=I\cdot n_{\mathrm{RB}}\cdot f_n \tag{5.11}$$

对于旋转部件内的监测点：

$$f_{\mathrm{RSI-R}}=I\cdot n_{\mathrm{GV}}\cdot f_n \tag{5.12}$$

式中 $f_{\mathrm{RSI-S}}$——静止部件内监测点的动静干涉频率，Hz；

$f_{\mathrm{RSI-R}}$——旋转部件内监测点的动静干涉频率，Hz；

f_n——转轮旋转频率，Hz；

n_{RB}——转轮叶片数；

n_{GV}——活动导叶数；

I——基频的阶数。

对于发生在甩负荷后前 0.68 s 内的压力脉动，通过内流场分析发现，在这种压力脉动存在的时间段内在尾水管中发现了明显的空化涡带，并且在空化涡带消失的同时这种压力脉动也同时消失，如图 5.5 所示。在空化涡带被压缩至突

然溃灭的瞬间会产生剧烈的冲击压力，因而这种压力脉动是由尾水管空化涡带的非定常演化诱发的。

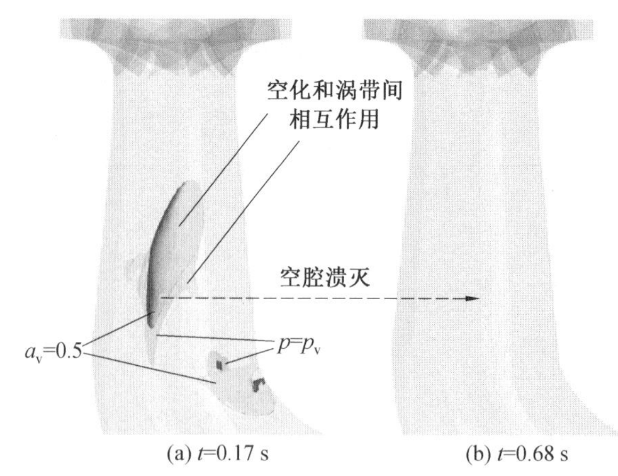

图 5.5 甩负荷后前 0.68 s 内尾水管中的空腔溃灭及空化与涡带之间的相互作用

对于发生在甩负荷后 8.5 s 左右的反水泵模式最大反向流量工况附近的压力脉动，通过内流场分析这段时间内在转轮叶片出口附近存在 4 次明显的空腔溃灭动态演化过程，如图 5.6 所示。图 5.7 所示的甩负荷后水泵水轮机内空化体积的时间历程曲线也表明，在进入反水泵工况后水泵水轮机内出现了 4 次明显的空腔溃灭过程。其中，第 1 次空腔体积只是出现了被压缩减小的现象，并未被压缩至完全溃灭消失。而后 3 次空腔体积变化过程中转轮叶片出口附近的空腔被压缩至完全溃灭消失。由于空腔被压缩至完全溃灭消失的瞬间会产生瞬间

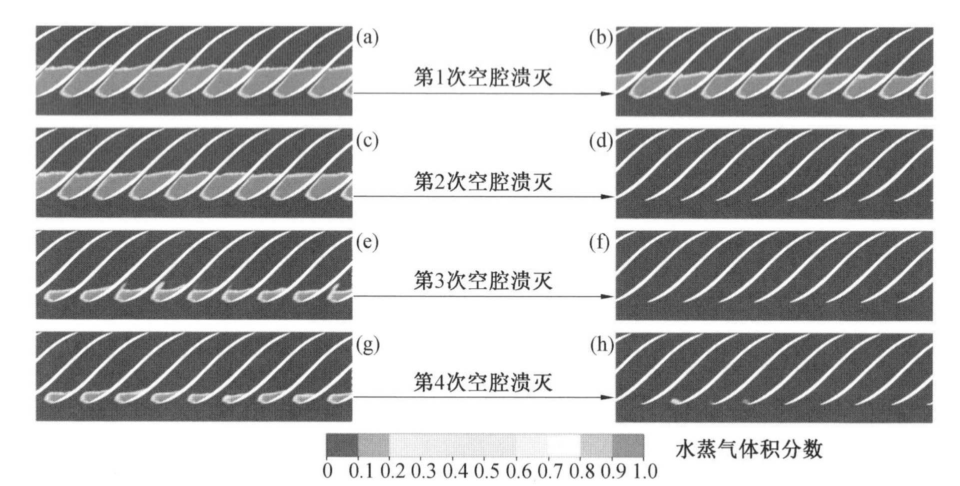

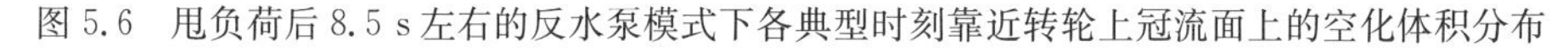

图 5.6 甩负荷后 8.5 s 左右的反水泵模式下各典型时刻靠近转轮上冠流面上的空化体积分布

的冲击压力波，因此在后 3 次空腔溃灭的发生时间(8.0～8.5 s)内，在图 5.2～5.4中瞬态压力和瞬态外特性参数曲线出现了相应的波动现象。通过第 1 次空腔体积的压缩减小但未完全消失与后 3 次空腔体积被压缩至完全溃灭消失的比较表明，空化体积变化对压力脉动的影响主要发生在空腔被压缩至完全溃灭消失的瞬间。在不发生空化、体积完全溃灭消失的情况下，空化体积的大小对压力脉动没有明显的影响。

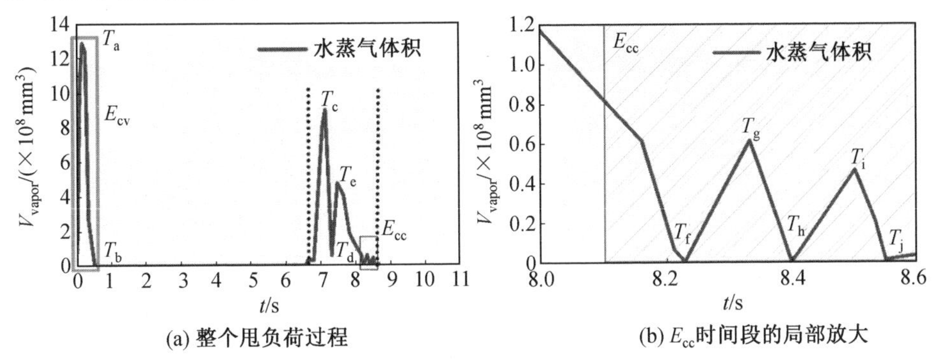

(a) 整个甩负荷过程　　(b) E_{cc}时间段的局部放大

图 5.7　甩负荷后水泵水轮机内空腔体积的时间历程曲线

对于发生在转轮水力矩为零的飞逸工况附近的低于 4.5 倍转频的低倍频率高幅值压力脉动，内流场分析表明这种压力脉动主要是由图 5.8 所示的转轮进口的回流涡诱发的，这种转轮进口的局部回流速度受到旋转坐标系下的动量支配，如式(5.13)所示。

$$\frac{d\boldsymbol{w}}{dt}=-\frac{1}{\rho}\nabla p+\frac{1}{\rho}\nabla\cdot 2\mu\boldsymbol{\varepsilon}_{ij}+\frac{1}{\rho}\nabla(\lambda\Delta\cdot\boldsymbol{v})+\boldsymbol{f}_g-\left[\boldsymbol{a}_0+\frac{d\omega}{dt}\times\boldsymbol{R}+\boldsymbol{\omega}\times(\boldsymbol{\omega}\times\boldsymbol{R})+2(\boldsymbol{\omega}\times\boldsymbol{w})\right] \tag{5.13}$$

式中　$\boldsymbol{w}$——转轮非惯性旋转坐标系下的相对速度矢量，m/s；

t——时间，s；

∇——向量微分算子，m^{-1}；

$\boldsymbol{\varepsilon}_{ij}$——变形率张量，$s^{-1}$；

λ——第二黏性，Pa·s；

Δ——拉普拉斯算子，m^{-2}；

$\boldsymbol{v}$——绝对速度矢量，m/s；

$\boldsymbol{f}_g$——重力加速度矢量，m/s^2；

$\boldsymbol{a}_0$——瞬态加速度矢量，m/s^2；

$\boldsymbol{\omega}$——角速度矢量，rad/s；

$\boldsymbol{R}$——矢量半径，m。

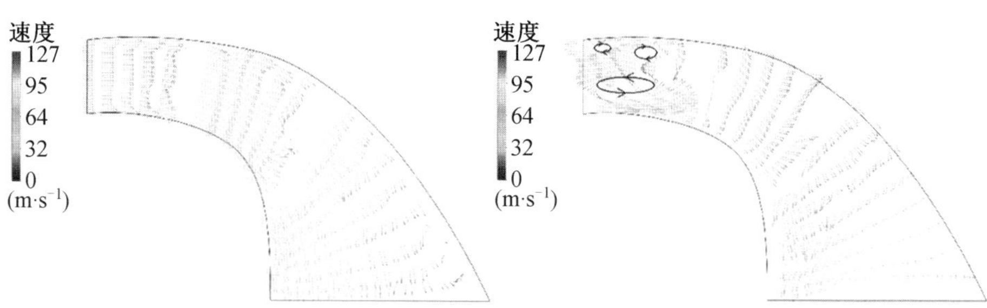

(a) 水轮机模式下t=1 s瞬间的空化模拟结果　　(b) 飞逸工况下t=6 s瞬间的空化模拟结果

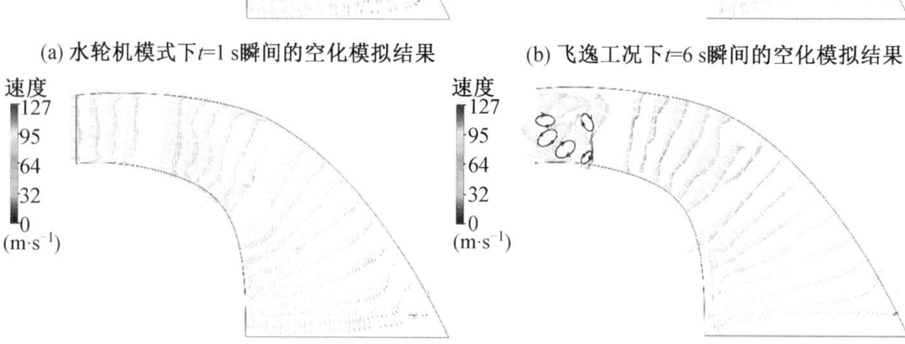

(c) 水轮机模式下t=1 s瞬间的单相模拟结果　　(d) 飞逸工况下t=6.4 s瞬间的单相模拟结果

图 5.8　考虑空化和不考虑空化模拟条件下各典型时刻转轮子午面内叶片进口附近的回流涡分布

甩负荷过程中转轮进口沿离心方向的局部回流速度主要受压差力($-1/\rho\nabla p$)以及与转速相关的部分惯性力($\mathrm{d}\boldsymbol{\omega}/\mathrm{d}t\times\boldsymbol{R}+\boldsymbol{\omega}\times(\boldsymbol{\omega}\times\boldsymbol{R})+2(\boldsymbol{\omega}\times\boldsymbol{w})$)驱动。其他三项之和($1/\rho\nabla\cdot 2\mu\boldsymbol{\varepsilon}_{ij}+1/\rho\nabla(\lambda\Delta\cdot\boldsymbol{v})+\boldsymbol{f}_{\mathrm{g}}$)所占的比例较压差力和与转速相关的部分惯性力所占的比例要小很多,它们的影响不是主要的。其中,压差力($-1/\rho\nabla p$)主要与水泵水轮机水头相关,这里关注的部分惯性力($\mathrm{d}\boldsymbol{\omega}/\mathrm{d}t\times\boldsymbol{R}+\boldsymbol{\omega}\times(\boldsymbol{\omega}\times\boldsymbol{R})+2(\boldsymbol{\omega}\times\boldsymbol{w})$)主要与机组转速相关。这部分惯性力可以简化为离心力,即

$$\boldsymbol{f}_{\mathrm{c}}=\boldsymbol{\omega}^2 r \tag{5.14}$$

式中　$\boldsymbol{f}_{\mathrm{c}}$——单位质量流体上的离心力,m/s^2;

$\boldsymbol{\omega}$——转轮旋转角速度,rad/s;

r——半径,m。

根据图 5.9 所示甩负荷过程中导叶不断关闭,机组转速不断升高,并且在水泵水轮机内发生明显的水击现象,首先造成转轮进口的单位质量流体上作用的离心力不断增大,但由于水泵水轮机水头的降低作用在转轮进口的单位质量流体上的压差力不断减小,从而作用在转轮进口的单位质量流体上的合力是沿离心方向的,在这种沿离心方向的合力的作用下转轮进口出现局部回流。另外,这种初生的转轮进口局部回流一般首先出现在靠近上冠和下环位置处,这是因为

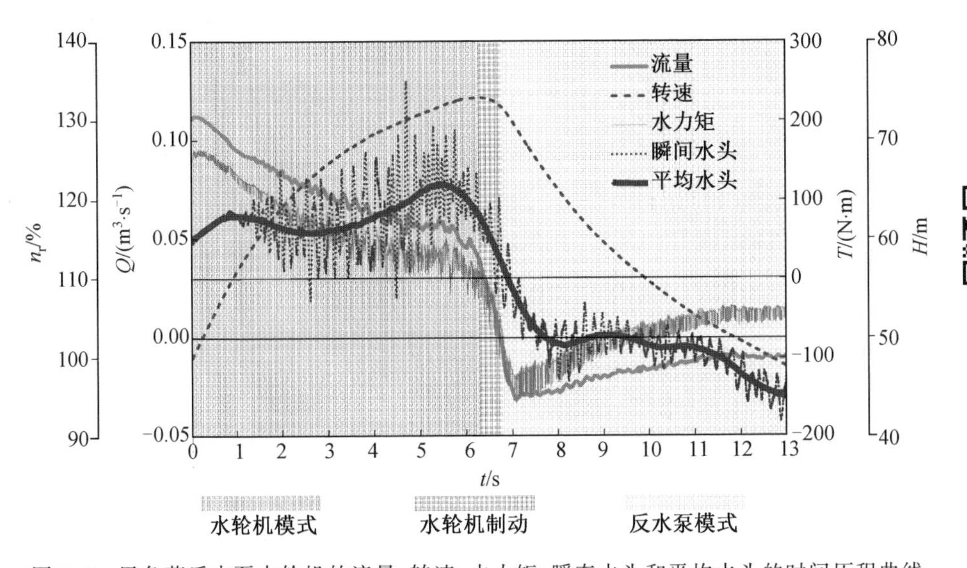

图 5.9 甩负荷后水泵水轮机的流量、转速、水力矩、瞬态水头和平均水头的时间历程曲线

靠近无滑移壁面的流体由于固体壁面之间的黏性附着力会带着固体壁面附近的流体一起高速旋转，受到较大的离心力作用，从而产生局部回流。而且对于转轮内的流体流动而言下环壁面一般为凸曲面，而上冠一般为凹曲面，凸曲面的离心作用会促进壁面附近流动分离的发生，而凹曲面一般会抑制壁面附近流动分离的发生。所以，如图 5.10 所示，通常相对而言下环处会更早发生转轮进口局部回流现象，而且在整个水泵水轮机甩负荷过程中转轮进口的局部回流在上冠和下环附近初生形成以后并不会始终停留在上冠或下环附近静止不动，而是会沿着转轮叶片的展向高度方向上来回运动，如图 5.11 所示，同时这种转轮进口的局部回流会随着转轮的旋转一起做轴向旋转运动。这种复杂的转轮进口回流涡自身之间，以及与转轮进口的主流流动或者固体壁面之间会不断地发生碰撞，从而造成在转轮水力矩为零的飞逸工况附近的低于 4.5 倍转频的低倍频率高幅值压力脉动的出现。

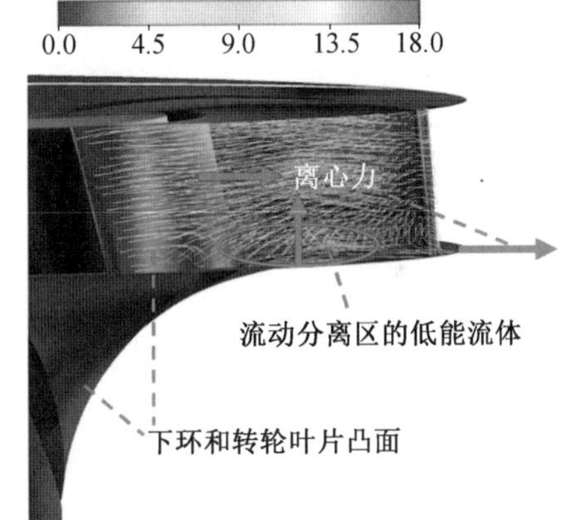

图 5.10 甩负荷过程中转轮内流体流动受到下环凸面的离心力促进作用产生流动分析的原理示意图

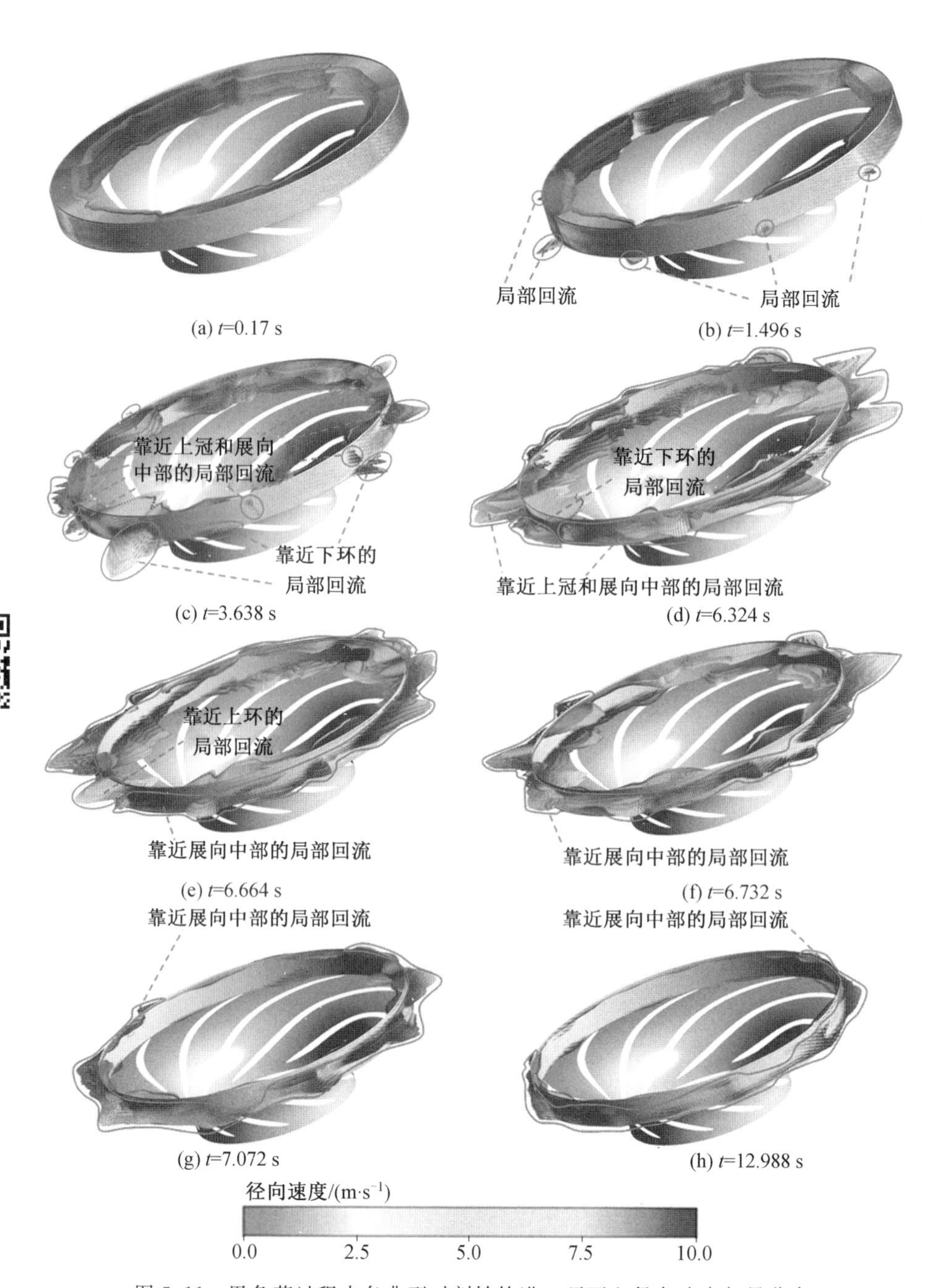

图 5.11 甩负荷过程中各典型时刻转轮进口环面上径向速度矢量分布

此外，如图 5.12 所示，这种转轮进口的局部回流涡与甩负荷过程中的水击现象以及水泵水轮机无叶区的高速挡水环流是循环相互作用耦合在一起的。甩负荷后导叶不断关闭，机组转速不断上升，并且在水泵水轮机内发生明显的水击现象，造成水泵水轮机水头的降低，最终在沿离心方向的合力作用下在转轮进口出现局部回流。由于转轮进口的回流是在沿离心方向的合力作用下被甩出转轮的，因此这种转轮进口的局部回流有很大的切向速度分量，这种较大的切向速度会在导叶后转轮前的无叶区内形成高速挡水环流，如图 5.13 所示。在水泵水轮机甩负荷后初始的水轮机模式和水轮机制动模式内导叶出口的流体还能穿过无叶区挡水环流的阻塞作用进入转轮，但在进入反水泵模式后导叶出口的流体就无法再穿过无叶区挡水环的堵塞进入转轮，因此在一定程度上无叶区挡水环在甩负荷过程中会起到与逐渐关闭阀门相当的截断水流，降低流量，促进水锤的作用。可以看出诱发甩负荷过程中转轮进口的局部回流涡和无叶区的高速挡水环流的根本原因是，甩负荷后机组转速上升和导叶关闭造成的水击促使水泵水轮机水投降低，在离心合力作用下产生转轮进口局部回流和高速挡水环，高速挡水环又会进一步加剧水锤，造成水泵水轮机水头降低，从而回流更加严重，如此循环往复，甩负荷过程中的水击现象和转轮进口的局部回流涡以及水泵水轮机无

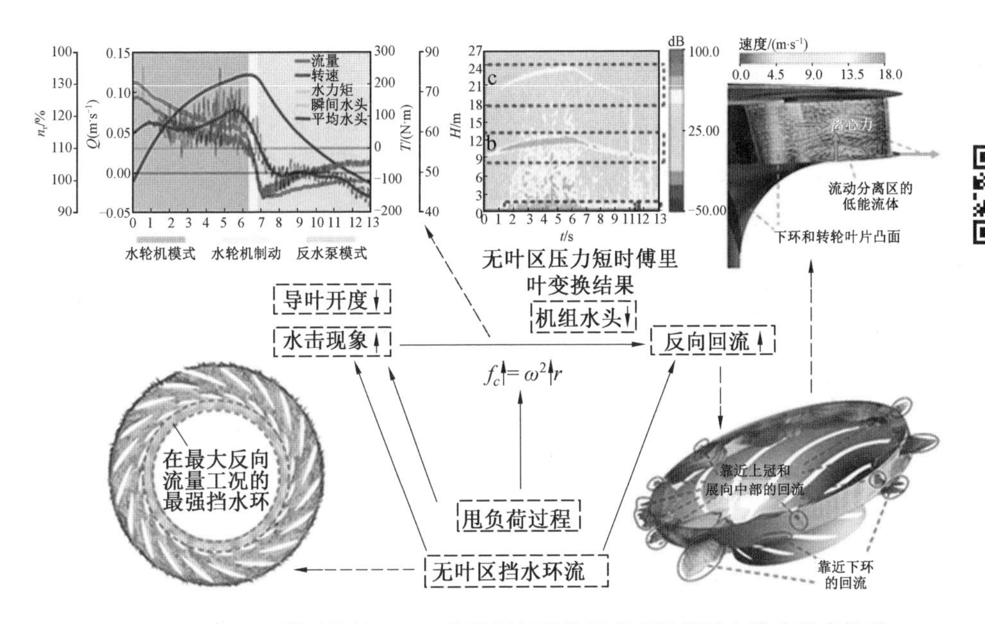

图 5.12 飞逸工况附近的低于 4.5 倍转频的低倍频率高幅值压力脉动形成机理

叶区的高速挡水环流循环相互作用耦合在一起，维持水泵水轮机转轮进口的复杂局部回流涡的非定常演化过程。从而使这些转轮进口的局部回流涡之间以及它们与转轮进口主流流动及固体壁面之间相互碰撞，甩负荷过程中低于 4.5 倍转频的低倍频率高幅值压力脉动出现，并且在转轮进口局部回流最为严重的转轮水力矩为零的飞逸工况附近这种碰撞最为严重，它们诱发的低于 4.5 倍转频的低倍频率压力脉动幅值也最高。

前面介绍了水泵水轮机甩负荷后导叶正常关闭过程中压力脉动的时频特性和非定常流动演化机理。水泵水轮机甩负荷后导叶拒动的飞逸瞬态过程中压力脉动的时频特性及非定常流动演化机理与其导叶正常关闭过程的情况类似，本节对其压力脉动时频特性及非定常流动演化机理简要介绍如下。

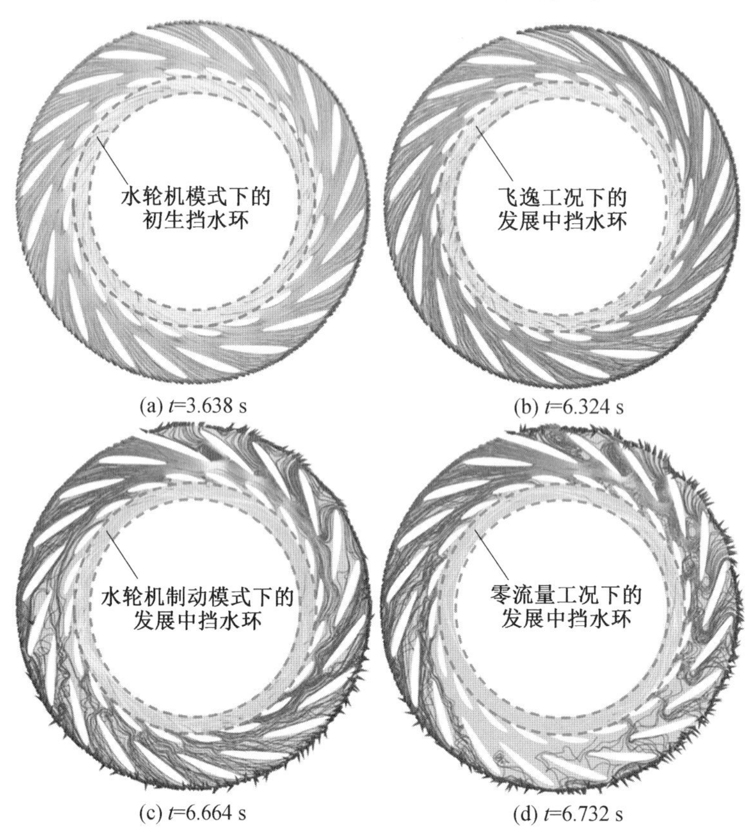

图 5.13　甩负荷过程中无叶区挡水环的形成及演化过程

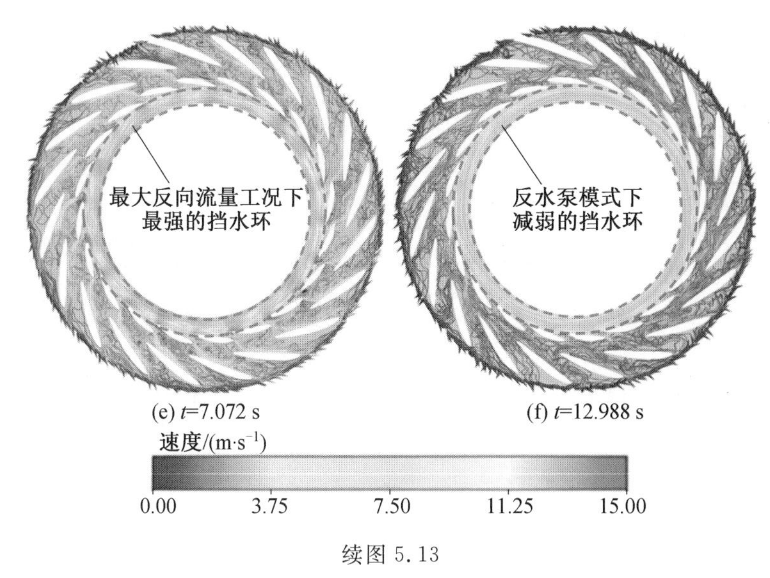

续图 5.13

图 5.14(a)～(c)所示为水泵水轮机甩负荷后飞逸过程各监测点压力脉动的时频特性。甩负荷后导叶拒动的飞逸瞬态过程水泵水轮机内的压力脉动主要包括两种高幅值压力脉动频率成分,即叶片通过频率及其谐波频率和低于 4.5 倍转频的低倍频率高幅值压力脉动频率。低于 4.5 倍转频的低倍频率高幅值压力脉动频率在时域上主要发生在转轮水力矩为零的各个飞逸工况稍后一段时间,这一点与甩负荷过程不同。甩负荷后导叶拒动的飞逸瞬态过程中水泵水轮机内的低于 4.5 倍转频的低倍频率高幅值压力脉动频率在时域上比甩负荷导叶关闭过程的发生时间(各个飞逸工况附近)稍微滞后,主要是因为甩负荷后导叶拒动的飞逸瞬态过程中水泵水轮机内的低于 4.5 倍转频的低倍频率高幅值压力脉动频率除了受转轮高压侧进口局部回流涡影响外,这种甩负荷后导叶拒动的飞逸瞬态过程中飞逸工况附近水泵水轮机转轮高压侧进口局部回流涡还与转轮高压侧叶片进口空化的相互耦合在一起,相互影响。从图 5.14(d)、(e)所示的转轮高压侧进口流量瞬态信号和转轮中的空化体积瞬态信号的时频分布可以看出,甩负荷后导叶拒动的飞逸瞬态过程中水泵水轮机内的低于 4.5 倍转频的低倍频率高幅值压力脉动频率与转轮高压侧进口回流涡及空化之间的定量关系。从图 5.15和图 5.16 所示的内流场分布中可以找到明显的转轮高压侧进口空化和回流涡证据,因而在甩负荷后导叶拒动的飞逸瞬态过程中水泵水轮机转轮高压

侧进口的空化和回流涡是相互作用耦合在一起的。它们共同作用导致了甩负荷后导叶拒动的飞逸瞬态过程中水泵水轮机内的低于 4.5 倍转频的低倍频率高幅值压力脉动频率的出现，并且甩负荷后导叶拒动的飞逸瞬态过程中水泵水轮机内的压力脉动具有越靠近转轮进口压力脉动幅值越高的分布特征。

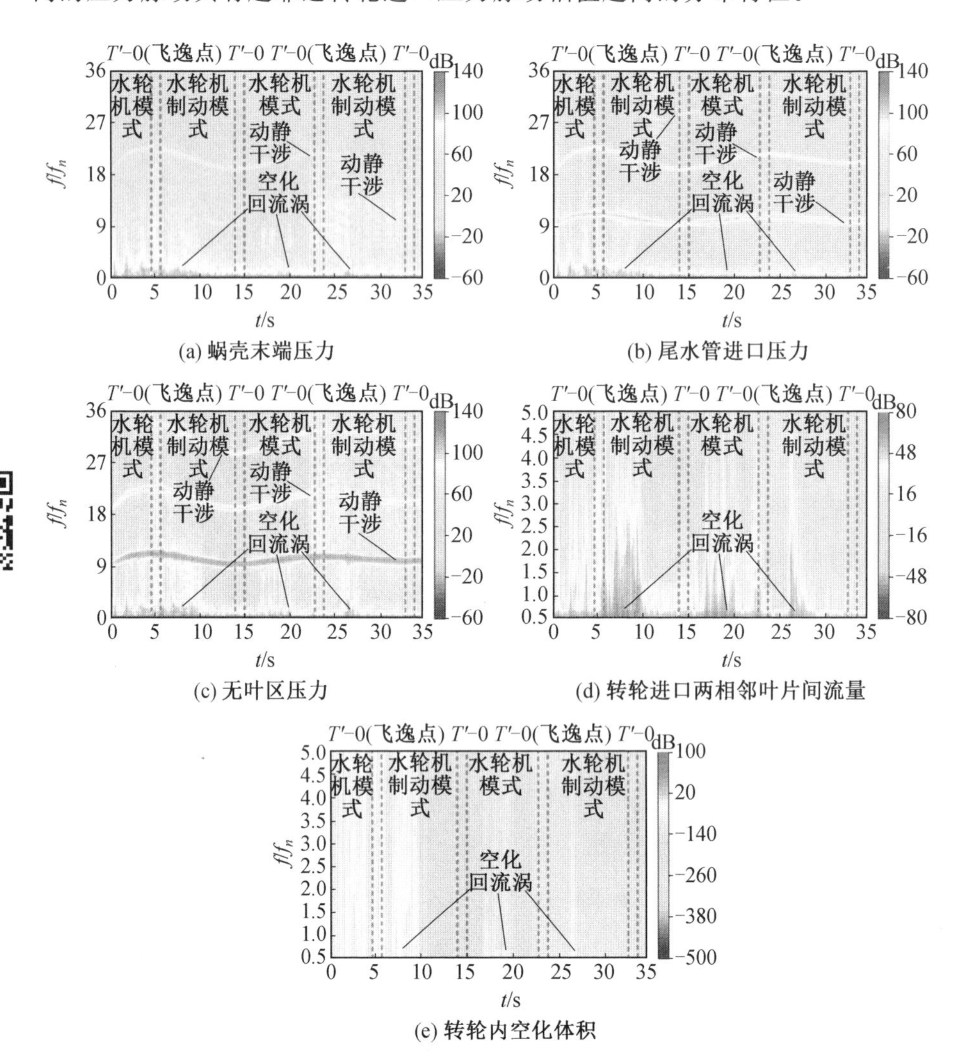

图 5.14　水轮机飞逸过程水泵水轮机内各个瞬态信号的时频分布

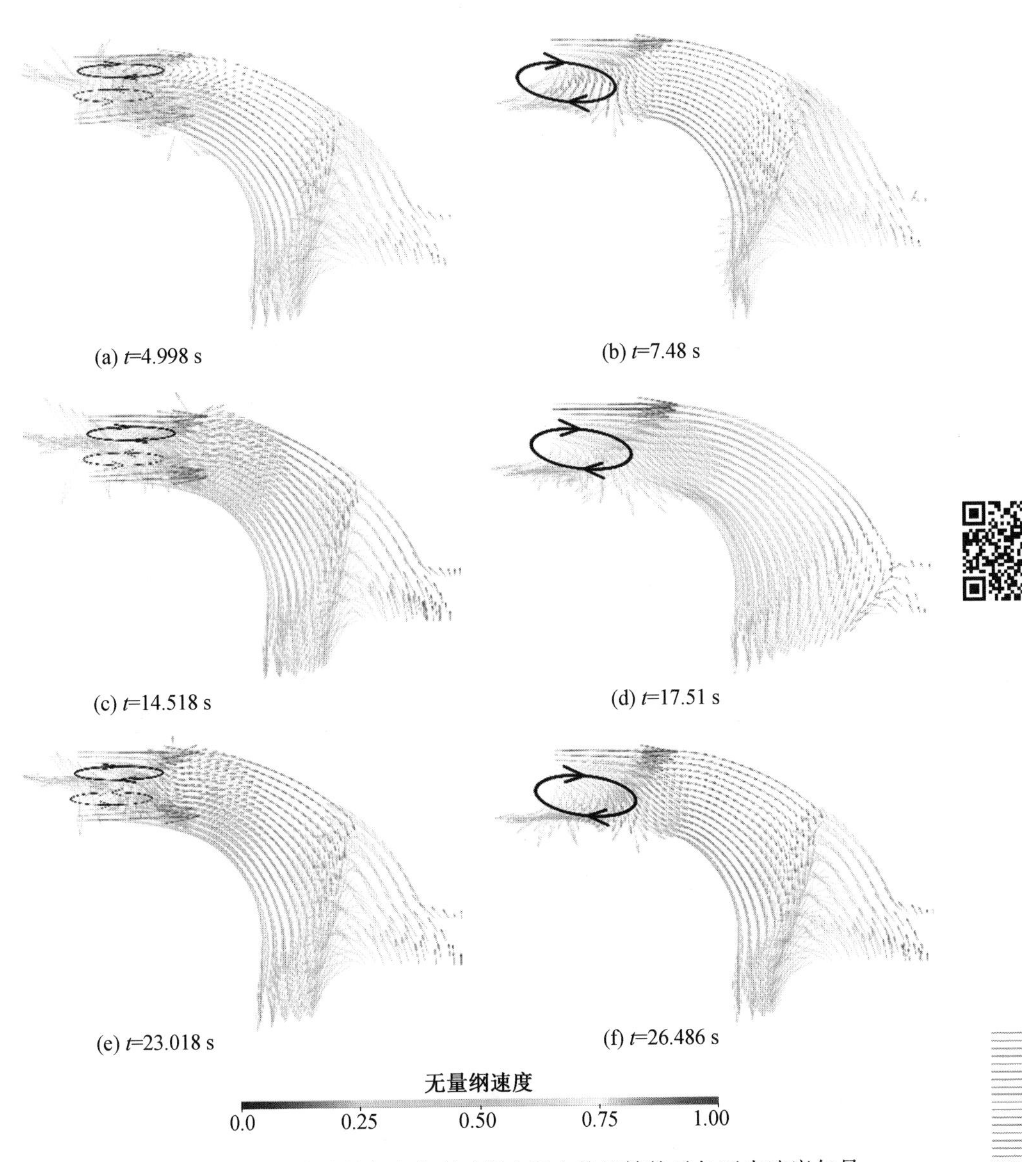

图 5.15　水轮机飞逸过程各个典型时刻水泵水轮机转轮子午面内速度矢量分布

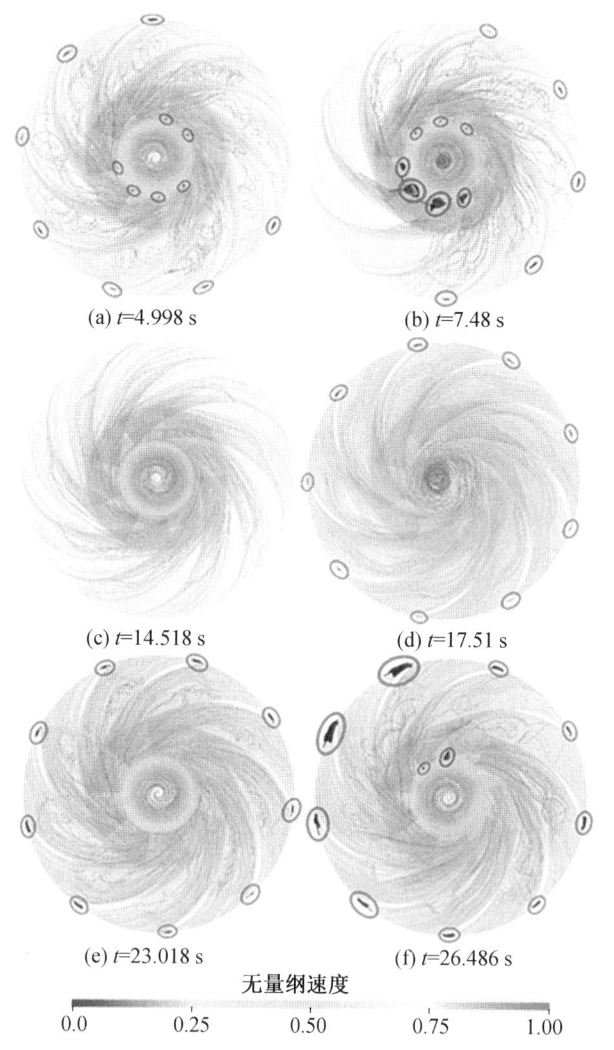

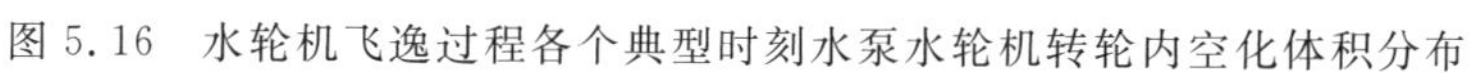

图 5.16 水轮机飞逸过程各个典型时刻水泵水轮机转轮内空化体积分布

5.3.2 水泵断电后导叶正常关闭过程压力脉动流动机理

水泵水轮机中水泵断电后的瞬态过程分为导叶正常关闭和事故拒动两种情况。由于两种过程的四象限动态运行轨迹差距较大，它们的压力脉动时频特性也有很大的不同，因而需要分别进行介绍。这里先介绍水泵断电后导叶正常关闭过程的压力脉动。水泵断电后导叶正常关闭过程的瞬态压力信号如图 5.17 所示。

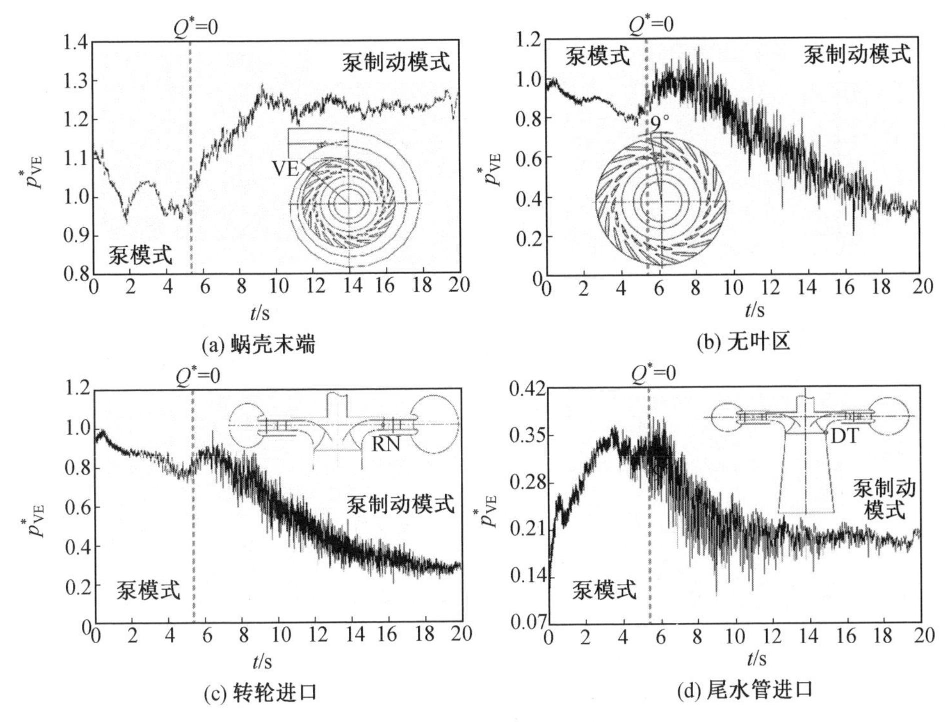

图 5.17　水泵断电后导叶正常关闭过程的瞬态压力信号

从这种时域信号无法获得任何直观的压力脉动时空分布特征，这里采用时频联合分析中的短时傅里叶变换方法对脉动压力时域信号进行处理。经变换处理得到的结果如图 5.18 所示。水泵断电后导叶正常关闭过程水泵水轮机内的压力脉动主要包括三种高幅值压力脉动频率成分，即叶片通过频率及其谐波频率，低于 4.5 倍转频的低倍频率高幅值压力脉动频率，以及等于 5 倍转频的低倍频率高幅值压力脉动频率。其中，前两种频率成分在各个监测点的压力信号中都存在，但第三种等于 5 倍转频的低倍频率高幅值压力脉动频率只在尾水管进口监测点的压力信号中存在，这说明等于 5 倍转频的低倍频率高幅值压力脉动的激励源在空间上位于尾水管进口，也就是转轮出口附近。根据图 5.19 所示的水泵断电后导叶正常关闭过程的瞬态特性曲线划分的机组运行模式，这几种压力脉动频率成分具有如下时域分布特征：叶片通过频率及其谐波频率压力脉动发生在整个水泵断电后导叶正常关闭瞬态过程中；低于 4.5 倍转频的低倍频率高幅值压力脉动和等于 5 倍转频的低倍频率高幅值压力脉动主要发生在水泵断电后的水泵制动模式中，并且在水泵制动模式下的最大反向流量工况附近这两种压力脉动的幅值最高。此外，水泵断电后导叶正常关闭过程水泵水轮机内的压力脉动具有越靠近转轮进出口压力脉动幅值越高的空间分布特征。

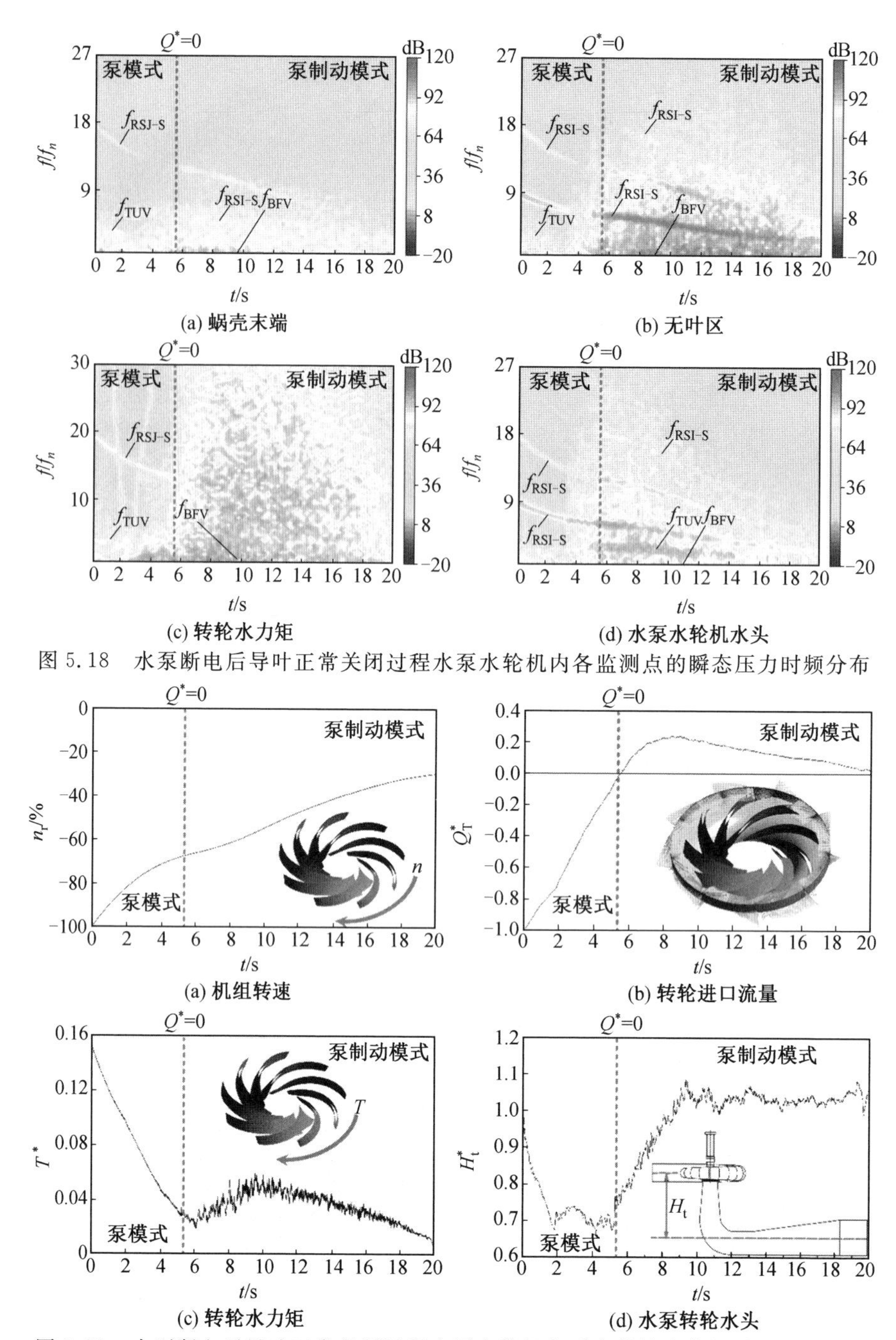

图 5.18　水泵断电后导叶正常关闭过程水泵水轮机内各监测点的瞬态压力时频分布

图 5.19　水泵断电后导叶正常关闭过程水泵水轮机各瞬态特性参数的时间历程曲线

水泵断电后导叶正常关闭过程的叶片通过频率及其谐波频率压力脉动与水轮机甩负荷过程的情况完全相同，主要是由叶轮机械的动静干涉产生的，这种压力脉动的形成机理在行业内已经形成了基本共识，并且可以采用式(5.11)和式(5.12)进行计算。

对于发生在水泵断电后的水泵制动模式中的低于4.5倍转频的低倍频率高幅值压力脉动与水轮机甩负荷后的4.5倍转频的低倍频率高幅值压力脉动形成机理类似，内流场分析表明这种发生在水泵断电后的水泵制动模式中的低于4.5倍转频的低倍频率高幅值压力脉动主要是由图5.20所示的转轮进口的回流涡诱发的。这种转轮进口的局部回流速度受到旋转坐标系下的动量方程式(5.13)支配。根据5.3.1节的分析可知，在水泵断电后的水泵制动模式中转轮高压侧进口的局部回流涡主要是由机组转速和水头决定的离心力驱动的。

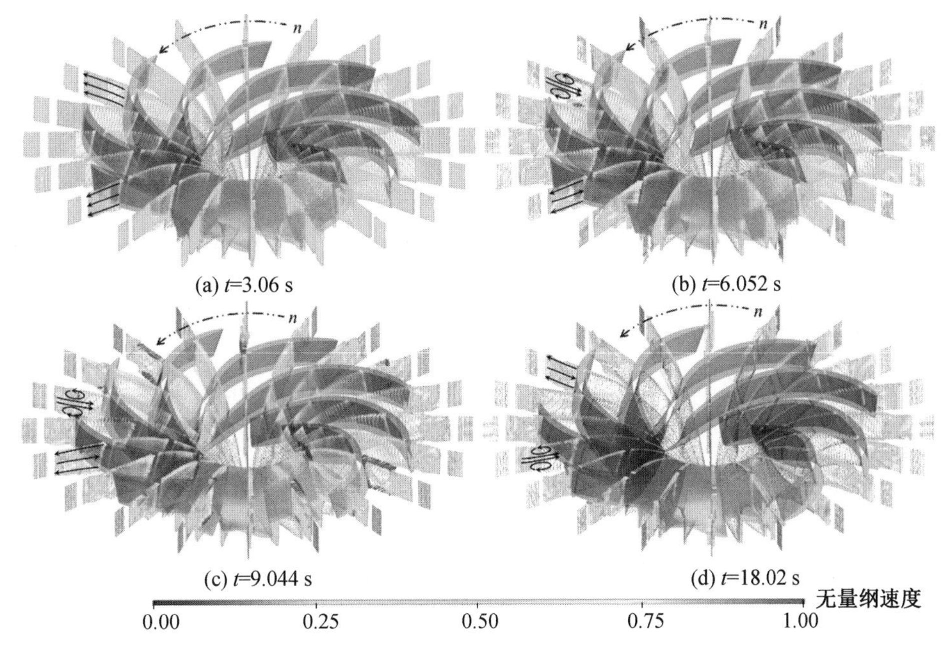

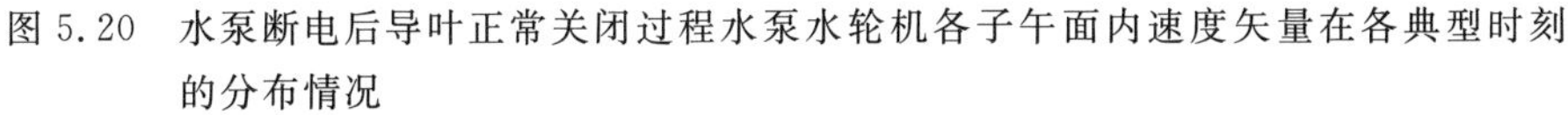

图5.20 水泵断电后导叶正常关闭过程水泵水轮机各子午面内速度矢量在各典型时刻的分布情况

根据图5.19(a)、(d)所示水泵断电后导叶不断关闭，在第一阶段的水泵运行模式下，机组转速和水头都不断降低，但与转速相关的离心力仍然大于与水头相关的压差力，致使转轮高压侧进口流体受到的合力仍然沿着离心方向，所以转轮高压侧进口流动都是沿离心方向的，无任何局部回流涡产生。但在进入第二阶段的水泵制动运行模式后，由于机组转速持续降低，而水泵水轮机的水头却逐渐

增加，与转速相关的离心力小于与水泵水轮机水头相关的压差力，所以转轮高压侧进口叶片展向中部的主流流体在向心合力的驱动下产生向心的回流，如图 5.21(b)～(d)所示。对于转轮高压侧进口的叶片展向高度方向靠近上冠和下环固体壁面附近的流体由于受到固体壁面的黏性附着力带动，所以会在转轮固体的离心力作用下产生离心的流动，如图 5.22(b)～(d)和图 5.23(b)～(d)所示。这样在转轮高压侧进口展向高度方向上的中部流动为向心主流，而靠近上冠和下环固体壁面附近的两端流动为离心流动，两种流动方向完全相反。因此，在两种流动的交界面处产生很大的速度梯度，从而在较大的速度梯度的剪切作用下形成回流涡，如图 5.20(b)～(d)所示。

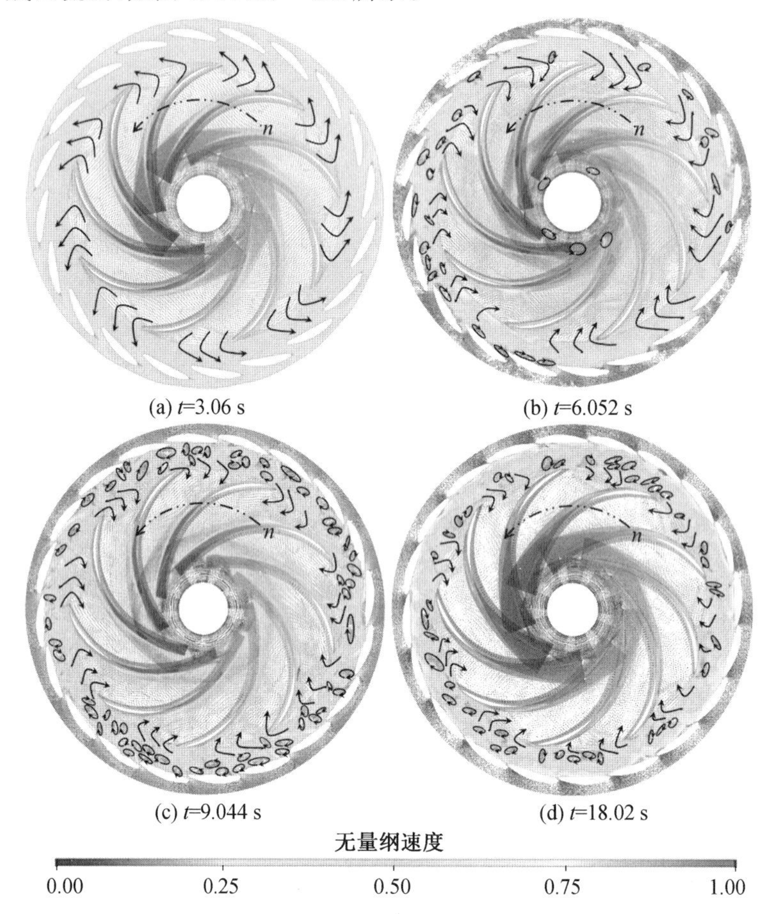

图 5.21　水泵断电后导叶正常关闭过程水泵水轮机转轮叶片展向高度方向上中间高度位置的涡轮面内速度矢量在各典型时刻的分布情况

图 5.22　水泵断电后导叶正常关闭过程水泵水轮机转轮叶片展向高度方向上靠近上冠位置的涡轮面内速度矢量在各典型时刻的分布情况

在整个水泵断电后导叶正常关闭过程中转轮高压侧进口的局部回流在上冠和下环附近初生形成以后并不会始终停留在上冠或下环附近静止不动，而是沿着转轮叶片的展向高度方向来回运动，同时这种转轮高压侧进口的局部回流还会随着转轮的旋转一起做轴向旋转运动。这种复杂的转轮高压侧进口回流涡之间，以及它们与转轮进口的主流流动或者固体壁面之间会发生不断的碰撞，从而造成在水泵断电后的水泵制动模式中低于 4.5 倍转频的低倍频率高幅值压力脉动的出现。另外，图 5.24 所示转轮高压侧进口任意两个相邻叶片之间的流量脉动的时频特征，在一定程度上可以定量反映转轮高压侧进口回流涡的演化频率特征，这种转轮高压侧进口任意两个相邻叶片之间瞬态流量的短时傅里叶变换结果如图 5.24(b)所示。可以看出，图 5.18 中各监测点瞬态压力的低于 4.5 倍转频的低倍频率成分与图 5.24(b)中转轮高压侧进口任意两个相邻叶片之间瞬态流量的低于 4.5 倍转频的低倍频率成分的时频分布特征基本一致。这在前述内流场分析的基础上，又进一步定量地证明了在水泵断电后的水泵制动模式中，低于 4.5 倍转频的低倍频率高幅值压力脉动是由转轮高压侧进口回流涡之间，以及与它们转轮进口的主流流动或者固体壁面之间会发生不断碰撞所诱发产生的。

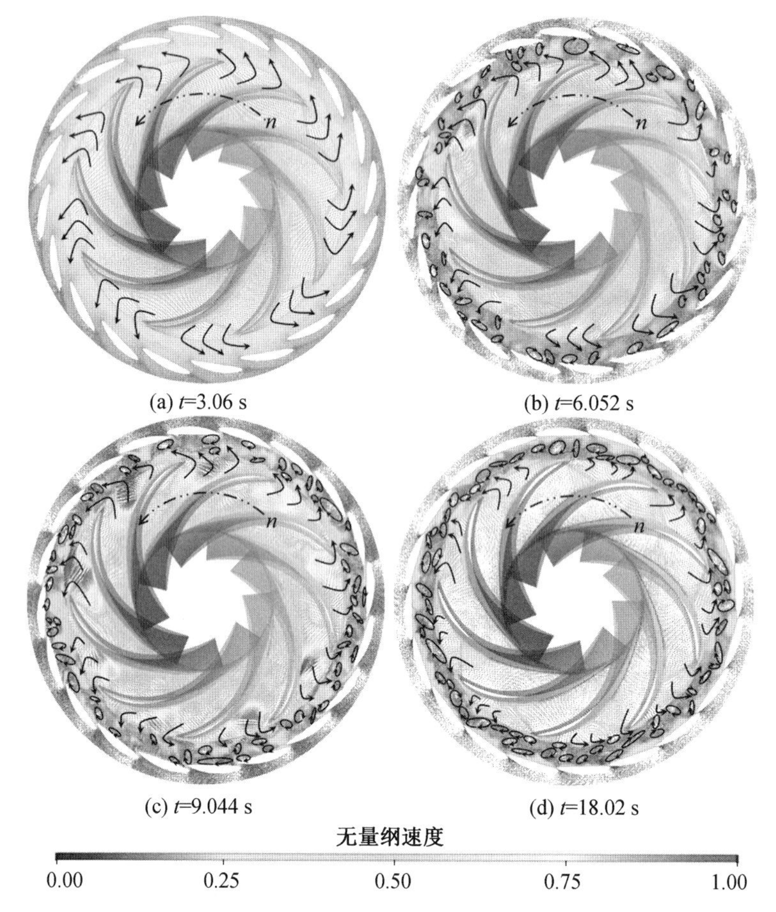

图 5.23　水泵断电后导叶正常关闭过程水泵水轮机转轮叶片展向高度方向靠近下环位置的涡轮面内速度矢量在各典型时刻的分布情况

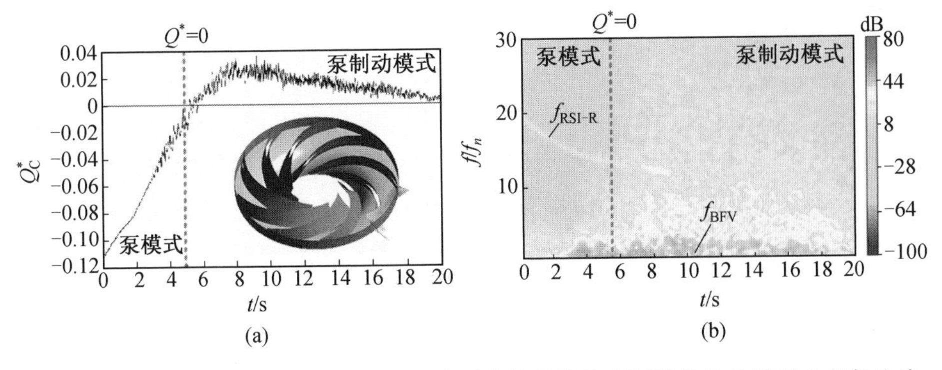

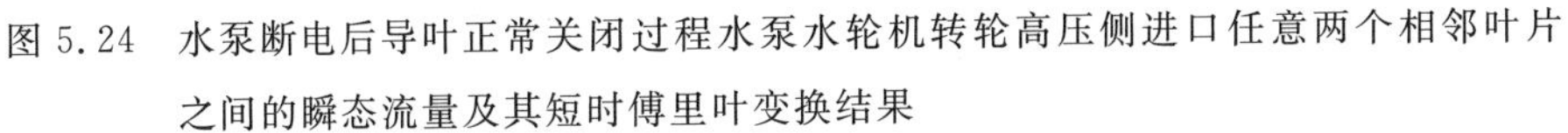
图 5.24 水泵断电后导叶正常关闭过程水泵水轮机转轮高压侧进口任意两个相邻叶片之间的瞬态流量及其短时傅里叶变换结果

此外，转轮高压侧进口叶片展向高度中部的向心回流的回流量越大，即回流速度越大，在转轮高压侧进口叶片展向高度方向上中部的向心回流和两端离心流动之间的速度梯度就越大，从而在更强的速度梯度剪切作用下，越容易产生更多的局部回流涡。因此，在水泵断电后的水泵制动模式下的最大反向流量工况（t=9.044 s）附近容易产生更多的回流涡，如图 5.21～5.23 所示。由于在水泵断电后的水泵制动模式下的最大反向流量工况（t=9.044 s）附近产生的局部回流涡最为严重，因此这些复杂的转轮高压侧进口回流涡自身之间，以及与转轮进口的主流流动或者固体壁面之间发生的碰撞更加剧烈，因而在水泵断电后的水泵制动模式下的最大反向流量工况（t=9.044 s）附近产生的低于 4.5 倍转频的低倍频率高幅值压力脉动强度最高。

对于发生在水泵断电后导叶正常关闭过程中的水泵制动模式下尾水管进口的等于 5 倍转频的低倍频率高幅值压力脉动，通过内流场分析发现在这种压力脉动存在的时间段里在尾水管进口发现了 5 个明显的旋涡，这 5 个位于转轮低压侧叶片出口处的 5 个旋涡的中心处为高速低压区，它们将尾水管进口平面沿周向分成了依次间隔交替分布的 5 个高压区和 5 个低压区，如图 5.25 所示。随着转轮旋转，这 5 个旋涡导致的 5 个高压区和 5 个低压区依次交替轮流扫过尾水管进口的压力监测点，从而造成尾水管进口的等于 5 倍转频的低倍频率高幅值压力脉动的出现。

水泵断电后导叶正常关闭过程中的水泵制动模式下尾水管进口的 5 个旋涡在图 5.21 和图 5.22 的转轮出口处也可以观测到。它们主要是由水泵断电后导叶正常关闭过程中的水泵制动模式下转轮低压侧出口沿逆时针方向的叶片周向出流与转轮高压侧出口沿顺时针方向的旋流之间的剪切作用形成的，如图 5.26(b)所示。而对于水泵断电后导叶正常关闭过程中的水泵模式，由于转轮低压侧出口沿顺时针方向的叶片周向入流与转轮高压侧出口沿顺时针方向的旋流之间无明显的剪切作用，因而水泵断电后导叶正常关闭过程中的水泵模式下转轮低压侧出口流动顺畅，无明显旋涡出现，如图 5.26(a)所示。

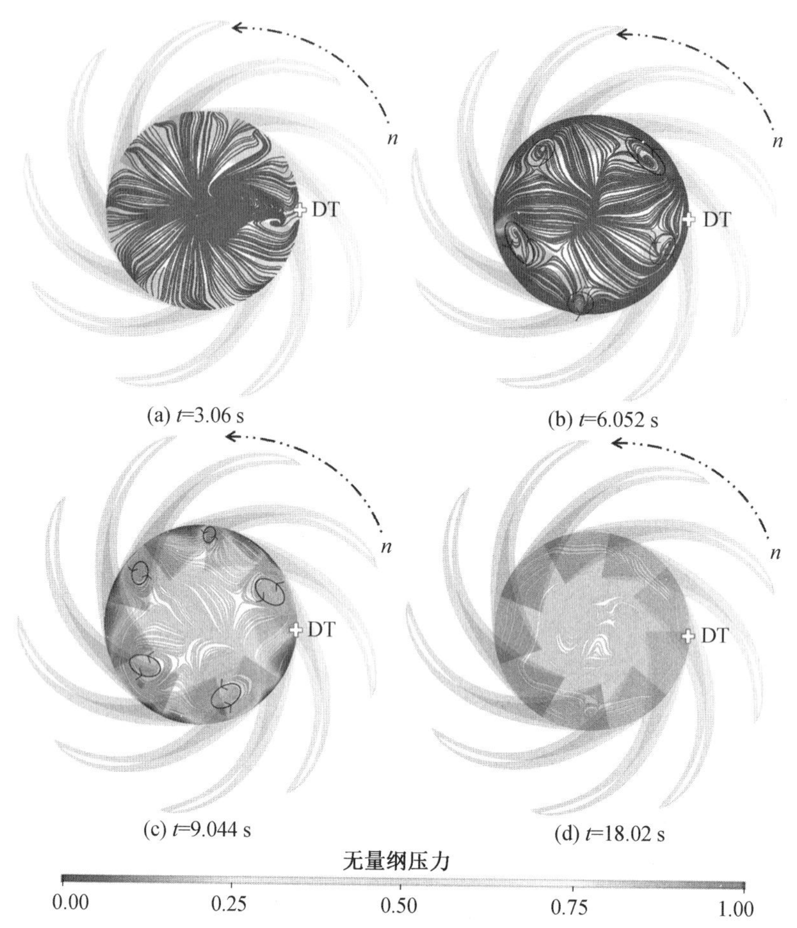

图 5.25　水泵断电后导叶正常关闭过程尾水管进口平面内流线和压力在各典型时刻的分布情况

图 5.26 中水泵断电后导叶正常关闭过程中水泵水轮机转轮低压侧出口沿顺时针方向的旋流是图 5.27 中尾水管内螺旋回流的一部分。在水泵断电后导

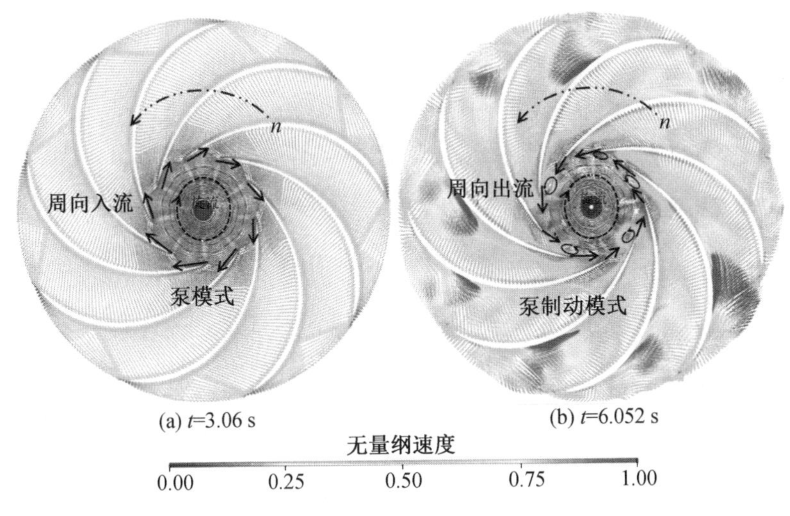

图 5.26　水泵断电后导叶正常关闭过程中两个典型时刻水泵水轮机转轮靠近上冠处涡轮面内的速度矢量分布

叶正常关闭过程中的水泵模式下，尾水管中的主流为沿着水泵模式正常流动方向的流动，由于受到准轮低压侧叶片出口的沿顺时针方向周向入流的黏性带动作用，转轮低压侧出口流动为一个沿顺时针方向的旋流，如图 5.27(a)所示。在水泵断电后导叶正常关闭过程中的水泵制动模式下，如图 5.27(b)所示，由于受到水泵水轮机低压侧出口沿逆时针方向的叶片周向出流的影响，尾水管中的主流为沿着逆时针方向的螺旋流动。当尾水管内的这种螺旋主流旋转进动到尾水管下游的弯肘段后，由于受到尾水管弯肘结构的特殊作用，复杂的旋涡就会在弯肘段空间产生并堵塞尾水管流动，只有很少一部分流体能够通过弯肘段继续向前流到下流尾水管出口。从而由于受到弯肘段复杂旋涡的堵塞作用，比较高的压力分布会在弯肘段后方形成。而在尾水管的直锥段和弯肘段中，由于受到主螺旋流的离心力作用，在近壁面区域的压力分布较高，而在中间核心区域的压力分布较低。因此，当尾水管内的螺旋主流向下游旋转进动到弯肘段后，由于受到弯肘段复杂旋涡的堵塞作用和尾水管内反向压差的驱动作用，向下游旋转进动的部分尾水管近壁面螺旋主流会改变流动方向，从而形成通过尾水管中间核心区域的回流。最终，在转轮低压侧出口方向的叶片周向出流的作用下，转轮低压侧出口沿着顺时针方向的旋流和尾水管中间区域的沿着顺时针方向的螺旋回流，如图 5.26(b)和图 5.27(b)所示。

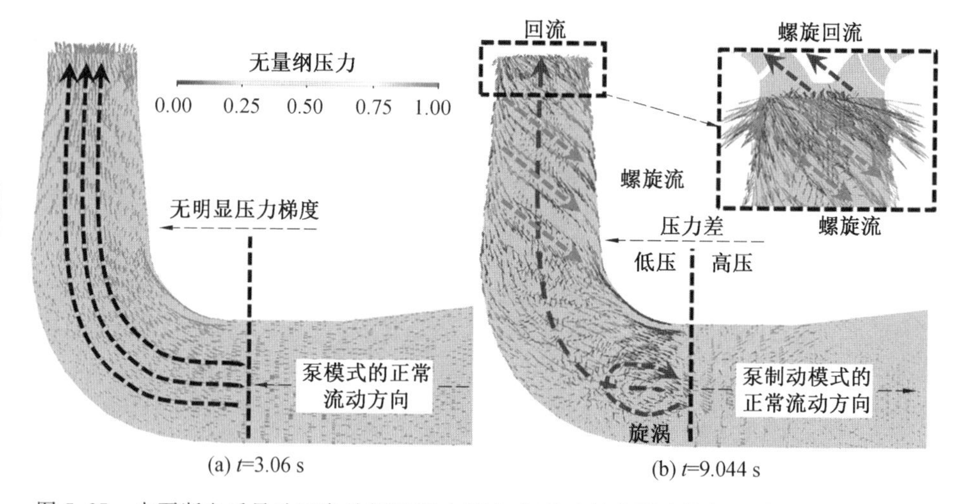

(a) t=3.06 s (b) t=9.044 s

图 5.27 水泵断电后导叶正常关闭过程中两个典型时刻水泵水轮机尾水管内的速度矢量和压力分布

5.3.3 水泵断电后导叶拒动瞬态过程压力脉动流动机理

水泵水轮机中水泵断电后的导叶正常关闭和事故拒动两种过程的四象限动态运行轨迹差距较大，它们的压力脉动时频特性也有很大的不同，因而需要单独介绍。前面介绍了水泵断电后导叶正常关闭中压力脉动的时频特性和非定常流动演化机理，本节介绍水泵断电后导叶拒动过程压力脉动的时频特性及非定常流动演化机理。水泵断电后导叶拒动过程的瞬态压力信号如图 5.28 所示。因为这种时域信号无法获得任何直观的压力脉动时空分布特征，所以采用时频联合分析中的短时傅里叶变换方法对脉动压力时域信号进行处理。经变换处理得到的结果如图 5.29 所示。

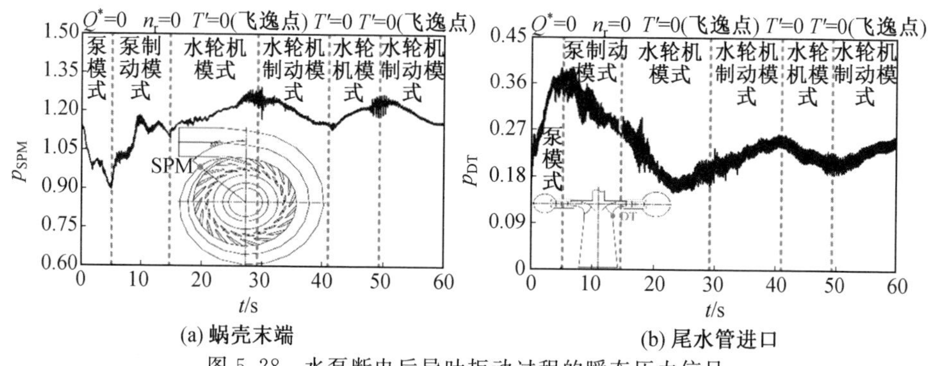

(a) 蜗壳末端 (b) 尾水管进口

图 5.28 水泵断电后导叶拒动过程的瞬态压力信号

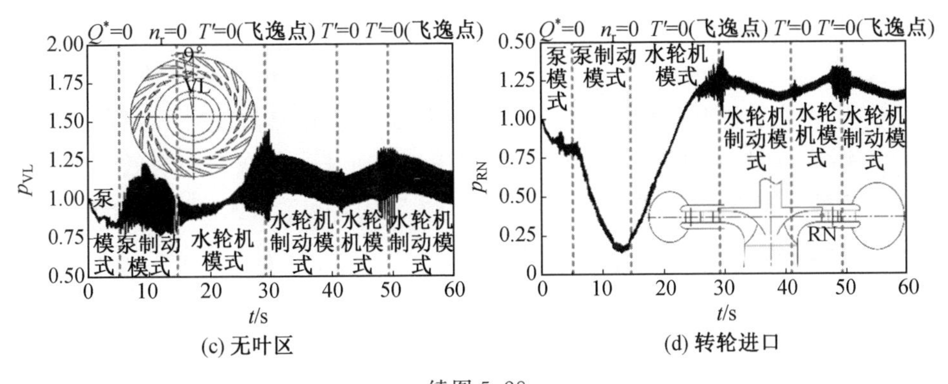

(c) 无叶区　　(d) 转轮进口

续图 5.28

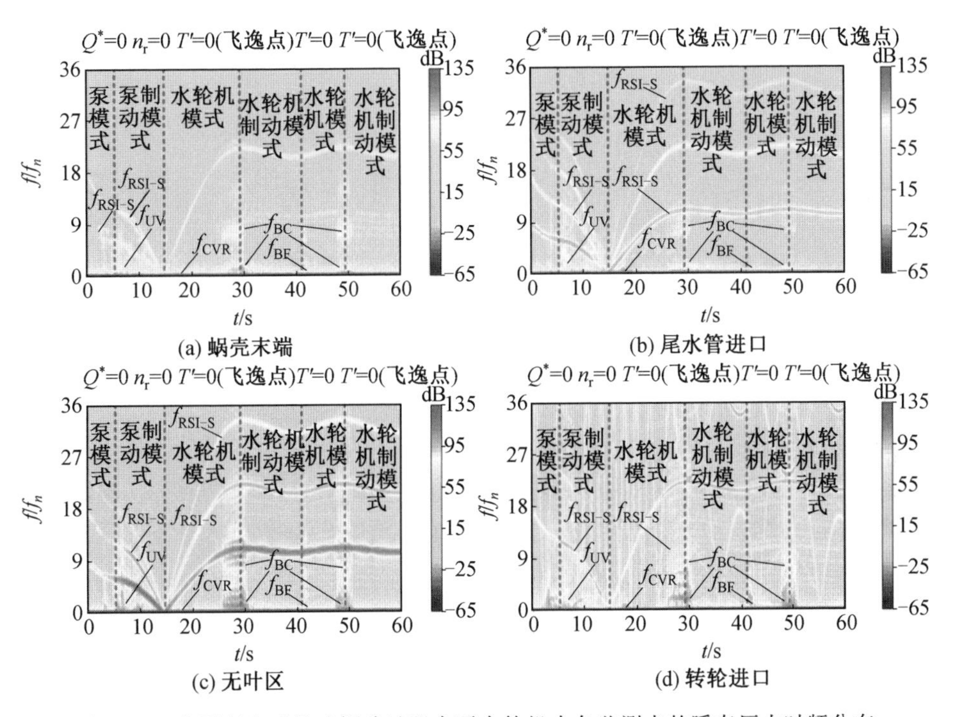

(a) 蜗壳末端　　(b) 尾水管进口

(c) 无叶区　　(d) 转轮进口

图 5.29　水泵断电后导叶拒动过程水泵水轮机内各监测点的瞬态压力时频分布

结合图 5.30 所示的水泵断电后导叶拒动过程的瞬态特性曲线划分的机组运行模式，水泵断电后导叶拒动过程水泵水轮机内的压力脉动主要包括 5 种高幅值压力脉动频率成分及其时域分布特征，即存在于整个瞬态过程中的叶片通过频率及其谐波频率 f_{RSI-S}和 f_{RSI-R}，发生在转轮水力矩为零的飞逸工况附近的低于4.5倍转频的低倍频率高幅值压力脉动频率 f_{BC}，发生在转轮水力矩为零的

转速波谷工况附近的低于 4.5 倍转频的低倍频率高幅值压力脉动频率 f_{BF}，发生在水泵零流量工况附近的低于 4.5 倍转频的低倍频率高幅值压力脉动频率 f_{BF} 以及发生在零转速工况附近的低于 3 倍转频的低倍频率高幅值压力脉动频率 f_{CVR}。发生在转轮水力矩为零的飞逸工况附近的低于 4.5 倍转频的低倍频率高幅值压力脉动频率 f_{BC} 和发生在转轮水力矩为零的转速波谷工况附近的低于 4.5 倍转频的低倍频率高幅值压力脉动频率 f_{BF} 具有越靠近转轮进口压力脉动幅值越高的空间分布特征，发生在零转速工况附近的低于 3 倍转频的低倍频率高幅值压力脉动频率 f_{CVR} 具有越靠近转轮出口压力脉动幅值越高的空间分布特征。这说明这几种频率成分的压力脉动的非定常流动激励源分别位于转轮高压侧进口和尾水管进口(转轮低压侧出口)。

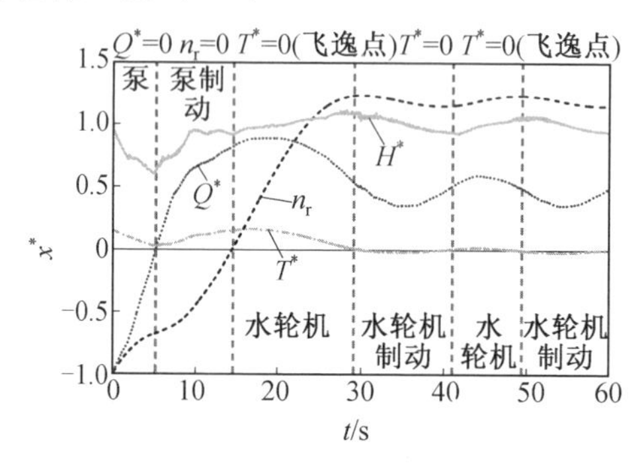

图 5.30　水泵断电后导叶拒动过程水泵水轮机各瞬态特性参数的时间历程曲线

叶片通过频率及其谐波频率主要由叶轮机械的动静干涉产生，这种压力脉动的形成机理在行业内已经形成了基本共识，并且可以采用式(5.11)和式(5.12)进行计算。对于水泵断电后导叶拒动过程的叶片通过频率及其谐波频率压力脉动 f_{RSI-S} 和 f_{RSI-R} 与其他水轮机过渡过程的情况完全相同，主要由叶轮机械的动静干涉产生，这种压力脉动的形成机理在行业内已经形成了基本共识，并且可以采用式(5.11)和式(5.12)进行计算。

发生在转轮水力矩为零的飞逸工况附近的低于 4.5 倍转频的低倍频率高幅值压力脉动频率 f_{BC} 和发生在转轮水力矩为零的转速波谷工况附近的低于 4.5 倍转频的低倍频率高幅值压力脉动频率 f_{BF} 以及发生在水泵零流量工况附近的低于 4.5 倍转频的低倍频率高幅值压力脉动频率 f_{BF} 均与水泵水轮机转轮高压侧进口的复杂回流涡有关，如图 5.31 所示。转轮水力矩为零的工况附近转轮高压侧进口的回流涡诱发低于 4.5 倍转频的低倍频率高幅值压力脉动频率的机

制，与前两节介绍的情况类似。主要是由转轮高压侧进口回流涡之间，以及它们与转轮进口主流及固体壁面之间的剧烈碰撞导致的低于 4.5 倍转频的低倍频率高幅值压力脉动频率 f_{BC}和 f_{BF}。通过图 5.32 所示的转轮高压侧进口任意两个相邻叶片之间流道的瞬态流量的时频特性可以进一步定量证明，这种转轮高压侧进口回流涡的演化频率与低于 4.5 倍转频的低倍频率高幅值压力脉动频率 f_{BC}和 f_{BF}基本相同。

图 5.31　水泵断电后导叶拒动过程各个典型时刻水泵水轮机转轮子午面内速度矢量分布

与水泵水轮机甩负荷过程和水泵断电后导叶关闭过程中低于 4.5 倍转频的低倍频率高幅值压力脉动形成机制的不同之处，在于水泵断电后导叶拒动过程中诱发飞逸工况附近的低于 4.5 倍转频的低倍频率高幅值压力脉动频率 f_{BC}的转轮高压侧进口回流涡的非定常演化过程还与转轮高压侧进口的空化的非定常演化过程相互作用，两者耦合在一起。通过内流场定性分析表明，在图 5.31 中

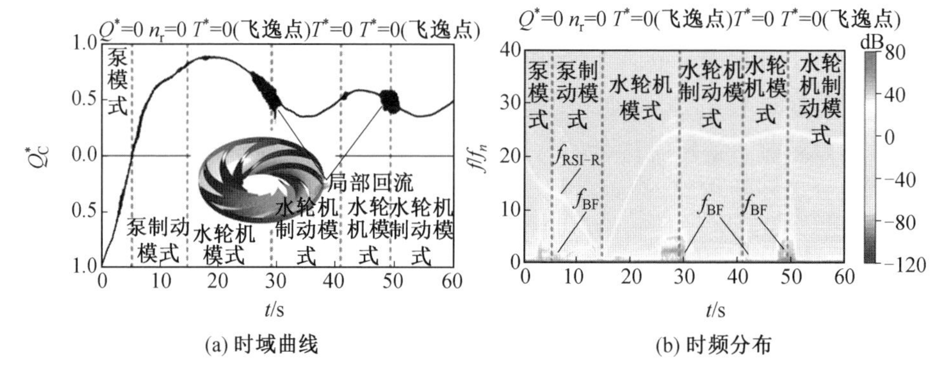

图 5.32 水泵断电后导叶拒动过程水泵水轮机转轮高压侧进口任意两个相邻叶片之间流道的瞬态流量的时频分布

转轮高压侧进口出现回流涡的飞逸工况附近转轮高压侧进口也都出现了相应的空化现象，如图 5.33 所示。此外，通过水泵断电后导叶拒动过程水泵水轮机转轮内的瞬态空化体积的定量分析进一步表明，在水泵断电后导叶拒动过程中出现转轮高压侧进口回流涡飞逸工况附近的转轮空化体积曲线也出现了剧烈的脉动，如图 5.34 所示，并且转轮空化体积脉动的频率与低于 4.5 倍转频的低倍频率高幅值压力脉动频率 f_{BC} 基本一致。通过以上内流场定性分析分布的流态证据和转轮内空化体积与转轮进口相邻两叶片之间流量的定量化时频特性可以得出，水泵断电后导叶关闭过程中飞逸工况附近低于 4.5 倍转频的低倍频率高幅值压力脉动 f_{BC} 同时受到转轮高压侧进口回流涡和空化的非定常演化过程影响。换言之，这种水泵断电后导叶关闭过程中飞逸工况附近低于 4.5 倍转频的低倍频率高幅值压力脉动 f_{BC} 主要由转轮高压侧进口回流涡之间，以及它们与转轮进口主流及固体壁面之间的剧烈碰撞导致。同时这种转轮高压侧进口回流涡的非定常演化过程还会受到转轮高压侧进口空化的非定常演化过程影响，而且空化体积的大小对水泵断电后导叶关闭过程中飞逸工况附近低于 4.5 倍转频的低倍频率高幅值压力脉动 f_{BC} 并无直接的影响，反而是空化非定常演化过程中空化空腔被压缩至溃灭的次数或频率对水泵断电后导叶关闭过程中飞逸工况附近低于 4.5 倍转频的低倍频率高幅值压力脉动 f_{BC} 的影响或贡献度较大，这主要是因为空化空腔只有在被压缩至溃灭的瞬间才会释放出较大的能量，产生较大的冲击压力波。因而，尽管水泵断电后导叶关闭过程中飞逸工况附近在转轮内的空化体积较小，但是由于水泵断电后导叶关闭过程中飞逸工况附近在转轮内的空化空腔体积变化剧烈，经历了很多次剧烈的空化空腔被压缩至溃灭的变化过程，所

以才能对水泵断电后导叶关闭过程中飞逸工况附近低于 4.5 倍转频的低倍频率高幅值压力脉动 f_{BC}的产生较大的影响或贡献。这与图 5.34 和图 5.29 中零转速工况附近转轮内空化空腔体积较大，但仅经历了一次被压缩至完全溃灭消失，无法对相应的压力脉动产生较大影响的道理完全吻合。

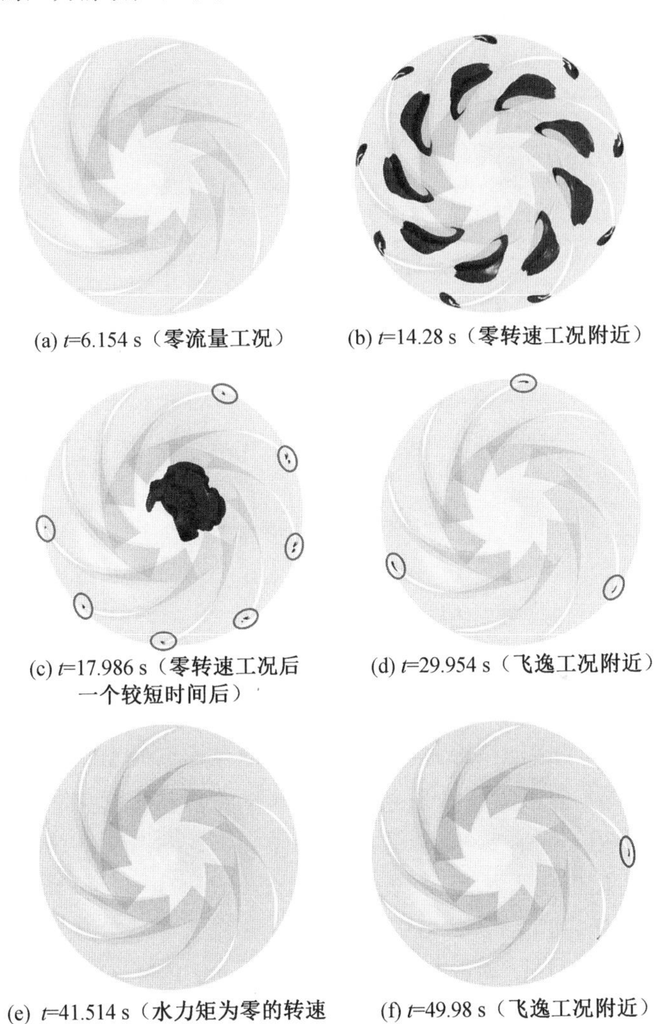

(a) t=6.154 s（零流量工况）　(b) t=14.28 s（零转速工况附近）

(c) t=17.986 s（零转速工况后一个较短时间后）　(d) t=29.954 s（飞逸工况附近）

(e) t=41.514 s（水力矩为零的转速波谷工况附近）　(f) t=49.98 s（飞逸工况附近）

图 5.33　水泵断电后导叶拒动过程各个典型时刻水泵水轮机转轮内空化体积分布

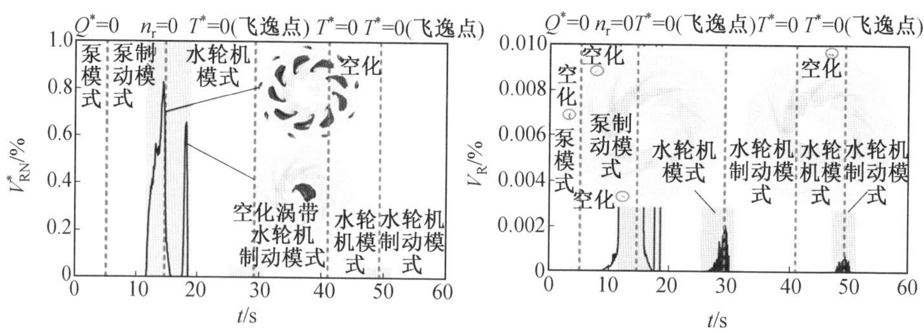

(a) 空化空腔体积的全局时域曲线

(b) 空化空腔体积时域曲线的局部放大

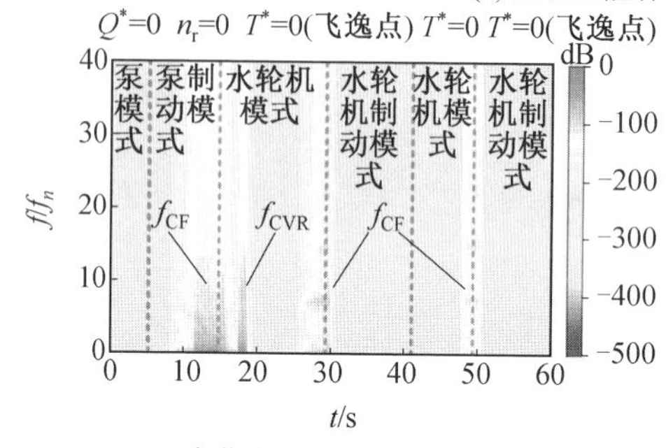

(c) 空化空腔体积的时频分布

图 5.34　水泵断电后导叶拒动过程水泵水轮机转轮内瞬态空化空腔体积的时频分布

对于发生在零转速工况附近的低于 3 倍转频的低倍频率高幅值压力脉动频率 f_{CVR}，通过定性的内流场分析表明，在发生低于 3 倍转频的低倍频率高幅值压力脉动频率 f_{CVR} 的零转速工况附近，存在明显的尾水管空化涡带，如图 5.35 所示。另外，通过水泵断电后导叶拒动过程水泵水轮机尾水管内的瞬态空化空腔体积的定量分析进一步表明，在水泵断电后导叶拒动过程中在发生低于 3 倍转频的低倍频率高幅值压力脉动频率 f_{CVR} 的零转速工况附近，存在明显的尾水管空化空腔体积变化，如图 5.36(a)所示，并且尾水管空化空腔体积脉动的频率与低于 3 倍转频的低倍频率高幅值压力脉动频率 f_{CVR} 基本一致，如图 5.36(b)所示。通过以上内流场定性分析分布的流态证据和尾水管内空化体积的定量化时频特性可以得出，水泵断电后导叶关闭过程中零转速工况附近的低于 3 倍转频的低倍频率高幅值压力脉动频率 f_{CVR} 是由尾水管内的空化涡带的非定常演化引起的，螺旋进动的尾水管空化涡带周期性扫过尾水管进口壁面造成了尾水管壁面压力的周期性脉动。

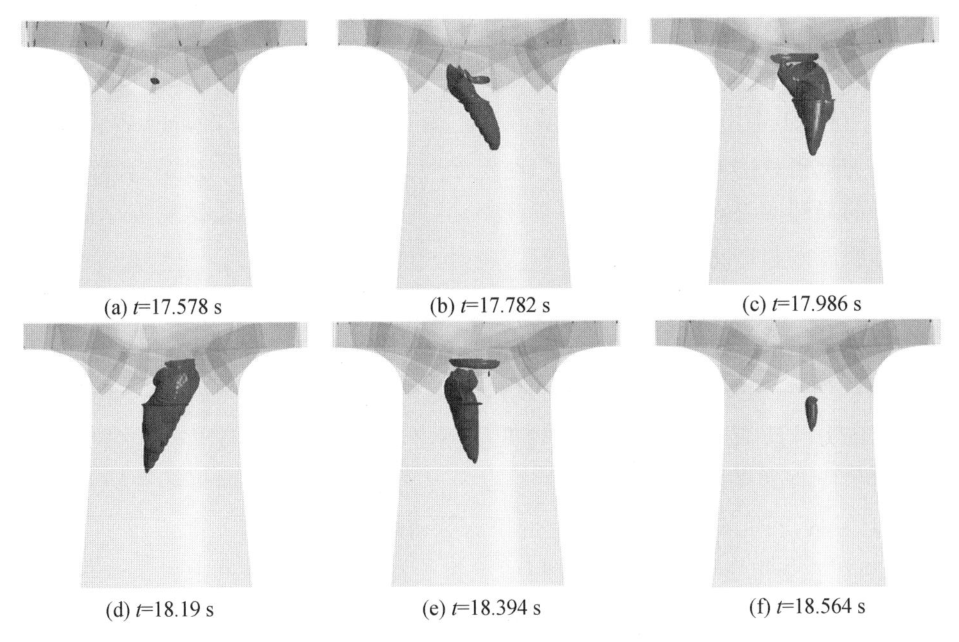

图 5.35　水泵断电后导叶拒动过程个各典型时刻水泵水轮机尾水管内空化涡带形态变化(空化体积分数 0.01 等值面)

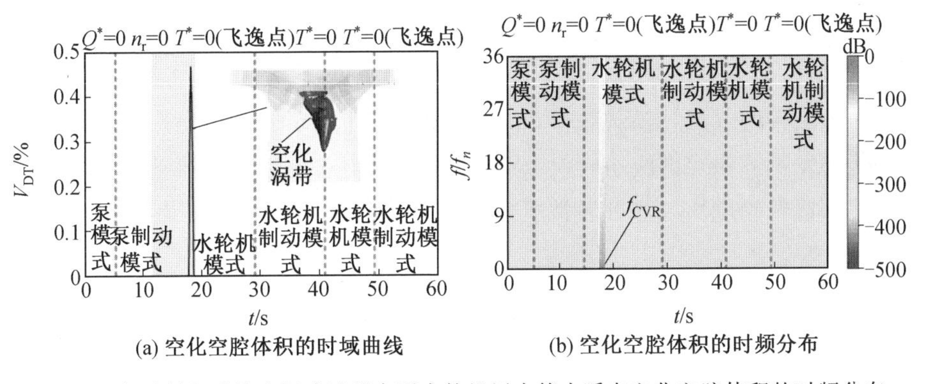

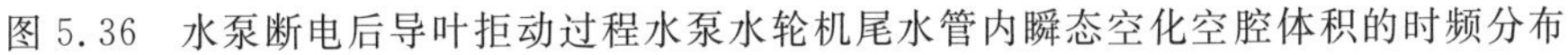

图 5.36　水泵断电后导叶拒动过程水泵水轮机尾水管内瞬态空化空腔体积的时频分布

5.3.4　水泵水轮机过渡过程压力脉动流动机理总结

5.3.1～5.3.3 节详细介绍了水泵水轮机甩负荷后和水泵断电后导叶正常关闭过程、导叶拒动瞬态过程的压力脉动频率组成和时空演化特性，以及它们相应的非定常流动演化机理。本节对水泵水轮机甩负荷后和水泵断电后瞬态过程的各种频率成分的压力脉动的时空演化特性及流动机理总结如下。

(1)存在于整个瞬态过程中的叶片通过频率及其谐波频率,具体可按式(5.11)和式(5.12)进行计算。它们是由旋转式叶轮机械的动静干涉效应诱发的。

(2)存在于零力矩和水泵零流量工况点附近的低于4.5(转轮叶片数的一半)倍转频的低倍频率高幅值压力脉动,对于导叶关闭过程,它们一般是由转轮高压侧进口的局部回流涡诱发的;对于导叶拒动过程,它们一般是由转轮高压侧进口的局部回流涡和空化相互耦合作用后共同诱发的。

(3)存在于零转速工况附近的低于3倍转频的低倍频率高幅值压力脉动,它们一般是由尾水管空化涡带的周期性螺旋进动造成的。

(4)发生在水泵制动模式的5倍(约为转轮叶片数的一半)转频的低倍频率高幅值压力脉动,它们一般是由转轮低压侧出口叶片周向出流与转轮低压侧出口旋向相反的尾水管螺旋回流剪切形成的,5个旋涡随转轮同步的旋转运动有关,并且一般反向回流量越大,对应的压力脉动越剧烈。

(5)存在于甩负荷过程反水泵模式下最大反向流量工况点附近的空化空腔溃灭频率,是由转轮低压侧叶片出口附近的空化空腔的溃灭造成的,而且一般反向回流量越大,对应的压力脉动越剧烈。

以上的低倍频率高幅值压力脉动频率成分的压力脉动,一般都发生在零流量、零转速、零力矩、最大转速或者最大反向流量等特征工况转换点或运行模式转换点附近,这主要是因为在这类外特性的特征工况转换点附近,外特性发生了突然的工况转换或运行模式转换,水泵水轮机内部流动也会发生快速的改变,造成内流场发生不稳定的流态转换,从而引发剧烈的内流场压力脉动,而且一般空间上越靠近转轮进出口这种异常压力脉动的激励源所在位置,压力脉动越剧烈。

5.4 过渡过程瞬态特性影响因素

导叶开度和转动惯量对水泵水轮机过渡过程瞬态特性影响显著,本节根据一三维联合仿真的计算结果介绍不同导叶开度和转动惯量下水泵水轮机过渡过程的瞬态特性,给出导叶开度和转动惯量对水泵水轮机过渡过程瞬态特性的影响规律,以便为后续对其过渡过程瞬态特性优化提供依据。本节主要对表5.1所示的3种不同导叶开度和3种不同转动惯量组成的9种组合工况的瞬态特性进行对比分析。

表 5.1　3 种不同导叶开度和 3 种不同转动惯量组成的 9 种组合工况的瞬态特性

工况	转动惯量＝0.5J	转动惯量＝1.0J	转动惯量＝2.0J
导叶开度＝12°	(12°,0.5J)	(12°,1.0J)	(12°,2.0J)
导叶开度＝15°	(15°,0.5J)	(15°,1.0J)	(15°,2.0J)
导叶开度＝21°	(21°,0.5J)	(21°,1.0J)	(21°,2.0J)

注:J 为原始转动惯量。

5.4.1　导叶开度对过渡过程瞬态特性的影响

不同导叶开度下水泵水轮机飞逸过程转轮径向水推力时域信号如图 5.37 所示。飞逸过程水泵水轮机径向水推力在飞逸工况附近脉动剧烈。为了进一步清晰显示径向水推力脉动的时频特性,采用短时傅里叶变换方法分别对不同导叶开度下水泵水轮机转轮的 X 向和 Y 向径向水推力进行分析,如图 5.38 和图 5.39 所示。不同导叶开度下水泵水轮机转轮 X 方向和 Y 方向的径向水推力的时频特性基本相同,因而本节只对 X 方向的径向水推力进行分析。飞逸过程水泵水轮机径向水推力的脉动频率主要包括叶片通过频率及其谐波分量和低于 4.5倍转频的低倍频率高幅值压力脉动分量。各径向水推力脉动频率分量中低于 4.5 倍转频的低倍频率高幅值压力脉动分量脉动强度最高,是占主导作用的径向水推力脉动频率分量。它们的产生机理与前几节介绍的相应压力脉动的形成机理基本相同,这里不再赘述,而是重点关注不同导叶开度和转动惯量对径向水推力脉动的影响。通过对比可以发现,导叶开度越大,径向水推力脉动的强度越高,而且剧烈脉动的持续时间也越长。不同导叶开度下水泵水轮机飞逸过程各测点瞬态压力曲线如图 5.40 所示。导叶开度越小,蜗壳末端的水击压力上升波峰值越高,尾水管进口的水击压力降低波谷值越低。总体来讲,对于水泵水轮机飞逸过程,大开度下,转轮径向水推力脉动问题严重;小开度下,水击问题突出。

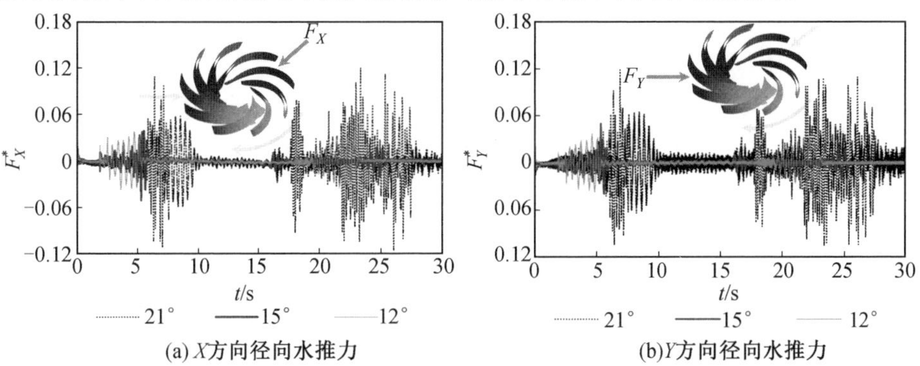

图 5.37　不同导叶开度下水泵水轮机飞逸过程转轮径向水推力时域信号

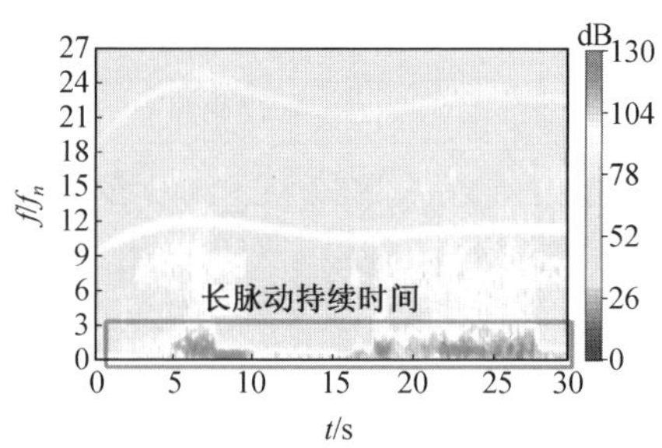

(a) 21°，1.0J

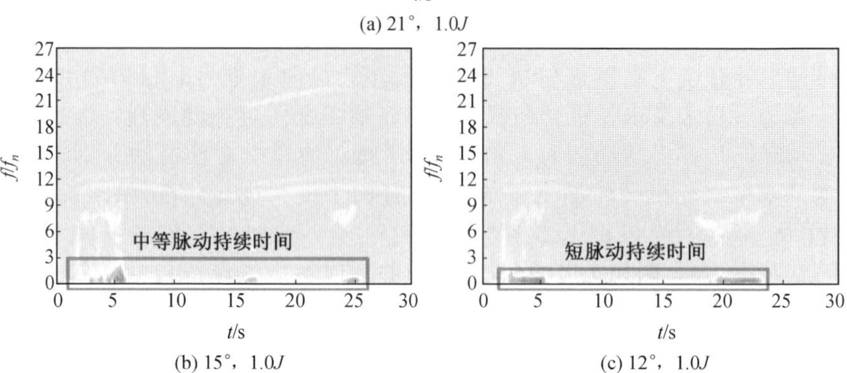

(b) 15°，1.0J　　(c) 12°，1.0J

图 5.38　同一转动惯量不同导叶开度下飞逸过程水泵水轮机转轮 X 方向径向水推力时频分布

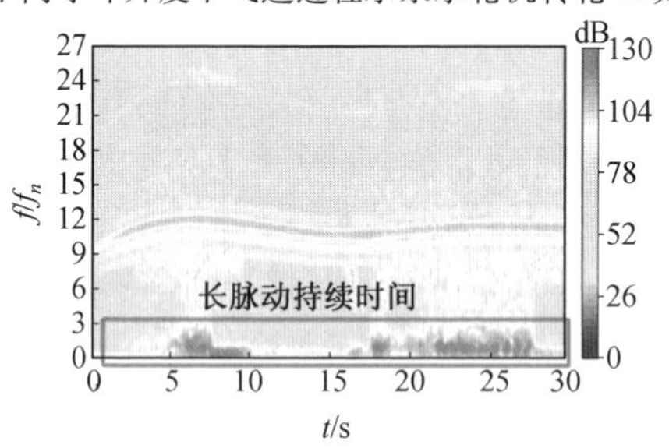

(a) 21°，1.0J

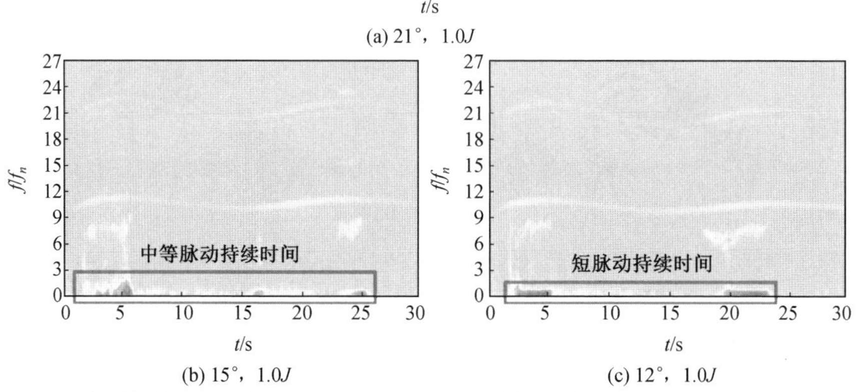

(b) 15°，1.0J　　(c) 12°，1.0J

图 5.39　同一转动惯量不同导叶开度下飞逸过程水泵水轮机转轮 Y 方向径向水推力时频分布

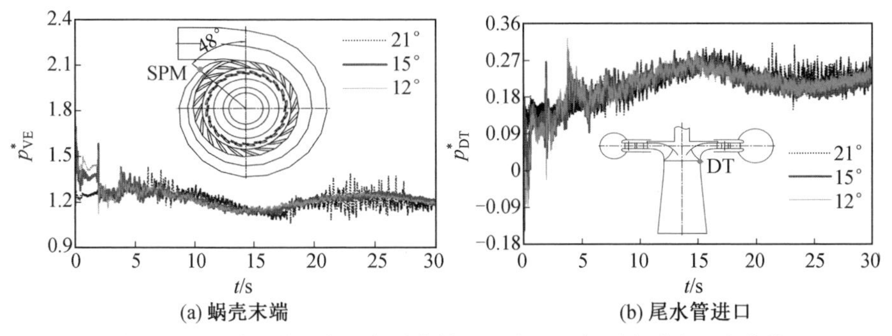

(a) 蜗壳末端　　(b) 尾水管进口

图 5.40　不同导叶开度下水泵水轮机飞逸过程各测点瞬态压力曲线

内流场分析表明，造成转轮径向水推力低倍频率高幅值剧烈脉动的根源是水泵水轮机转轮高压侧进口的局部回流涡。导叶开度越大，转轮高压侧进口局部回流涡越严重，大导叶开度下回流涡甚至会占据转轮进口展向的一半高度，如图 5.41 所示。这是因为导叶开度越大，机组转速上升越高，如图 5.42(a)所示，离心力越大，在离心力驱动下，转轮高压侧进口回流越严重，从而回流涡诱发的转轮径向水推力脉动越剧烈。而导叶开度越小，转轮高压侧进口流量变化对这种回流涡的堵塞效应越敏感，从而流量变化越快，如图 5.42(b)所示。在瞬态过程中，流量变化越快，水击压力波动越严重。因而在水泵水轮机飞逸过程中，大开度下转轮径向水推力脉动问题更加严重；而小开度下水击问题更加突出。

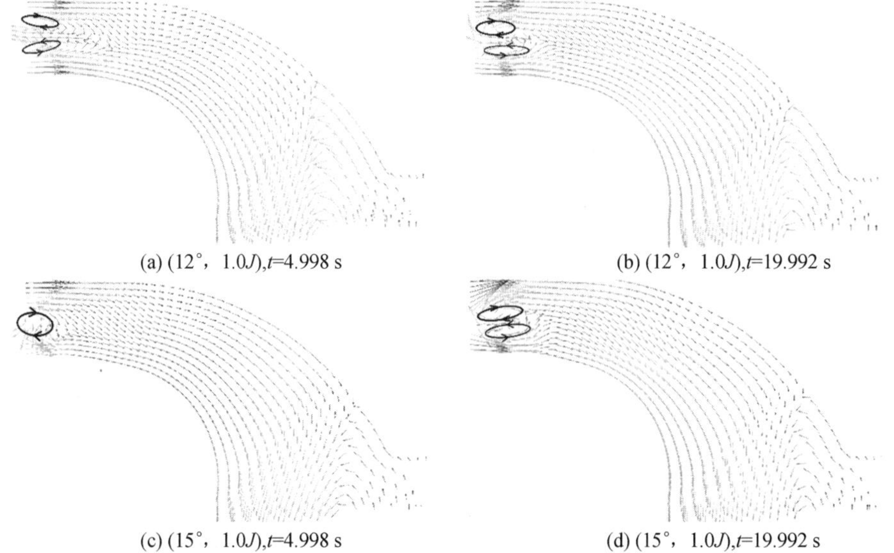

(a) (12°，1.0J)，t=4.998 s　　(b) (12°，1.0J)，t=19.992 s

(c) (15°，1.0J)，t=4.998 s　　(d) (15°，1.0J)，t=19.992 s

图 5.41　不同导叶开度下水泵水轮机飞逸过程各典型时刻转轮内速度矢量分布

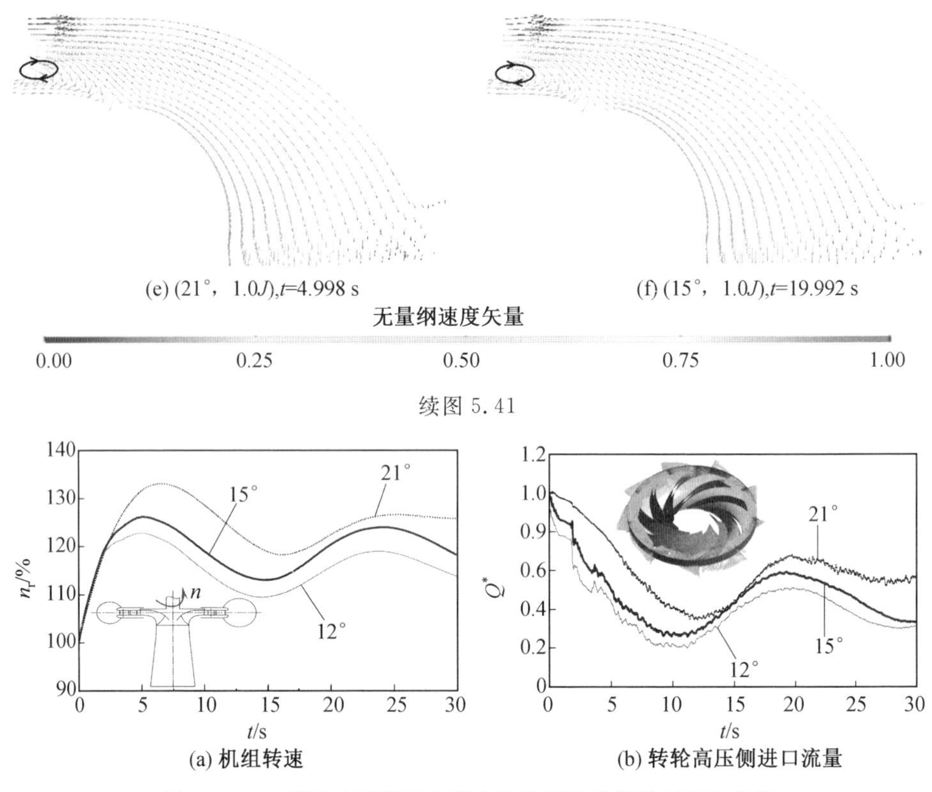

(e) (21°，1.0J), t=4.998 s

(f) (15°，1.0J), t=19.992 s

续图 5.41

(a) 机组转速

(b) 转轮高压侧进口流量

图 5.42　不同导叶开度下水泵水轮机飞逸过程瞬态特性曲线

5.4.2　转动惯量对过渡过程瞬态特性的影响

不同转动惯量下某水泵水轮机飞逸过程的瞬态径向水推力特性曲线如图 5.43～5.45 所示。飞逸过程水泵水轮机径向水推力在飞逸工况附近脉动剧烈。考虑到不同转动惯量下水泵水轮机转轮 X 方向和 Y 方向的径向水推力的脉动特性基本相同，因而本节只对 X 方向的径向水推力进行分析。为了进一步清晰显示径向水推力脉动的时频特性，采用短时傅里叶变换方法分别对不同转动惯量下水泵水轮机转轮的 X 向径向水推力进行分析，如图 5.46～5.48 所示。可以发现，对于所有导叶开度都有以下规律，即机组转动惯量越大，径向水推力脉动的持续时间越短。这是因为机组转动惯量越大，机组转速上升越慢，而且转速时域曲线经过越少的波动次数就越趋向于收敛状态，也就是说经历的飞逸工况点的次数越少，如图 5.49 所示。根据转轮径向水推力的低倍频率高幅值压力脉动的形成机理，最大转速上升值越高，转轮高压侧进口局部回流越严重，转轮径向水

推力的低倍频率高幅值压力脉动越剧烈。飞逸过程中机组转速曲线波动的次数越多,经历的飞逸工况点的次数越多,那么转轮高压侧进口出现局部回流涡的次数也越多,从而转轮径向水推力的低倍频率高幅值压力脉动的持续时间也越长。

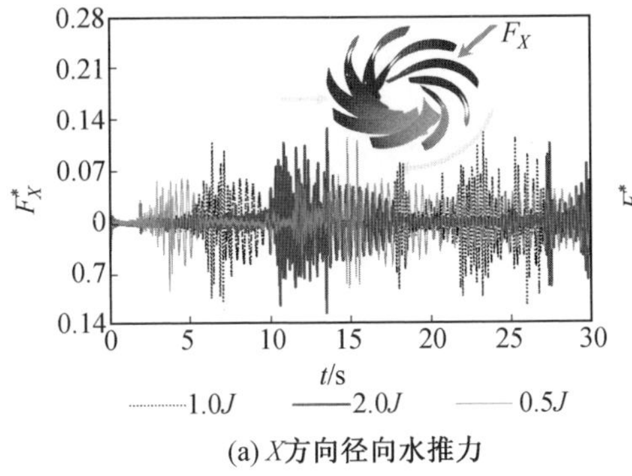

(a) X方向径向水推力

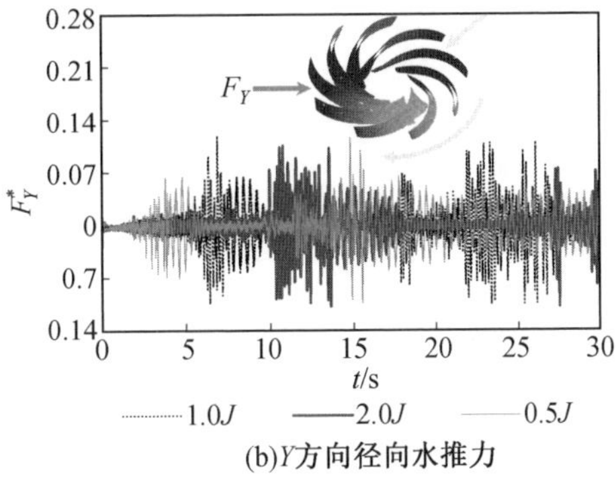

(b) Y方向径向水推力

图 5.43　不同转动惯量下 21°导叶开度水泵水轮机飞逸过程转轮径向水推力时域信号

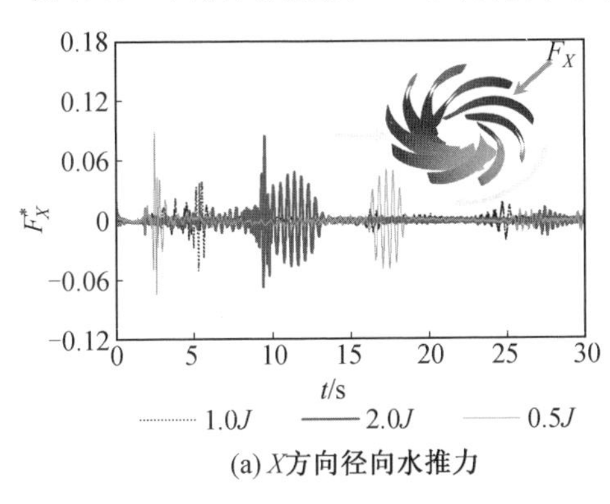

(a) X方向径向水推力

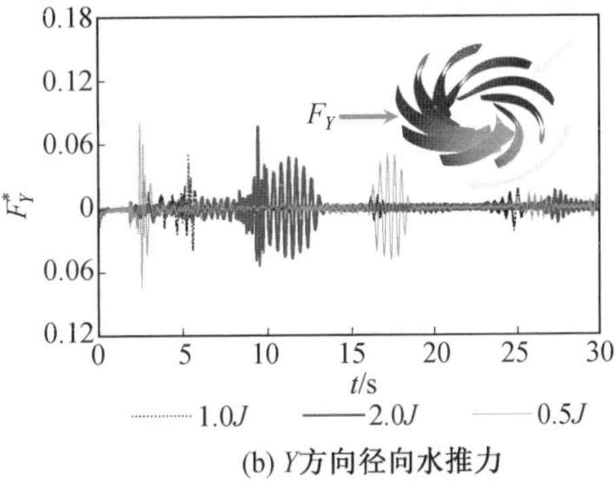

(b) Y方向径向水推力

图 5.44　不同转动惯量下 15°导叶开度水泵水轮机飞逸过程转轮径向水推力时域信号

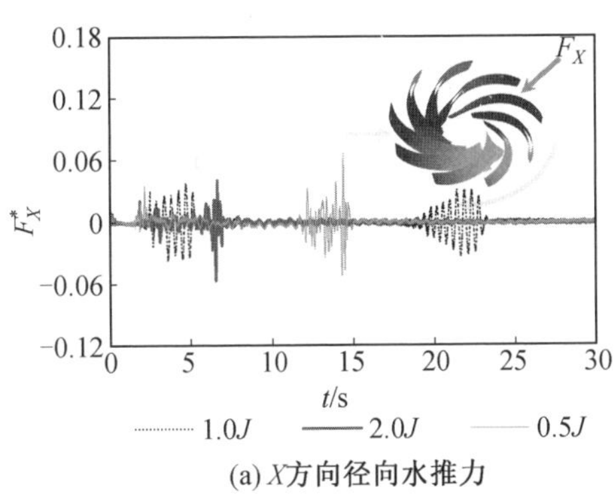

(a) X方向径向水推力

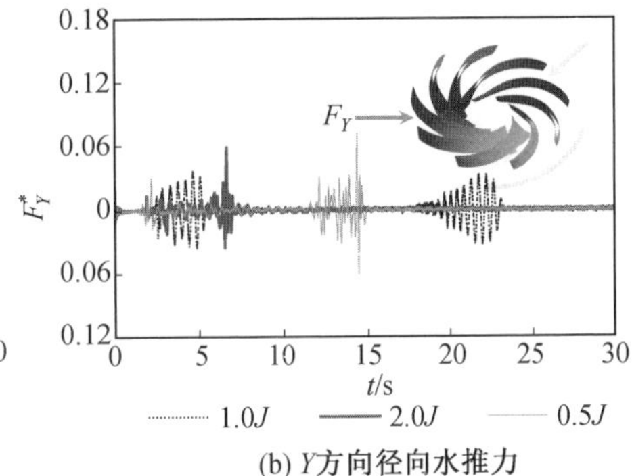

(b) Y方向径向水推力

图 5.45　不同转动惯量下 12°导叶开度水泵水轮机飞逸过程转轮径向水推力时域信号

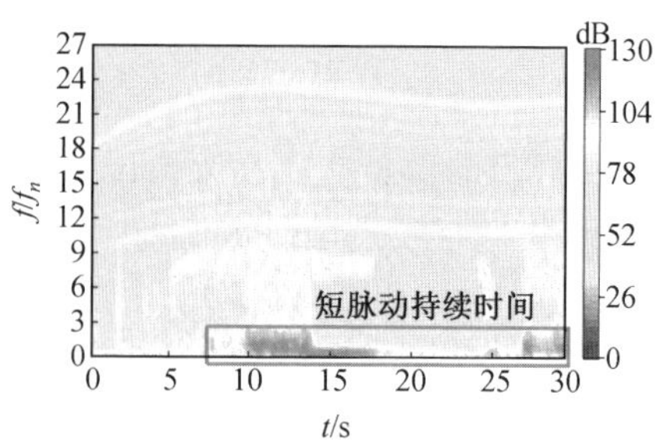

(a) 21°，2.0J

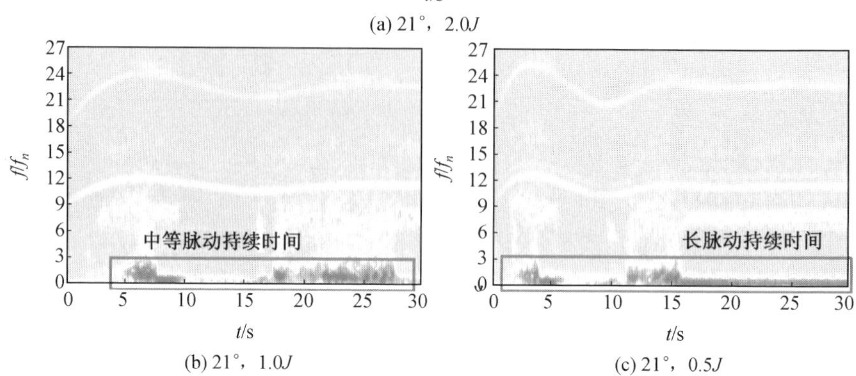

(b) 21°，1.0J

(c) 21°，0.5J

图 5.46　不同转动惯量下 21°导叶开度水泵水轮机飞逸过程转轮 X 方向径向水推力时频分布

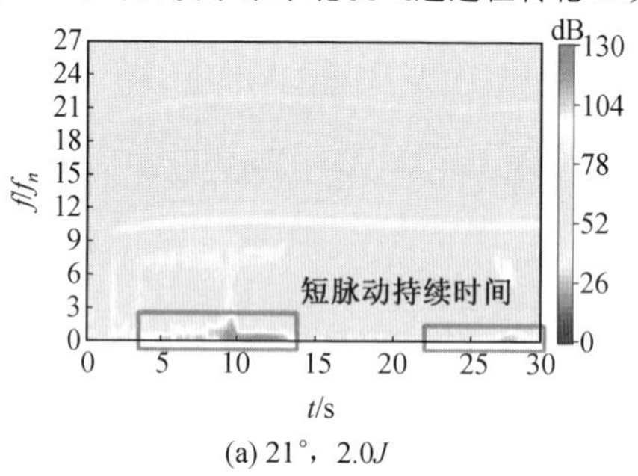

(a) 21°，2.0J

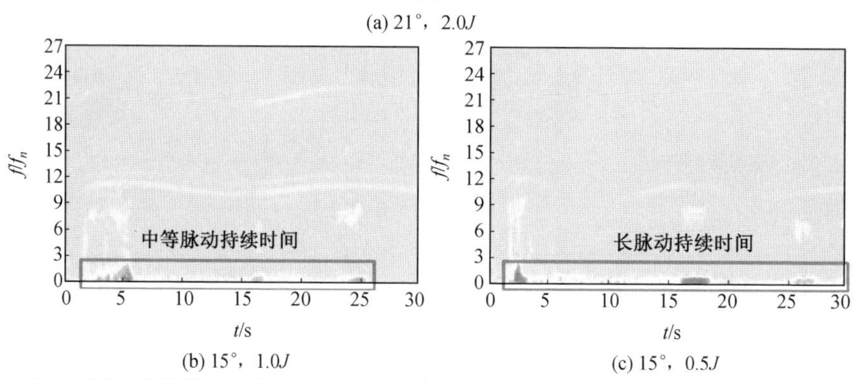

(b) 15°，1.0J

(c) 15°，0.5J

图 5.47　不同转动惯量下 15°导叶开度水泵水轮机飞逸过程转轮 X 方向径向水推力时频分布

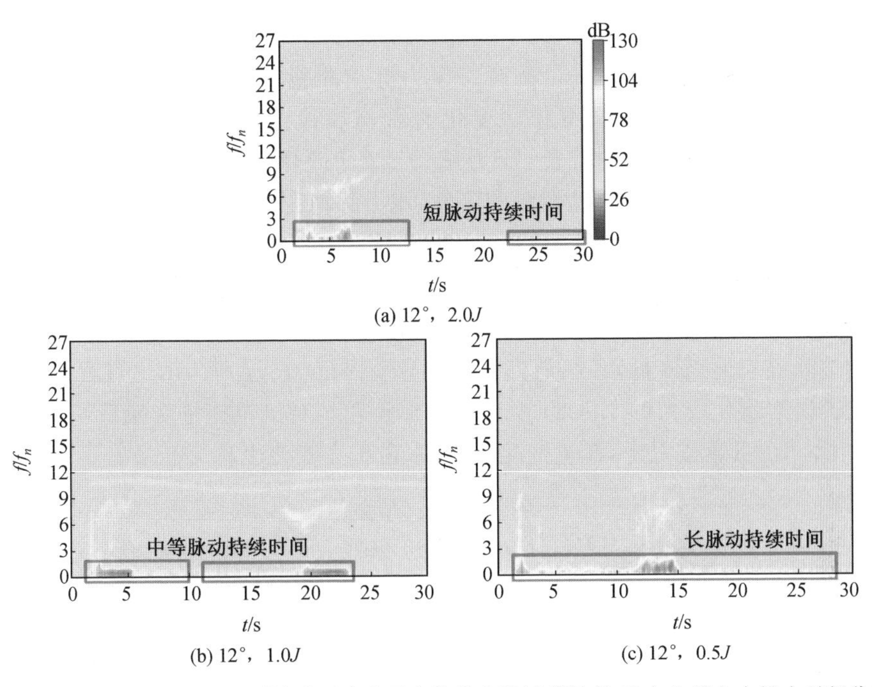

图 5.48　不同转动惯量下 12°导叶开度水泵水轮机飞逸过程转轮 X 方向径向水推力时频分布

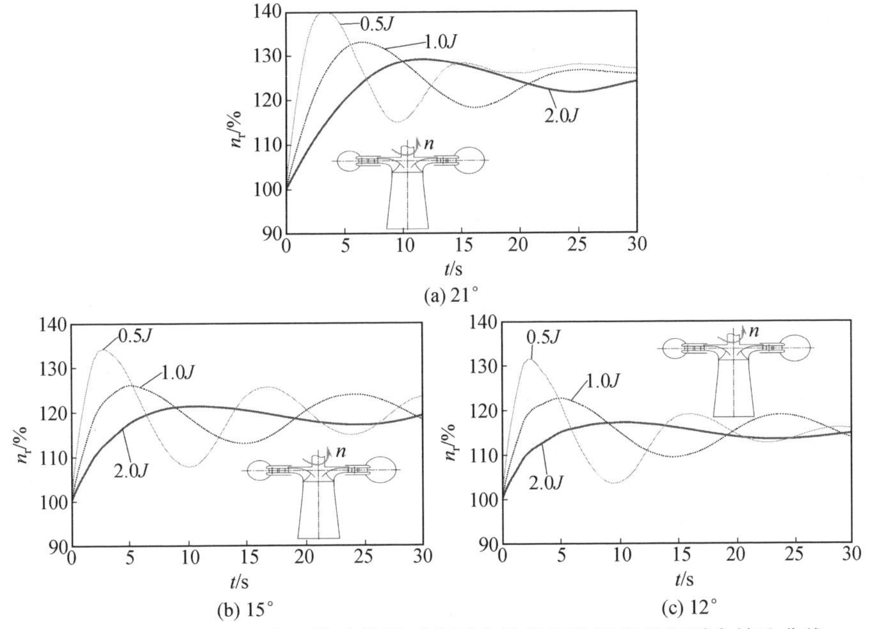

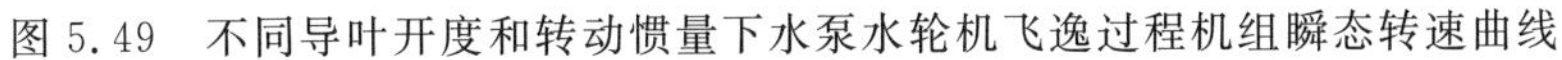

图 5.49　不同导叶开度和转动惯量下水泵水轮机飞逸过程机组瞬态转速曲线

通过图5.50～5.52所示的不同导叶开度和不同转动惯量下飞逸过程水泵水轮机蜗壳末端和尾水管进口的瞬态压力脉动曲线可以看出，对于所有导叶开度都有以下转动惯量对压力脉动变化的影响规律：当转动惯量较大(2.0J和1.0J)时，随着转动惯量的降低，压力脉动变化的影响不明显；当转动惯量较小(1.0J和0.5J)时，随着转动惯量的降低，压力脉动变化的影响明显，蜗壳末端水击压力上升波峰值和尾水管进口水击压力降低波谷值变化较大。也就是说，为了避免极端水击压力上升或降低情况的出现，应避免采用较小的机组转动惯量，但转动惯量增大到一定程度后，通过增加机组转动惯量带来的改善水击压力问题的边际效应逐渐降低，甚至消失。较小转动惯量(0.5J)时，飞逸过程水泵水轮机水击压力变化较大的原因是，机组转动惯量较小时机组流量变换最快，如图5.53所示。在飞逸过程中，流量变化越快，水击压力变化也越大。

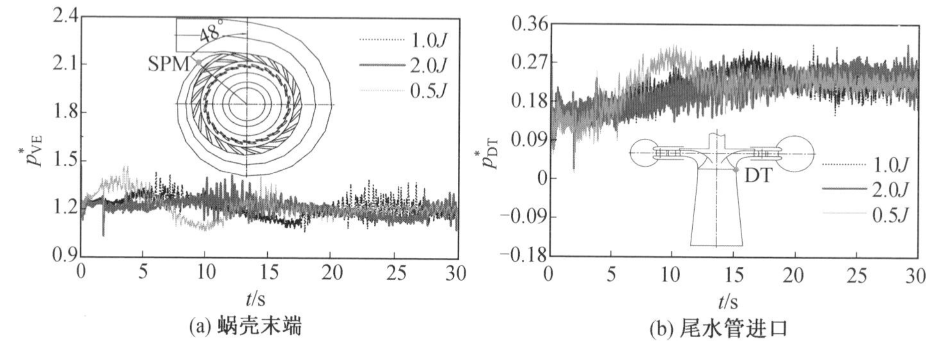

图5.50　不同转动惯量下21°导叶开度水泵水轮机飞逸过程各测点瞬态压力曲线

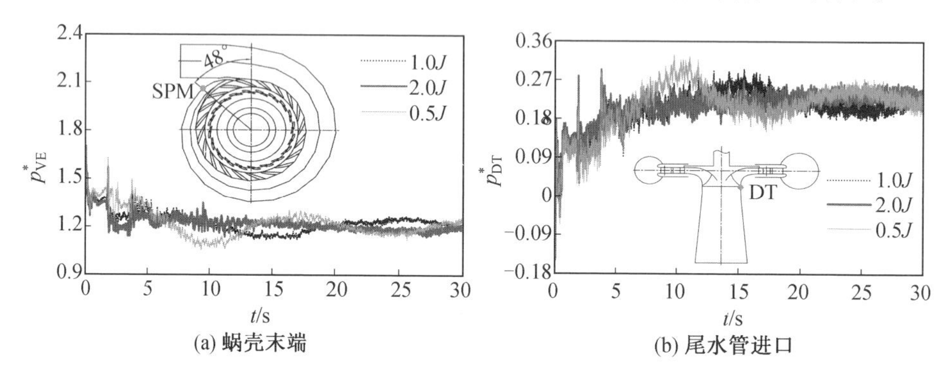

图5.51　不同转动惯量下15°导叶开度水泵水轮机飞逸过程各测点瞬态压力曲线

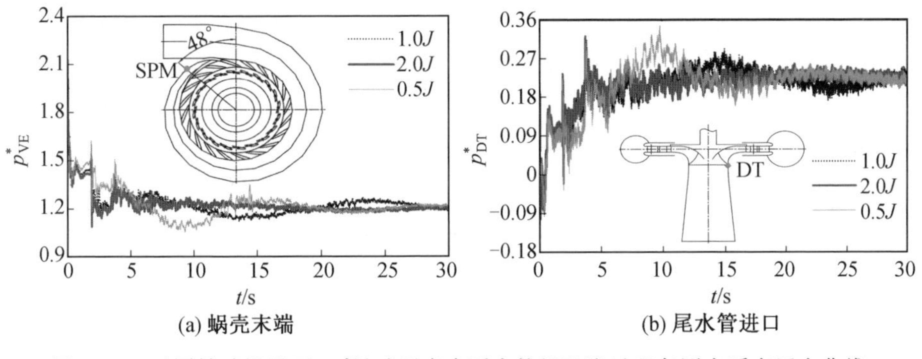

(a) 蜗壳末端　(b) 尾水管进口

图 5.52　不同转动惯量下 12°导叶开度水泵水轮机飞逸过程各测点瞬态压力曲线

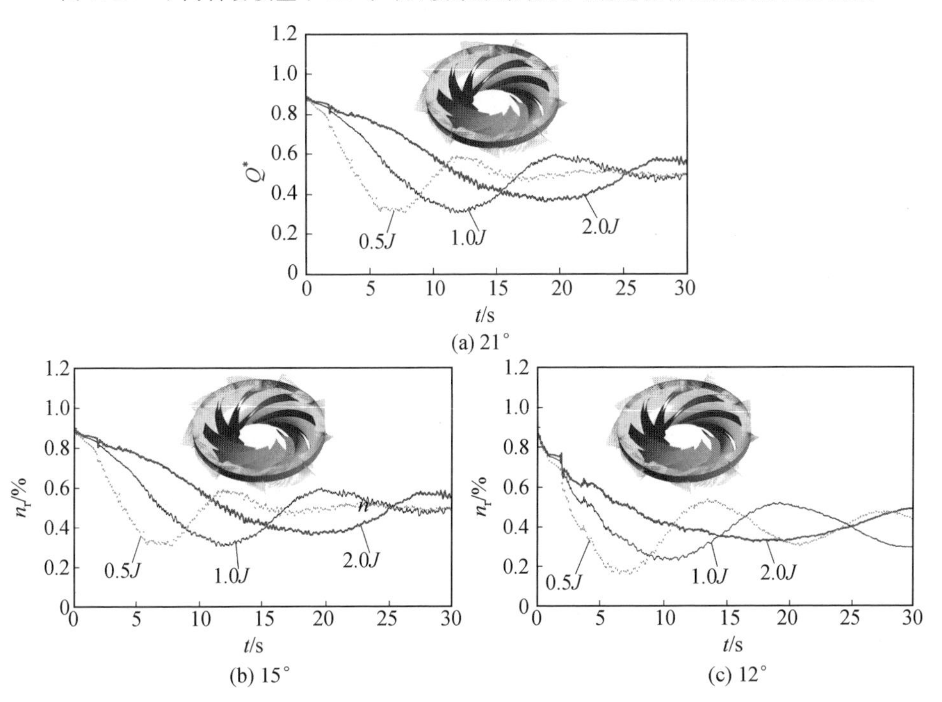

(a) 21°

(b) 15°　(c) 12°

图 5.53　不同导叶开度和转动惯量下水泵水轮机飞逸过程机组瞬态流量曲线

5.5　抽水蓄能机组过渡过程智能优化

通过前面几节分别介绍的抽水蓄能机组过渡过程异常压力脉动和水力偏载的形成机理和影响因素可知，导叶开度和机组转动惯量对抽水蓄能机组过渡过程瞬态特性有明显的影响。因而选取抽水蓄能机组合理的导叶关闭规律及机组转动惯量，对调控水泵水轮机过渡过程瞬态特性和抑制压力脉动等问题很重要。本节简要介绍如何通过多目标智能优化方法对导叶关闭规律和机组转动惯量进行优化。

对抽水蓄能机组过渡过程进行优化需要大量的样本数据，不适合继续采用计算成本较高的一、三维联合仿真计算方法。本节采用计算成本较低的一维特征线法来获取瞬态过程样本数据。与一、三维联合仿真计算方法的不同之处在于，在一维计算方法中水泵水轮机边界条件要借助于水泵水轮机的静态四象限特性曲线来插值求解。但由于水泵水轮机的四象限特性曲线存在如图 5.54 所示的交叉重叠、聚集及反 S 特性，不利于进行插值计算，因而需要采用式(5.15)～(5.19)给出的改进 Suter 变换方法对其进行处理。水泵水轮机四象限特性曲线的改进 Suter 变换结果如图 5.55 所示，机组转速按照式(5.20)进行计算。

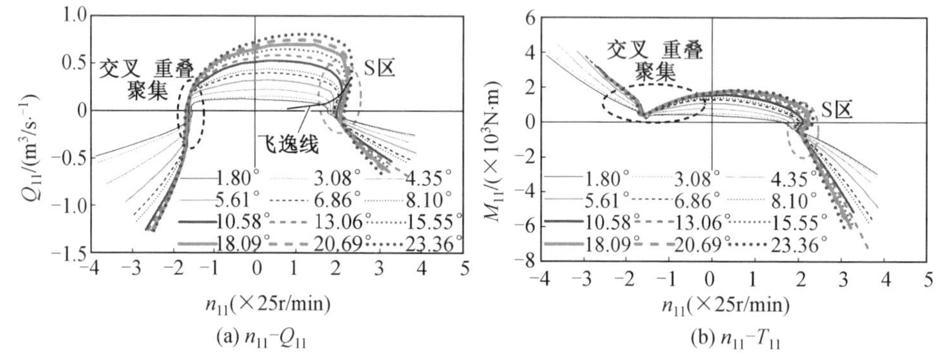

(a) n_{11}-Q_{11}　　(b) n_{11}-T_{11}

图 5.54　水泵水轮机的四象限特性曲线

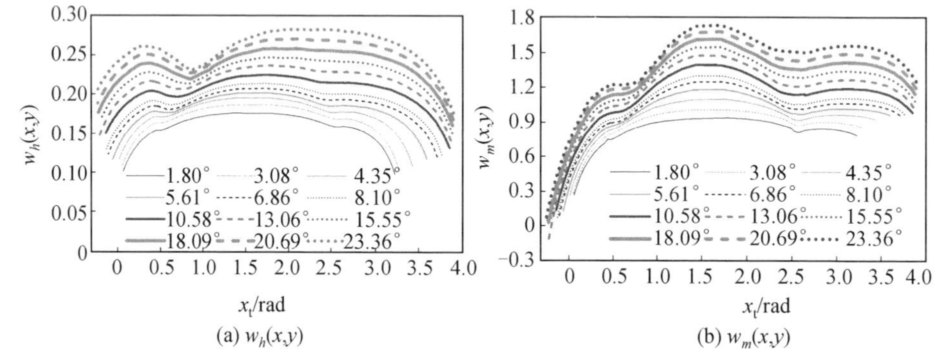

(a) $w_h(x,y)$　　(b) $w_m(x,y)$

图 5.55　水泵水轮机四象限特性曲线的改进 Suter 变换结果

$$n_{11}=\frac{nD_t}{\sqrt{H_t}},\quad Q_{11}=\frac{Q_t}{D_t^2\sqrt{H_t}},\quad M_{11}=\frac{M_t}{D_t^3H_t} \tag{5.15}$$

$$w_h(x_t,y)=\frac{h(y+1)}{\alpha^2+q^2+6.25h} \tag{5.16}$$

$$w_m(x_t,y)=\frac{(m+5h)(y+1)}{\alpha^2+q^2+6.25h} \tag{5.17}$$

$$\begin{cases} x_t=\arctan\left(\dfrac{q+0.5\sqrt{h}}{\alpha}\right), & \alpha>0 \\ x_t=\arctan\left(\dfrac{q+0.5\sqrt{h}}{\alpha}\right)+\pi, & \alpha\leqslant 0 \end{cases} \tag{5.18}$$

$$\alpha=\frac{n}{n_r},\quad q=\frac{Q_t}{Q_r},\quad m=\frac{M_t}{M_r},\quad h=\frac{H_t}{H_{tr}},\quad y=\frac{\beta}{\beta_r} \tag{5.19}$$

$$J\frac{\pi}{30}\frac{dn}{dt}=M_t \tag{5.20}$$

式中　n——机组转速，r/min；

D_t——水轮机标称直径，m；

H_t——水泵水轮机水头，m；

Q_t——水泵水轮机流量，m^3/s；

M_t——转轮水力矩，N·m；

β——导叶开度，mm；

α——相对机组转速；

q——相对水泵水轮机流量；

m——相对转轮水力矩；

h——相对水头；

y——相对导叶开度；

r——额定工况值下角标；

J——机组转动惯量，$kg\cdot m^2$。

本节针对常见的两段折线式导叶关闭规律进行优化研究，这种两段折线式导叶关闭规律可用 3 个参变量（y_1，T_{r1}，T）确定，如图 5.56 所示。决策变量的取值范围按式(5.21)～(5.24)给定，多目标优化的目标函数按式(5.25)确定，优化计算的约束条件按式(5.26)～(5.29)给定。

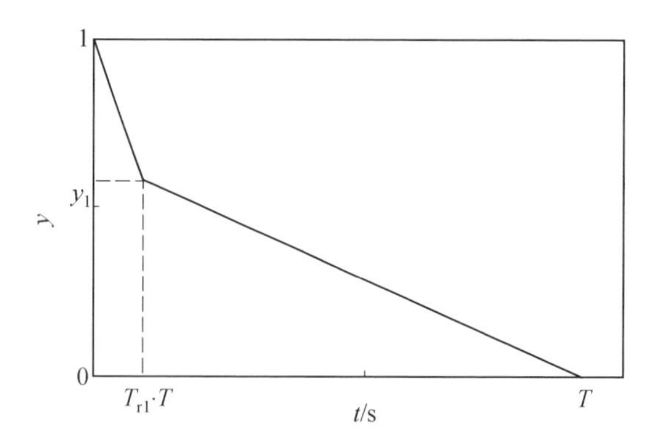

图 5.56　两段折线式导叶关闭规律原理示意图

$$0.5 \leqslant \frac{J}{J_0} \leqslant 2.0 \tag{5.21}$$

$$0 < y_1 < 1 \tag{5.22}$$

$$0 < T_{r1} < 1 \tag{5.23}$$

$$0 < T < T_{cr} \tag{5.24}$$

$$f_{obj} = \mathrm{Min}\left(w_n \frac{n_{max}}{n_{cr}} + w_{hv} \frac{H_{vmax}}{H_{vcr}} - w_{hd} \frac{H_{dmin}}{H_{dn}}\right) \tag{5.25}$$

$$n \leqslant n_{cr} \tag{5.26}$$

$$H_v \leqslant H_{vcr} \tag{5.27}$$

$$H_d \geqslant H_{dcr} \tag{5.28}$$

$$Z_{lcr}^S \leqslant Z^S \leqslant Z_{ucr}^S \tag{5.29}$$

式中　J_0——原始机组转动惯量，kg · m^2；

T_{cr}——导叶关闭过程总时间的临界值，s；

T——导叶关闭过程总时间，s；

y_1——导叶关闭规律折点位置导叶相对开度；

T_{r1}——导叶关闭规律折点位置时间与导叶关闭总时间比值；

n_{max}，n_{cr}——机组转速的最大值和临界值，r/min；

H_{vmax}，H_{vcr}——蜗壳进口水头的最大值和临界值，m；

H_{dn}——尾水隧洞出口水头，m；

w_n——机组转速的权重；

w_{hv}——蜗壳进口水头的权重；

w_{hd}——尾水管进口水头的权重；

H_v——蜗壳进口水头，m；

H_d——水尾水管进口水头，m；

Z^S——调压室液位高度，m；

cr——临界值下角标；

lcr——下临界值下角标；

ucr——上临界值下角标。

采用遗传算法对导叶关闭规律进行优化，样本数量的选取和优化迭代计算过程中近似模型的合理选用很重要，这里分别采用不同的近似模型和样本数量对导叶关闭过程进行优化对比见表 5.2。可以看出，使用正交多项式近似模型的优化计算误差最小。图 5.57 显示，当样本数量增加到 100 以上时，使用正交多项式近似模型的 3 种瞬态参数（转速最高值、蜗壳进口水头最高值、尾水管进口水头最低值）的优化计算误差都不超过 6%。此外，通过比较图 5.58 中不同近似模型和样本数量的导叶关闭规律优化结果看出，采用正交多项式模型时，3 种样本数量的导叶关闭规律优化结果比较接近，趋于一致。这说明正交多项式近似模型对样本点数不敏感，使用条件较宽，应优先考虑采用。这里采用正交多项式近似模型完成导叶关闭规律和机组转动惯量的优化计算。

表 5.2 不同近似模型和样本数量对导叶关闭过程优化结果比较

近似模型	N_s	T_{r1}, y_1, T	计算结果	n_{max}	H_{vmax}	H_{dmin}	E_{max}
Kriging	27	0.050,0.549,14.389	优化	470.424	639.814	26.398	0.938
			验证	464.142	672.154	13.621	
			误差	0.013	−0.048	0.938	
	125	0.061,0.684,30.593	优化	487.417	621.361	38.916	
			验证	489.764	623.633	28.670	
			误差	−0.004	0.001	0.357	
	343	0.055,0.615,26.109	优化	389.085	651.888	41.731	
			验证	479.170	642.242	28.306	
			误差	−0.188	0.015	0.474	

续表 5.2

近似模型	N_s	T_{r1}, y_1, T	计算结果	n_{max}	H_{vmax}	H_{dmin}	E_{max}
径向基函数	27	0.084,0.635,15.677	优化	479.396	644.430	20.769	0.111
			验证	479.013	640.885	18.688	
			误差	0.001	0.005	0.111	
	125	0.050,0.665,23.189	优化	482.196	629.875	29.944	
			验证	481.591	629.559	29.089	
			误差	0.001	0.001	0.029	
	343	0.050,0.701,37.744	优化	493.182	631.383	31.378	
			验证	491.583	626.033	32.283	
			误差	0.003	0.008	−0.028	
响应面	27	0.050,0.647,27.830	优化	484.594	636.103	33.646	−0.173
			验证	481.968	633.553	32.150	
			误差	0.005	0.004	0.046	
	125	0.050,0.749,24.261	优化	488.964	646.246	25.457	
			验证	491.508	633.530	30.734	
			误差	−0.005	0.020	−0.171	
	343	0.050,0.639,27.971	优化	484.131	643.359	26.447	
			验证	481.153	636.238	32.011	
			误差	0.006	0.011	−0.173	
正交多项式	27	0.050,0.657,20.568	优化	482.605	644.832	24.851	−0.101
			验证	479.221	634.325	27.663	
			误差	0.007	0.016	−0.101	
	125	0.050,0.681,20.520	优化	482.615	648.082	25.803	
			验证	481.962	626.861	27.266	
			误差	0.001	0.033	−0.053	
	343	0.050,0.671,22.400	优化	484.544	642.677	27.197	
			验证	481.880	628.341	28.602	
			误差	0.005	0.022	−0.049	

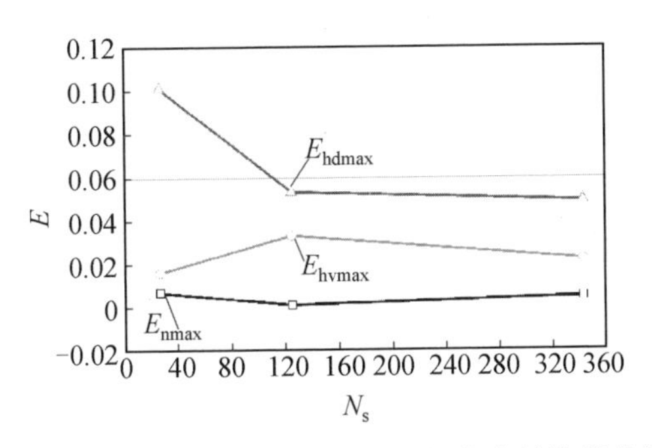

图 5.57　使用正交多项式近似模型时三种瞬态参数优化计算误差随样本数量的变化

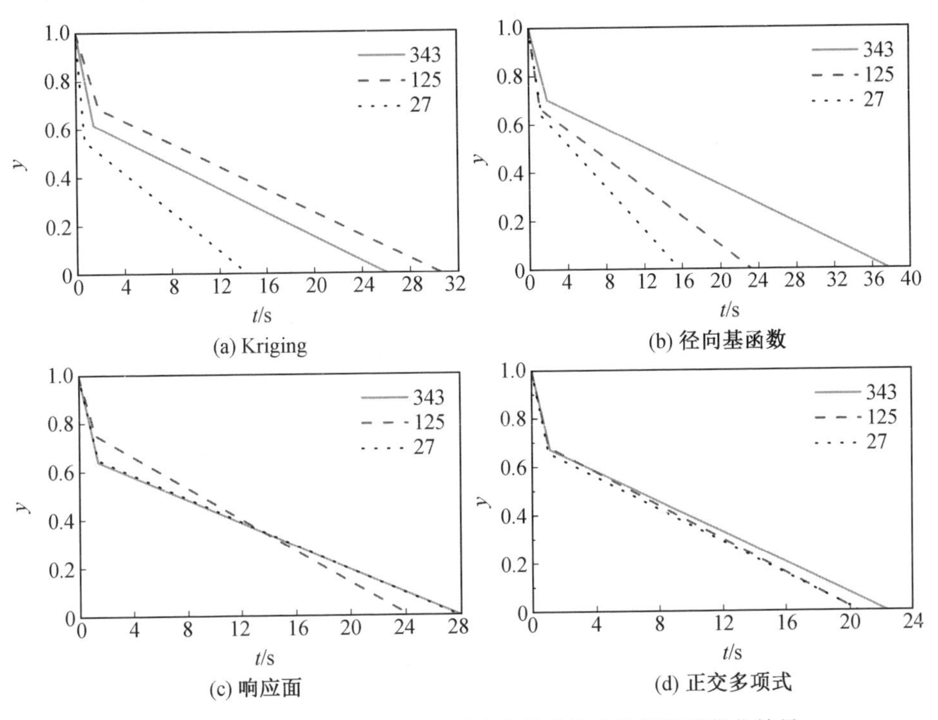

图 5.58　采用不同近似模型和样本数量的导叶关闭规律优化结果

5.5.1　基于转速控制的导叶关闭规律和转动惯量的协同优化

为了在单独对导叶关闭规律进行优化的基础上进一步降低机组转速来抑制受离心力驱动的转轮高压侧进口回流，以控制和转轮高压侧进口回流相关的低倍频率高幅值压力脉动，同时还对导叶关闭规律和机组转动惯量进行了优化。3 种组合调控方案及相应的一维特征线法计算结果比较见表 5.3，其中，

ORS 1.0J_0方案是原电站使用的调控方案，OPS 1.0J_0 方案是通过只优化导叶关闭规律得到的调控方案，OPS 2.0J_0 方案是通过同时优化导叶关闭规律和机组转动惯量的调控方案。如图 5.59 所示，采用两种优化调控方案的计算结果较原始调控方案的计算结果得到了明显的全面改进，达到了预期的优化目的。采用这 3 种组合调控方案的甩负荷过程详细瞬变参数曲线如图 5.60 所示。可见转速曲线的波动次数也得到了降低，最终各瞬态参数都趋近于收敛到某个合理的稳定值，因而总体优化结果达到了预期要求的效果。

表 5.3　三种组合调控方案及相应的一维特征线法计算结果比较

方案	T_{r1}	y_1	T/s	J	n_{max}/(r·min^{-1})	H_{vmax}/m	H_{dmin}/m	Z^S_{max}/m	Z^S_{min}/m
ORS 1.0J_0	0.105	0.580	36.876	1.0J_0	496.954	645.136	21.521	89.816	88.837
OPS 1.0J_0	0.050	0.671	22.400	1.0J_0	481.881	628.342	28.602	89.814	88.819
OPS 2.0J_0	0.051	0.698	27.941	2.0J_0	457.906	606.828	45.951	89.815	88.593

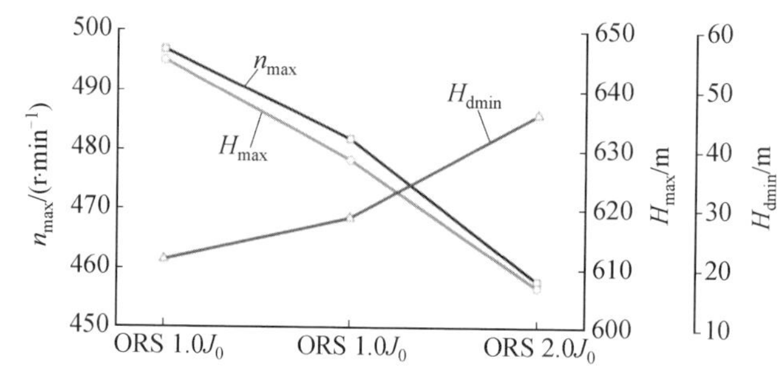

图 5.59　采用 3 种组合调控方案的甩负荷过程机组转速、蜗壳进口水头和尾水管进口水头极值参数计算结果

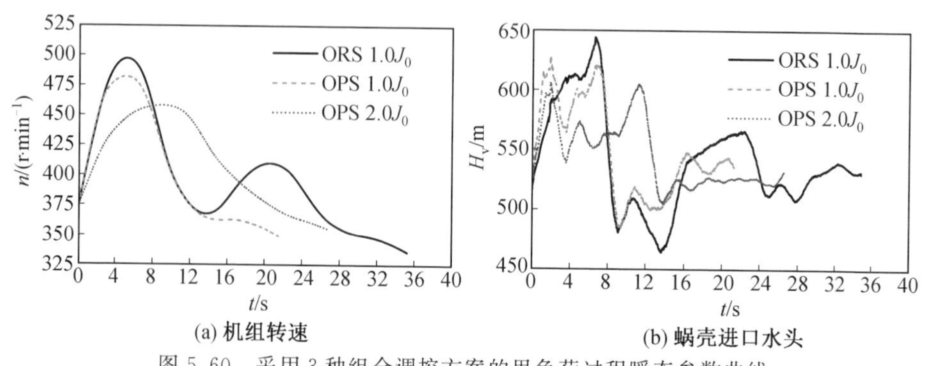

图 5.60　采用 3 种组合调控方案的甩负荷过程瞬态参数曲线

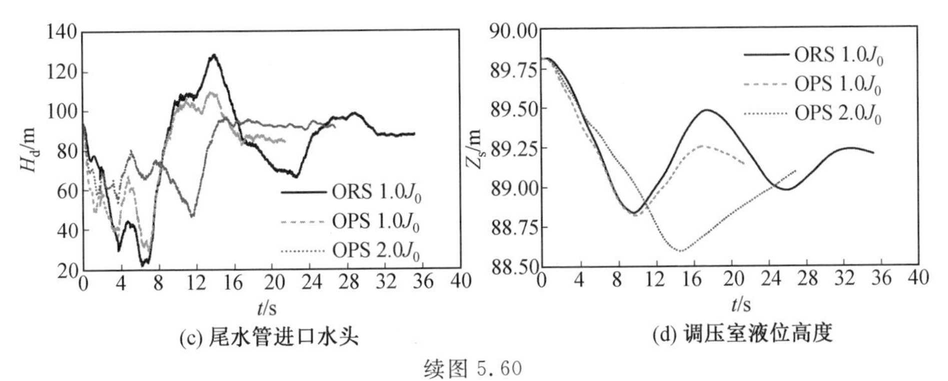

(c) 尾水管进口水头　　(d) 调压室液位高度

续图 5.60

根据图 5.61 所示的 3 种组合调控方案的机组甩负荷过程四象限动态轨迹和图 5.62 所示的 3 种组合调控方案的机组流量和力矩时间历程曲线，总结比较了 3 种组合调控方案下水泵水轮机甩负荷过程中经历的工况转换次数，见表 5.4。可见采用只优化导叶关闭规律得到的调控方案较原始调控方案的甩负荷过程工况转换次数稍降低，而采用同时优化导叶关闭规律和机组转动惯量得到的调控方案较原始调控方案的甩负荷过程工况转换次数明显降低。说明甩负荷过程经历的工况转换次数对机组转动惯量比较敏感。对于同一个甩负荷过渡过程经历的工况转换次数越少，水轮机内部流动变化的次数越少，那么由内流场流态转换造成的低倍频率高幅值压力脉动以及瞬态参数波动次数也都会相应减少，这对水泵水轮机是有利的。对于在电网中起到调节器作用的抽水蓄能电站来说，经历过渡过程是不可避免的，而且随着未来可再生能源发电大比例接入电网，对电网负荷和频率等调节要求的不断提高，抽水蓄能电站可能还会更加频繁地经历更多次数的过渡过程。但是水电科技工作者可以考虑通过调控方案的优化来降低每次过渡过程中机组工况转换的次数，从而避免机组因频繁经历过渡过程造成对机组使用寿命的损害，最终保证或提高机组的使用寿命。

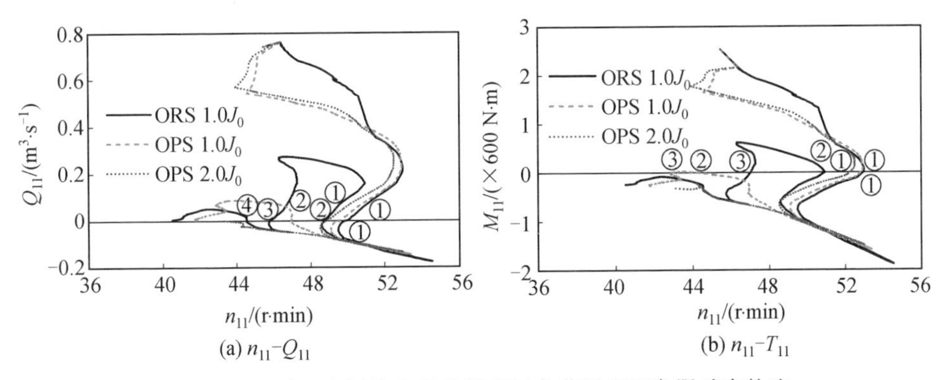

(a) n_{11}–Q_{11}　　(b) n_{11}–T_{11}

图 5.61　3 种组合调控方案的机组甩负荷过程四象限动态轨迹

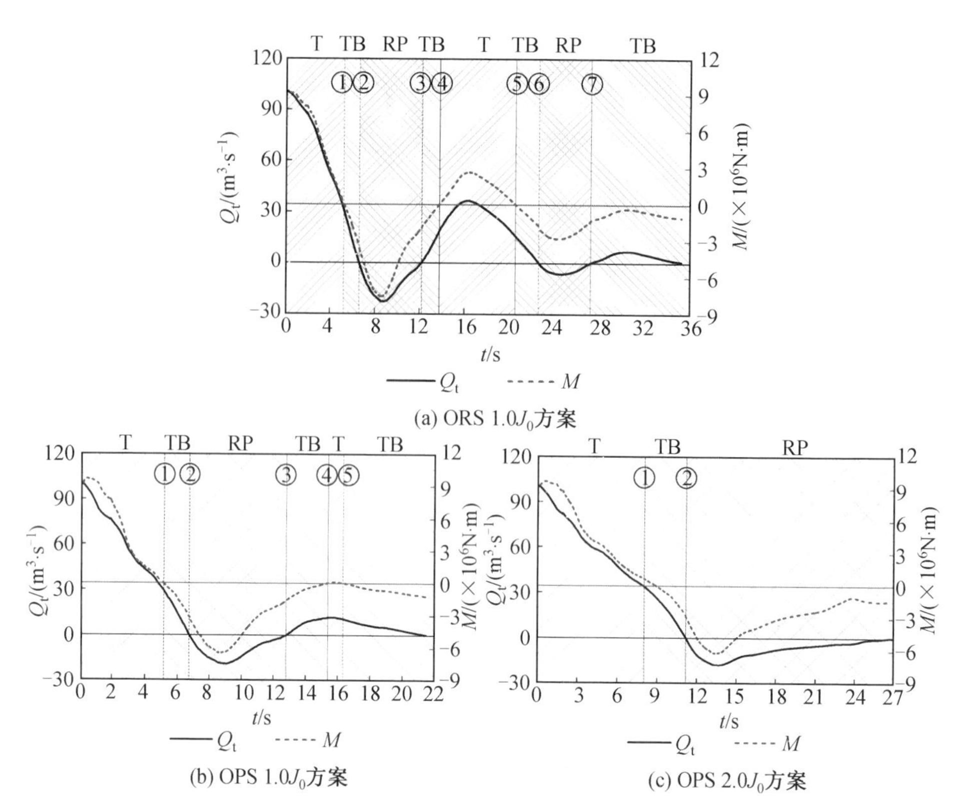

图 5.62 3种组合调控方案的甩负荷过程机组流量和力矩时间历程曲线(T代表水轮机模式,TB代表水轮机制动模式,RP代表反水泵模式)

表 5.4 三种组合调控方案下机组甩负荷过程经历的工况转换次数比较

方案	N_m	N_T	N_{TB}	N_{RP}	$N_{q=0}$	$N_{t=0}$	N_{tr}
ORS $1.0J_0$	3	2	4	2	4	3	7
OPS $1.0J_0$	3	2	3	1	2	3	5
OPS $2.0J_0$	3	1	1	1	1	1	2

N_m、N_T、N_{TB}、N_{RP}、$N_{q=0}$、$N_{t=0}$、N_{tr}分别表示水泵水轮机甩负荷过程中,经历的运行模式种类的数量、经历的水轮机运行模式的次数、经历的水轮机制动运行模式的次数、经历的反水泵运行模式的次数、水泵水轮机穿越零流量工况点的次数、水泵水轮机穿越零力矩工况点的次数、水泵水轮机转换运行模式的次数。

前面采用一维特征线法对两种优化方案和原始方案进行计算对比分析,考虑到一维特征线法的计算结果无法反映瞬态压力和转轮水推力脉动信息,这里采用一、三维耦合瞬态流动数值计算方法对上述3种方案下的甩负荷过程进行

重新计算分析，结果如图 5.63 所示。采用两种数值计算方法得到的甩负荷过程各瞬态特性参数计算结果总体趋势基本一致，除了蜗壳进口截面平均水头和尾水管进口截面平均水头外，对于其他各瞬态参数，采用一、三维耦合计算方法得到的上述 3 种方案计算结果的相对大小关系与一维计算结果相同。但蜗壳进口截面平均水头和尾水管进口截面平均水头极值参数的一、三维耦合计算结果较一维计算结果变化较大，尤其是蜗壳进口截面平均水头极值参数的一、三维耦合计算结果变化较大，由于受三维非定常湍流压力脉动的影响，采用仅优化导叶关闭规律方案的蜗壳进口截面平均水头极值参数的一、三维耦合计算结果（OPS－GV－3D）超过了原始方案（ORS－3D）的蜗壳进口截面平均水头极值参数。

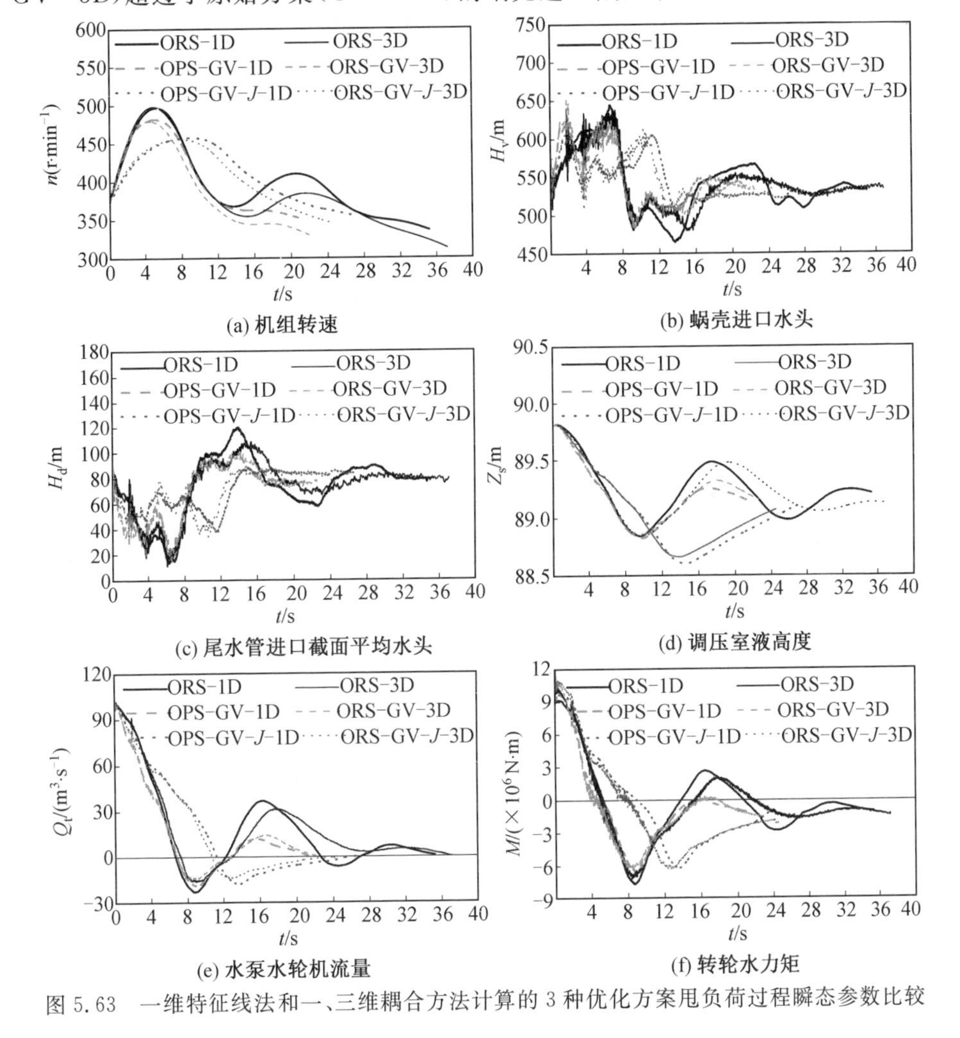

图 5.63　一维特征线法和一、三维耦合方法计算的 3 种优化方案甩负荷过程瞬态参数比较

采用一、三维耦合方法计算得到的3种方案下水轮机甩负荷过程转轮水推力脉动曲线如图5.64所示。相比于原始方案计算结果(ORS—3D),仅优化导叶关闭规律方案的计算结果(OPS—GV—3D)没有明显改善,甚至径向水推力脉动幅值稍有增大。而同时优化导叶关闭规律和机组转动惯量方案的转轮水推力压力脉动幅值计算结果有所减小,轴向水推力的数值也有所降低。比较结果说明,相比于原始方案,仅优化导叶关闭规律方案对瞬态压力和转轮水推力脉动的优化效果有限。而同时优化导叶关闭规律和机组转动惯量方案对瞬态压力和转轮水推力脉动的优化效果稍好。另外计算结果也表明,在考虑瞬态压力和转轮水推力脉动影响的水泵水轮机过渡过程瞬态特性优化研究中,一、三维耦合计算结果和纯一维计算结果有一定差距,纯一维计算方法无法考虑瞬态压力和转轮水推力脉动影响,所以在后续的研究中均采用一、三维耦合方法进行计算分析。

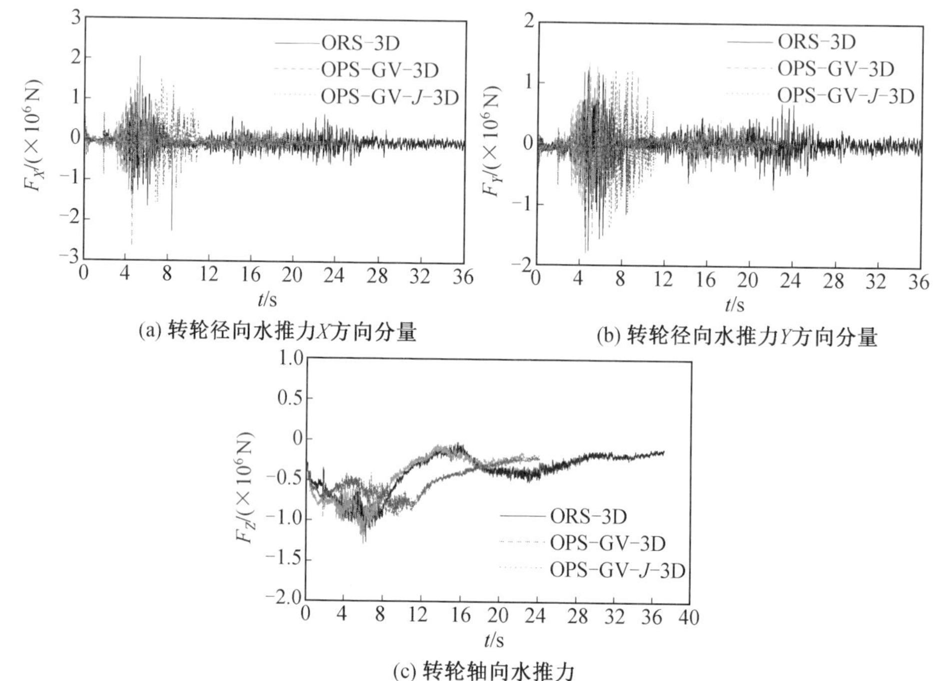

图5.64 采用一、三维耦合计算方法的3种优化方案甩负荷过程转轮水推力计算结果比较

5.5.2 基于全局回流量控制的导叶关闭规律优化

上面仅从和转轮进口局部回流相关的机组转速(离心力)单一角度出发进行优化,所以直接优化单一导叶关闭规律带来的转速控制效果有限,采用的导叶关

闭规律和机组转动惯量多影响因素协同优化方案虽然可以显著降低机组转速(离心力),但在水电工程实际中机组转动惯量不能根据优化结果随意改变,所以基于转速限制的多参量协同优化方案无法直接应用于工程实际。

下面从控制转轮高压进口局部回流的角度出发,提出一种水轮机甩负荷过程导叶关闭规律优化方案。考虑到水轮机甩负荷过程中全局的回流与局部回流的流体动力学原理类似,都是由于与转速相关的离心力超过与水头相关的压差力。由于转轮进口的局部回流无法用一维瞬态流动计算中的某个瞬态参数直接表征,所以本节将转轮进口局部回流的优化控制近似转化为水轮机甩负荷过程全局回流的优化控制问题,这样水轮机甩负荷过程全局回流可以通过机组流量值的正负进行识别和优化控制。于是考虑瞬态压力和转轮水推力脉动的水轮机甩负荷过程瞬态特性优化问题的目标函数由式(5.25)改写为新的表达形式,即

$$f_{\mathrm{obj}}=\min\left(w_{\mathrm{n}}\frac{n_{\max}}{n_{\mathrm{cr}}}+w_{\mathrm{hv}}\frac{H_{\mathrm{vmax}}}{H_{\mathrm{vcr}}}-w_{\mathrm{hd}}\frac{H_{\mathrm{dmax}}}{H_{\mathrm{dn}}}-w_{\mathrm{q}}\frac{Q_{\min}}{Q_{\mathrm{r}}}\right) \tag{5.30}$$

式中 $Q_{\min}$和Q_{r}——机组流量最小值和额定值,r/min;

w_{q}——流量权重系数。

采用提出的考虑瞬态压力和转轮水推力脉动影响的水轮机甩负荷过程瞬态特性优化问题的目标函数式(5.30)和5.2节的优化方法得到的导叶关闭规律如图5.65所示。基于回流量控制优化方案(OPS－Q)的导叶关闭规律控制参数为$(y_1, T_{\mathrm{r1}}, T)=(0.6155, 0.2079, 7.89)$。

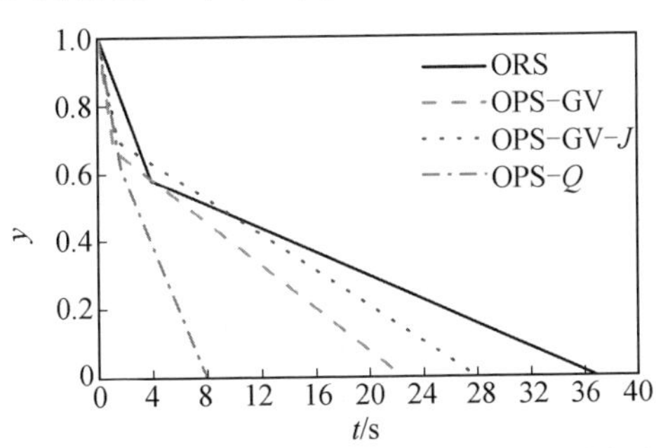

图5.65 各种优化方案与电站原始方案的导叶关闭规律比较

各种优化方案和原始方案的水泵水轮机甩负荷过程瞬态特性一、三维耦合计算结果比较如图5.66所示。采用基于回流量控制优化方案(OPS－Q)的机组转速、机组流量和转轮水力矩曲线的波动次数较原始方案和其他各优化方案均有所较少,并且相应的极值参数值也有所改善,但蜗壳进口截面平均水头和尾水管进口截面平均水头及调压室液位高度的极值参数较原始方案和其他各优化方案的相应参数值相比有所恶化,但是恶化程度都较小,未超过该电站的设计要求

（蜗壳最大水击压力上升值不超过746 m水头，尾水管进口最低水击压力极值不低于0 m水头，调压室液位高度变化范围为52.8～120.2 m）。基于回流量控制优化方案（OPS－Q）的水击压力极值参数较原始方案和其他几种优化方案的水击压力极值参数有所恶化，主要是由于在该优化方案的目标函数式(5.30)中权衡考虑了瞬态压力和转轮水推力脉动的影响，在优化目标函数式(5.30)中诱发压力脉动和转轮水推力波动的回流量子目标的降低导致其他各子目标，如水击压力极值参数等的改变。

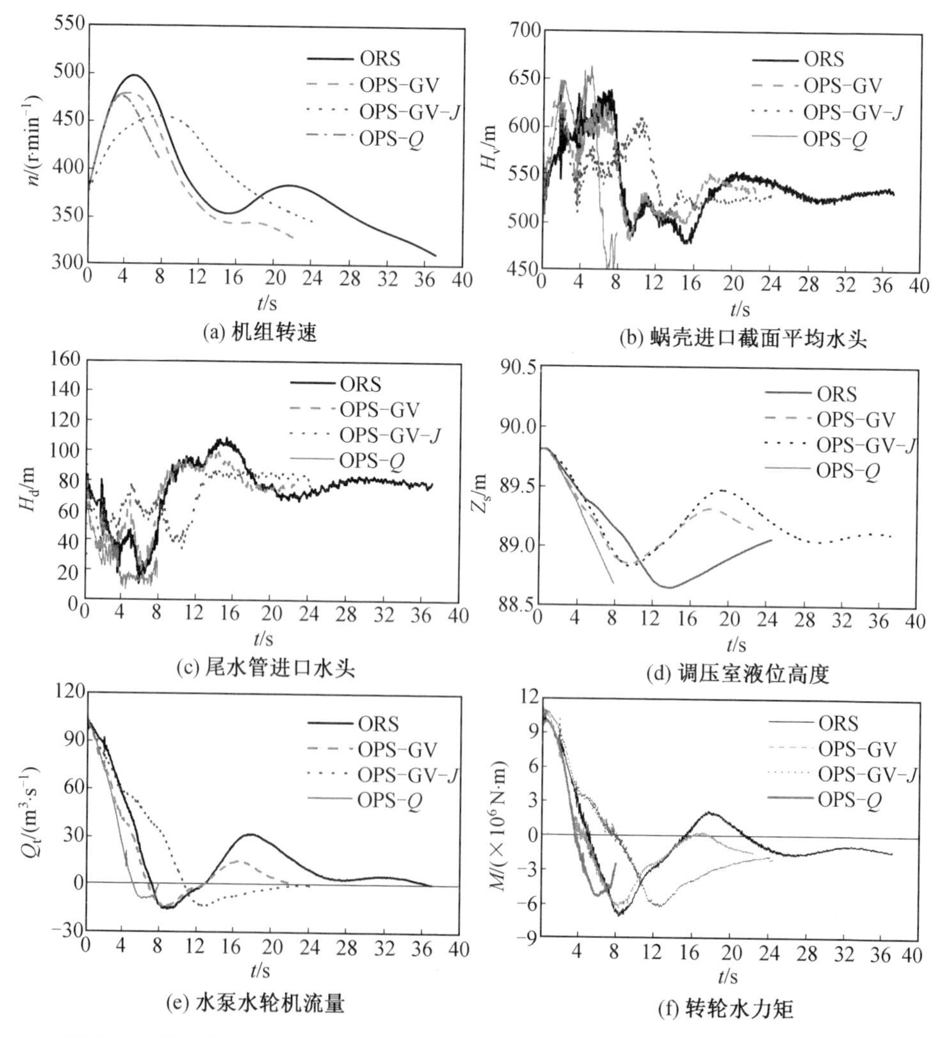

图5.66　各种方案的水泵水轮机甩负荷过程瞬态特性一、三维耦合计算结果比较

采用一、三维耦合方法计算得到的各种优化方案和原始方案的水轮机甩负荷过程转轮水推力压力脉动曲线如图5.67所示。相比于原始方案计算结果(ORS)和其他各优化方案,基于回流量控制优化方案(OPS－Q)的转轮径向水推力压力脉动幅值明显降低约1/2。虽然转轮轴向水推力的数值没有明显的改善,但由于各种方案的转轮轴向水推力在整个甩负荷过程中均为负值,也就是转轮轴向水推力方向始终朝下,这对于立轴布置的水泵水轮发电机组而言是有利的,不存在机组转动部件抬机的风险。基于回流量控制优化方案(OPS－Q)的蜗壳水击压力上升值和尾水管水击压力降低值稍有恶化(未超过电站设计要求),但转轮水推力脉动情况得到了明显改善,说明水泵水轮机过渡过程瞬态压力和转轮水推力脉动与水击压力极值参数等其他各子目标之间是相互矛盾的,在考虑瞬态压力和转轮水推力脉动影响的水泵水轮机过渡过程瞬态特性优化问题中,应该考虑在一定的允许范围内以牺牲水击压力极值等子目标为代价来达到多目标优化问题的总体最优。同时优化结果也证明了5.3节得出的研究结论,转轮水力矩为零的空载工况附近低倍频率高幅值的压力和转轮水推力脉动是由转轮高压进口局部回流诱发的。

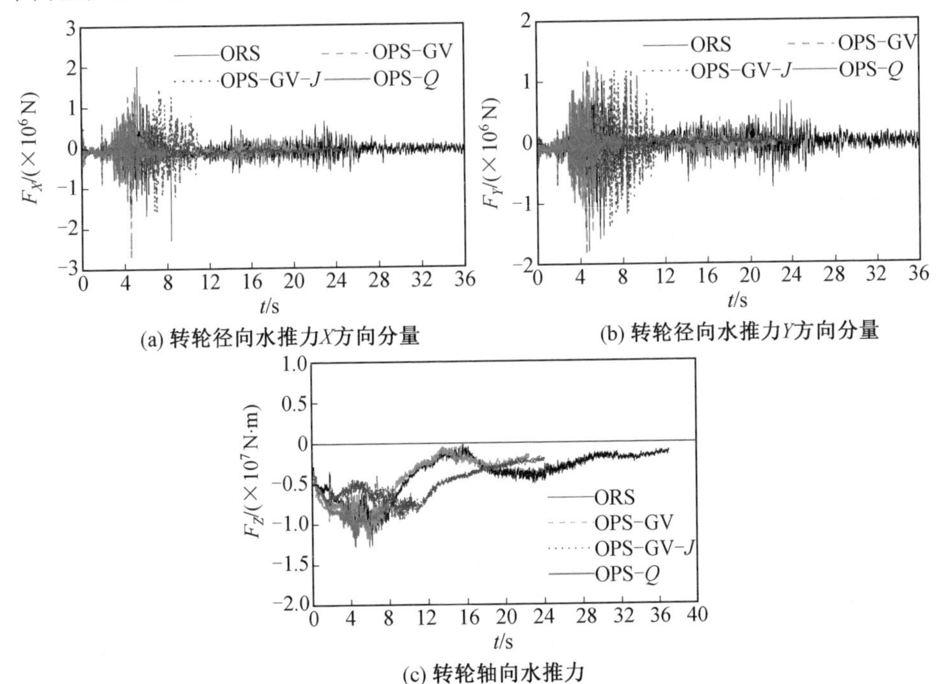

(a) 转轮径向水推力X方向分量

(b) 转轮径向水推力Y方向分量

(c) 转轮轴向水推力

图5.67 各种优化方案和原始方案的甩负荷过程转轮水推力一、三维耦合计算结果比较

5.5.3 基于转速水头比控制的导叶关闭规律优化

5.3.2 节提出的基于水泵水轮机全局回流量控制的优化方案基本能满足考虑瞬态压力和转轮水推力脉动的水轮机甩负荷过程瞬态特性优化问题的需求，然而对于有些水轮机甩负荷导叶拒动飞逸过程，$n_{11}-Q_{11}$ 动态轨迹可能不经历反水泵象限区域，即机组全局流量可能不发生回流，但在转轮水力矩为零（$T^*=0$）的空载工况附近转轮高压进口仍存在明显的局部回流涡，会诱发低于 4.5 倍转频的低倍频率高幅值压力脉动 f_{BFV}。所以 5.3.2 节提出的基于水泵水轮机全局回流量控制的优化方案的适用范围有限，还需探究普适性更强、考虑瞬态压力和转轮水推力脉动的水轮机典型过渡过程瞬态特性优化方案。

本节从对诱发转轮高压进口产生局部回流的离心力（转速）和压差力（水头）两种主要动力源的控制出发，定义了一个新的复合参数转速水头比，简称为 NDH，代表支配转轮高压进口产生局部回流的离心力（转速）和压差力（水头）的比值。显然 NDH 越大，转轮进口越有可能发生局部回流，所以要想控制转轮进口不发生局部回流就要降低 NDH。如果在低于 4.5 倍转频的低倍频率高幅值压力脉动 f_{BFV} 最为严重的转轮水力矩为零（$T^*=0$）的空载工况附近 NDH 尽可能小，那么转轮进口的局部回流就会减弱，从而低倍频率高幅值的瞬态压力和转轮水推力脉动就会受到抑制。所以本节提出了使最高转速飞逸点的 NDH 最小化的考虑瞬态压力和转轮水推力脉动的过渡过程瞬态特性优化方案。于是考虑瞬态压力和转轮水推力脉动的水泵水轮机过渡过程瞬态特性优化问题的目标函数由式（5.25）改写为新的表达形式，即

$$f_{obj}=\min\left(w_n\frac{n_{max}}{n_{cr}}+w_{hv}\frac{H_{vmax}}{H_{vcr}}-w_{hd}\frac{H_{dmin}}{H_{dn}}-w_{NDH}\frac{\mathrm{NDH}_{nmax}}{\mathrm{NDH}_r}\right) \tag{5.31}$$

式中 NDH_{nmax} 和 NDH_r——转速水头比在最高转速飞逸工况点和额定工况点的取值，r/(m · min)；

w_{NDH}——转速水头比的权重系数。

采用本节提出的考虑瞬态压力和转轮水推力脉动的水轮机甩负荷过程瞬态特性优化问题的目标函数式（5.31）和 5.2 节的优化方法得到的导叶关闭规律如图 5.68 所示。基于转速水头比控制优化方案（OPS－NDH）的导叶关闭规律控制参数为（y_1，T_{r1}，T）＝（0.583 2，0.098 2，10.47）。

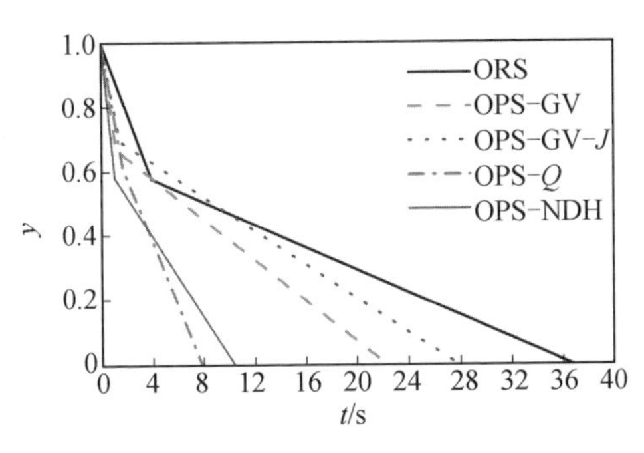

图 5.68　各种优化方案与电站原始方案的导叶关闭规律比较

各种优化方案和原始方案的水泵水轮机甩负荷过程瞬态特性一、三维耦合计算结果比较如图 5.69 所示。与基于回流量控制优化方案(OPS－Q)类似，采用基于转速水头比控制优化方案(OPS－NDH)的机组转速、机组流量、转轮水力矩和调压室液位高度时间历程曲线的波动次数较原始方案和其他剩余各优化方案均有所较少，并且相应的部分参数极值也有所改善。但蜗壳进口截面平均水

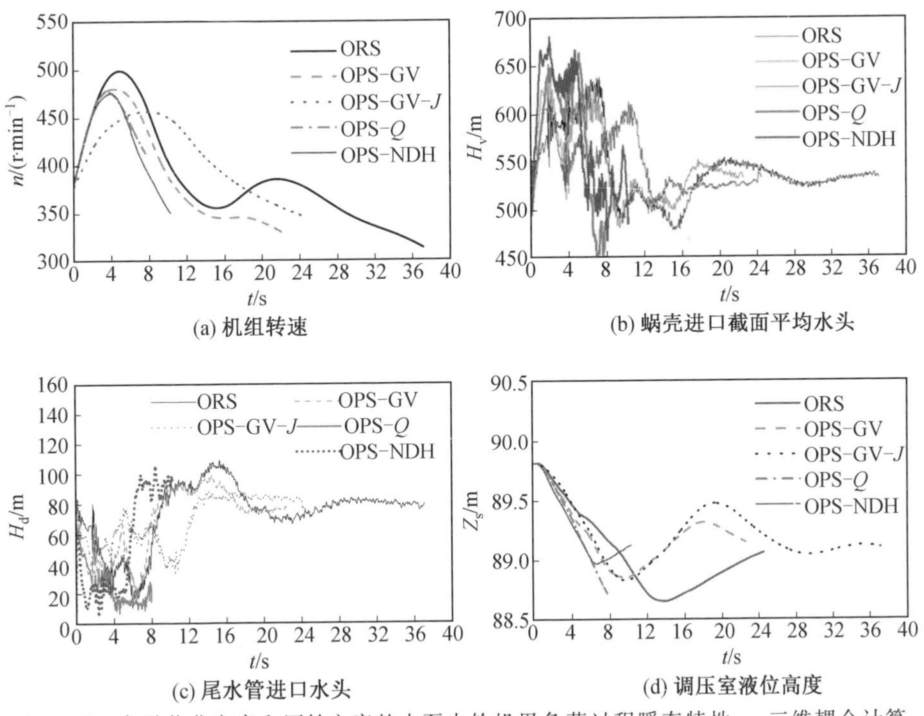

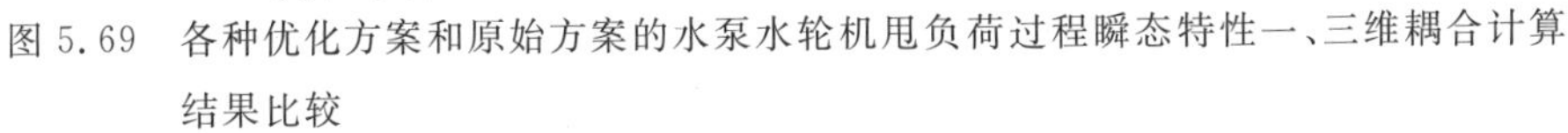
图 5.69　各种优化方案和原始方案的水泵水轮机甩负荷过程瞬态特性一、三维耦合计算结果比较

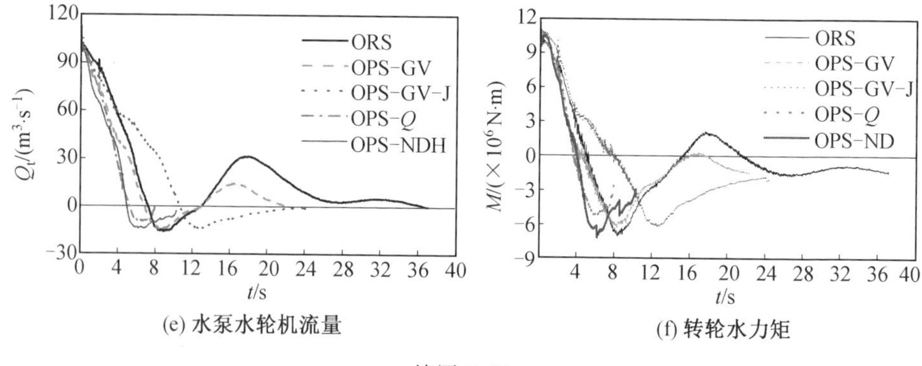

(e) 水泵水轮机流量　(f) 转轮水力矩

续图 5.69

头和尾水管进口截面平均水头的极值参数较原始方案和其他各优化方案的相应参数值稍有恶化，但未超过该电站的设计要求(蜗壳最大水击压力上升值不超过 746 m 水头，尾水管进口最低水击压力极值不低于 0 m 水头)。基于转速水头比控制优化方案(OPS—NDH)的水击压力极值参数较原始方案和其他几种优化方案的水击压力极值参数有所恶化，主要是由于在该优化方案的目标函数式(5.31)中权衡考虑了瞬态压力和转轮水推力脉动的影响，在优化目标函数式(5.31)中决定瞬态压力和转轮水推力脉动的 NDH 子目标的降低导致了其他各子目标如水击压力极值参数等的改变。

采用一、三维耦合方法计算得到的各种优化方案和原始方案的水轮机甩负荷过程转轮水推力脉动曲线如图 5.70 所示。与基于回流量控制优化方案(OPS—Q)类似，相比于原始方案计算结果(ORS)，采用基于转速水头比控制优化方案(OPS—NDH)的转轮径向水推力压力脉动幅值明显降低约 1/4。除了导叶关闭规律和机组转动惯量协同优化方案(OPS—GV—J)外，相比于原始方案计算结果(ORS)，采用基于转速水头比控制优化方案(OPS—NDH)的转轮轴向水推力也明显降低了约 2.5×10^6 N，且各种方案的转轮轴向水推力在整个甩负荷过程中均为负值，转轮轴向水推力方向始终朝下，对于立轴布置的水泵水轮发电机组而言不存在机组转动部件被抬机的风险。

本节基于转速水头比控制优化方案(OPS—NDH)的蜗壳水击压力上升值和尾水管水击压力降低值稍有恶化(未超过电站设计要求)，但转轮水推力脉动情况得到了明显改善，再次说明水泵水轮机过渡过程瞬态压力和转轮水推力脉动与水击压力极值参数等其他各子目标之间相互矛盾，在考虑瞬态压力和转轮水推力脉动影响的水泵水轮机过渡过程瞬态特性优化问题中，应该考虑在一定的

允许范围内以牺牲水击压力极值等子目标为代价来达到多目标优化问题的总体最优。同时本节的优化结果也证明了 5.3 节得出的研究结论，转轮水力矩为零的空载工况附近诱发低倍频率高幅值的压力和转轮水推力脉动的转轮高压进口局部回流是由机组过渡过程瞬时转速水头比(NDH)决定的。

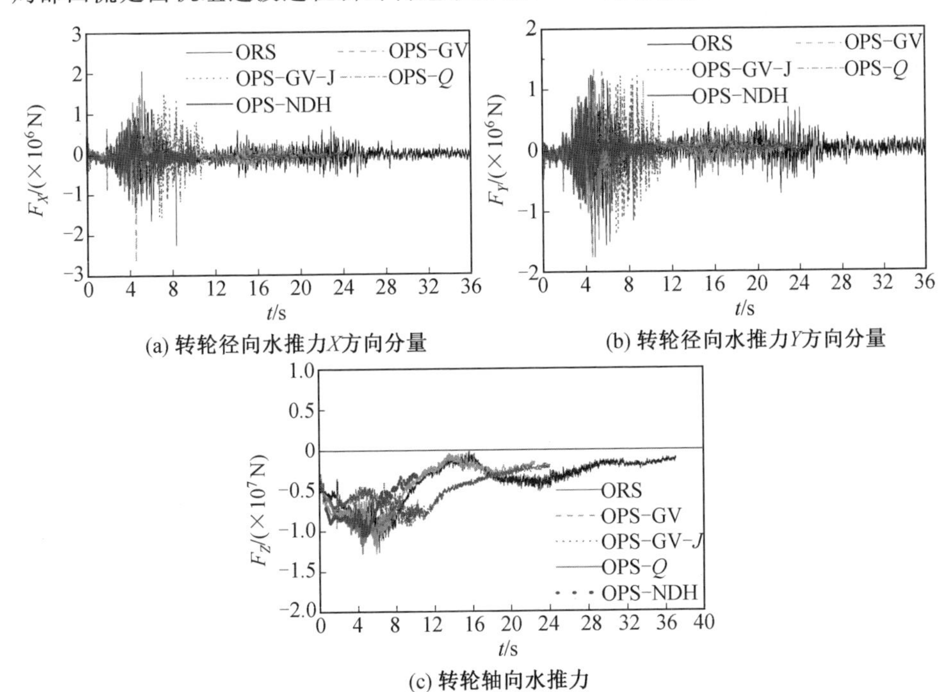

(a) 转轮径向水推力X方向分量

(b) 转轮径向水推力Y方向分量

(c) 转轮轴向水推力

图 5.70　各种优化方案和原始方案的甩负荷过程转轮水推力一、三维耦合计算结果比较

参考文献

[1] 梅祖彦. 抽水蓄能发电技术[M]. 北京:机械工业出版社,2000.

[2] 刘全忠,李小斌. 高等流体力学[M]. 哈尔滨:哈尔滨工业大学出版社,2017.

[3] POTTER M C,WIGGERT D C. Mechanics of fluids[M]. 北京:机械工业出版社,2008.

[4] ANDERSON J D. Computational fluid dynamics[M]. New York:McGraw-Hill Education,1995.

[5] 李德友. 水泵水轮机驼峰区流动机理及瞬态特性研究[D]. 哈尔滨:哈尔滨工业大学,2017.

[6] 付晓龙. 水泵水轮机甩负荷过渡过程研究[D]. 哈尔滨:哈尔滨工业大学,2017.

[7] 尚超英. 空化对水泵水轮机"S"特性的影响研究[D]. 哈尔滨:哈尔滨工业大学,2020.

[8] 林松. 空化对水泵水轮机驼峰特性影响的研究[D]. 哈尔滨:哈尔滨工业大学,2019.

[9] 陈金霞. 水泵水轮机驼峰区和S区迟滞效应试验研究[D]. 哈尔滨:哈尔滨工业大学,2017.

[10] 李德友,宫汝志,王洪杰,等. 水泵水轮机不同导叶开口的驼峰特性[J]. 排灌机械工程学报,2016,34(1):1-8.

[11] 王洪杰,高云海,李德友,等. 基于动网格水泵水轮机泵工况的压力脉动分析[J]. 大电机技术,2015(5):46-49.

[12] 李辰. 电化学储能技术分析[J]. 电子元器件与信息技术,2019,3(6):74-78.

[13] 赵万勇,马达,曾玲. 抽水蓄能电站可逆式水泵水轮机发展现状与展望[J].

甘肃科学学报,2012,24(2):101-103.

[14] 李琪飞,张正杰,权辉,等.水泵水轮机“S”特性区的流动机理及研究进展[J].热能动力工程,2017,32(9):1-6.

[15] 郭彦峰,赵越,刘登峰.水泵水轮机模型全特性试验的关键技术改进措施[J].水电能源科学,2016,34(5):176-179.

[16] FU X L,LI D Y,WANG H J,et al. Numerical simulation of the transient flow in a pump-turbine during load rejection process with special emphasis on hydraulic acoustic effect[J]. Renewable Energy,2020,155: 1127-1138.

[17] LI D Y,FU X L,ZUO Z G,et al. Investigation methods for analysis of transient phenomena concerning design and operation of hydraulic-machine systems-a review[J]. Renewable and Sustainable Energy Reviews,2019,101:26-46.

[18] ZUO Z G,LIU S H. Flow-induced instabilities in pump-turbines in China[J]. Engineering,2017,3(4):504-511.

名词索引

L

M

N

O

P

S

T

X

Y

Z